第2章 合并图层

第4章 圆环光束

第3章 夜幕丽人

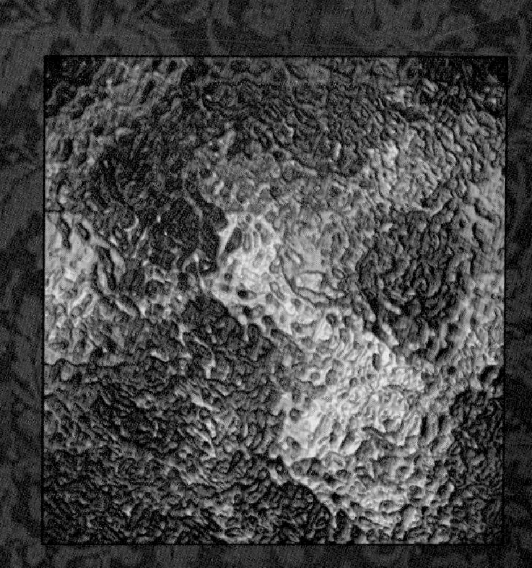

第4章 锈迹斑斑

第3章 水乡中国

Photoshop CS5 设计与案例教程

第5章 水晶球按钮

第5章 镀金文字

第6章 融图效果

第5章 绚丽夜景

第6章 雾芒晨林

第5章 怀旧照片

第6章 西塘夜景

Photoshop CS5 设计与案例教程

第7章 风景邮票

第7章 信封

第8章 3D文字

第9章 人像原图

第9章 人像修图

Photoshop CS5 设计与案例教程

第9章 书籍封面

第9章 校园海报

纪念长征精神 建党九十周年回眸红色经典文艺作品

【诗歌：革命的号角】

【戏剧：经典的演绎】

【影视：光辉的岁月】

ART AND COMMUNICATION 艺术与传媒学院团委

第9章 红色展板

Photoshop CS5 设计与案例教程

21世纪高等学校计算机应用技术规划教材

Photoshop设计与案例教程

张紫潇　史秀璋　张群力　主编

清华大学出版社
北京

内 容 简 介

本书针对应用型教育发展的特点，编写侧重应用和实践，理论与实训紧密结合，并辅之以自我训练，有很强的实践性。本书通过40个案例全面地介绍了Photoshop CS5在平面设计中所涉及的各个知识点，包括基本操作、选区和填充、色彩调整、滤镜、文字处理、通道和蒙版、路径与动作和Photoshop CS5新功能等内容，最后提供了综合性设计案例。通过对本书的学习，读者可系统掌握Photoshop的基本知识、基本操作及相关方法和技巧。

本书可作为高等学校图像处理课程的教材，也可作为平面设计人员及图像编辑爱好者的自学用书。

图书在版编目(CIP)数据

Photoshop设计与案例教程/张紫潇，史秀璋，张群力主编. —北京：清华大学出版社，2011.9
(21世纪高等学校计算机应用技术规划教材)
ISBN 978-7-302-26158-2

Ⅰ. ①P…　Ⅱ. ①张… ②史… ③张…　Ⅲ. ①图像处理软件，Photoshop—教材
Ⅳ. ①TP391.41

中国版本图书馆CIP数据核字(2011)第136030号

责任编辑：魏江江
责任校对：李建庄
责任印制：何　芊
出版发行：清华大学出版社　　**地　址**：北京清华大学学研大厦A座
http://www.tup.com.cn　　**邮　编**：100084
社 总 机：010-62770175　　**邮　购**：010-62786544
投稿与读者服务：010-62795954，jsjjc@tup.tsinghua.edu.cn
质 量 反 馈：010-62772015，zhiliang@tup.tsinghua.edu.cn
印 装 者：北京市清华园胶印厂
经　销：全国新华书店
开　本：185×260　**印　张**：24　**插　页**：2　**字　数**：607千字
版　次：2011年9月第1版　　**印　次**：2011年9月第1次印刷
印　数：1～3000
定　价：39.00元

产品编号：042989-01

编审委员会成员

（按地区排序）

随着我国改革开放的进一步深化，高等教育也得到了快速发展，各地高校紧密结合地方经济建设发展需要，科学运用市场调节机制，加大了使用信息科学等现代科学技术提升、改造传统学科专业的投入力度，通过教育改革合理调整和配置了教育资源，优化了传统学科专业，积极为地方经济建设输送人才，为我国经济社会的快速、健康和可持续发展以及高等教育自身的改革发展做出了巨大贡献。但是，高等教育质量还需要进一步提高以适应经济社会发展的需要，不少高校的专业设置和结构不尽合理，教师队伍整体素质亟待提高，人才培养模式、教学内容和方法需要进一步转变，学生的实践能力和创新精神亟待加强。

教育部一直十分重视高等教育质量工作。2007 年 1 月，教育部下发了《关于实施高等学校本科教学质量与教学改革工程的意见》，计划实施"高等学校本科教学质量与教学改革工程(简称'质量工程')"，通过专业结构调整、课程教材建设、实践教学改革、教学团队建设等多项内容，进一步深化高等学校教学改革，提高人才培养的能力和水平，更好地满足经济社会发展对高素质人才的需要。在贯彻和落实教育部"质量工程"的过程中，各地高校发挥师资力量强、办学经验丰富、教学资源充裕等优势，对其特色专业及特色课程(群)加以规划、整理和总结，更新教学内容、改革课程体系，建设了一大批内容新、体系新、方法新、手段新的特色课程。在此基础上，经教育部相关教学指导委员会专家的指导和建议，清华大学出版社在多个领域精选各高校的特色课程，分别规划出版系列教材，以配合"质量工程"的实施，满足各高校教学质量和教学改革的需要。

本系列教材立足于计算机公共课程领域，以公共基础课为主、专业基础课为辅，横向满足高校多层次教学的需要。在规划过程中体现了如下一些基本原则和特点。

(1) 面向多层次、多学科专业，强调计算机在各专业中的应用。教材内容坚持基本理论适度，反映各层次对基本理论和原理的需求，同时加强实践和应用环节。

(2) 反映教学需要，促进教学发展。教材要适应多样化的教学需要，正确把握教学内容和课程体系的改革方向，在选择教材内容和编写体系时注意体现素质教育、创新能力与实践能力的培养，为学生的知识、能力、素质协调发展创造条件。

(3) 实施精品战略，突出重点，保证质量。规划教材把重点放在公共基础课和专业基础课的教材建设上；特别注意选择并安排一部分原来基础比较好的优秀教材或讲义修订再版，逐步形成精品教材；提倡并鼓励编写体现教学质量和教学改革成果的教材。

(4) 主张一纲多本，合理配套。基础课和专业基础课教材配套，同一门课程可以有针对不同层次、面向不同专业的多本具有各自内容特点的教材。处理好教材统一性与多样化，基本教材与辅助教材、教学参考书，文字教材与软件教材的关系，实现教材系列资源配套。

(5) 依靠专家,择优选用。在制定教材规划时依靠各课程专家在调查研究本课程教材建设现状的基础上提出规划选题。在落实主编人选时,要引入竞争机制,通过申报、评审确定主题。书稿完成后要认真实行审稿程序,确保出书质量。

繁荣教材出版事业,提高教材质量的关键是教师。建立一支高水平教材编写梯队才能保证教材的编写质量和建设力度,希望有志于教材建设的教师能够加入到我们的编写队伍中来。

21世纪高等学校计算机应用技术规划教材

联系人:魏江江 weijj@tup.tsinghua.edu.cn

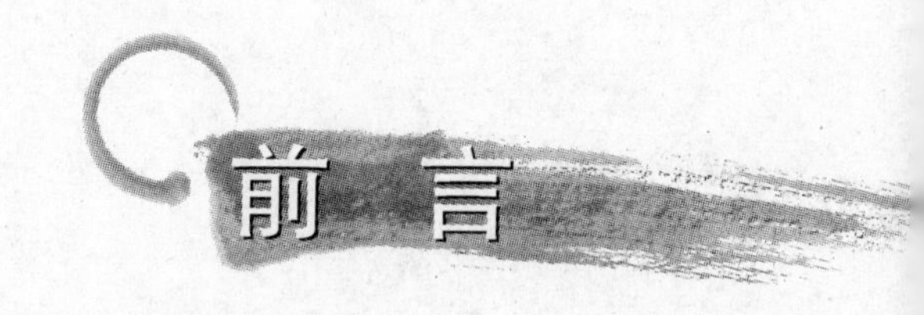

随着微机等媒体设备的普及，多媒体技术操作已被越来越多的人所掌握，多媒体图像处理已经和人们的生活息息相关，Photoshop 软件以其强大的图像处理功能和对色彩的良好驾驭能力，已经成为广告设计、网页制作和影视编辑等领域的基本技术。同时，它也以亲和的界面设计和图标化的操作形式，逐渐走进千家万户。随着计算机知识的普及和深入，人们不仅要学习计算机编程技术，同时还要学习使用计算机软件处理生活、娱乐中的事情，以增加生活的品味。图像处理技术就是其中的一项普及技术。

目前，美国 Adobe 公司所开发的 Photoshop 软件的新版本是 Photoshop CS5。它为用户处理图像提供了良好的集成环境，同时在技术上也更加成熟，功能上更加强大。它是专业化的图形图像处理软件，所提供的新功能可以使图像编辑更为快捷，图像的艺术效果更加丰富多彩。这使它在图像处理领域中处于领先地位，已成为美术作品设计中不可缺少的一种软件。通过本教材的学习可以很快掌握图像处理的应用技术。

本书具有如下特点。

(1) 侧重于应用和实践，以实例为主导，由浅入深地阐述 Photoshop CS5 各个知识点，同时比较全面地介绍平面设计的相关知识，在技术上具有一定的前瞻性。

(2) 弃用以往的理论附实训的形式，采用理论和实训相结合的形式，每个实训中都包括实训目的、实训理论基础、实训操作步骤、实训技术点评和实训练习 5 个方面的内容。实训理论基础是实训步骤的依据，而实训步骤是将理论用于实践的体现，实训技术点评环节是将在实训中容易出现的问题和制作技巧进行归纳。实训练习环节是将所学的知识加以巩固和提高。

(3) 内容新颖，适用面广，以实训为主，突出实用性。既可作为教材，也可作为指导图像处理技术的参考书；既适合高等教育的各个专业使用，也适合平面设计人员和图像编辑爱好者自学使用。

(4) 案例实用，覆盖知识点全面，不仅对图像处理技术做了全面的阐述，还对 Photoshop 在平面设计中的应用技巧做了重点介绍，在基础知识的层面上进行了拔高。

本书共分为 9 章，第 1 章介绍 Photoshop CS5 的基本操作；第 2 章介绍选区和填充应用；第 3 章介绍图层和图像色彩调整；第 4 章介绍滤镜的应用；第 5 章介绍图像处理；第 6 章介绍通道和蒙版应用；第 7 章介绍路径与动作应用；第 8 章介绍 Photoshop CS5 新增功能应用，第 9 章介绍多个精彩范例。全书共有 40 多个案例，每个案例后都有对应的实训练习，最后一章是综合技能运用案例。

本书由史秀璋和张紫潇策划，由史秀璋、张紫潇、张群力、刘立玲和林洁梅等编写。其他参编人员还有都占魁、谭秀杰、覃枚芳、杜鹏、郭晨、张媛、浦悦和徐国华等。同时，在编写过程中，许多同行人士给予了细致的指导，提出了很多中肯的意见，在此表示衷心感谢。

由于编者水平有限，书中不妥之处在所难免，希望读者批评指正。

2011 年 7 月于北京

目录

第1章 Photoshop CS5的基本知识

本章学习要求

理论环节：

- 中文 Photoshop CS5 的工作环境简介及其基本操作；
- 改变图像的显示模式，改变图像大小，裁切图像，变换图像，等等；
- 中文 Photoshop CS5 绘图颜色的设置方法，中文 Photoshop CS5 参数的设置方法。

实践环节：

- 掌握 Photoshop CS5 的基本操作；
- 掌握 Photoshop CS5 工具箱和调板的使用。

1.1 Photoshop 的基本概念

Photoshop 是由 Adobe 公司开发的图形图像处理系列软件之一，主要应用于图像处理和广告设计。最先它只是在 Apple 机(MAC)上使用，后来也开发出了 Windows 版本。下面介绍一些基本的图像概念。

1.1.1 位图与矢量图

1. 位图图像

位图：又称光栅图，一般用于照片品质的图像处理，是由许多像小方块一样的“像素”组成的图形。尤其位置与颜色值表示，能表现出颜色阴影的变化。Photoshop 主要用于处理位图。

2. 矢量图形

矢量图：通常无法提供生成照片的图像，一般用于工程技术绘图。如光影的层次变化很难用一幅矢量图表现出来。

1.1.2 分辨率、通道和图层

1. 分辨率

分辨率：每单位长度上的像素称为图像的分辨率，简单讲就是计算机图像观看时是否清晰。分辨率有很多种，如屏幕分辨率、扫描仪的分辨率、打印分辨率。

图像尺寸与图像大小及分辨率的关系：如果图像尺寸大，分辨率大，则文件会较大，所占内存会较大，计算机处理速度会慢；相反，任意一个因素减少，处理速度都会加快。

2. 通道

通道：在 Photoshop 中，通道是指色彩的范围，一般情况下，一种基本色为一个通道。如 RGB 颜色，R 为红色，所以 R 通道的范围为红色，G 为绿色，B 为蓝色。

3. 图层

图层：在 Photoshop 制作中，一般会用到多个图层，每一图层好像是一张透明纸，叠放在一起就是一个完整的图像。对每一图层进行修改处理，对其他的图层不会造成任何的影响。

1.1.3 图像的色彩模式

1. RGB 彩色模式

RGB 彩色模式：又称为加色模式，是屏幕显示的最佳颜色，由红、绿、蓝三种颜色组成，每一种颜色可以有 0～255 的亮度变化。

2. CMYK 彩色模式

CMYK 彩色模式：由品蓝、品红、品黄和黑色组成，又称为减色模式。一般打印输出及印刷都是这种模式，所以打印图片都采用 CMYK 模式。

3. HSB 彩色模式

HSB 彩色模式：是将色彩分解为色调、饱和度及亮度，通过调整色调、饱和度及亮度得到颜色的变化。

4. Lab 彩色模式

Lab 彩色模式：这种模式由三个通道组成，L 通道表示亮度，它控制图片的亮度和对比度，a 通道包括的颜色从深绿(低亮度值)到灰色(中亮度值)到亮分红色(高亮度值)，b 通道包括的颜色从亮蓝色(低亮度值)到灰色到焦黄色(高亮度值)。

5. 索引颜色

索引颜色：这种颜色下图像像素用一个字节来表示。它包括色表储存中的颜色和索引所用的颜色，它图像质量不高，占空间较少。

6. 灰度模式

灰度模式：即只用黑色和白色显示图像，像素值 0 为黑色，像素值 255 为白色。

7. 位图模式

位图模式：像素不是由字节表示，而是由二进制表示，即黑色和白色由二进制表示，从而占磁盘空间最小。

1.1.4 图像格式

图像格式是指计算机表示和存储图像信息的格式。由于历史的原因，不同厂家表示图像文件的方法不一，目前已经有上百种图像格式，常用的也有几十种。同一幅图像可以用不同的格式来存储，但不同格式之间所包含的图像信息并不完全相同，其文件大小也有很大的差别。在使用时，用户可以根据自己的需要选用适当的格式。

1. PSD 格式

它是 Photoshop 图像处理软件的专用文件格式，可以支持图层、通道、蒙版和不同色彩模式的各种图像特征，是一种非压缩的原始文件保存格式。PSD 文件有时容量会很大，但由于可以保留所有原始信息，在图像处理中对于尚未制作完成的图像，选用 PSD 格式保存是最佳的选择。

2. BMP 图像格式

它是一种与硬件设备无关的图像文件格式，使用非常广。采用位映射存储格式，除了图像深度可选以外，不采用其他任何压缩，因此，BMP 文件所占用的空间很大。

3. TIFF 图像格式

它是由 Aldus 和 Microsoft 公司为桌上出版系统研制开发的一种较为通用的图像文件格式。TIFF 格式灵活易变，它又定义了四类不同的格式：TIFF-B 适用于二值图像；TIFF-G 适用于黑白灰度图像；TIFF-P 适用于带调色板的彩色图像；TIFF-R 适用于 RGB 真彩图像。

4. JPEG 格式

它是最常用的图像文件格式，是一种有损压缩格式，能够将图像压缩在很小的储存空间。JPEG 格式的应用非常广泛，特别是在网络和光盘读物上，都能找到它的身影。目前各类浏览器均支持 JPEG 这种图像格式，因为 JPEG 格式的文件尺寸较小，下载速度快。

5. GIF 图像格式

它是一种基于 LZW 算法的连续色调的无损压缩格式。其压缩率一般在 50%左右，它不属于任何应用程序。目前几乎所有相关软件都支持它，公共领域有大量的软件在使用 GIF 图像文件。

GIF 格式的另一个特点是其在一个 GIF 文件中可以存多幅彩色图像，如果把存于一个文件中的多幅图像数据逐幅读出并显示到屏幕上，就可构成一种最简单的动画。

6. PNG 格式

它是网上接受的最新图像文件格式。PNG 能够提供长度比 GIF 小 30%的无损压缩图像文件。它同时提供 24 位和 48 位真彩色图像支持以及其他诸多技术性支持。由于 PNG 非常新,所以目前并不是所有的程序都可以用它来存储图像文件,但 Photoshop 可以处理 PNG 图像文件,也可以用 PNG 图像文件格式存储。

7. RAW 图像格式

它是一种无损压缩格式,它的数据是没有经过相机处理的原文件,因此它的大小要比 TIFF 格式略小。所以,当上传到计算机之后,要用图像软件的 Twain 界面直接导入成 TIFF 格式才能处理。

1.1.5 Photoshop CS5 新增加的特性

Adobe 公司开发的 Photoshop 已成为最优秀的计算机图像处理软件之一。Photoshop 系列中,在中国地区使用最广泛的有 Photoshop 3.05、Photoshop 4.0、Photoshop 5.0、Photoshop 6.0、Photoshop 7.01、Photoshop 8.01、Photoshop 9.0,其中 8.0 的官方版本号是 CS、9.0 的官方版本号是 CS2。

CS 是 Adobe Creative Suite 系列软件中后面 2 个单词的缩写,代表"创作集合",是一个统一的设计环境。目前的 Photoshop CS5 版本,其功能更加强大,操作更加简便,应用范围也更加广泛,它覆盖了美术设计、广告创意、摄影、建筑装潢、彩色印刷与出版、多媒体、动画设计和网页制作等多个领域。

Photoshop CS5 在原来版本的基础上新增加了以下特性:

1. 操作更加简单

轻击鼠标就可以选择一个图像中的特定区域。轻松选择毛发等细微的图像元素;消除选区边缘周围的背景色;使用新的细化工具自动改变选区边缘并改进了蒙版。

2. 内容感知型填充

删除任何图像细节或对象,并静静观赏内容感知型填充神奇地完成剩下的填充工作。这一突破性的技术与光照、色调及噪声相结合,删除的内容看上去似乎本来就不存在。

3. 出众的 HDR 成像

借助前所未有的速度、控制和准确度创建写实的或超现实的 HDR 图像。借助自动消除叠影以及对色调映射和调整更好的控制,可以获得更好的效果,甚至可以令单次曝光的照片获得 HDR 的外观。

4. 最新的原始图像处理

使用 Adobe Photoshop Camera Raw 6 增效工具无损消除图像噪声,同时保留颜色和细节；增加粒状，使数字照片看上去更自然；执行裁剪后控制度更高等。

5. 出众的绘图效果

借助混色器画笔（提供画布混色）和毛刷笔尖（可以创建逼真、带纹理的笔触），将照片轻松转变为绘图或创建独特的艺术效果。

6. 操控变形

对任何图像元素进行精确的重新定位，创建出视觉上更具吸引力的照片。例如，轻松伸直一个弯曲角度不舒服的手臂。

7. 自动镜头校正

镜头扭曲、色差和晕影自动校正可以节省操作时间。Photoshop CS5 使用图像文件的 EXIF 数据，根据用户使用的相机和镜头类型做出精确调整。

8. 高效的工作流程

Photoshop 的大量功能可以提高工作效率和创意。如自动伸直图像，从屏幕上拾取颜色，同时调节许多图层的不透明度等。

9. 新增的 GPU 加速功能

充分利用针对日常工具、支持 GPU 的增强。使用三分法则网格进行裁剪；使用单击擦洗功能缩放；对可视化更出色的颜色以及屏幕拾色器进行采样。

10. 更简单的用户界面管理

使用可折叠的工作区切换器，在喜欢的用户界面配置之间实现快速导航和选择。实时工作区会自动记录用户界面更改，当切换到其他程序再切换回来时面板将保持在原位。

11. 出众的黑白转换

使用集成的 Lab B&W Action 交互转换彩色功能，更轻松、更快地创建绚丽的 HDR 黑白图像。

1.2　Photoshop CS5 对系统的基本要求

Photoshop 是目前应用广泛、功能强大的图像处理软件，使用之前，应将 Photoshop 软件安装在计算机上。

1.2.1　硬件的基本要求

Photoshop 有 Macintosh 和 Windows 两个版本，它们可以分别运行在 Macintosh 和 PC

的 Windows 环境下。以下内容以 PC 为例，介绍 Photoshop CS5 对硬件的基本要求。

(1) CPU。使用 Intel Pentium 4 或 AMD Athlon 64 处理器。

(2) 操作系统。Microsoft Windows XP(带有 Service Pack 3)；Windows Vista Home Premium、Business、Ultimate 或 Enterprise(带有 Service Pack 1，推荐 Service Pack 2)；Windows 7 等系统。

(3) 内存。最低不少于 1GB，建议使用 2GB 内存。内存越大，系统运行速度越快。

(4) 硬盘。硬盘的容量至少 1GB，对大量的图像进行处理，建议使用 10GB 以上的硬盘。在 Photoshop CS5 中打开一个图像文件，要求硬盘上的可用空间至少要大于该文件的大小；同时，应在硬盘中留有不低于 500MB 的空间用做硬盘交换区。

(5) 显示卡。要求屏幕分辨率不低于 1024×768(推荐 1280×800)，配备符合条件的硬件加速 OpenGL 图形卡、16 位颜色和 256MB VRAM。

1.2.2 一般系统参数的设置

安装 Photoshop CS5 后，单击 Windows 系统桌面上任务栏中的快速启动图标，即可启动 Photoshop CS5。在编辑图像之前，要对 Photoshop CS5 的内存分配、显示方式、光标、滤镜、网格、辅助线的颜色、标尺和单位等进行设置，以便能够更好、更方便地编辑图像。单击菜单栏中的“编辑”→“首选项”菜单命令进行设置，如图 1.1 所示。

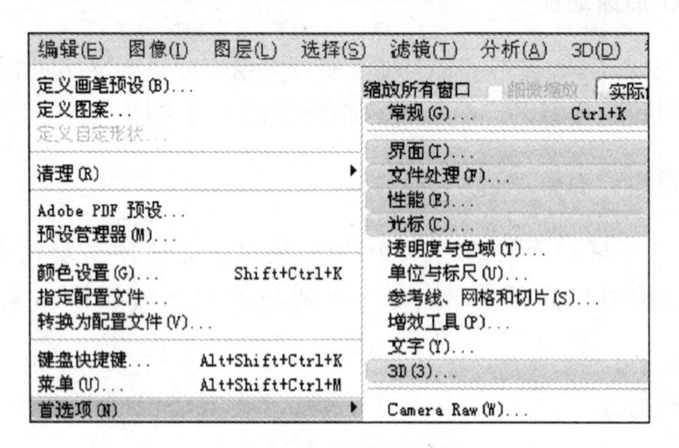

图 1.1 “首选项”菜单

1.3 Photoshop CS5 界面介绍

打开一幅“首饰”图像文件，此时 Photoshop CS5 的工作界面如图 1.2 所示。从中可以看出 Photoshop CS5 窗口是一个标准的 Windows 窗口，可以对它进行移动、调整大小、最大化、最小化和关闭等操作。Photoshop CS5 工作界面主要由标题栏、菜单栏、工具箱、选项栏、调板、画布窗口和状态栏等组成。

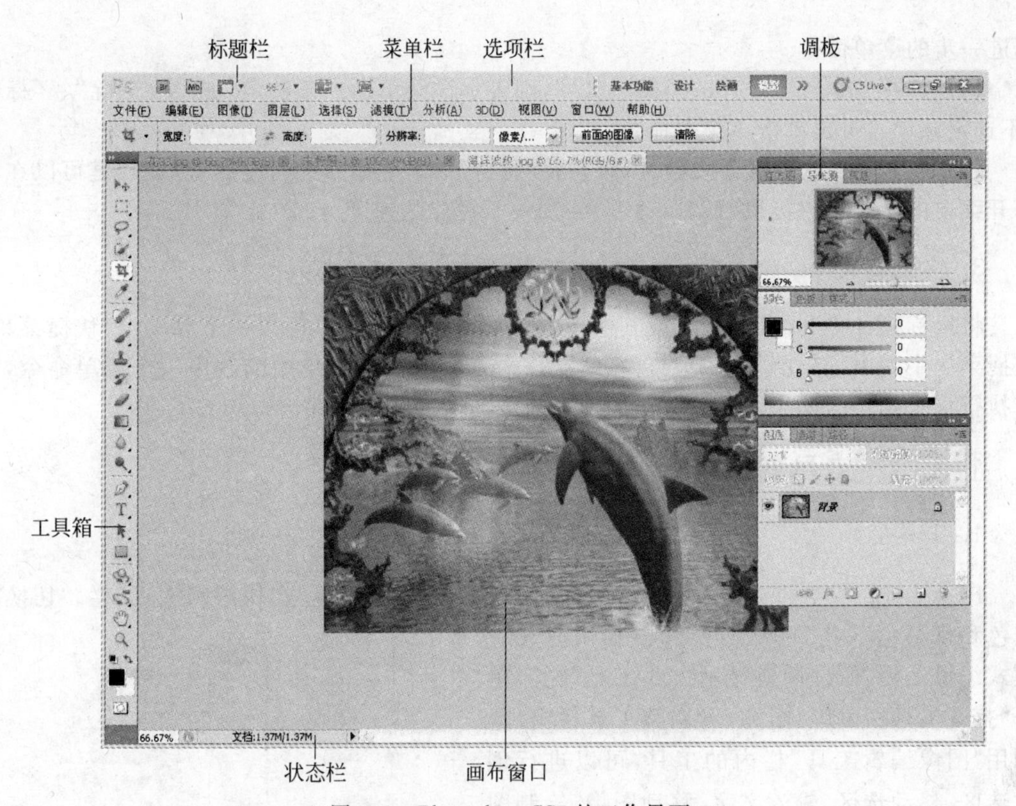

图 1.2　Photoshop CS5 的工作界面

1.3.1　标题栏、菜单栏和快捷菜单

1. 标题栏

Photoshop CS5 窗口的标题栏位于窗口顶部，单击标题栏最左边 Ps 的图标，可以调出一个菜单，利用该菜单可以调整窗口位置、大小和关闭窗口。该图标右边显示 Adobe Photoshop CS5 字样。标题栏的右边有三个按钮，从左到右分别是“窗口最小化”按钮、“窗口最大化”按钮（或“还原”按钮）和“关闭”按钮，它们用来调整 Photoshop CS5 窗口的状态。

2. 菜单栏

菜单栏在标题栏的下边。菜单栏有 11 个主菜单命令。单击主菜单命令，可调出它的子菜单。

单击菜单之外的任何地方或按 Esc 键，可关闭已打开的菜单。主菜单命令包括文件(F)、编辑(E)、图像(I)、图层(L)、选择(S)、滤镜(F)、分析(A)、3D(D)、视图(V)、窗口(W)和帮助(H)等子菜单。

菜单的形式与其他 Windows 软件的菜单形式相同，都遵循以下的约定。

(1) 菜单中的菜单名是深色时，表示当前菜单可使用；是浅色时，表示当前菜单不能使用。

(2) 如果菜单名后边有省略号“…”，则表示单击该菜单命令后，会调出一个对话框，此时可选定执行该菜单命令的有关选项。

(3) 如果菜单名后边有黑三角符号“▶”，则表示该菜单命令有下一级级联菜单，将给出更进一步的菜单命令。

(4) 如果菜单名左边有选择标记“√”，则表示该菜单命令已选定，如果要删除“√”标记(不选定该项)，可再单击该菜单命令。

(5) 菜单名右边是组合按键名称，它表示执行该菜单命令的对应热键，按热键可以在不打开菜单的情况下直接执行菜单命令，它加快了操作的速度。

3. 快捷菜单

将鼠标指针移到窗口、调板或其他地方，单击鼠标右键，可调出一个菜单，即快捷菜单。快捷菜单中列出了当前状态下要进行的操作命令。单击该菜单中的其中一个菜单命令，即可执行一个相应的操作。快捷菜单的内容与当前窗口状态有关。

1.3.2 工具箱和选项栏

1. 工具箱

Photoshop CS5 的工具箱如图 1.3 所示。从上到下分别是“图像编辑工具”栏、“切换前景色和背景色工具”栏、“切换标准和快速蒙版模式编辑工具”栏、“切换显示方式工具”栏。单击“打开工具栏窗口”图标，可调整工具栏窗口。利用“图像编辑工具”栏内的工具，可以进行创建选区、移动选区、输入文字、移动图像、绘制图像、编辑图像、注释和查看图像等操作。

(1) 工具箱的显示与隐藏。单击菜单中的“窗口”→“工具”菜单命令左边的对钩，可将工具箱显示。取消“工具”菜单命令左边的对钩，可将工具箱隐藏。

(2) 工具箱的移动。用鼠标拖曳工具箱顶部的矩形条，可以将工具箱移动到屏幕上的任何位置。

(3) 工具箱内按钮名称的显示。将鼠标指针移到工具箱内的按钮上，稍等片刻，即可显示出该按钮的名称和相应的快捷键。例如，将鼠标指针移到“矩形选框工具”按钮之上，显示的情况如图 1.4 所示。

(4) 工具组内工具的切换。用鼠标按下工具组工具按钮(其右下角有黑色小箭头)，可调出工具组内所有工具按钮，再单击其中一个按钮，即可完成工具组内工具的切换。例如，按下“矩形工具”按钮，即可调出该工具组内所有工具图标，如图 1.5 所示。另外，按住 Alt 键并单击工具按钮，或者按住 Shift 键并按工具的快

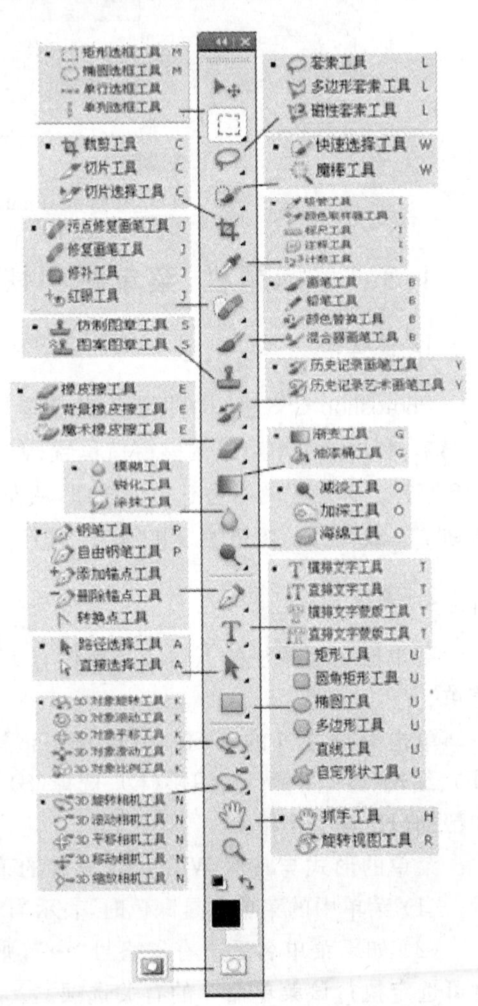

图 1.3 工具箱

捷键，也可完成工具组内大部分工具的切换。例如，按住 Shift 键并按 M 键，可以切换如图 1.5 所示的选择框工具组中的工具。

图 1.4 矩形选框工具

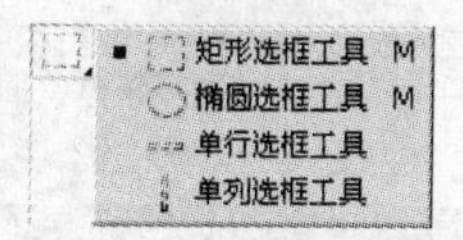

图 1.5 工具组的切换

(5) 选择工具箱内的工具或进行状态切换。按下工具箱内的工具按钮，即可选中该工具，完成相应的状态切换。

2. 选项栏

选中"图像编辑工具"栏内的大部分工具后，选项栏会有相应的变化。利用工具选项栏可以对选中的工具进行参数设置。

(1) 单击选中"文字工具" T 后，其选项栏如图 1.6 所示。单击"窗口"→"选项"菜单命令，取消"选项"菜单命令左边的对钩，可将选项栏隐藏；单击"窗口"→"选项"菜单命令，又可将选项栏显示。

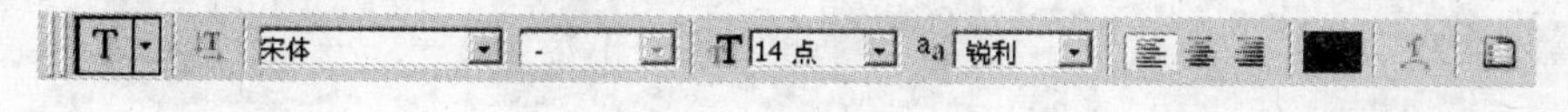

图 1.6 文字选项栏

(2) 工具图标 T。单击它或它右边的黑色箭头会调出一个"工具"面板，如图 1.7 所示。

(3) 参数设置区。它由一些按钮、复选框和下拉列表框等组成，用来设置工具的各种参数。例如，单击选中"文字工具" T 后，可在参数设置区内设置文字的字体和大小等参数。

图 1.7 文字"工具"面板

1.3.3 画布窗口和状态栏

1. 画布窗口

画布窗口是用来显示图像、绘制图像和编辑图像的窗口。画布窗口上方显示出当前图像文件的名称、显示的比例、当前图层的名称和彩色模式等信息。

(1) 建立画布窗口。在新建一个图像文件(单击"文件"→"新建"菜单命令)或打开一个图像文件(单击"文件"→"打开"菜单命令)后，即可建立一个新的画布窗口；可同时打开多个画布窗口。

(2) 调整画布窗口的大小。将鼠标指针移到画布窗口的边缘处时，鼠标指针会呈现双箭头状，此时拖曳鼠标即可调整画布窗口的大小。如果画布窗口小于窗口内的图像，在画布窗口的右边和下边会自动出现滚动条，利用滚动条可滚动观察图像，如图 1.8 所示。

(3) 关闭画布窗口。单击画布窗口右上角的"关闭"按钮 ×，即可关闭该画布窗口。单击“窗口”→“文档”→“关闭全部”菜单命令，可关闭全部打开的窗口。

图 1.8 “调整画布”窗口

2. 状态栏

状态栏位于 Photoshop CS5 窗口的最底部，它由四部分组成，如图 1.9 所示，它们的作用介绍如下。

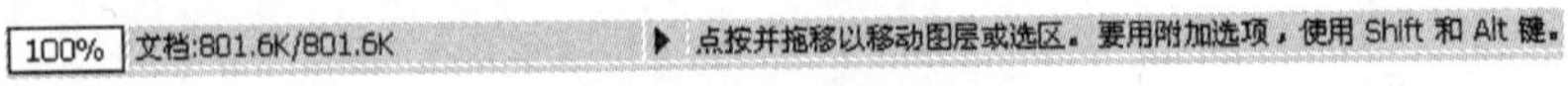

100% 文档:801.6K/801.6K ▶ 点按并拖移以移动图层或选区。要用附加选项，使用 Shift 和 Alt 键。

图 1.9 状态栏

(1) 第一部分是图像显示比例的文本框。该文本框显示当前画布窗口内图像的显示百分比数。可以单击该文本框内部，然后修改图像的显示比例。

(2) 第二部分显示当前画布窗口内图像文件的大小、虚拟内存大小、效率和当前使用的工具等信息。

(3) 第三部分是状态栏选项下拉菜单按钮▶。单击它可以调出状态栏选项的下拉菜单，如图 1.10 所示。单击选中该下拉菜单中的一个菜单选项，即可设置第二部分显示的信息内容。

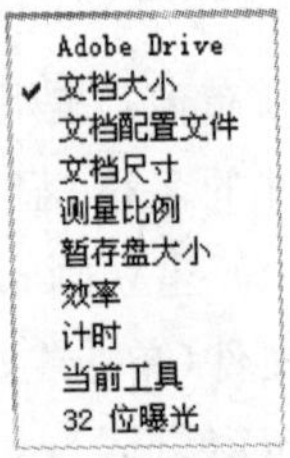

(4) 第四部分提示当前选中的工具的操作方法或工作状态。

Adobe Drive
✔ 文档大小
文档配置文件
文档尺寸
测量比例
暂存盘大小
效率
计时
当前工具
32 位曝光

图 1.10 状态栏选项

1.3.4 调板

调板是非常重要的图像处理辅助工具，它具有调整的同时即可看到效果的特点。由于它可以方便地拆分、组合和移动，所以也把它称为浮动面板，或简称为面板。调板的右上角有一个黑箭头按钮，单击该按钮可调出该调板的菜单(称为调板菜单)，利用调板菜单可扩充调板的功能。

1. 调板作用简介

调板的作用如下：

(1)"颜色"调板。通过该调板可以调整颜色，设置图像的前景色和背景色，如图 1.11 所示。

(2)"色板"调板。该调板以色块样式的方式，快速设置图像的前景色。单击某一个色块，即可改变图像的前景色，如图 1.12 所示。

(3)"样式"调板。该调板给出了几种典型的填充样式，如图 1.13 所示。

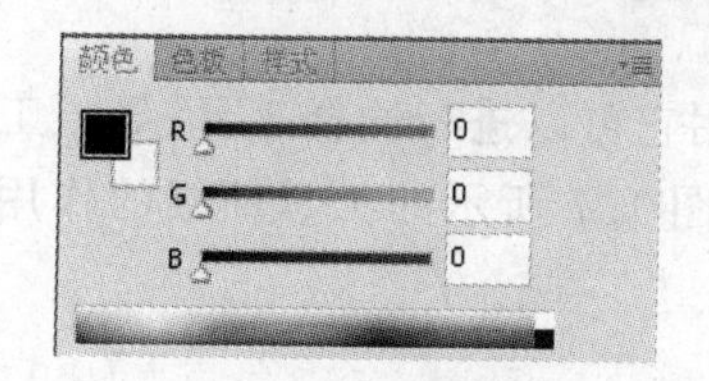

图 1.11 "颜色"调板

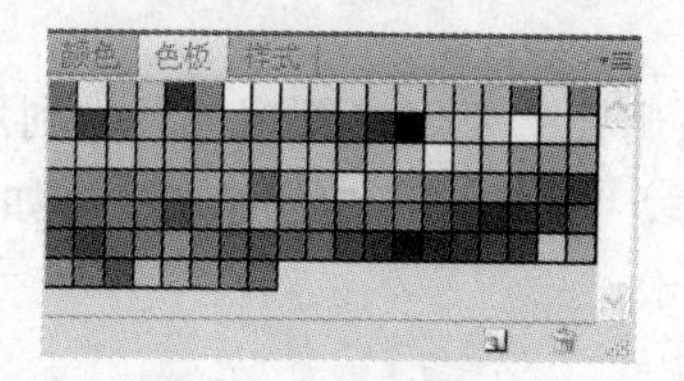

图 1.12 "色板"调板

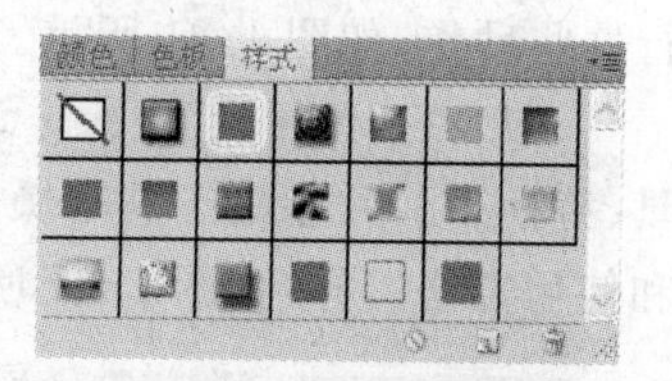

图 1.13 "样式"调板

(4)"导航器"调板。用鼠标拖曳该调板内的滑块或改变文本框内的数据，可以快速调整图像的大小。当图像大于画布窗口时，用鼠标拖曳"导航器"调板内的红色正方形，可调整图像的显示区域，如图 1.14 所示。

(5)"信息"调板。该调板可以显示鼠标指针的当前坐标值和所在处颜色的 RGB 值和 CMYK 值，以及选择区域的大小与位置坐标值等信息，如图 1.15 所示。

(6)"直方图"调板。该调板显示图像曲线，如图 1.16 所示。

图 1.14 "导航器"调板

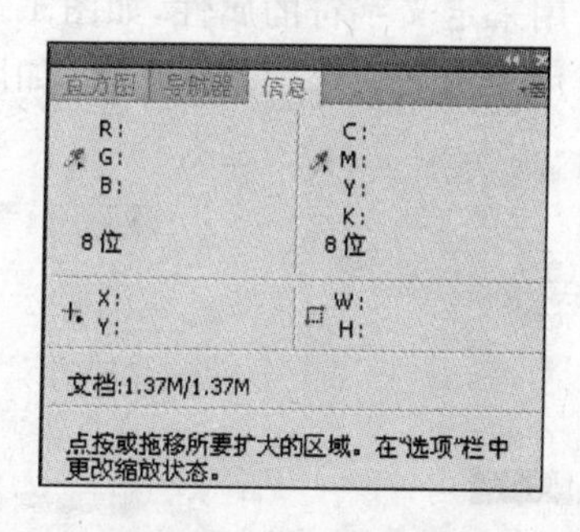

图 1.15 "信息"调板

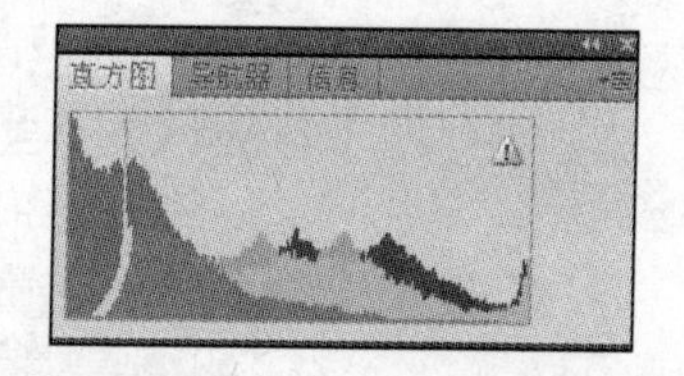

图 1.16 "直方图"调板

(7)"图层"调板。该调板主要用来管理和操作图层。利用它可以进行选择图层、新建图层、删除图层、复制图层和移动图层等操作，如图 1.17 所示。

(8)"通道"调板。该调板主要用来管理和操作通道。利用它可以进行选择通道、新建通道、删除通道和复制通道等操作，如图 1.18 所示。

(9)"路径"调板。该调板主要用来管理和操作路径。利用它可以进行选择路径、新建路径、删除路径和编辑路径等操作，如图 1.19 所示。

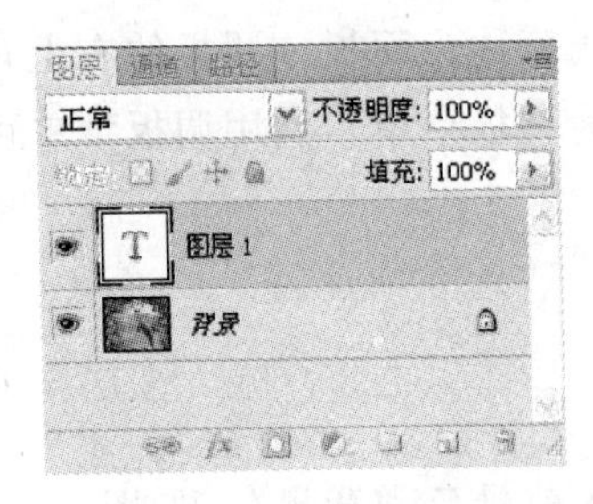

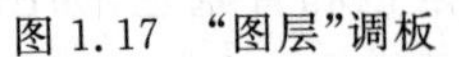
图 1.17 “图层”调板

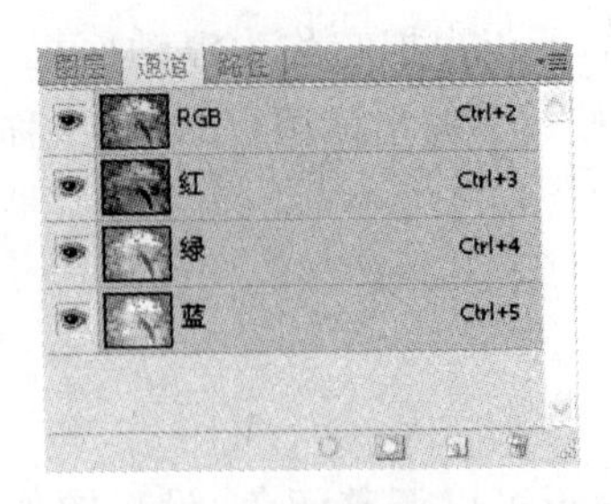

图 1.18 “通道”调板

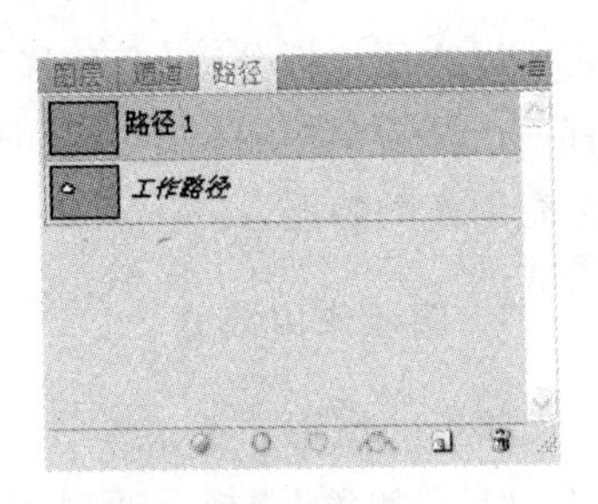

图 1.19 “路径”调板

(10) “历史记录”调板。该调板主要用来记录用户对图像进行操作的步骤。单击“历史记录”调板中的某一步操作，即可恢复到该操作完成时的状态，如图 1.20 所示。

(11) “动作”调板。该调板主要用来记录一系列 Photoshop CS5 的动作，用户可重复执行这些动作，如图 1.21 所示。

(12) “工具预设”调板。该调板主要用来管理工具。利用它可以进行选择工具、导入工具、替换工具和删除工具等操作。它的作用和使用方法与如图 1.7 所示的工具面板的作用和使用方法一样，如图 1.22 所示。

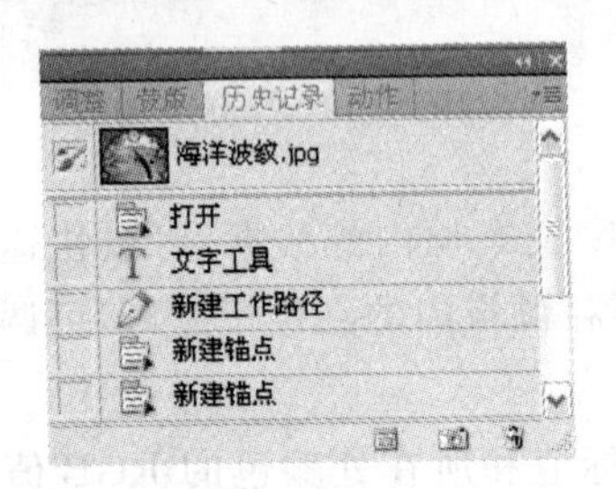

图 1.20 “历史记录”调板

图 1.21 “动作”调板

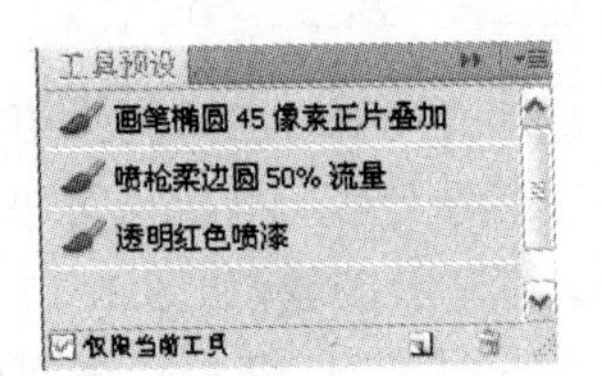

图 1.22 “工具预设”调板

(13) “字符”调板。该调板用来定义字符的属性，如图 1.23 所示。

(14) “段落”调板。该调板用来定义文字段落的属性，如图 1.24 所示。

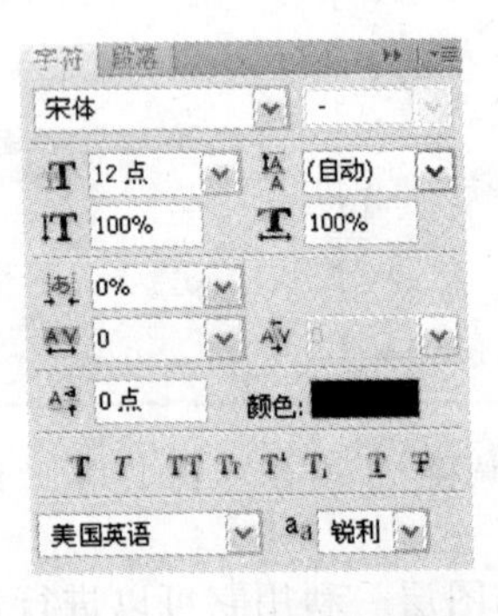

图 1.23 “字符”调板

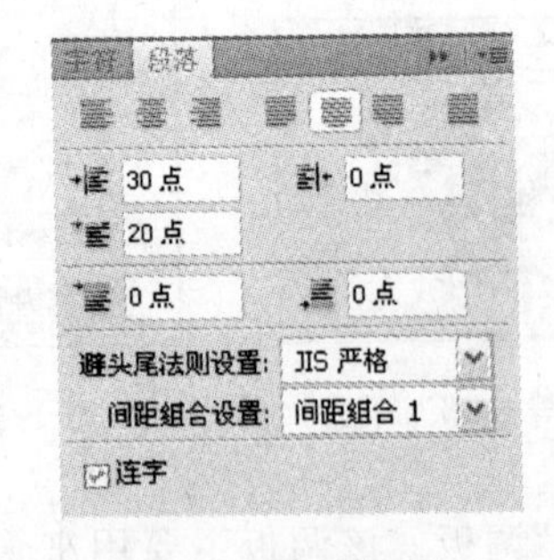

图 1.24 “段落”调板

2. 调板的调整

以下为调板调整的主要内容。

(1) 调板的显示和隐藏。单击调板名称后的 ▶▶ 图标，即可将相应的调板隐藏出来。

单击"调板名称后的 图标,即可将相应的调板显示出来。

(2) 调板的拆分与合并。用鼠标拖曳调板组中要拆分的调板的标签,移出调板组,即可拆分调板,如图 1.25 所示。用鼠标将调板的标签拖曳到其他调板或调板组中,即可合并调板,例如,将"历史记录"调板拖曳到"图层"调板组中,即可与"图层"调板组合并。

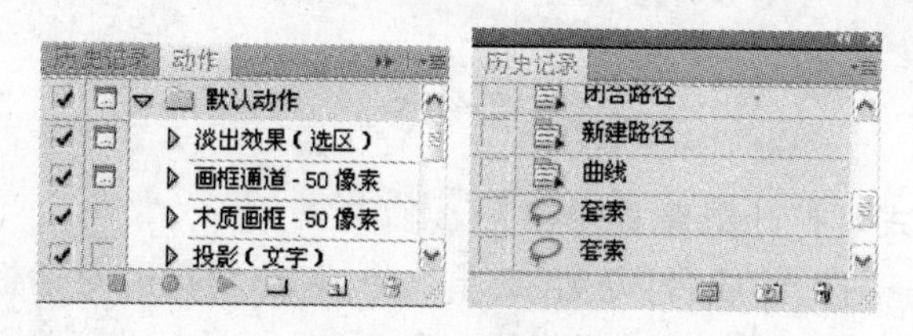

图 1.25 调板的拆分

(3) 调板位置和大小的调整。用鼠标拖曳调板的标题栏,可移动调板组或单个调板。将鼠标指针移到调板的边缘处,当鼠标指针呈双箭头状时,拖曳鼠标可调整调板的大小。单击"窗口"→"工作区"→"复位调板位置"菜单命令,可将所有调板复位到系统默认状态。

(4) 存储工作区。单击"窗口"→"工作区"→"存储工作区"菜单命令,可调出"存储工作区"对话框。在该对话框的"名称"文本框中输入工作区的名称,再单击"存储"按钮,即可将当前工作环境状态保存。

1.4 Photoshop CS5 的基本操作

1.4.1 新建、打开和存储图像文件

1. 新建图像文件

单击"文件"→"新建"菜单命令,调出"新建"对话框,如图 1.26 所示。该对话框内各选项的作用如下。

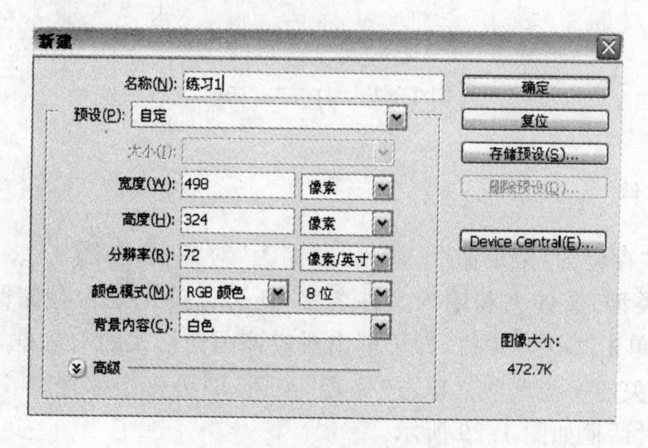

图 1.26 "新建"对话框

(1) "名称"文本框。它用于输入图像文件的名称,如"练习 1"。

(2) "图像大小"栏。它用于设置图像尺寸大小(可选择像素、英寸、厘米等单位)、设置

图像的分辨率和图像模式(有位图、灰度、RGB颜色、CMYK颜色和Lab颜色5种)。在设置图像模式时,如果选择了灰度图像模式,则绘制和加工后的图像将没有颜色。

(3)"内容"栏。它用来设置画布的颜色和透明度状态。

设置完毕,单击"确定"按钮,即可在Photoshop CS5工作环境中增加一个新的画布窗口。

2. 打开图像文件

通过下面两种方式可打开图像文件。

(1)单击"文件"→"打开"或"打开为"菜单命令,调出"打开"对话框,如图1.27所示。

(2)单击"文件"→"最近打开文件"菜单命令,可调出下一级菜单,该菜单给出了最近打开的图像文件的名称。单击某一个图像文件名,即可打开相应的图像文件。

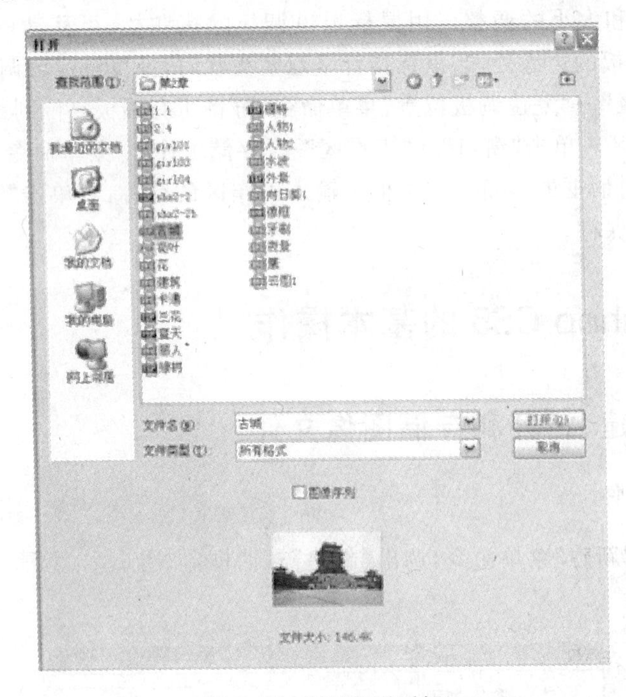

图1.27 "打开"对话框

3. 存储图像文件

单击"文件"→"存储为"菜单命令,调出"存储为"对话框,如图1.28所示。利用该对话框,可以选择文件类型、文件夹和输入文件名字,还可以确定是否存储图像的图层、通道和ICC配置文件等。单击"保存"按钮,即可调出对应该图像格式的对话框,利用该对话框可以设置与图像格式有关的一些选项。单击"保存"按钮,即可将图像保存。存储为JPEG格式的图像时,调出的对话框如图1.29所示。

注意: 只有采用Photoshop格式,才可以保存图像的图层、通道和蒙版等。若采用TIFF格式保存,可以保存图像的通道等。

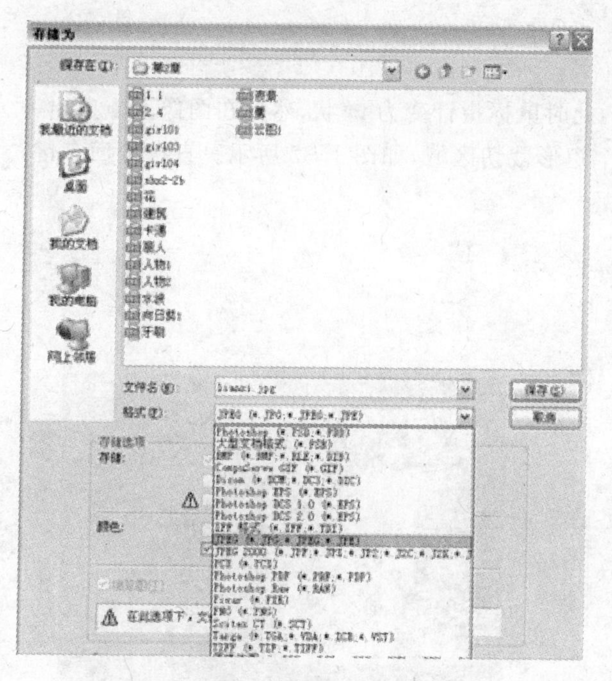

图 1.28 “存储为”对话框

图 1.29 保存 JPEG 格式文件

1.4.2 调整图像

1. 改变图像大小和画布大小

改变图像和画布大小的操作方法如下。

(1) 单击“图像”→“图像大小”菜单命令，调出“图像大小”对话框，如图 1.30 所示。利用该对话框，可以采用两种方法调整图像的大小，还可以改变图像的清晰度和算法。单击“图像大小”对话框内的“自动”按钮，可调出“自动分辨率”对话框。利用该对话框可以设置图像的品质(“草图”、“好”或“最好”)，即自动设置分辨率。另外，还可以利用该对话框设置每英寸或每厘米的图像分辨率。

(2) 单击“图像”→“画布大小”菜单命令，调出“画布大小”对话框，如图 1.31 所示。利用该对话框，可以改变画布的大小，同时也可以对图像进行裁剪，改变图像的大小。通过单击“定位”栏中的按钮，可以选择图像裁剪的部位。设置完毕，单击“按钮”确定，如果设置的新画布比原画布小，会出现提示框，单击该提示框内的“继续”按钮，即可完成画布大小的调整和图像的裁切。

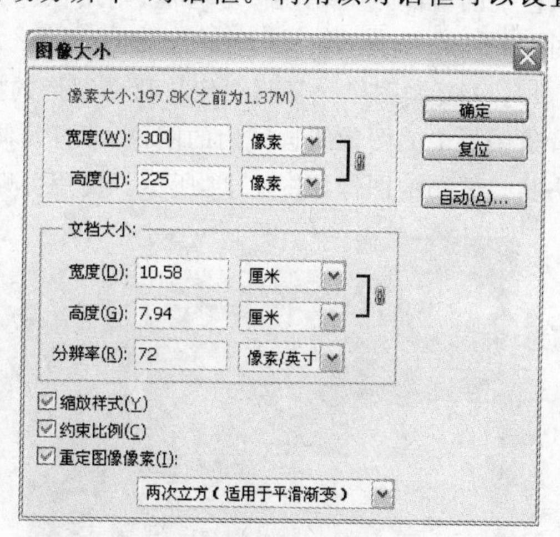

图 1.30 “图像大小”对话框

2. 裁切图像

单击工具箱内的“裁切工具”按钮 ，此时鼠标指针变为 状，然后在图像上拖曳出一个矩形，将要保留的图像圈起来，创建一个矩形裁切区域，如图 1.32 所示。直接按回车键，即可完成裁切图像的任务。

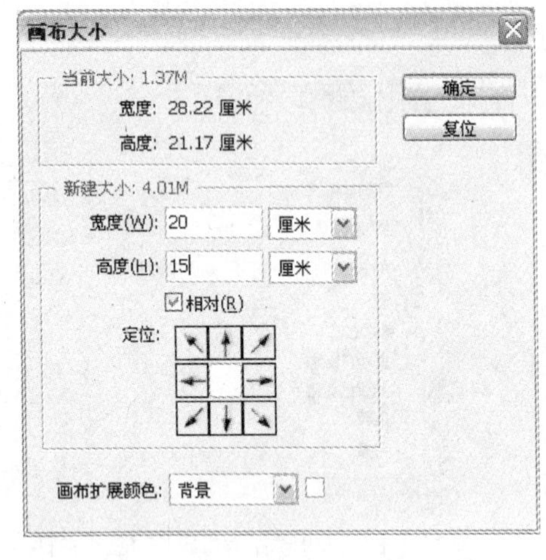

图 1.31 “画布大小”对话框

图 1.32 裁切图像

3. 移动、复制和删除图像

以下为移动、复制和删除图像的操作方法。

(1) 移动图像。单击按下工具箱内的“移动工具”按钮 ，此时鼠标指针变为带剪刀的黑箭头状，然后用鼠标拖曳非背景图层中的图像或选区内的图像，即可移动图像或选区内的图像，如图 1.33 所示。另外，还可以将图像移到其他画布窗口内。如果选中了移动工具选项栏中的“自动选择图层”复选框，则用鼠标拖曳图像时，可以自动选择被拖曳图像所在的图层。

(2) 复制图像。复制图像与移动图像的操作方法基本一样，按下 Alt 键，用鼠标拖曳非背景图层中的图像或选区内的图像，即可复制图像。此时鼠标指针会变为重叠的黑白双箭头状。复制的图像如图 1.34 所示。使用剪贴板也可以移动图像和复制图像。

图 1.33 移动图像

图 1.34 复制图像

(3) 删除图像。将要删除的图像用选区围住,然后单击"编辑"→"清除"菜单命令或单击"编辑"→"剪切"菜单命令,均可将选区内的图像删除,也可以按 Delete 或 BackSpace 键删除选区内的图像。

4. 调整裁切区域

创建裁切区域的矩形边界线有几个控制柄,裁剪区域内有一个中心标记 ,如图 1.32 所示。利用它们可以调整矩形裁切区域的大小、位置和旋转角度。在确定宽高比时,所得裁剪区域的边界线上有 4 个控制柄;在不确定宽高比时,所得裁剪区域的边界线上有 8 个控制柄。

(1) 调整裁切区域大小。将鼠标指针移到裁切区域四周的控制柄处,鼠标指针会变为直线的双箭头状,再用鼠标拖曳,即可调整裁切区域的大小。

(2) 调整裁切区域的位置。将鼠标指针移到裁切区域内,鼠标指针会变为黑箭头状,再用鼠标拖曳,即可调整裁切区域的位置。

5. 变换图像

变换图像的方法如下:

(1) 旋转整幅图像。单击"图像"+"旋转画布"→"××"菜单命令即可按选定的方式旋转整幅图像。其中,"××"是"旋转画布"菜单下的子菜单命令,如图 1.35 所示。如果执行"任意角度"菜单命令,会弹出"旋转画布"对话框,如图 1.36 所示。利用该对话框可设置旋转角度和旋转方向,单击"确定"按钮即可完成旋转整幅图像(即旋转画布)的任务。

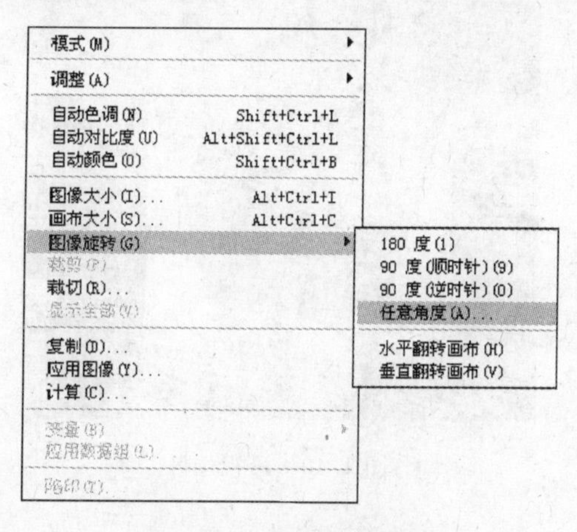

图 1.35 "旋转画布"菜单

图 1.36 "旋转画布"对话框

(2) 变换选区内的图像。单击"编辑"→"变换"→"××"菜单命令,即可按选定的方式调整图像。其中,"××"是"变换"菜单下的子菜单命令,如图 1.37 所示。利用该子菜单可以完成图像的缩放、旋转、斜切、扭曲和透视等操作。这里的图像可以是非背景图层中的图像或选区内的图像。

① 斜切图像。单击"编辑"→"变换"→"斜切"菜单命令,在图像四周会显示一个矩形框、8 个控制柄和中心点标记 。将鼠标指针移到图像四角或四边的控制柄处,鼠标指针会

变成灰色箭头状，再用鼠标拖曳，可使图像呈斜切状，如图 1.38 所示。同样也可以移动中心点标记 。

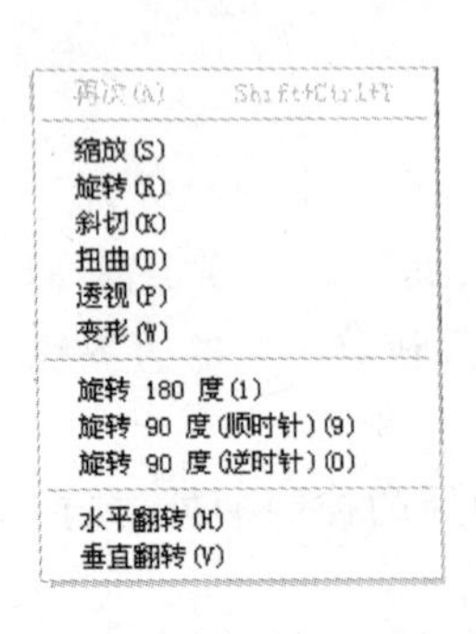

图 1.37 变换选区选项

图 1.38 斜切选区

② 扭曲图像。单击“编辑”→“变换”→“扭曲”菜单命令，将鼠标指针移到图像的控制柄外或控制柄之上，当鼠标指针变为灰色箭头状时，再用鼠标拖曳，即可扭曲图像，如图 1.39 所示。将鼠标指针移到中心点标记 处，拖曳鼠标，可将中心点标记 移动，改变旋转中心点标记的位置。

③ 透视图像。单击“编辑”→“变换”→“透视”菜单命令后，将鼠标指针移到控制柄处，鼠标指针会变成灰色箭头状，再用鼠标拖曳，即可使图像呈透视效果。透视处理后的图像如图 1.40 所示。同样，在此过程中也可以移动中心点标记的位置。

图 1.39 扭曲选区

图 1.40 透视选区

④ 水平翻转图像。单击“编辑”→“变换”→“水平翻转”菜单命令，即可将图像水平翻转。

⑤ 垂直翻转图像。单击“编辑”→“变换”→“垂直翻转”菜单命令，即可将图像垂直翻转。

6. 自由变换图像

单击“编辑”→“自由变换”菜单命令，在非背景图层图像或选区中的图像四周会显示一个矩形框、8 个控制柄和中心点标记 。此时可以自由调整图像的大小、位置和旋转角度等。

1.4.3 调整图像的显示

1. 使用工具箱的“缩放镜工具”调整图像的显示比例

以下为使用工具箱的“缩放镜工具”调整图像显示比例的步骤。

(1) 按下工具箱的“缩放镜工具”按钮，然后单击画布窗口内部，即可将图像显示比例放大。

(2) 按住 Alt 键，再单击画布窗口内部，即可将图像显示比例缩小。

(3) 用鼠标拖曳选中图像的一部分，即可使该部分图像布满整个画布窗口。

2. 使用菜单命令调整图像的显示比例

以下为使用菜单命令调整图像显示比例的操作方法。

(1) 单击“视图”→“放大”菜单命令，可使图像显示比例放大。

(2) 单击“视图”→“缩小”菜单命令，可使图像显示比例缩小。

(3) 单击“视图”→“满画布显示”菜单命令，可使图像以最佳比例显示。

(4) 单击“视图”→“实际像素”菜单命令，可使图像以 100% 比例显示。

(5) 单击“视图”→“打印尺寸”菜单命令，可使图像以实际的打印尺寸显示。

3. 使用“导航器”调板调整图像的显示比例和显示部位

“导航器”调板如图 1.41 所示。用鼠标拖曳“导航器”调板内的滑块或改变文本框内的数据，可以改变图像的显示比例。当图像大于画布窗口时，用鼠标拖曳“导航器”调板内的红色矩形，可调整图像的显示区域。

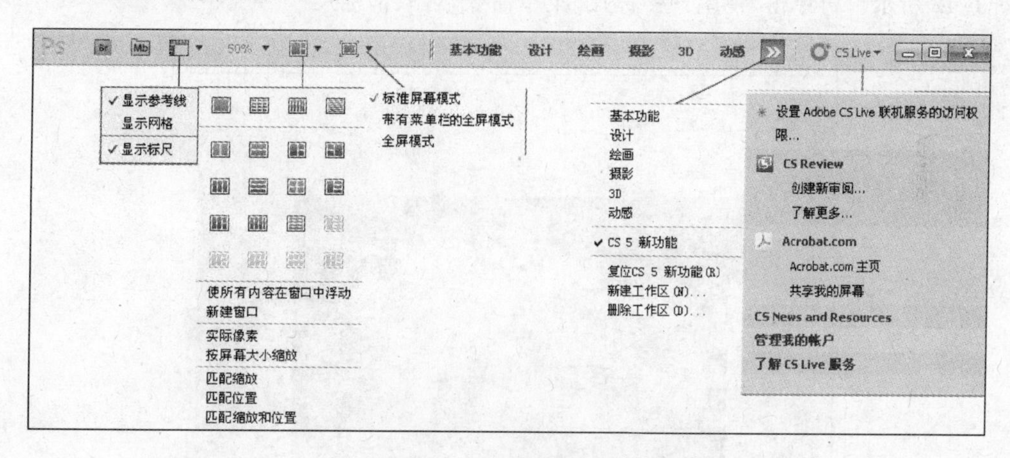

图 1.41 图像标题的显示

4. 使用工具箱的抓手工具调整图像的显示部位

只有在图像大于画布窗口时，才有必要改变图像的显示部位。

(1) 单击按下工具箱的“抓手工具”按钮，再在画布窗口内的图像上拖曳鼠标，即可调整图像的显示部位。

(2) 双击工具箱的“抓手工具”按钮，可使图像尽可能大地显示在屏幕中。

(3) 在已使用了工具箱内的其他工具后，按下空格键，可临时切换到“抓手工具”，此时可以在画布窗口内的图像上拖曳鼠标，调整图像的显示部位。松开空格键后，又回到原来工具状态。

(4) 用鼠标拖曳“导航器”调板内的红色矩形，可调整图像的显示区域。

5. 图像标题的显示

图像标题的显示模式如图 1.41 所示。

通过单击标题栏内的图像显示不同的模式，可改变图像的显示模式。

1.4.4 图像的定位与测量

1. 使用网格

单击选中“视图”→“显示”→“网格”菜单命令，使该菜单命令的左边显示对钩，即可在画布窗口内显示出网格，如图 1.42 所示。网格不会随图像输出。单击“视图”→“显示”→“网格”菜单命令，取消选中该菜单命令(使该菜单命令的左边显示圆点)，可取消画布窗口内的网格。另外，单击“视图” →“显示额外内容”菜单命令，使该菜单命令左边的对钩取消，也可以取消画布窗口内的网格，以及画布中显示的其他额外的内容。

2. 使用标尺和参考线

以下是使用标尺和参考线的操作方法。

(1) 单击选中“视图”→“标尺”菜单命令，即可在画布窗口内的上边和左边显示出标尺，如图 1.42 所示。再单击“视图”→“标尺”菜单命令，可取消标尺。

图 1.42 使用网格

(2) 在标尺上单击，将鼠标拖曳到窗口内，即可产生水平或垂直的蓝色参考线，如图 1.43 所示(一条水平蓝色参考线和两条垂直参考线)。参考线不会随图像输出。

图 1.43 使用参考线

(3) 单击“视图”→“新参考线”菜单命令，调出“新参考线”对话框。利用该对话框对新参考线取向与位置进行设定后，单击“确定”按钮，即可在指定的位置增加参考线。

(4) 单击“视图”→“显示”→“参考线”菜单命令，取消该菜单命令左边的对钩，或者单击“视图”→“清除参考线”菜单命令，即可清除所有参考线。

(5) 将鼠标指针移到参考线处时，鼠标指针变为带箭头的双线状，拖曳鼠标可以调整参考线的位置。单击选中“视图”→“锁定参考线”菜单命令后，即可锁定参考线。锁定的参考线不能移动。再次单击“视图”→“锁定参考线”菜单命令，即可解除参考线的锁定。

3. 使用测量工具

使用工具箱内的“测量工具”(也称为量度工具)，可以精确地测量出画布窗口内任意两点间的距离和两点间直线与水平直线的夹角。“测量工具”与“吸管工具”在同一个工具组内。操作方法如下。

(1) 单击按下工具箱内的“测量工具”按钮。

(2) 用鼠标在画布窗口内拖曳出一条直线，如图 1.44 所示。此时观察“信息”调板内“A：”右边的数据，可获得直线与水平直线的夹角；观察“D：”右边的数据，可获得两点间的距离，如图 1.45 所示。

(3) 测量的结果也会显示在“测量工具”的选项栏内。单击选项栏内的“清除”按钮，即可清除用于测量的直线。单击工具箱内其他工具按钮，也可以取消如图 1.44 所示的用于测量的直线，该直线不会与图像一起输出。

图 1.44 使用“测量工具”

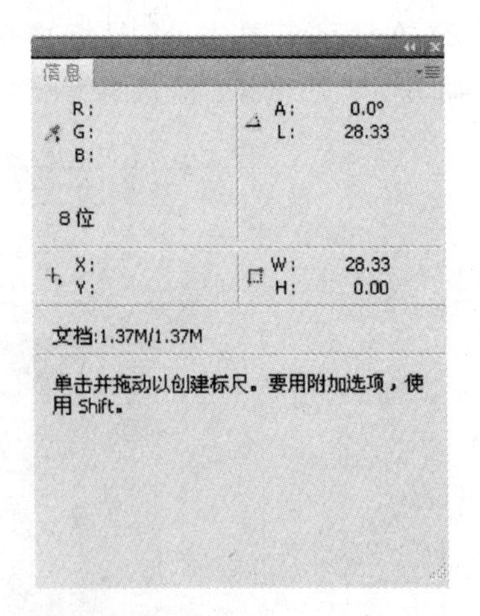

图 1.45 “信息”调板显示的数据

1.4.5 操作的撤销与重做

1. 利用菜单命令撤销与重做一次操作

以下为利用菜单命令撤销与重做的操作方法。

(1) 单击选中“编辑”→“还原××”菜单命令后,可撤销刚刚进行的一次操作。

(2) 单击选中“编辑”→“重做××”菜单命令后,可重做刚刚撤销的一次操作。

(3) 单击选中“编辑”→“返回”菜单命令后,可返回一条历史记录的操作。

(4) 单击选中“编辑”→“向前”菜单命令后,可向前执行一条历史记录的操作。

2. 利用“历史记录”调板撤销与恢复任意一步操作

“历史记录”调板如图 1.20 所示,它是为用户撤销以前的操作而设置的。利用它可以很方便地撤销历史上曾进行过的任意一步操作,使图像恢复到历史上的某一状态,操作如下。

(1) 单击“记录的历史操作”中的某一步操作,即可回到该操作完成后的状态。

(2) 单击选中“记录的历史操作”中的某一步操作,再单击“从当前状态创建新文档”按钮,即可复制一个快照,创建一个新的画布窗口,并保留当前状态,同时在“历史快照”栏内增加一行,名字为最后操作的名字。

(3) 单击“创建新快照”按钮,即可建立一个快照,在“历史快照”栏内增加一行,名字为“快照×”(“×”是序号)。

(4) 双击“历史快照”栏内的快照名称,即可进入给快照重命名的状态。

(5) 单击选中“记录的历史操作”中的某一步操作,再单击“删除当前状态”按钮,即可删除从选中的操作到最后一个操作的全部操作。如果用鼠标拖曳“记录的历史操作”中的某一步操作到“删除当前状态”按钮处,也可以达到相同的目的。

1.4.6 设置绘图颜色

1. “切换前景色和背景色工具”栏

工具箱中的“切换前景色和背景色工具”栏如图 1.46 所示。各部分的作用如下。

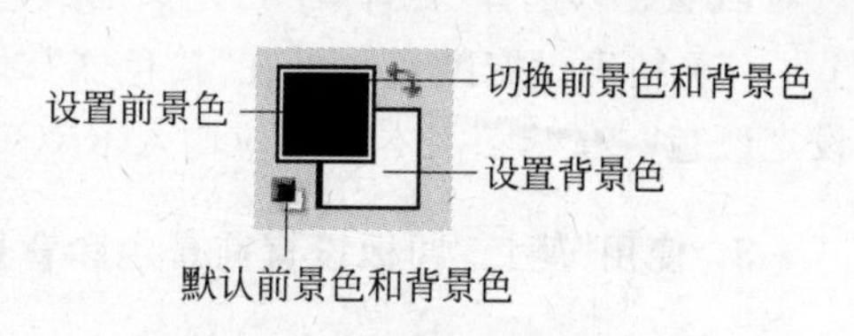

图 1.46 切换前景色和背景色

(1)“设置前景色”图标。用单色绘制和填充图像时的颜色由前景色决定。单击“前景色”图标可调出“拾色器”对话框,利用“拾色器”对话框可设置前景色。另外也可以使用“颜色”调板或“色板”调板等来设置前景色。

(2)“设置背景色”图标。背景色决定了画布的背景颜色。单击“背景色”图标可调出“拾色器”对话框,利用“拾色器”对话框可设置背景色。

(3)“默认前景色和背景色”图标。单击它可使前景色和背景色还原为默认状态,即前景色为黑色,背景色为白色。

(4)“切换前景色和背景色”图标。单击它可以将前景色和背景色的颜色互换。

2. “拾色器”对话框的使用方法

单击“前景色”图标或“背景色”图标,可调出“拾色器”对话框,如图 1.47 所示。使用“拾色器”对话框选择颜色的方法如下。

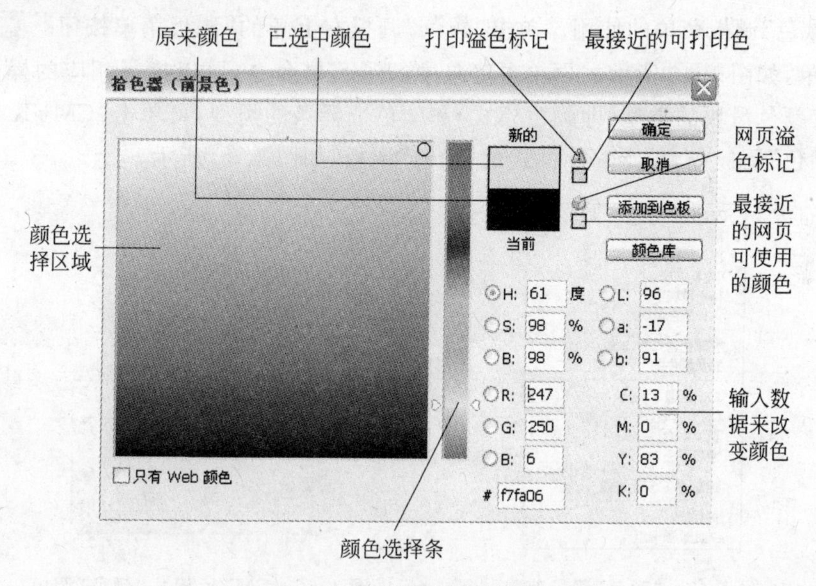

图 1.47 “拾色器”对话框

(1) 粗选颜色。将鼠标指针移到“颜色选择条”内,单击一种颜色,这时“颜色选择区域”的颜色会随之变化。在“颜色选择区域”内会出现一个小圆,它是目前选中的颜色。

(2) 细选颜色。在“颜色选择区域”内,单击(此时鼠标指针变为小圆状)要选择的颜色。

(3) 选择接近的打印色。用于打印图像,使用时单击“最接近的可打印色”图标。

(4) 选择接近的网页色。用于网页输出,使用时单击"最接近的网页可使用的颜色"图标。

(5) 选择自定颜色。单击"自定"按钮,调出"自定颜色"对话框,如图 1.47 所示。利用该对话框可以选择"色库"中自定义的颜色。

(6) 精确设定颜色。可在"拾色器"对话框右下角的各文本框内输入相应的数据来精确设定颜色。在"#"文本框内应输入 RRGGBB 六位十六进制数。

3. 使用"颜色"调板设置前景色和背景色

前景色和背景色的"颜色"调板如图 1.48 所示。利用它设置前景色和背景色的方法如下。

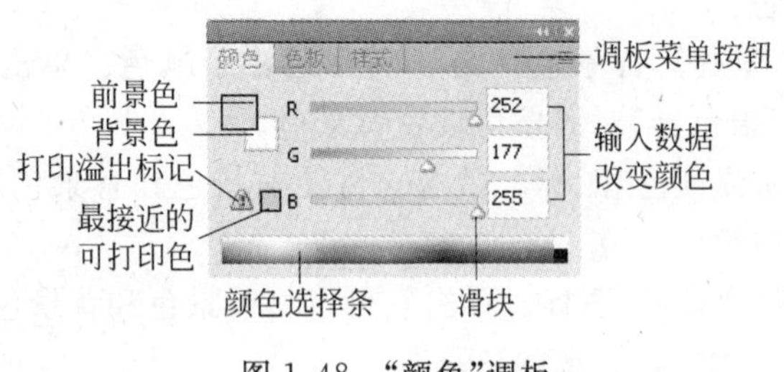

图 1.48 "颜色"调板

(1) 选择设置前景色或背景色。单击选中"前景色"或"背景色"色块,确定是设置前景色,还是设置背景色。

(2) "颜色"调板菜单的使用。单击"颜色"调板右上角的"调板菜单按钮"，弹出"颜色"调板菜单,如图 1.49 所示。再单击菜单中的子菜单命令,可以执行相应的操作。例如,如果要改变颜色滑块的类型(即颜色模式)和颜色选择条的类型,可单击"CMYK 色谱"菜单命令,使"颜色"调板变为 CMYK 模式的"颜色"调板,如图 1.50 所示。

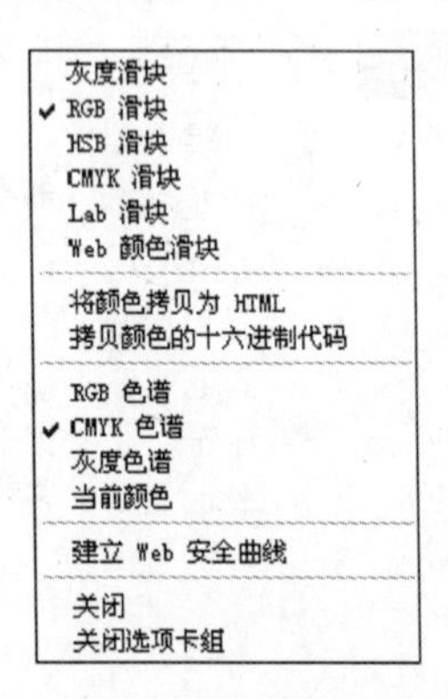

图 1.49 "颜色"调板菜单

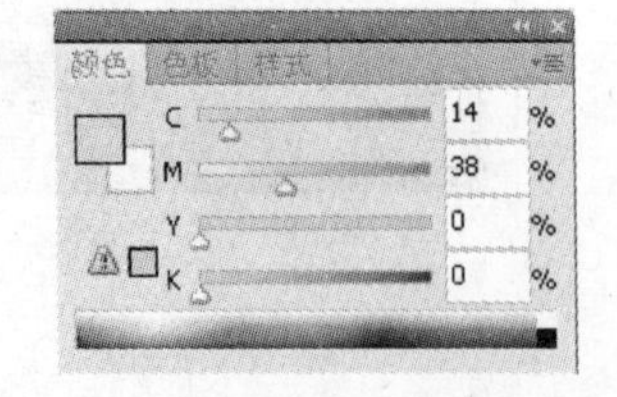

图 1.50 CMYK 模式"颜色"调板

(3) 粗选颜色。将鼠标指针移到"颜色选择条"中,此时鼠标指针变为吸管状。单击一种颜色,可以看到其他部分的颜色和数据也随之发生了变化。

(4) 细选颜色。拖曳 R、G、B 三个滑块,分别调整 R、G、B 颜色的深浅。

(5) 精确设定颜色。在 R、G、B 三个文本框内输入相应的数据(0~255),来精确设定颜色。

(6) 双击“前景色”或“背景色”色块，调出“拾色器”对话框，按照上述方法进行颜色的设置。

(7) 选择接近的打印色。打印图像时，如果出现“打印溢出标记”按钮，则单击“最接近的可打印色”图标即可。

4. 使用“色板”调板来设置前景色

“色板”调板如图 1.51 所示。以下为利用它设置前景色的方法及其他功能的介绍。

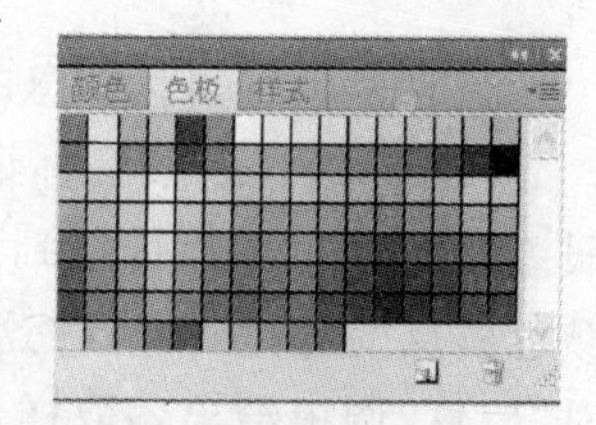

图 1.51　“色板”调板

(1) 设置前景色。将鼠标指针移到“色板”调板内的色块上，此时鼠标指针变为吸管状，稍等片刻，即会显示出该色块的十六进制数据。单击色块，即可将前景色设置为该色块的颜色。

(2) 创建新色块。如果“色板”调板内没有与目前前景色颜色一样的色块，可单击“创建前景色新色板”按钮，即可在“色板”调板内色块的最后边，创建一个与前景色颜色一样的色块。

(3) 删除原有色块。单击选中一个要删除的色块，将它拖曳到“删除色块”图标之上，即可删除该色块。

(4) “色板”调板菜单的使用。单击“色板”调板右上角的“调板菜单按钮”，弹出“色板”调板菜单，如图 1.52 所示(只是上边一部分)，再单击菜单中的子菜单命令，可以执行相应的操作，它主要包括更换色板、存储色板和改变色板的显示方式等内容。

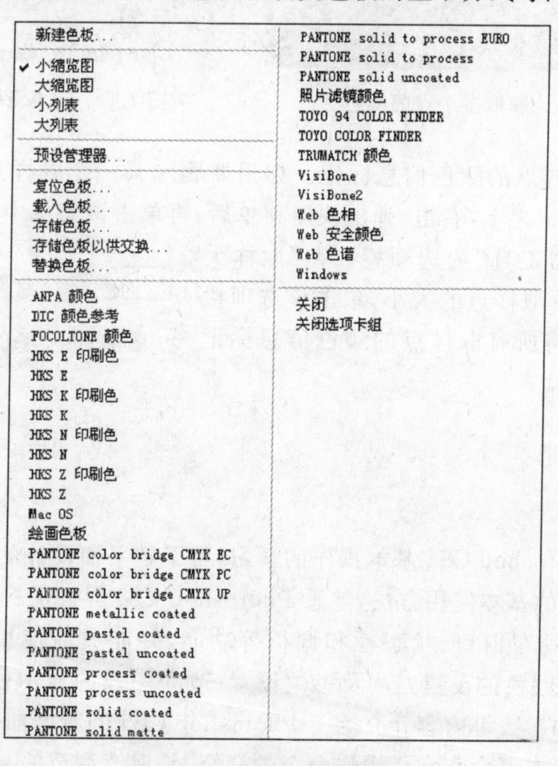

图 1.52　“色板”调板菜单

5. 使用“吸管工具”设置前景色

单击按下工具箱内的“吸管工具”按钮，再将鼠标指针移到画布窗口内部，此时鼠标指针变为状。单击画布中任一处，即可将单击处的颜色设置为前景色。吸管工具的选项栏如图 1.53 所示。选择“取样大小”下拉列表框内的选项，可以改变吸管工具取样点的大小。

图 1.53 “吸管工具”的选项栏

6. 获取多个点的颜色信息

获取多个点颜色信息的主要内容如下。

(1) 添加颜色信息标记。单击按下工具箱内的“吸管工具”组中的“颜色取样器工具”按钮，再将鼠标指针移到画布窗口内部，此时鼠标指针变为十字形状。单击画布中要获取颜色信息的各点，即可在这些点处产生带数值序号的标记，例如，1，如图 1.54 所示。同时“信息”调板给出各取样点的颜色信息，如图 1.55 所示。

图 1.54 获取多个点的颜色

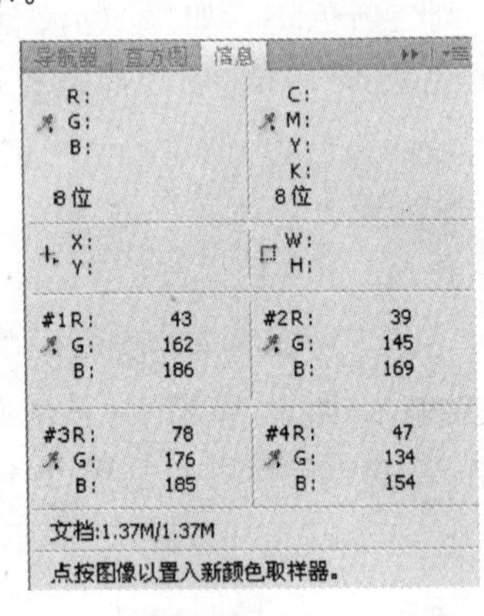

图 1.55 获取多个点的颜色信息

(2) 删除一个取样点的颜色信息标记。如果要删除某一个取样点的颜色信息标记，可将鼠标指针移到该标记之上，右击，弹出快捷菜单后，再单击该菜单中的“删除”菜单命令。

(3) “颜色取样器工具”的选项栏。在“取样大小”下拉列表框中选择取样点的大小，单击该选项栏内的“清除”按钮，可将所有取样点的颜色信息标记删除，如图 1.56 所示。

图 1.56 “颜色取样器工具”选项栏

本章小结

本章通过对 Photoshop CS5 基本操作的学习，可了解平面设计的基本知识和概念，学习 Photoshop CS5 软件的基本使用方法，熟悉 Photoshop CS5 界面的标题栏、菜单栏与快捷菜单、工具箱、选项栏、画布窗口、状态栏和调板等功能，并能灵活使用技巧。同时还学习了 Photoshop CS5 绘图颜色的设置方法及参数设置、改变图像的显示模式、改变图像大小、裁切图像和变换图像的参数等内容并介绍了 Photoshop CS5 的新增加的功能。

本章的内容是基本概念和常用操作命令的介绍，是后续章节的基础。

第2章 选区和填充应用

本章学习要求

理论环节：

- 学习创建选区的各种方法和编辑选区的各种方法；
- 学习渐变填充颜色和杂色填充的设置方法及渐变填充方式的设置；
- 中文 Photoshop CS 绘图颜色及其参数的设置方法；
- 学习微移技巧。

实践环节：

- 绘制古城春意；
- 花中泡泡的制作；
- 打造夜幕靓女；
- 彩色立方体的制作；
- 彩色酒杯的创意；
- DVD 光盘的设计。

2.1 实训 绘制古城春意

2.1.1 实训目的

(1) 学习使用“魔棒工具”创建选区、编辑选区和贴入、粘贴等操作。将几幅图像合并在一起，要求完成的最终效果如图 2.1 所示。

(2) 学习使用“移动工具”移动粘贴的图像，并调整粘贴图像的大小和形状。

如图 2.1 所示给出了由三幅图像合并后的图像效果，三幅图分别如图 2.2、图 2.3 和图 2.4 所示。

图 2.1 图像合并图

图 2.2 古城

图 2.3　蓝天

图 2.4　绿树

2.1.2　实训理论基础

有许多方法可以将几幅图像合并在一起，这里使用的是贴入技术。首先将一幅图像全选，再将它复制到剪贴板中，然后在另一幅图像中创建选区，再单击“编辑”→“选择性粘贴”→“贴入”菜单命令，即可将剪贴板中的图像粘贴到选区中。

如果将有多个图层的图像中所有图层复制到剪贴板中，应在全选图像后，单击“编辑”→“合并复制”菜单命令。

1. 创建整个画布为一个选区和反选选区

具体操作如下。

(1) 选取整个画布为一个选区。单击“选择”→“全选”菜单命令或按 Ctrl＋A 键，即可将整个画布选取为一个选区。

(2) 反选选区。单击“选择”→“反选”菜单命令，可选择选区外的部分为选区。

2. 扩大选取和选取相似

以下为扩大选取和选取相似的操作方法。

(1) 扩大选取。在按下“添加到选区”按钮状态下，使用魔棒等工具可以扩大选区，但不方便。在已经有了一个或多个选区后，要扩大与选区内颜色和对比度相同或相近的区域为选区，可单击“选择”→“扩大选取”菜单命令。例如，如图 2.5 所示是一个有选区的画布，单击“选择”→“扩大选取”菜单命令后的画布如图 2.6 所示。

图 2.5　魔棒选区

图 2.6　扩大选取

(2) 选取相似。如果已经有了一个或多个选区，要将与选区内颜色和对比度相同或相近的像素选择为选区，可单击“选择”→“选取相似”菜单命令。选取相似可以在整个图像内选取与原选区内颜色和对比度相近的像素，可创建多个选区。扩大选取是在原选区的基础之上扩大选区的选取范围。

3. 使用“贴入”菜单命令填充图像

以下为使用“贴入”菜单命令填充图像的操作方法。

(1) 在一幅图像中创建一个选区。单击“编辑”→“复制”菜单命令，将选区中的图像复制到剪贴板中。

(2) 在另一幅图像中创建一个选区。单击“编辑”→“选择性粘贴”→“贴入”菜单命令，即可将剪贴板中的图像粘贴到该选区中。

2.1.3 实训操作步骤

1. 置换古城天空

(1) 打开如图 2.2、图 2.3 和图 2.4 所示的三幅图像。单击选中如图 2.3 所示的蓝天图像。然后单击“选择”→“全选”菜单命令，将整个蓝天图像选中。

(2) 单击“编辑”→“复制”菜单命令，将整个云图图像复制到剪贴板中。

(3) 单击选中如图 2.2 所示的古城图像。按下工具箱中的“魔棒工具”按钮，容差设置为 30；然后单击图像的天空部分，再在“魔棒工具”属性窗口中单击图标，继续选择没有选中的天空。此时图像中的选区如图 2.7 所示。

(4) 单击“编辑”→“选择性粘贴”→“贴入”菜单命令，将剪贴板中的云图图像粘贴到选区中。然后使用“编辑”→“自由变换”菜单命令，调整云图的大小，再按下工具箱中的“移动工具”按钮，用鼠标拖曳移动粘贴的云图图像，最后效果如图 2.8 所示。

图 2.7 使用魔棒选区

图 2.8 将蓝天贴入

2. 种植古城前绿树

(1) 单击选中如图 2.4 所示的图像。按下工具箱中的“魔棒工具”按钮，容差设置为 30。然后单击图像的天空部分，再两次单击“选择”→“选取相似”菜单命令。此时创建的选区如图 2.6 所示。

(2) 按下工具箱中的“魔棒工具”按钮，按住 Shift 键，用鼠标在图像的下半部分河水处单击，增加选区，直到所有绿树背景图像均被选区选中为止。

(3) 单击“选择”→“反选”菜单命令，将绿树选中，然后单击“编辑”→“复制”菜单命令，将绿树复制到剪贴板中。

(4) 回到如图 2.8 所示的图中，单击“编辑”→“粘贴”菜单命令，将剪贴板中的绿树图像粘贴到图 2.8 中。

(5) 再使用工具箱中的“移动工具”按钮，用鼠标拖曳移动粘贴的图像。

(6) 单击“编辑”→“自由变换”菜单命令，调整绿树的大小位置。

(7) 再复制一个树，使用“编辑”→“自由变换”菜单命令或按 Ctrl＋T 键，再右击，选择“水平翻转”命令将树翻转，放到合适位置，最后效果如图 2.1 所示。

2.1.4 实训技术点评

1. 选取区域

(1) “魔棒工具”的使用

当使用“魔棒工具”时，可以与“魔棒工具”选项栏中的四种模式及其对应的快捷键结合使用，如图 2.9 所示。“魔棒工具”一般在选中图像大面积区域使用。

图 2.9 “魔棒工具”选项栏

(2) “选择”→“选取相似”菜单命令的使用

用于选择图像色彩相似的区域时使用。

2. 粘贴和贴入的区别

粘贴是将剪贴板中图像覆盖在当前图像中。

贴入是将剪贴板中图像复制到当前图像中选择的区域中。

3. 合并图像

操作中合成第三幅图像时，可以将绿树粘贴到古城图像中，也可以在绿树图像中选中绿树背景，以选择贴入的方式，同样能达到如图 2.1 所示的效果。具体步骤如下。

(1) 在如图 2.8 所示的图像中单击“选择”→“全选”菜单命令，再单击“编辑”→“合并复制”菜单命令，将选区中所有图层中的图像合并后复制到剪贴板中。

(2) 在图 2.6 中单击“编辑”→“选择性粘贴”→“贴入”菜单命令，将剪贴板中的古城和蓝天图像粘贴到选区中。

(3) 使用“自动变换”命令，调整图 2.8 的大小。

2.1.5 实训练习

具体练习如下。

(1) 制作如图 2.10 所示的合并图像。它由如图 2.11 所示的图像和如图 2.12 所示的图像合并而成。

图 2.10 卡通相框

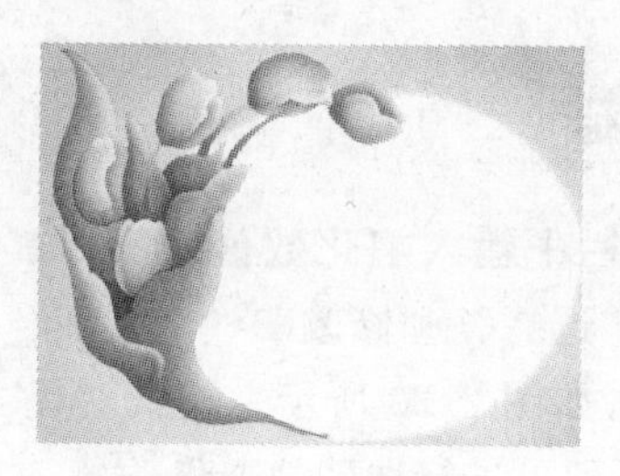
图 2.11 相框

图 2.12 卡通

(2) 制作如图 2.13 所示的合并图像。它由如图 2.14、图 2.15 和图 2.16 所示的图像合并而成。

图 2.13 窗前模特

图 2.14 兰花

图 2.15 外景

图 2.16 模特

(3) 将有自己的图像和世界风景图像合为一体。

2.2 实训 花中泡泡的制作

2.2.1 实训目的

实训目的如下。

(1) 学习羽化、选定和贴入等操作技术。

(2) 利用如图 2.17 和图 2.18 所示的“花”的两幅图像进行合成制作,最终效果如图 2.19 所示。

图 2.17 花(1)

图 2.18 花(2)

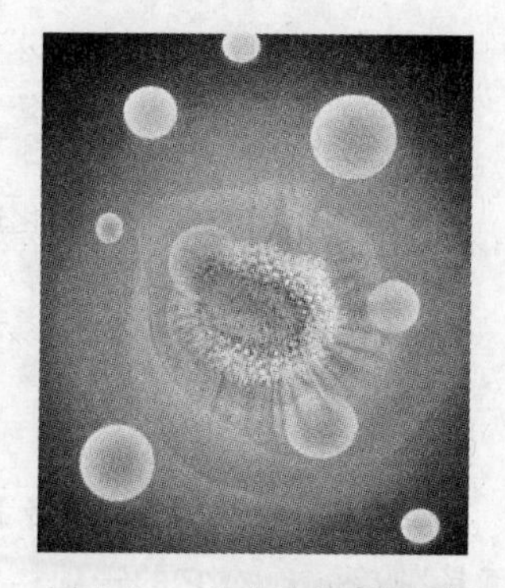
图 2.19 花中泡泡效果图

2.2.2 实训理论基础

创建羽化可以直接在选项栏中输入羽化数值，也可以先创建选区，再将它羽化。单击"选择"→"修改"→"羽化"菜单命令，调出"羽化选区"对话框，如图 2.20 所示。输入羽化半径的数值，再单击"确定"按钮，即可进行选区的羽化。

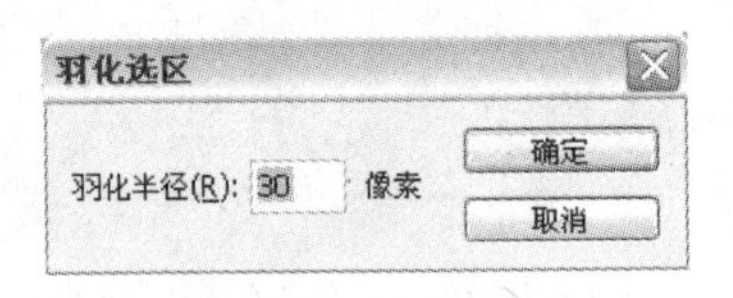

图 2.20 "羽化选区"对话框

2.2.3 实训操作步骤

1. 合并"花"的图像

(1) 打开"花 1"和"花 2"图像，如图 2.18 和图 2.19 所示。

(2) 在如图 2.18 所示的图像中设置背景色为黑色，单击按下工具箱中的"椭圆选框工具"按钮，在它的选项栏中的"羽化"文本框中输入 50，然后用鼠标在图像上创建一个椭圆形选区。

(3) 单击"选择"→"反选"菜单命令，然后删除选择区，按 Delete 键，做出背景的花为朦胧的效果，如图 2.21 所示。

(4) 打开一幅"花 2"图像，如图 2.19 所示。单击按下工具箱中的"椭圆选框工具"按钮，在它的选项栏中的"羽化"文本框中输入 30，然后单击"编辑"→"复制"菜单命令，将"花 2"复制在剪贴板中。

(5) 回到如图 2.18 所示的图像中，单击"编辑"→"选择性粘贴"→"贴入"菜单命令，将剪贴板中的"花 2"图像粘贴到椭圆区内。

(6) 单击"编辑"→"自由变换"菜单命令，调整粘贴的图像的大小与位置，然后按回车键，退出自由变换状态。按下工具箱中的"移动工具"按钮，调整图像位置，最后效果如图 2.22 所示。

图 2.21 羽化选区

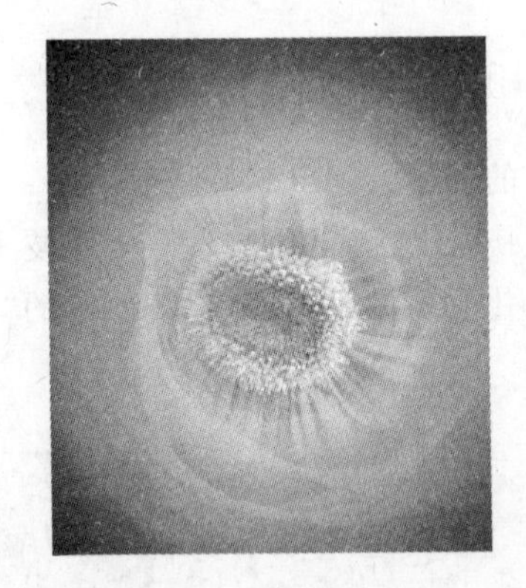

图 2.22 贴入"花 2"

2. 制作背景泡泡

操作方法如下。

(1) 在"图层"调板上单击下方的图标，创建一个新的图层。按下工具箱中的"椭圆选框工具"按钮，在它的选项栏中的"羽化"文本框中输入 0，创建泡泡的外圆，用油漆桶填充白色。再按下工具箱中的“椭圆选框工具”按钮，在它的选项栏中的“羽化”文本框中输入10，创建泡泡的内圆，用油漆桶填充蓝色，在“图层”调板的“不透明”文本框中输入80%，如图2.23所示。

（2）复制多个泡泡层，在每层中，按下工具箱中的“移动工具”按钮，调整图像位置。单击“编辑”→“自由变换”菜单命令，调整泡泡图像的大小，并改变泡泡的颜色，如图2.24所示。

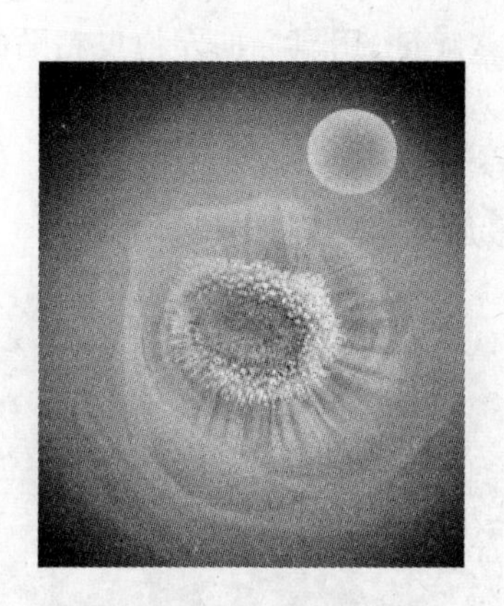

图2.23　泡泡球制作

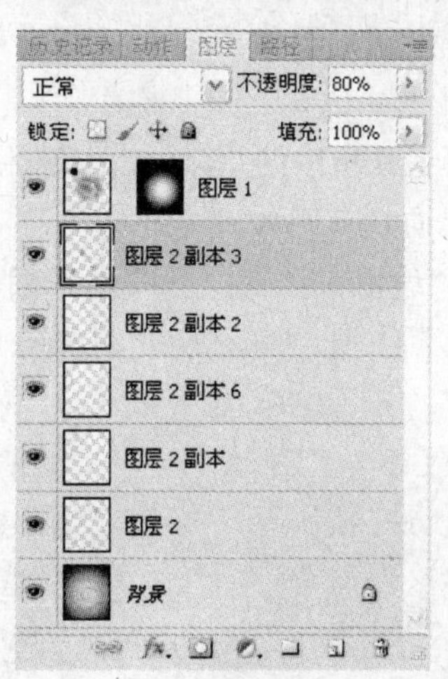

图2.24　“图层”调板

2.2.4　实训技术点评

1. 图像柔和效果

若使图像出现柔和的效果，须在“图层”调板的“填充”文本框中或“不透明”文本框中输入相应的数字，如图2.24所示。

2. 羽化效果

创建羽化的选区可以将选择区域与非选择区域的颜色产生逐渐变化的效果。

2.2.5　实训练习

具体练习如下。

（1）运用选区不同的羽化。利用如图2.25和图2.26所示的两幅图像制作出如图2.27所示的图像效果。

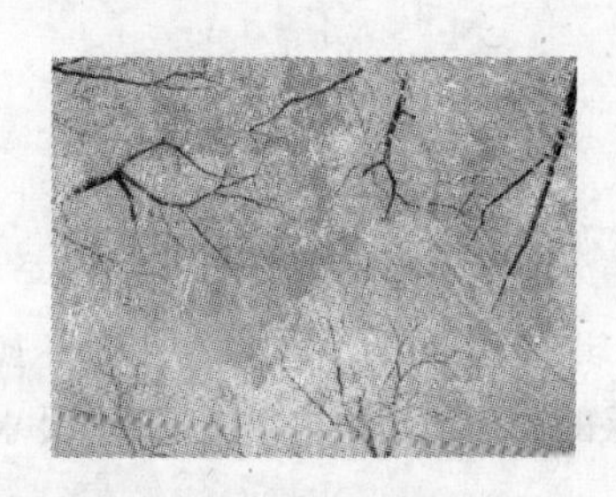

图2.25　雪树

图2.26　鹰

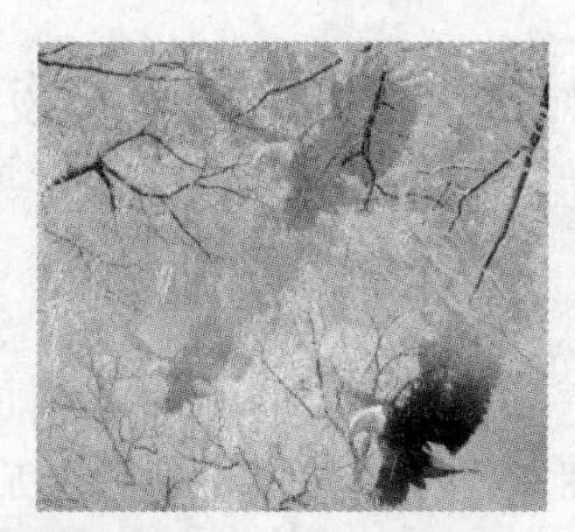

图2.27　雪树雄鹰

(2) 在所给的素材中，应用"云图 1"、"向日葵 1"、"人物 1"和"人物 2"，制作如图 2.28 所示的效果。制作步骤如下。

① 合并"向日葵 1"和"云图 1"图像。

a. 按下工具箱中的"套索工具"按钮，在"向日葵 1"图像中创建一个不规则的选区，将如图 2.28 所示的图像中的向日葵全部选中，然后复制到"云图 1"图像中，调节其大小和位置。

b. 按下工具箱中的"移动工具"按钮，按住 Alt 键，用鼠标向左拖曳粘贴的向日葵图像，复制一份向日葵图像。

c. 单击"编辑"→"变换"→"水平翻转"菜单命令，将复制的图像水平翻转。然后使用工具箱中的"移动工具"移动复制的向日葵图像，最后效果如图 2.29 所示。

图 2.28　花中人物

图 2.29　向日葵合并

② 制作花中人物图像。

a. 打开一幅"人物 1"图像，按下"椭圆选框工具"按钮，创建一个椭圆形选区，将"人物 1"图像中的人物头像选中，并使用"复制"命令，将选区中的图像复制到剪贴板中。

b. 分别在如图 2.29 所示的图像中左右两边的向日葵处创建一个椭圆选区，"羽化"设定为 10 像素，用"贴入"菜单命令，将剪贴板中的丽人头像粘贴到羽化选区中。

c. 在如图 2.29 所示的图像上部，创建一个椭圆选区，"羽化"设定为 30 像素，用"贴入"菜单命令，将"人物 2"图像粘贴到羽化选区中。

d. 使用"自由变换"菜单命令，调整人物头部图像的位置和大小，图像效果如图 2.28 所示。

e. 此时，"图层"调板中有四个图层，保证选中刚刚粘贴的图像所在的图层，在"图层"调板的"填充"文本框中输入 60%。

(3) 利用一些小动物的图像和风景图像制作出本案例的效果。

2.3　实训　打造夜幕靓女

2.3.1　实训目的

(1) 学习使用"魔棒工具"、"套索工具"选择选区、编辑选区和粘贴等操作。将如图 2.30、图 2.31 和图 2.32 所示的女孩图像与如图 2.33 所示的背景图像合并在一起，要求完成的最终效果如图 2.34 所示。

(2) 学习使用"选择"菜单中的"选取相似"等操作，扩大选择范围，提高选择效率。

(3) 学习使用"套索工具"选择复杂颜色的区域。

图 2.30 女孩(1)

图 2.31 女孩(2)

图 2.32 女孩(3)

图 2.33 背景

图 2.34 夜幕靓女

2.3.2 实训理论基础

1. 套索工具组的使用

套索工具组有"套索工具"、"多边形套索工具"和"磁性套索工具"三种，它用于创建不规则选区，如图 2.35 所示。

(1) 套索工具。单击它，鼠标指针变为套索状，用鼠标在画布窗口内拖曳，即可创建一个不规则的选区，如图 2.36 所示。当松开鼠标左键时，系统会自动将鼠标拖曳的起点与终点进行连接，形成一个闭合的区域。

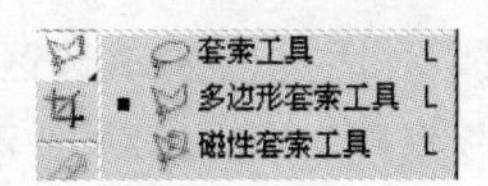

图 2.35 套索工具

图 2.36 使用套索效果

(2) 多边形套索工具。单击它，鼠标指针变为多边形套索状，单击多边形选区的起点，再依次单击多边形选区的各个顶点，最后双击多边形选区的终点。系统会自动将起点与终点进行连接，形成一个闭合的区域，即形成一个多边形选区。

(3) 磁性套索工具。单击它，鼠标指针变为磁性套索状，用鼠标在画布窗口内拖曳，最后在终点处双击，即可创建一个不规则的选区。"磁性套索工具"与"套索工具"的不同之处是，系统会自动根据鼠标拖曳出的选区边缘的色彩对比度来调整选区的形状。因此，对于选取区域外形比较复杂的图像，同时又与周围图像的色彩对比度反差比较大，采用该工具创建选区较方便。

2. 套索工具组工具的选项栏

"套索工具"与"多边形套索工具"的选项栏基本一样，如图 2.37 所示。从图中可以看出，它们的几个选项在前面已经介绍过。"磁性套索工具"的选项栏如图 2.38 所示，它有几个选项在前面没有介绍过，以下为这几个选项的简介。

图 2.37 "套索工具"选项栏

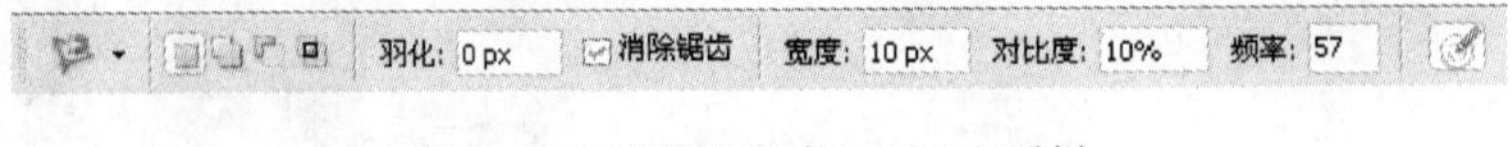

图 2.38 "磁性套索工具"选项栏

(1) "宽度"文本框。它用于设置系统检测的范围，单位为像素。当用户用鼠标拖曳出选区时，系统将在鼠标指针周围指定的宽度范围内选定反差最大的边缘作为选取的边界。该数值的取值范围是 1～40 像素。

(2) "对比度"文本框。它用于设置系统检测选区边缘的精度，当用户用鼠标拖曳出选区时，系统将认为在设定的对比度百分数范围内的对比度是一样的。该数值越大，系统能识别的选区边缘的对比度也越高。该数值的取值范围是 1%～100%。

(3) "频率"文本框。它用于设置选区边缘关键点出现的频率，此数值越大，系统创建关键点的速度越快，关键点出现得也越多。频率的取值范围是 0～100。

3. 使用取样的颜色选择色彩范围

以下为具体操作方法。

(1) 单击"选择"→"取样颜色"选项。

(2) 单击按下"吸管工具"按钮，再单击画布内或"色彩范围"对话框内预览框中的要选取的图像，对要包含的颜色进行取样。

(3) 用鼠标拖曳"颜色容差"滑块，或在其文本框中输入数字，调整选取颜色的容差值。容差越大，选取的相似颜色的范围也越大。通过调整颜色容差，可以控制相关颜色包含在选区中的程度，进而部分地选择像素。

(4) 如果单击选中"选择范围"单选项，则在"色彩范围"对话框内显示选区的状态(使用白色表示选区)；如果单击选中"图像"单选项，则在"色彩范围"对话框内显示画布中的图像。若在"色彩范围"对话框中的"图像"和"选择范围"预览之间切换，可以按 Ctrl 键。

(5) 如果要添加颜色，可按下"添加到取样"按钮或按 Shift 键，再单击画布内或"色彩范围”对话框内预览框中要添加颜色的图像；如果要减去颜色，可按下“从取样中减去”按钮或按 Alt 键，再单击画布内或“色彩范围”对话框内预览框中要减去颜色的图像。

(6) 若要在预览框中预览选区，可在“选区预览”下拉列表框中选择相应的选项。各选项的作用如下。

① “无”选项。不在“色彩范围”对话框内预览框中显示任何预览。

② “灰度”选项。按选区在灰度通道中的外观，在“色彩范围”对话框内预览框中显示选区。关于通道可参照后面章节中的有关内容。

③ “黑色杂边”选项。在“色彩范围”对话框内，在黑色背景上用彩色显示选区。

④ “白色杂边”选项。在“色彩范围”对话框内，在白色背景上用彩色显示选区。

⑤ “快速蒙版”选项。在“色彩范围”对话框内，使用当前的快速蒙版设置显示选区。关于快速蒙版可参照后续章节的有关内容。

例如，在“女孩中”图像中使用色彩范围选择，单击选中“选择”→“色彩范围”选项，出现如图 2.39 所示的对话框，用吸管抽出背景色，并按“色彩范围”对话框调整参数，然后单击“确定”按钮。“女孩右”选区如图 2.40 所示，再用“魔棒工具”将多余的地方去掉，同样达到将人物从背景中抠出的目的。

图 2.39　“色彩范围”对话框

图 2.40　选区结果

2.3.3　实训操作步骤

1. 用“魔棒工具”选取人物区域

(1) 选中如图 2.30 所示的女孩图像。按下工具箱中的“魔棒工具”按钮，容差设置为 20。然后单击图像的浅蓝背景部分。

(2) 按 Delete 键弹出“填充”对话框，如图 2.41 所示，单击“确定”按钮，将选区部分删除。此时，大部分背景已经被删去，但是右下角还有少部分蓝色背景，使用工具箱中的“放大工具”单击画面局部放大，继续使用“魔棒工具”将多余的蓝色清除，如图 2.42 所示。

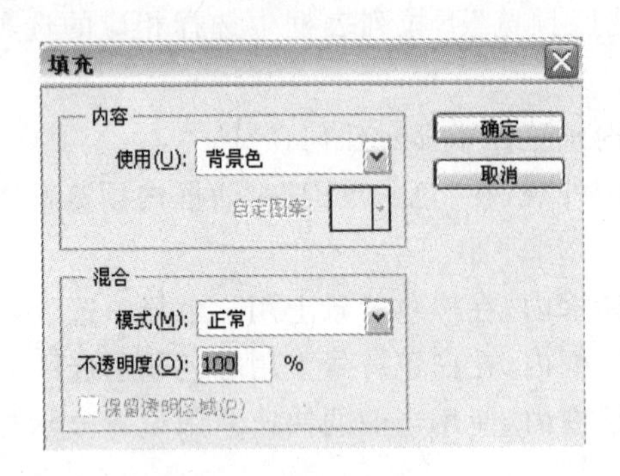

图 2.41 “填充”对话框

图 2.42 选择多余背景

(3) 此时女孩图像基本已从背景分离,但还是有些细微部分有杂质,用“橡皮工具”对杂质进行擦除,便可得到一个完整的女孩图像,

(4) 用“魔棒工具”选中女孩外区域,单击“选择”→“反选”命令,得到女孩图像,再按Ctrl+C键复制选中的女孩区域,如图 2.43 所示。

(5) 打开一个夜幕风景图片,将女孩粘贴到风景图中,并调节大小和位置,如图 2.44 所示。

图 2.43 魔棒选中人物

图 2.44 将女孩粘贴到背景中

2. 用色彩范围选取人物区域

还可以使用色彩范围选取女孩。

(1) 选中如图 2.31 所示的女孩图像。单击“选择”→“色彩范围”菜单命令,弹出“色彩范围”对话框,如图 2.45 所示。

(2) 按下“吸管工具”按钮,抽出背景色,并按照“色彩范围”对话框调整参数,然后单击“确定”按钮,效果如图 2.46 所示。

(3) 再用“魔棒工具”将多余的地方去掉,同样达到将人物从背景中抠出的目的。

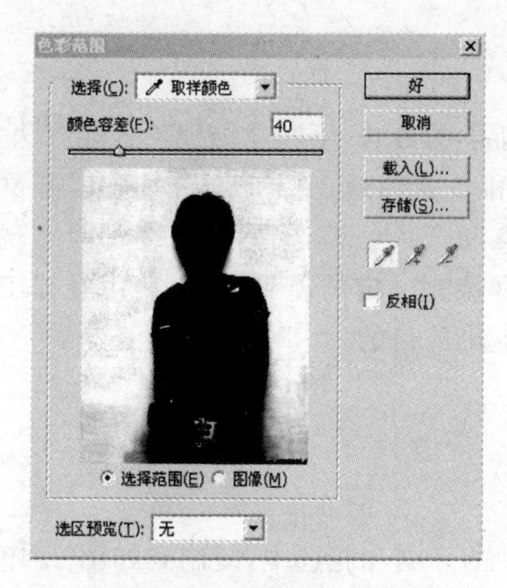

图 2.45 “色彩范围”对话框

图 2.46 选区结果

(4) 打开一个夜幕风景图片，将女孩粘贴到风景图中，并调节大小和位置。

3. 用“套索工具”选取人物区域

在图 2.32 中由于女孩的衣服和背景颜色接近，不能用“魔棒工具”选取人物，应用套索工具组选取。

(1) 选中如图 2.32 所示的女孩图像。使用工具栏中的“多边形套索工具”，沿着女孩的边缘依次单击，选中女孩形成封闭区域，最后双击终点，如图 2.47 所示。

(2) 打开一个夜幕风景图片，将女孩粘贴到风景图中，并调节大小和位置，如图 2.34 所示。

图 2.47 用“多边形套索工具”选取人物

2.3.4 实训技术点评

在选择不同的选区时，要根据选择的形状和颜色等使用不同的方法。本实训中，在女孩的选区中，可以使用魔棒工具，也可以使用套索工具，还可以使用色彩范围来选区。选取时最好选择方便快捷的方法。

1. 选择图像区域的方法

选择图像区域的方法如表 2.1 所示。

表 2.1 选择图像区域的方法

使用工具	应用范围	操作技术	注意事项
魔棒工具	大色块相同或近似颜色	简单	应用容差扩减色彩范围
选取相近	离散的相同或近似颜色	极简单	不灵活
色彩范围	色彩复杂但色块面积大	复杂	不断选择区域
套索工具	色彩复杂	繁琐	一次完成，最好有羽化值

2. 灵活使用所学方法

在图像处理操作中，方法不唯一，可根据所学的方法，不断总结找出最佳方法。

例如，本实训中的图 2.32 中的背景颜色和女孩相近，要想将人物抠出，需要用套索工具，至于使用哪一种套索工具，要根据图像特点和个人习惯选择，但最终都能实现选中选区的目的。图 2.30 和图 2.31 中的背景颜色和女孩有一定的差别，可以使用魔棒工具选择背景区域，然后反选，进而达到将人物从背景中抠出的目的。

2.3.5 实训练习

具体练习如下。

(1) 利用“色彩范围”对话框，将图 2.48 中的牙刷和花选中，复制到如图 2.49 所示的图像中，再进行调整，制作好的图像如图 2.50 所示。

(2) 利用“色彩范围”对话框，将图 2.34 中的女孩选中，复制到一个新建文档中，加入自己的创作。

图 2.48 牙刷

图 2.49 建筑

图 2.50 牙刷广告

2.4 实训 彩色立方体的制作

2.4.1 实训目的

(1) 学习使用前景填充、背景填充和图案填充。

(2) 学习使用渐变工具的不同样式，达到不同的艺术效果。

(3) 学习使用自由变换中的各种变换方法。

(4) 制作以图案作为背景、如图 2.51 所示的彩色立方体图形。

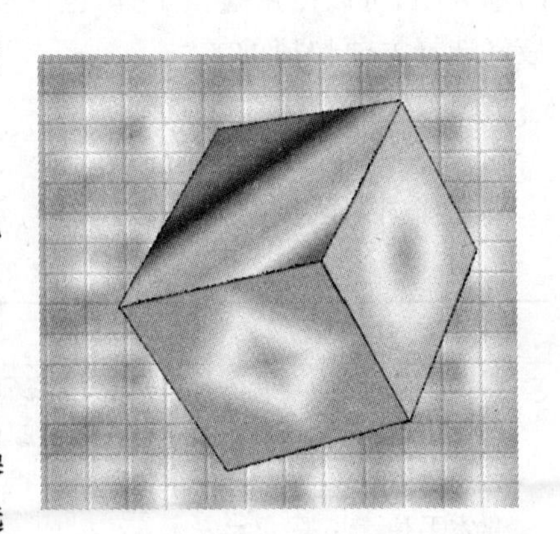

图 2.51 三色立方体

2.4.2 实训理论基础

在 Photoshop 中，常需要对图像的一部分进行操作，这就需要将这一部分图像选取出来，构成一个选区。在选取时常常还要设置选区和图像的大小比例，所以要经常使用自由变换命令。

1. 自由变换命令的使用

当对图像调整大小时，可以使用“编辑”→“自由变换”命令或使用 Ctrl＋T 快捷键。单击鼠标右键可选择相应命令，如图 2.52 所示。

（1）选择“旋转”命令，可旋转图像角度，如图 2.53(a)所示。

（2）选择“斜切”命令，可旋转图像方位，如图 2.53(b)所示。

（3）选择“透视”命令，可变换图像成梯形方位，如图 2.53(c)所示。

图 2.52 “自由变换”命令

(a) 旋转图像

(b) 斜切图像

(c) 透视图像

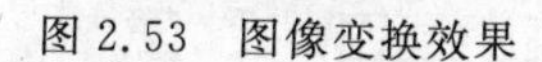

图 2.53 图像变换效果

注意：按回车键结束自由变换任务。

2. 使用“油漆桶工具”填充单色或图案

使用“油漆桶工具”可以给选区内颜色容差在设置范围内的区域填充颜色或图案。在选定前景色或图案后，只要单击选区内要填充颜色或图案处，即可给单击处和与该处颜色容差在设置范围内的区域填充颜色或图案。

没有选区时，则是针对当前图层的整个图像，单击图像也可给图像填充颜色或图案。按下工具箱内的“油漆桶工具”按钮，此时的选项栏如图 2.54 所示。该选项栏中一些选项的作用如下。

图 2.54 “油漆桶工具”选项栏

（1）“填充”下拉列表框。用来选择填充的方式。它有两个选项，一个是“前景”，设置填充色为前景色；另一个是“图案”，设置填充色为图案，此时“图案”下拉列表框变为有效。

（2）“图案”下拉列表框。单击该下拉列表框的黑色按钮，可弹出一个“图案样式”面板，利用该面板可以设置填充的图案，也可以更换、删除和新建图案样式。

（3）“模式”下拉列表框。用来设置填充的颜色或图案与背景颜色或图案之间的缓和模式。它有许多选项，它们的作用将在以后的章节中介绍。

(4)“不透明度”文本框。单击该文本框右边的箭头按钮，可调出一个滑槽，用鼠标拖曳滑槽中的滑块，可以调整该文本框中数值的大小，如图 2.55 所示。

图 2.55 不透明度设置

(5)“容差”文本框。用来设置系统选择颜色的范围，即设置填充区域允许的颜色容差值，该数值的范围是 0～255。容差值越大，填充色的范围也越大。

(6)“消除锯齿”复选框。选中它后，可使填充的图像边缘锯齿减小。

(7)“连续的”复选框。在给几个不连续的已填色的选区填充颜色或图案时，如果选中了该复选框，则只给单击的选区填充新颜色或图案，否则给所有选区填充新颜色或图案。

注意：这里所说的选区是指选区内颜色容差在设置范围内的区域。

(8)“所有图层”复选框。选中它后，可在所有可见图层内进行操作，即给这些选区内颜色容差在设置范围内的区域填充颜色或图案。

3. 使用“填充”菜单命令填充单色或图案

单击“编辑”→“填充”菜单命令，可以调出“填充”对话框，如图 2.56(a)所示。利用该对话框可以给选区填充颜色或图案。对话框中的“模式”下拉列表框和“不透明度”文本框与油漆桶工具的选项栏内的“模式”下拉列表框和“不透明度”文本框的作用一样。

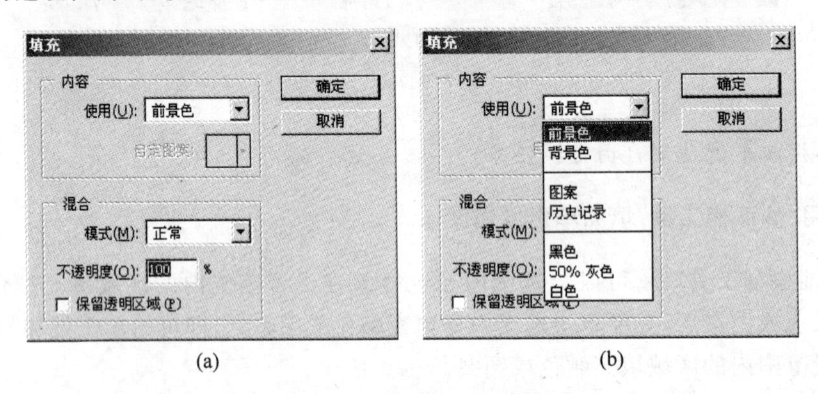

图 2.56 “填充”对话框

单击“填充”对话框中的“使用”下拉列表框的黑色箭头按钮，可弹出使用颜色类型的选项，如图 2.56(b)所示。如果选择“图案”选项，则“填充”对话框中的“自定图案”下拉列表框会变为有效，它的作用与油漆桶工具选项栏中的“图案”下拉列表框的作用一样。

4. “渐变工具”的选项栏

按下工具箱内的“渐变工具”按钮，此时的选项栏如图 2.57 所示。该选项栏中一些选项在前面已经介绍过，下面介绍其他选项的作用。

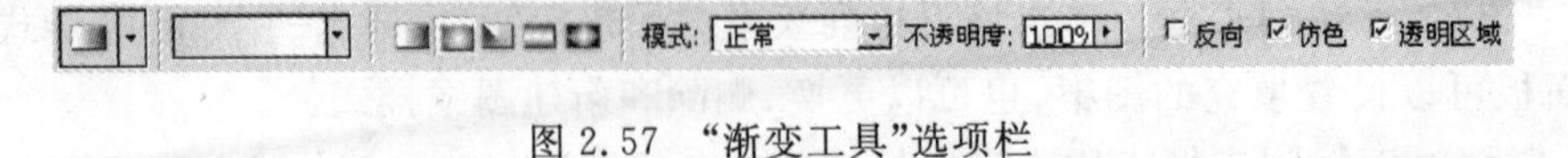

图 2.57 “渐变工具”选项栏

(1)"渐变样式"[图标]下拉列表框。单击该列表框的黑色箭头按钮,可弹出"渐变样式"对话框,如图2.58所示。双击一种样式图案,即可完成填充样式的设置。在选择不同的前景色和背景色后,"渐变样式"对话框内的渐变颜色的种类会稍有不同。

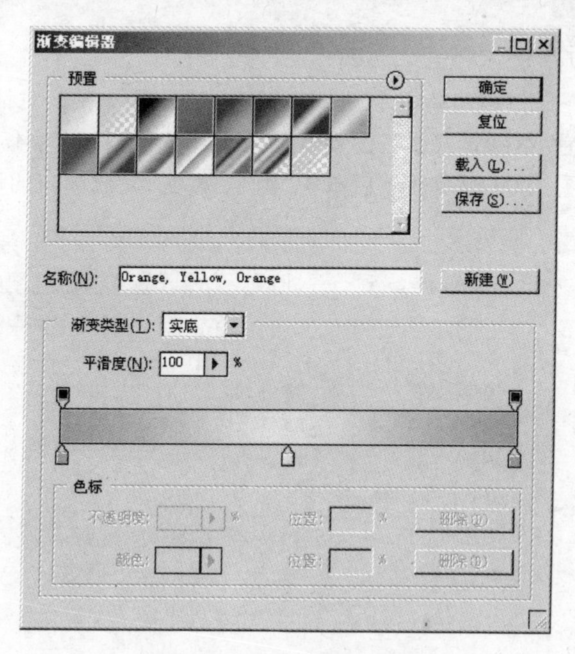

图2.58 "渐变编辑器"对话框

(2)[图标]按钮组。用来选择渐变色的填充方式。它有五个按钮,按下其中一个按钮,即可进入一种渐变色填充方式。

5. 渐变色填充方式的特点

渐变色填充有如下方式。

(1)"线性渐变"填充方式。形成起点到终点的线性渐变效果。起点即鼠标拖曳时单击点,终点即鼠标拖曳时松开鼠标左键的点,如图2.59(a)所示。

(2)"径向渐变"填充方式。形成由起点到选区四周的辐射状渐变效果,如图2.59(b)所示。

(3)"角度渐变"填充方式。形成围绕起点旋转的螺旋渐变效果,如图2.59(c)所示。

(4)"对称渐变"填充方式。可以产生两边对称的渐变效果,如图2.59(d)所示。

(5)"菱形渐变"填充方式。可以产生菱形渐变的效果,如图2.59(e)所示。

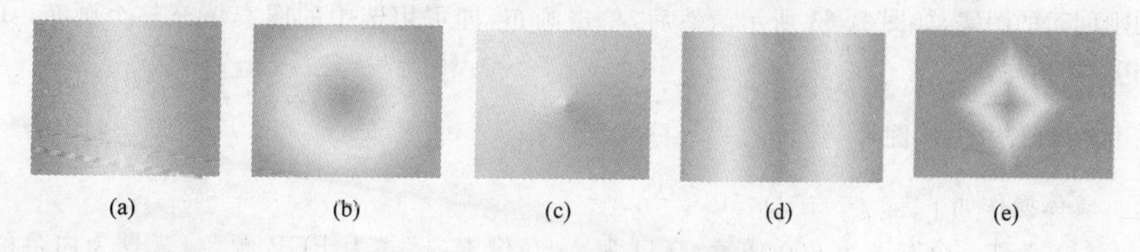

图2.59 渐变填充方式

2.4.3 实训操作步骤

1. 制作背景图案

具体操作步骤如下。

(1) 单击“文件”→“新建”菜单命令，调出“新建”对话框。在该对话框内的“名称”文本框中输入图形的名称为“彩色立方体”，设置宽度为600像素，高度为450像素，模式为RGB颜色，背景为白色，如图2.60所示。然后单击“确定”按钮，完成画布的设置。

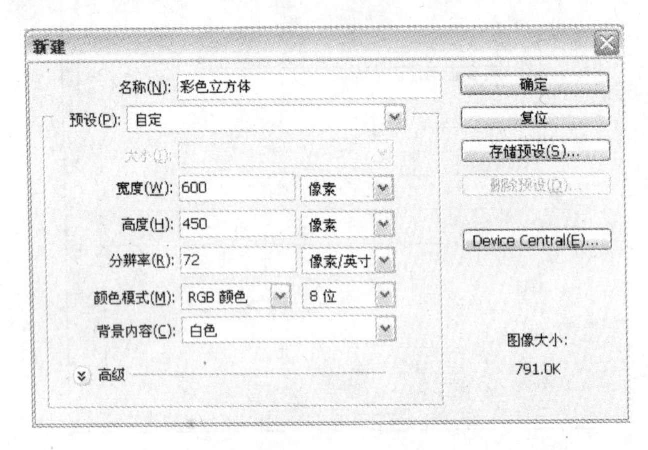

图2.60 “新建”对话框

(2) 单击“文件”→“打开”菜单命令，调出“打开”对话框。利用该对话框打开shx2-2图像文件，如图2.61所示。

(3) 单击“编辑”→“定义图案”菜单命令，调出“图案名称”对话框。在其文本框中输入图案的名称，如图2.62所示。单击“确定”按钮，即可创建一个图案。

图2.61 打开背景图

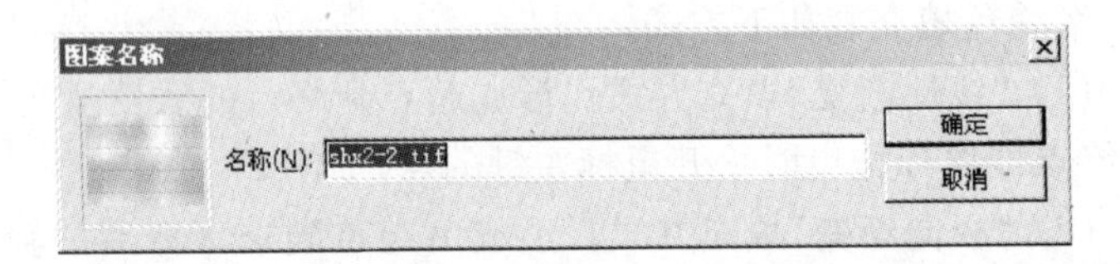

图2.62 “图案名称”对话框

(4) 单击新建的“彩色立方体”画布，使该画布成为当前画布。再按下工具箱中的“油漆桶工具”按钮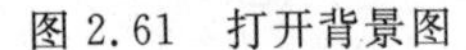，在其选项栏的“填充”下拉列表框内选择“图案”选项，在“图案”调板中选择刚刚创建的图案，如图2.63所示。然后，单击画布，即可用选中的图案填充整个画布，如图2.64所示。

2. 制作立方体图片

具体操作如下。

(1) 新建一个宽度为200像素，高度为2450像素，模式为RGB颜色，背景为白色的画布。

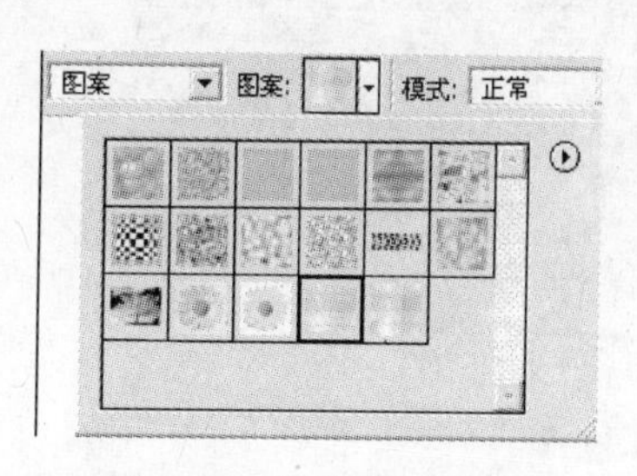

图 2.63 选择填充图案

图 2.64 填充背景

(2) 按下工具箱内的"渐变工具"按钮，按下其选项栏内的"线性渐变"按钮，设置渐变填充方式为"线性渐变"填充方式。

(3) 单击"渐变工具"选项栏内的"渐变样式"下拉列表框，调出"渐变编辑器"对话框。单击该对话框中的"预置"栏内的"彩色条"图标，如图 2.65 所示。

(4) 单击"确定"按钮，完成渐变色的设置。

(5) 用鼠标在画布内拖曳，即可创建一个彩色图形，如图 2.66 所示。

(6) 选中整个画布，按 Ctrl＋A 键，再按 Ctrl＋C 键进行复制。

(7) 打开"彩色立方体"画布，按 Ctrl＋V 键，在画布中粘贴出彩色图形。

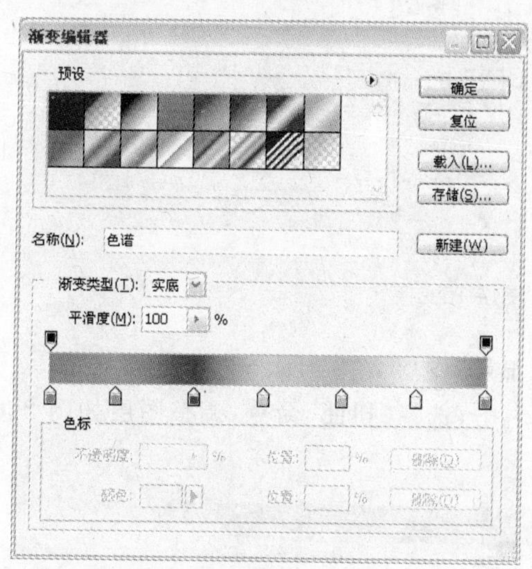

图 2.65 "渐变编辑器"对话框

图 2.66 彩色画布

用同样的方法，分别选择橘红到浅黄到橘黄，选择菱形渐变色，制作出第 2 张画布；选择绿色到白色到绿色，选择径向渐变色，制作出第 3 张画布；再将上述 3 张图案分别复制到"彩色立方体"画布中，如图 2.67 所示。

3. 制作立方体效果图

操作方法如下。

(1) 单击"图层 2"、"图层 3"前面的"眼睛"图标，将两个图层隐藏。

(2) 在"图层 1"上按 Ctrl＋T 键，然后再右击，选择"扭曲"命令，调整图层如图 2.68 所示，按回车键结束变换。

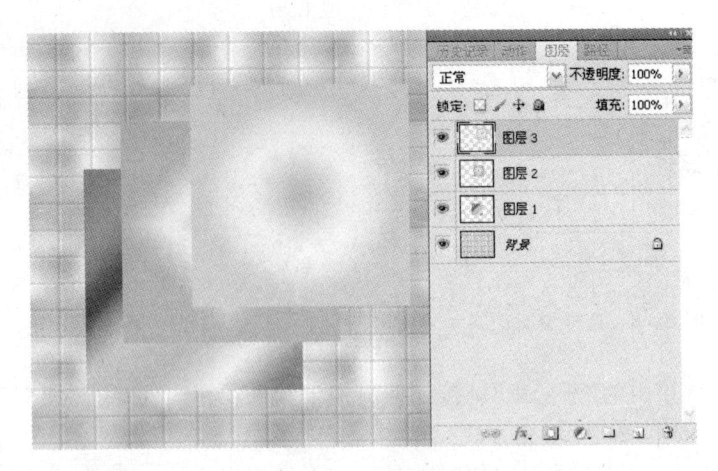

图 2.67　图层分布

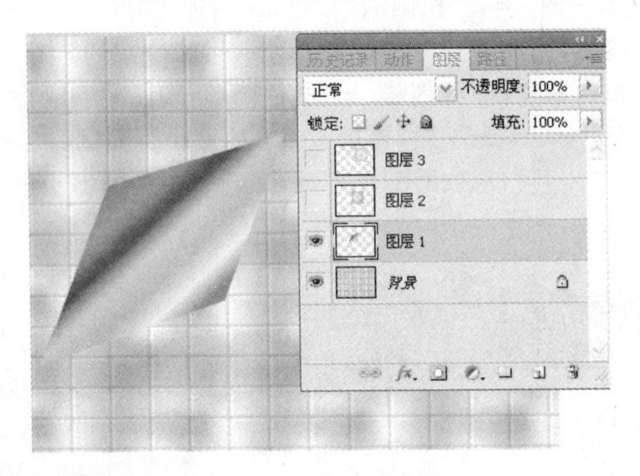

图 2.68　“图层 1”变换

(3) 单击“图层 2”前面的“眼睛”图标，显示“图层 2”。

(4) 在“图层 2”上按 Ctrl＋T 键，然后再右击，选择“扭曲”命令，调整图层如图 2.69 所示，按回车键结束变换。

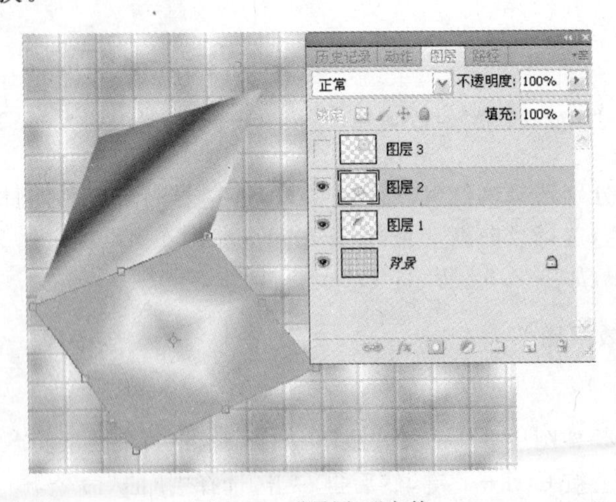

图 2.69　“图层 2”变换

(5) 单击“图层 3”前面的“眼睛”图标，显示“图层 3”。

(6) 在“图层 3”上按 Ctrl+T 键，然后再右击，选择“扭曲”命令，调整图层如图 2.70 所示，按回车键结束变换。

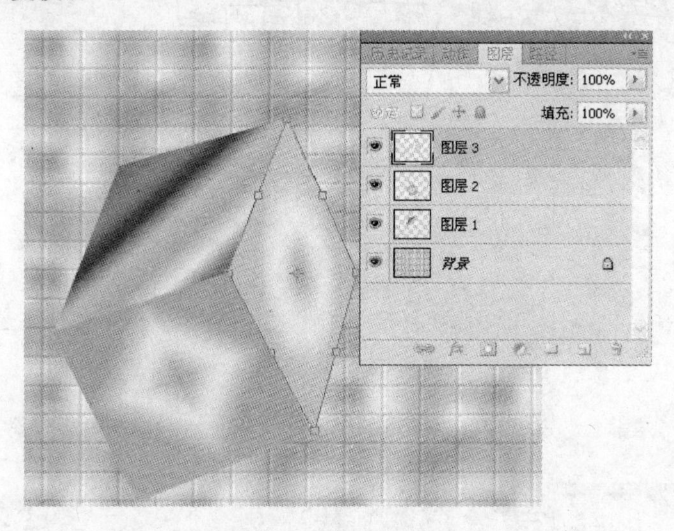

图 2.70　“图层 3”变换

(7) 分别为“图层 1”、“图层 2”和“图层 3”选择“图层样式”。单击“图层”调板下面的图标，选择“描边”选项，如图 2.71 所示，设置描边大小为 1，立方体如图 2.72 所示。

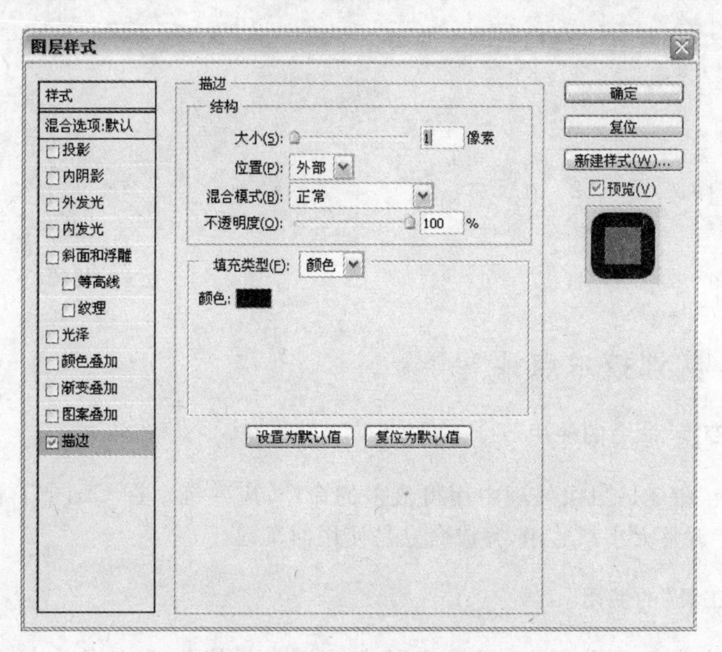

图 2.71　“图层样式”对话框

(8) 按住 Ctrl 键，分别单击“图层 1”、“图层 2”和“图层 3”，再单击“图层”调板下方的图标，将立方体层链接，如图 2.73 所示。

(9) 按住 Ctrl+T 键，任意旋转立方体，如图 2.74 所示。

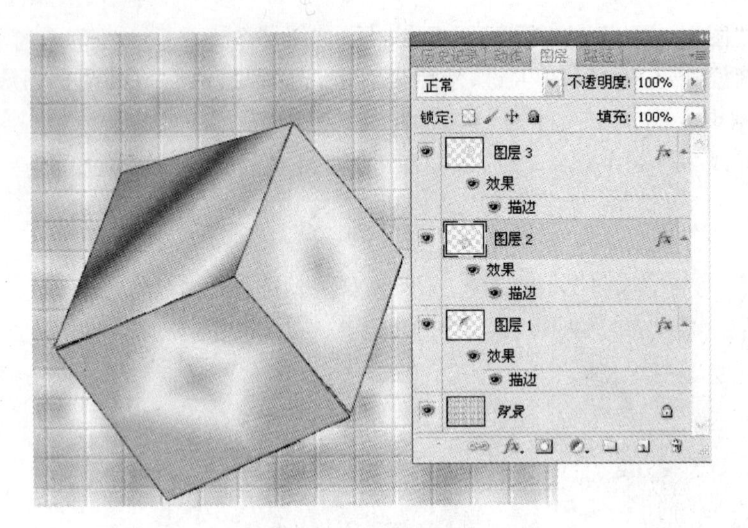

图 2.72 立方体效果

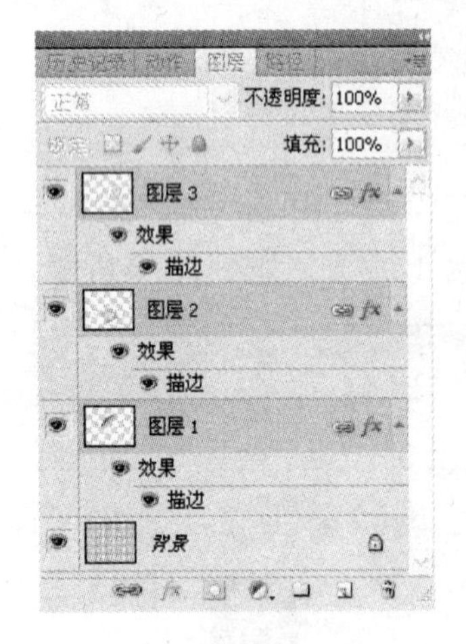

图 2.73 图层链接

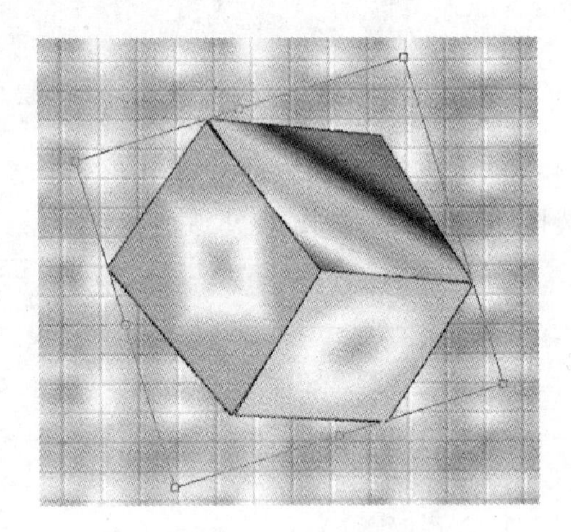

图 2.74 立方体旋转

2.4.4 实训技术点评

1. “自由变换”命令的使用

“自由变换”命令是图像处理中用得最多的命令，应熟练掌握 Ctrl＋T 快捷键的使用。它对图像、文字调整大小都适用，完成命令是使用回车键。

2. “渐变工具”的使用

在使用渐变背景时，如制作一个实心彩球，前景色为红色，背景色为白色，选择“渐变选项栏”中的反向，这种情况和前景色为白色、背景色为红色、不选择“渐变选项栏”中的反向效果相同。

不同的渐变色填充方式具有相同的选项栏。

(1) “反向”复选框。选中该复选框后，可以产生反向渐变的效果。如图 2.75(a)所示是没有选中该复选框时填充的效果图，如图 2.75(b)所示是选中该复选框时填充的效果图。

(2)“仿色”复选框。选中该复选框后，可使填充的渐变色色彩过渡更平滑和柔和。

(3)“透明区域”复选框。选中该复选框后，允许渐变层的透明设置，否则禁止渐变层的透明设置。

3. 美化图像

一幅好的图像，不仅图案美观、颜色搭配合理，图案的布局也十分重要，图案的大小、比例直接影响图像的效果，因此在制作过程中每步都要注意图案之间的位置。例如，在如图 2.76 所示的图像中，右边的圆高于左边的圆，要调整右边的圆，可以直接移动，或用 Alt 键＋ 进行移动。

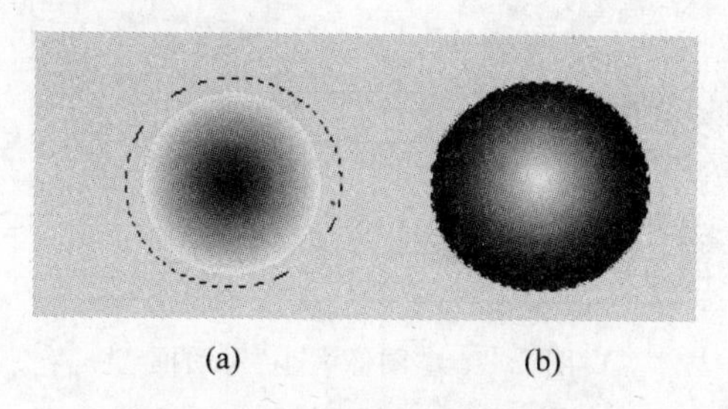

(a)　(b)

图 2.75　渐变色选项栏设置

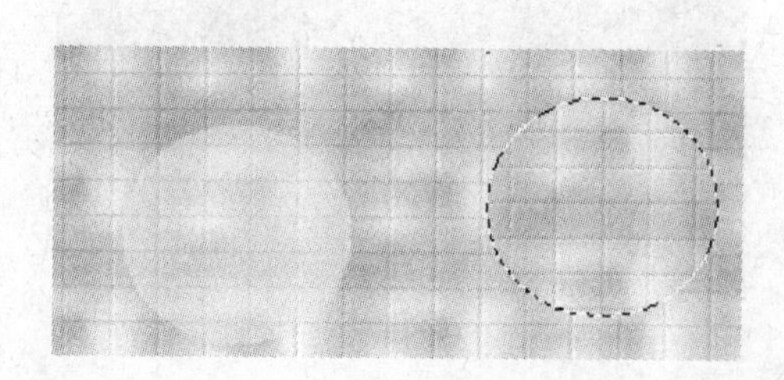

图 2.76　要移动的图案

注意：当选区已被填充后，只用 移动圆的位置。

2.4.5　实训练习

具体练习如下。

(1) 自己制作一个背景，将实训 1 的背景改为自己制作的背景，如图 2.77 所示。制作步骤如下。

① 单击“文件”→“打开”菜单命令，调出“打开”对话框，选择 shx2-2b 文件，如图 2.78 所示。

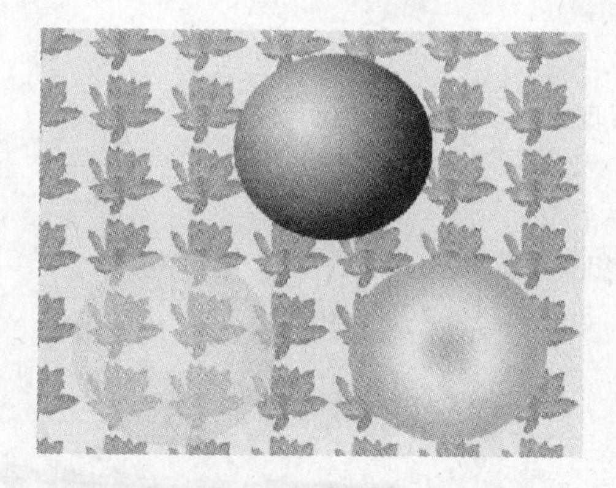

图 2.77　效果图

图 2.78　“背景”文件

② 按下工具箱中的“魔棒工具”按钮，容差设置为50%，将荷花外面的背景选中，用Shift键+增加选区，用Alt键+去掉选区，如图2.79所示。然后按Delete键，将背景设置为白色。

③ 按下工具箱中的“橡皮擦工具”，然后将荷花图像上多余部分擦除。

④ 按下工具箱中的“裁切工具”，在荷花处尽量裁成正方形。

⑤ 单击“图像”→“图像大小”菜单命令，调出“图像大小”对话框。按照如图2.80所示进行设置，然后单击“确定”按钮，即可将图像的宽缩小为89像素，高缩小为80像素。

图2.79　用“魔棒工具”选择选区

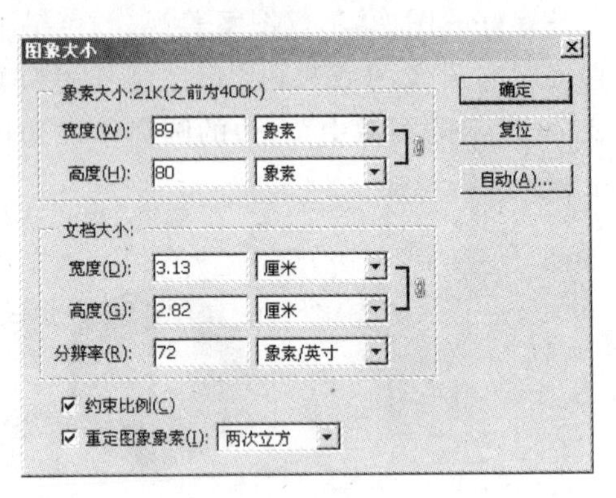

图2.80　“图像大小”对话框

⑥ 单击“编辑”→“定义图案”菜单命令，调出“图案名称”对话框。在其文本框中输入图案的名称。单击“确定”按钮，即可创建为一个图案。

⑦ 单击新建的画布，使该画布成为当前画布。再按下工具箱中的“油漆桶工具”按钮，在其选项栏的“填充”下拉列表框内选择“图案”选项，在“图案”调板中选择刚刚创建的图案，然后，单击画布，即可用选中的图案填充整个画布，最后效果如图2.77所示。

(2) 绘制4个不同颜色和不同透明度的立体彩球。

2.5　实训　酒杯樱桃的创意

2.5.1　实训目的

(1) 学习使用选择工具的四种设置选区，实现选择不同形状的选区。

(2) 绘制的酒杯图形如图2.81所示，它由一个垂直放置的蓝色酒杯和一个倾斜放置的品红色酒杯组成。

图2.81　彩色酒杯

2.5.2　实训理论基础

1. 选框工具的使用

对于矩形和椭圆选框工具，按住Shift键的同时，用鼠标在画布窗口内拖曳，可创建一个正方形或圆形的选区。

对于矩形和椭圆选框工具，按住 Alt 键的同时，用鼠标在画布窗口内拖曳，可创建一个以鼠标单击点为中心的矩形或椭圆形的选区。按住 Shift＋Alt 键的同时，用鼠标在画布窗口内拖曳，可创建一个以鼠标单击点为中心的正方形或圆形的选区。

2. 选框工具的选项栏的使用

选框工具的选项栏如图 2.82 所示。各选项的作用如下。

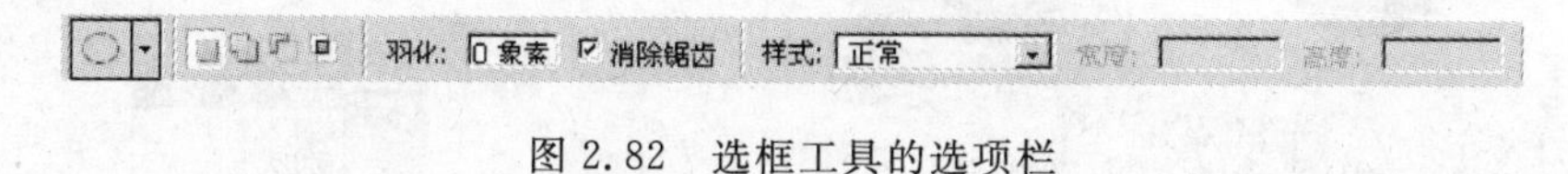

图 2.82 选框工具的选项栏

(1)“设置选区形式”按钮。它由四个按钮组成，它们的作用如下。

①“新选区”按钮。按下它后，只能创建一个新选区。如果已经有了一个选区，再创建一个选区，则原来的选区将消失。

②“添加到选区”按钮。按下它后，如果已经有了一个选区，再创建一个选区，则新选区与原来的选区连成一个新的选区。例如，一个矩形选区和一个与之相互重叠一部分的椭圆选区连成一个新的选区，如图 2.83 所示。按住 Shift 键，用鼠标拖曳出一个新选区，也可以实现相同的功能。

③“从选区减去”按钮。按下它后，可在原来选区上减去与新选区重合的部分，得到一个新选区。例如，一个矩形选区和一个与之相互重叠一部分的椭圆选区连成一个新的选区，如图 2.84 所示。按住 Alt 键，用鼠标拖曳出一个新选区，也可以实现相同的功能。

④“与选区交叉”按钮。按下它后，可以只保留新选区与原来选区重合的部分，得到一个新选区。例如，一个椭圆选区与一个矩形选区重合部分的新选区如图 2.85 所示。按住 Shift＋Alt 键，用鼠标拖曳出一个新选区，也可以只保留新选区与原来选区重合的部分，得到一个新选区。

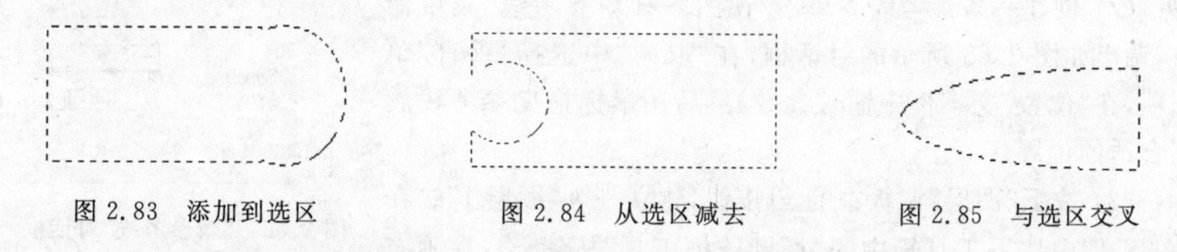

图 2.83 添加到选区　　图 2.84 从选区减去　　图 2.85 与选区交叉

(2)“羽化”文本框。在该文本框内可设置选区边界线的羽化程度。数值的单位是像素，数字为 0 时，表示不进行羽化。如图 2.86(a)所示是不进行羽化的椭圆，图 2.86(b)是进行羽化的椭圆。这两个椭圆是在一个新画布上，创建椭圆选区后再填充渐变色获得的。

注意：创建羽化的选区，应先设置羽化数值，再用鼠标拖曳创建选区。

(3)“消除锯齿”复选框。按下“椭圆选框工具”按钮后，该复选框变为有效。选中它后，可使选区边界平滑。

(4)“样式”下拉列表框。按下“椭圆选框工具”按钮或“矩形选框工具”按钮后，该下拉列表框变为有效。它有三个样式，如图 2.87 所示。

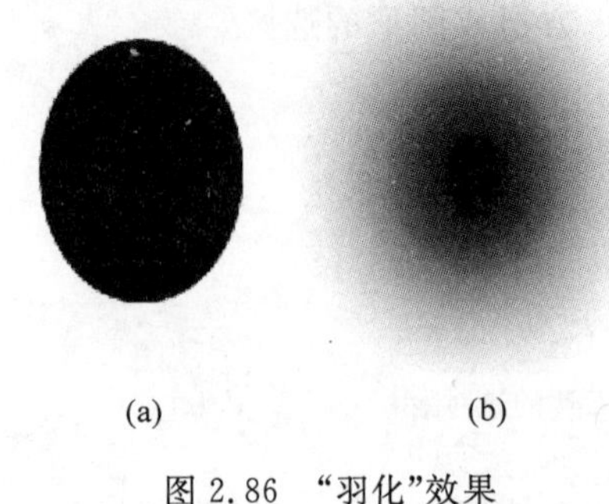

(a)　　(b)

图 2.86 “羽化”效果

图 2.87 选框的样式

① 选择“正常”样式。可以创建任意大小的选区。

② 选择“约束长宽比”样式。“样式”列表框右边的“宽度”和“高度”文本框变为有效，可在这两个文本框内输入“宽度”和“高度”的数值，以确定长宽比，使以后创建的选区符合该长宽比。

③ 选择“固定大小”样式。“样式”列表框右边的“宽度”和“高度”文本框变为有效，可在这两个文本框内输入“宽度”和“高度”的数值，以确定选区的尺寸，使以后创建的选区符合该尺寸。

2.5.3 实训操作步骤

1. 酒杯的制作

(1) 单击“文件”→“新建”菜单命令，调出“新建”对话框。在该对话框内的“名称”文本框内输入图形的名称“酒杯樱桃”，设置宽度为 600 像素，高度为 450 像素，模式为 RGB 颜色，背景为白色。然后单击“确定”按钮，完成画布的设置。

(2) 创建一条参考线。单击“视图”→“新参考线”菜单命令，调出如图 2.88 所示的对话框，在“取向”中选择“垂直”单选项，在“位置”文本框中输入参数，然后用鼠标拖曳参考线放到合适的位置。

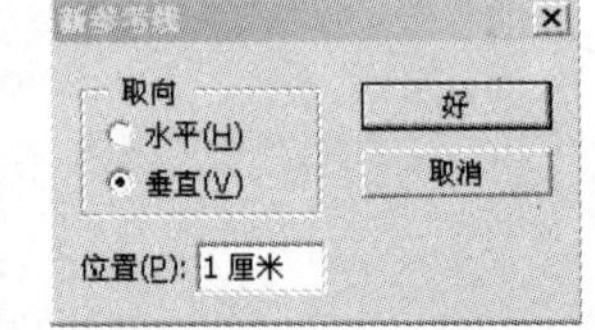

图 2.88 “新参考线”对话框

(3) 按下“图层”调板中的按钮，建立一个“图层 1”。在“图层 1”中按下工具箱中的“椭圆选框工具”按钮，在画布中创建一个圆选区。然后，将所画的圆选区移到参考线中间，如图 2.89 所示。

(4) 按下工具箱中的“矩形选框工具”按钮，按住 Shift 键，拖曳鼠标，创建一个瘦长矩形选区，同时与原来的圆选区相加，做出酒杯的腿。然后再按下工具箱中的“椭圆选框工具”按钮，按住 Shift 键，拖曳鼠标，创建一个小的椭圆选区，同时与原来的圆选区相加，做出酒杯的底托，如图 2.90 所示。

(5) 按住 Alt 键，在酒杯的上部创建一个大的椭圆选区，同时与原来的圆选区相减，做出酒杯的月牙形状，如图 2.91 所示。

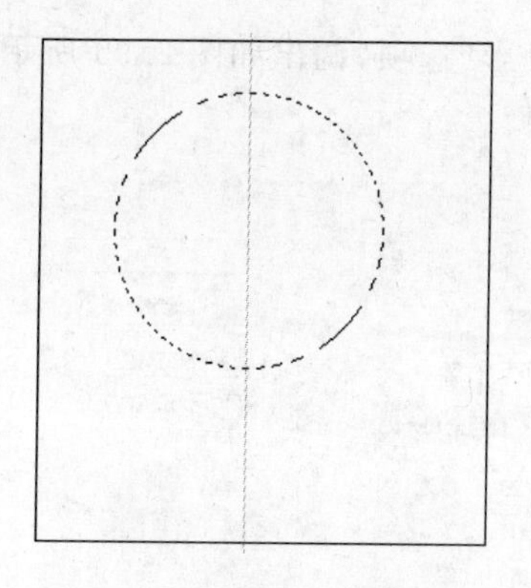

图 2.89　创建一个圆选区

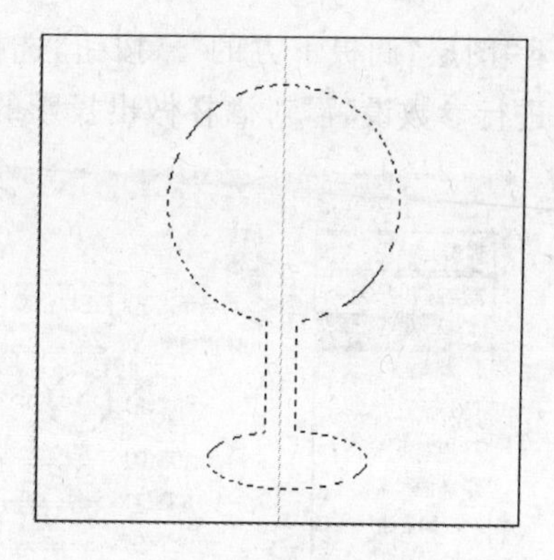

图 2.90　增加选区

(6) 按下工具箱内的"渐变工具"按钮 ，再按下其选项栏内的"线性渐变"按钮 ，设置渐变填充方式为"线性渐变"，设置填充为蓝色到浅蓝色的线性渐变色。然后，在选区内从上向下拖曳鼠标，给如图 2.91 所示的选区填充浅蓝色的线性渐变色，按 Ctrl＋D 键，取消选区，如图 2.92 所示。

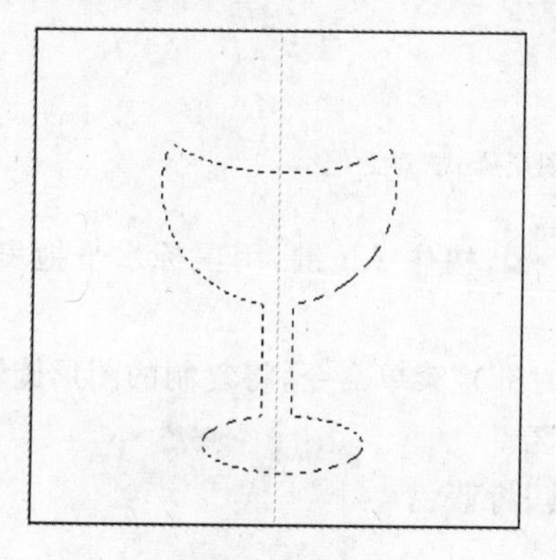

图 2.91　酒杯选区

图 2.92　填充酒杯

(7) 按下工具箱中的"椭圆选框工具"按钮 ，在酒杯上部创建一个和酒杯口大小相等的扁椭圆选区，做出酒杯的内壁，如图 2.93 所示。

(8) 填充比酒杯略深的蓝色。最后单击"视图"→"清除参考线"菜单命令，将参考线去掉，如图 2.94 所示。

图 2.93　酒杯内壁选区

图 2.94　填充酒杯内壁

(9) 按下“图层”调板下方的 按钮，选择“投影”选项，调出如图 2.95 所示的“图层样式”对话框，进行参数设置，对酒杯做出投影的效果。

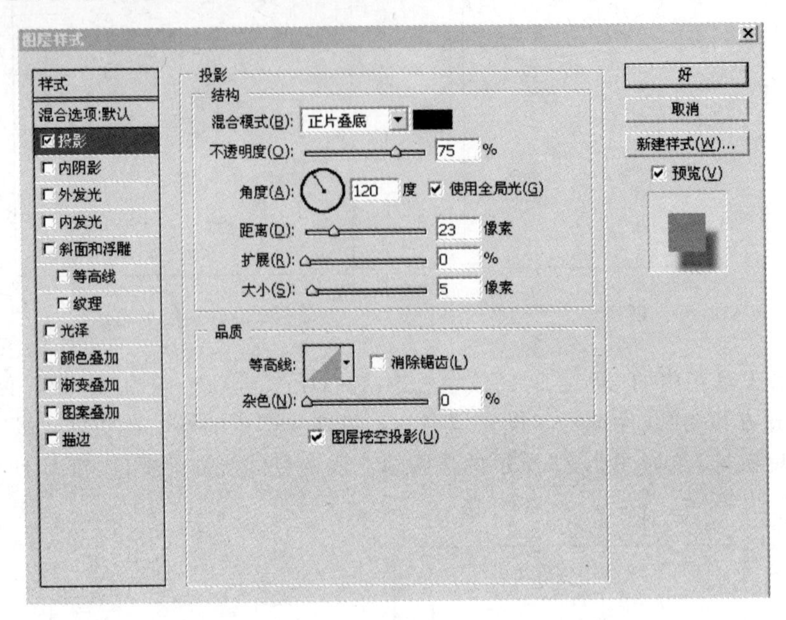

图 2.95 “图层样式”对话框

(10) 使用工具箱中的“移动工具”按钮 ，按住 Alt 键，用鼠标水平拖曳选区，复制一个酒杯图形。

(11) 单击“编辑”→“变换”→“任意(逆时针)”菜单命令，将复制的图形旋转为如图 2.96 所示的效果，然后按 Ctrl+D 快捷键取消选区。

(12) 在复制后的酒杯中使用“魔棒工具”将蓝色变为品红色。

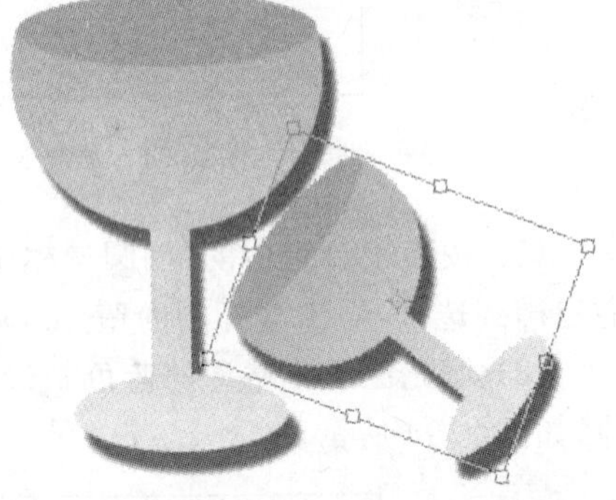

图 2.96 移动小酒杯

2. 添加樱桃和背景

(1) 在垂直酒杯的图层中，单击工具栏中的“魔棒工具”按钮 ，选择蓝色酒杯内壁，按 Ctrl+X 键，将内壁裁剪下，复制到“图层 2”中。

(2) 打开樱桃图片，单击工具栏中的“套索工具” ，选中樱桃选区，按 Ctrl+C 键，如图 2.97 所示。

(3) 回到酒杯樱桃画布，按下“图层”调板中的 按钮，建立一个“图层 3”。在“图层 3”中，按 Ctrl+V 键，将樱桃复制到此图层中。

(4) 按 Ctrl+T 键，自由变换命令调节樱桃的大小和位置。

(5) 继续复制樱桃，按 Ctrl+T 键，自由变换命令调节樱桃的大小和位置。

(6) 调节图层的位置，并将蓝色酒杯图层“透明度”调为 70%，如图 2.98 所示。

(7) 在“背景”层，按下工具栏中的 渐变工具按钮，渐变颜色为深褐色到浅褐色，并在“背景”层用鼠标从下到上拉一条线，效果如图 2.81 所示。

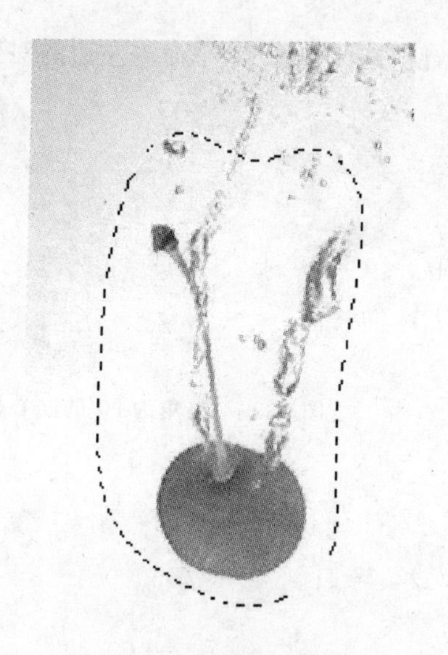

图 2.97 选择樱桃

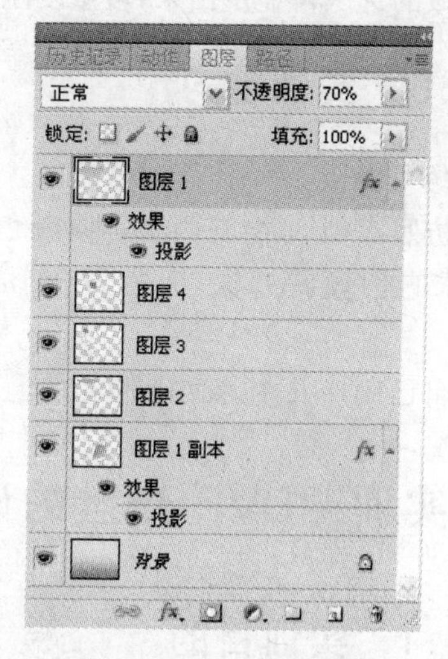

图 2.98 图层的位置

2.5.4 实训技术点评

1. 选框工具的使用

绘制酒杯图形使用了创建选区、编辑选区和渐变填充等操作。创建特殊的选区，可以使用选框工具选项栏的按钮组中的设置新选区、添加到选区、从选区减去和与选区相交的创建选区模式，也可以使用快捷键来切换创建选区模式。灵活使用不同的创建选区模式，可以创建一些特殊形状的选区，还可以修改选区的形状。这是经常使用的操作。

2. 使用快捷键填充单色

具体操作方法如下。

(1) 按 Ctrl+Delete 快捷键或按 Ctrl+BackSpace 快捷键，可填充背景色。

(2) 按 Alt+Delete 快捷键或按 Alt+BackSpace 快捷键，可填充前景色。

3. 移动、取消和隐藏选区

具体操作如下。

(1) 移动选区。在使用选框工具组工具的情况下，将鼠标指针移到选区内部(此时鼠标指针变为三角箭头状，且箭头右下角有一个虚线小矩形)，拖曳鼠标，即可移动选区。如果按住 Shift 键，同时拖曳鼠标，可以使选区在水平、垂直或 45°斜线方向移动。

(2) 取消选区。在“与选区交叉”或“新选区”状态下，单击画布窗口内选区外任意处，即可取消选区。另外，单击“选择”→“取消选择”菜单命令或按 Ctrl+D 键，也可取消选区。

(3) 恢复取消的选区。如果要恢复取消的选区，可单击“选择”→“重新选择”菜单命令或按 Ctrl+Shift+D 键。

(4) 隐藏选区。单击“视图”→“显示”→“选区边缘”菜单命令，使它左边的对钩取消，即可使选区边界的流动线消失，隐藏了选区。虽然选区隐藏了，但对选区的操作仍可进行。如果要使隐藏的选区再显示出来,可重复刚才的操作,使“选区边缘”菜单命令左边的对钩出现。

2.5.5 实训练习

具体练习如下。

(1) 仿照实训5,绘制两个不同颜色的空心圆柱体,要求它们倾斜放置,夹角为90°,如图2.99所示。

(2) 自己制作几个几何图形。

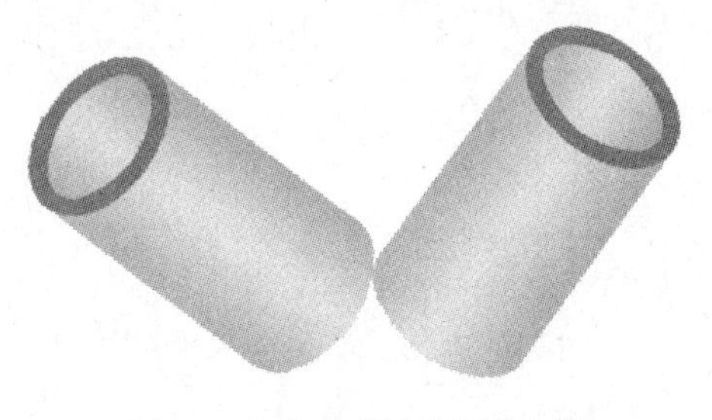

图2.99 夹角为90°的同心桶

2.6 实训 DVD光盘的设计

2.6.1 实训目的

本实训目的如下。

(1) 学习使用渐变工具的各种样式进行填充,实现不同的效果。

(2) 利用选择、菱形渐变填充、角度渐变填充、线性渐变填充、图案填充和选区扩边等操作,绘制彩色光盘图像,如图2.100所示。

图2.100 DVD光盘

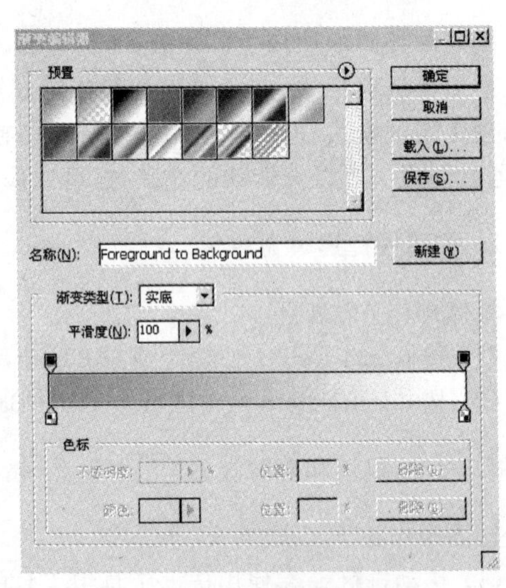

图2.101 “渐变编辑器”对话框

2.6.2 实训理论基础

1. 创建渐变填充样式

单击“渐变样式”下拉列表框图案,调出“渐变编辑器”对话框,如图2.101所示。利用该对话框,可以设计新的渐变样式。设计方法及该对话框内主要选项的作用如下。

(1) 在渐变样式设计栏(也称调色栏)下边两个色标之间单击,会增加一个色标，色标上面有一个黑色箭头，指示了该颜色的中心点（即颜色的关键点）。色标的两边各有一个菱形小滑块，用鼠标拖曳菱形小滑块，可以调整关键点颜色的作用范围。

(2) 单击“色板”或“颜色”调板内的一种颜色，即可确定选中色标的颜色。也可以双击该色标，调出“拾色器”对话框，利用该对话框来确定色标的颜色。用鼠标拖曳菱形滑块，可以调整颜色的渐变范围。

(3) 在完成上述操作后，“色标”栏内的“颜色”下拉列表框、“位置”文本框和“删除”按钮变为有效。利用“颜色”下拉列表框可以选择颜色的来源（背景色、前景色或用户颜色）；改变“位置”文本框内的数据可以改变色标的位置，这与用鼠标拖曳色标的作用一样；单击选中色标，再单击“删除”按钮，即可删除选中的色标。

(4) 在渐变设计条上边两个色标之间单击，会增加一个不透明度色标和两个菱形滑块，同时“不透明度”带滑块的文本框、“位置”文本框和“删除”按钮变为有效。利用“不透明度”带滑块的文本框可以改变色标处的不透明度。用鼠标拖曳菱形小滑块，可以调整关键点颜色不透明度的作用范围。

(5) 在“名称”文本框内输入新填充样式的名称，再单击“新建”按钮，即可新建一个渐变样式。单击“确定”按钮，即可完成渐变样式的创建，并退出该对话框。

(6) 单击“保存”按钮，可将当前“预置”栏内的渐变样式保存到磁盘中。单击“载入”按钮，可将磁盘中的渐变样式追加到当前“预置”栏内的渐变样式的后面。

2. 创建杂色填充样式

具体操作方法如下。

(1) 在“渐变类型”下拉列表框内有两个选项，一个是“实底”（其“渐变编辑器”对话框如图 2.100 所示）选项，另一个是“杂色”选项。选择“杂色”选项后的“渐变编辑器”对话框如图 2.102 所示。

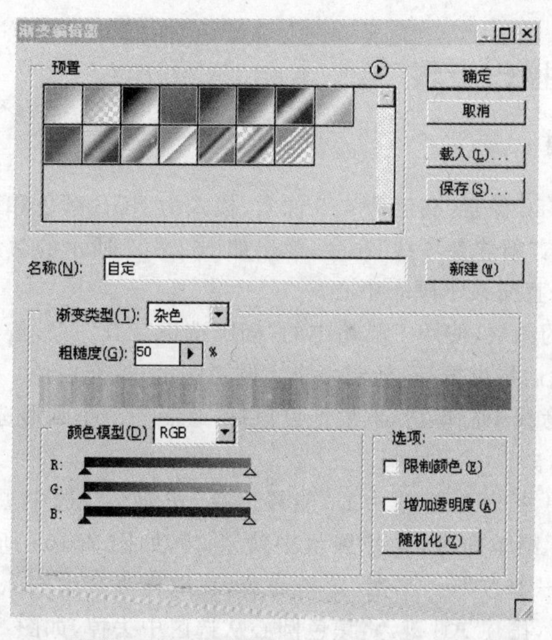

图 2.102 杂色“渐变编辑器”对话框

(2) 利用杂色"渐变编辑器"对话框可以设置杂色的粗糙程度、杂色颜色模式、杂色的色度和透明度等。单击"随机化"按钮，可以产生不同的杂色渐变样式。

3. 修改选区

修改选区是指将选区扩边(使选区边界线外增加一条扩展的边界线，两条边界线所围的区域为新的选区)、平滑(使选区边界线平滑)、扩展(使选区边界线向外扩展)和收缩(使选区边界线向内缩小)。在创建椭圆选区后，单击"选择"→"修改"→"收缩"菜单命令，如图 2.103 所示。调出如图 2.104 所示的对话框，在"收缩量"文本框内输入 30，然后单击"确定"按钮，则出现如图 2.105 所示的效果。

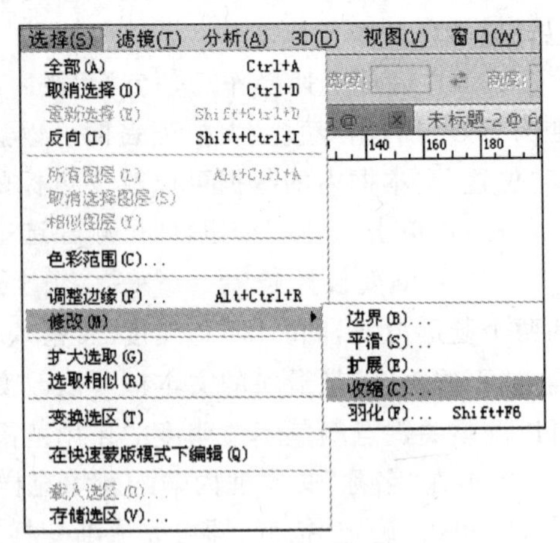

图 2.103 修改菜单

执行修改选区的相应菜单命令后，均会弹出一个相应的对话框，输入修改量(单位为像素)后，单击"确定"按钮即可完成修改的任务。例如，单击"选择"→"修改"→"边界"菜单命令，即可调出如图 2.106 所示的对话框。

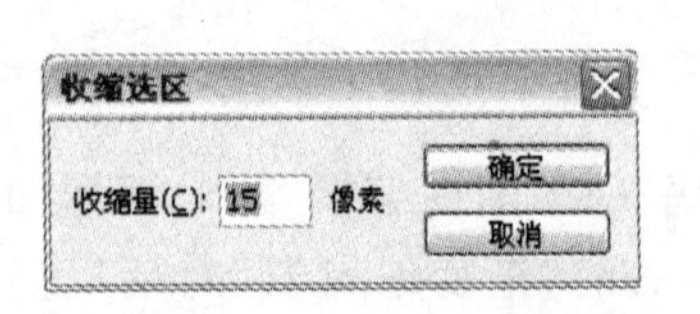

图 2.104 "收缩选区"对话框

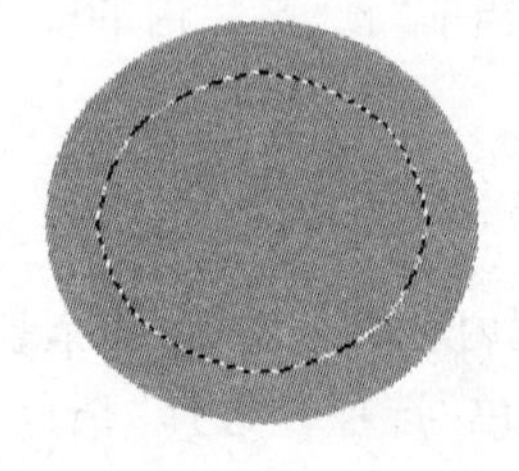
图 2.105 "收缩"效果

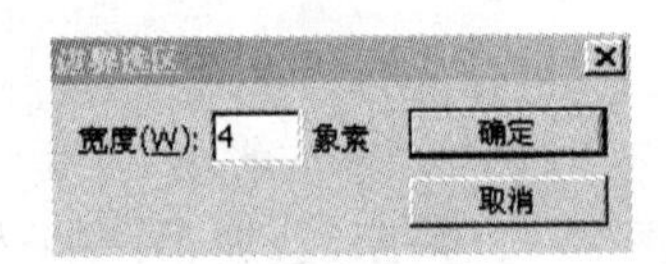

图 2.106 "边界选区"对话框

2.6.3 实训操作步骤

1. 制作 DVD 光盘

(1) 新建宽度为 450 像素、高度为 450 像素、模式为 RGB 颜色和背景为黑色的画布。

(2) 在视图中单击"新建参考线"命令，弹出如图 2.107 所示的对话框，分别选择水平和垂直的两条辅助线，垂直交叉于画布中心。

(3) 建立一个新的图层，使用工具箱中的"椭圆选框工具"，按住 Alt+Shift 键，在画布参考线中心单击，然后拖曳鼠标，绘制一个大圆形选区，填充白色。

(4) 再在画布参考线中心单击，然后拖曳鼠标，绘制一个小圆形选区，按 Delete 键，删除内圆，如图 2.108 所示。

(5) 在"图层 1"中，按下工具箱中的"魔棒工具"按钮，选中黑色圆心，然后单击"选择"→"修改"→"扩展"菜单命令，在扩展量中输入 20，如图 2.109 所示。但扩大的圆不光滑，还需单击"选择"→"修改"→"平滑"菜单命令，在取样半径中输入 20，如图 2.110 所示。再使用"魔棒工具"，按住 Atl 键，将黑色圆心从选区中去掉，如图 2.111 所示。

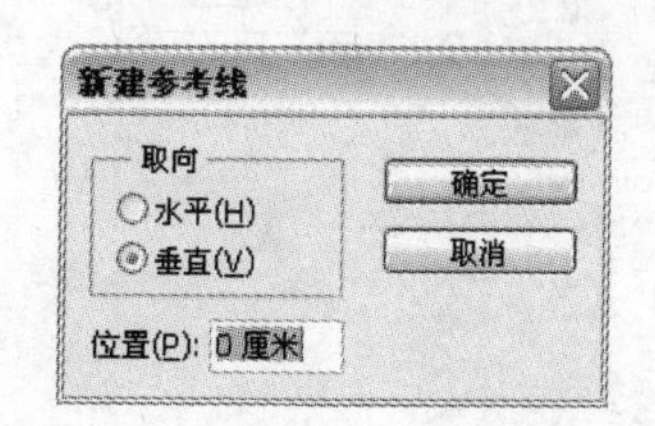

图 2.107 “新建参考线”对话框

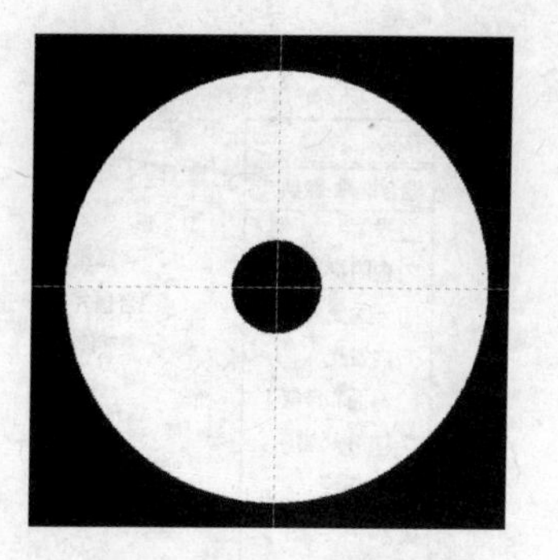

图 2.108 光盘形状

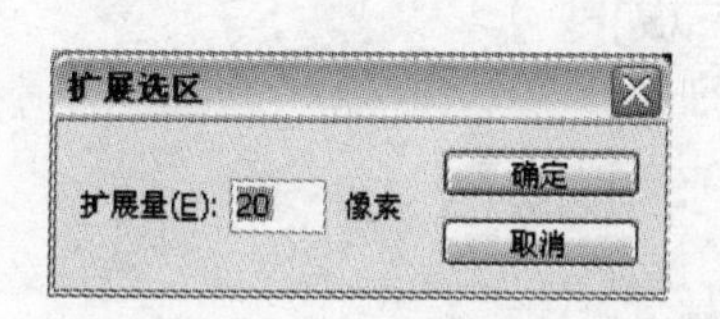

图 2.109 “扩展选区”对话框

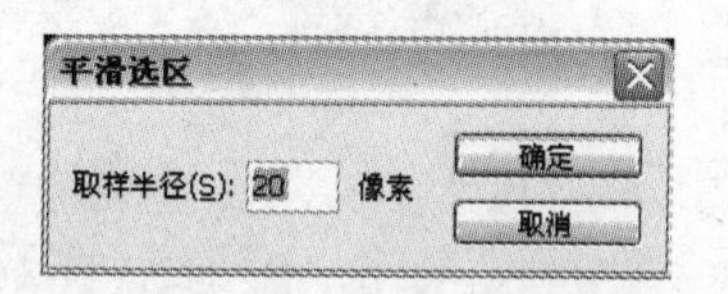

图 2.110 “平滑选区”对话框

(6) 建立“图层 2”,将前景色设置成深灰色,按下工具箱中的“油漆桶工具”按钮,填充选区,然后单击“编辑”→“描边”菜单命令,宽度设为 4,颜色设为白色,如图 2.112 所示。按 Ctrl+D 键,去掉选区。

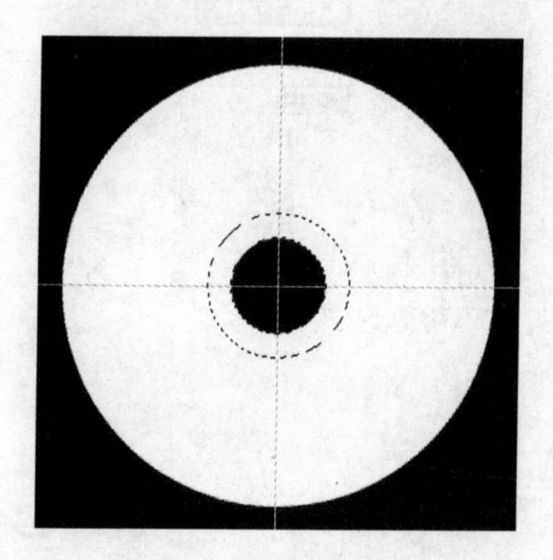

图 2.111 扩展选区

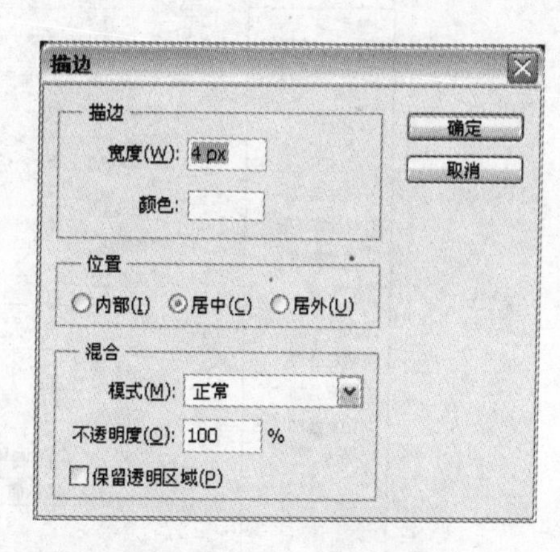

图 2.112 “描边”对话框

(7) 在深灰色环中,再建一个同心圆,并设置描边宽度为 3,颜色为白色。

(8) 在“图层 1”做投影和描边。单击“图层”调板下方的按钮,设置描边和投影的图层样式,如图 2.113 和图 2.114 所示。

2. 制作光盘光线

(1) 建立“图层 3”,按下工具箱中的“渐变工具”按钮,再按下选项栏中的“线性渐变”按钮。然后单击渐变工具的选项栏内的“渐变样式”下拉列表框,调出“渐变编辑器”对话框。黑白色块设置如图 2.115 所示。

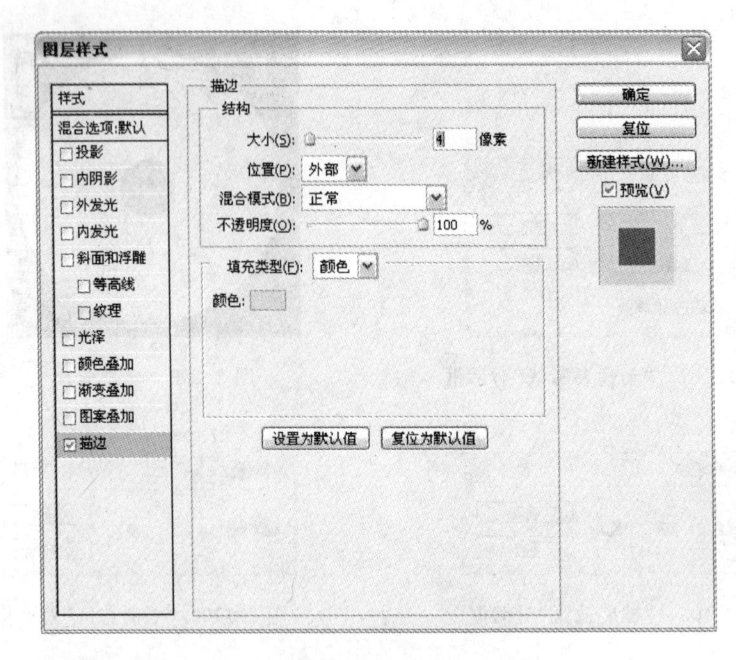

图 2.113 描边图层样式

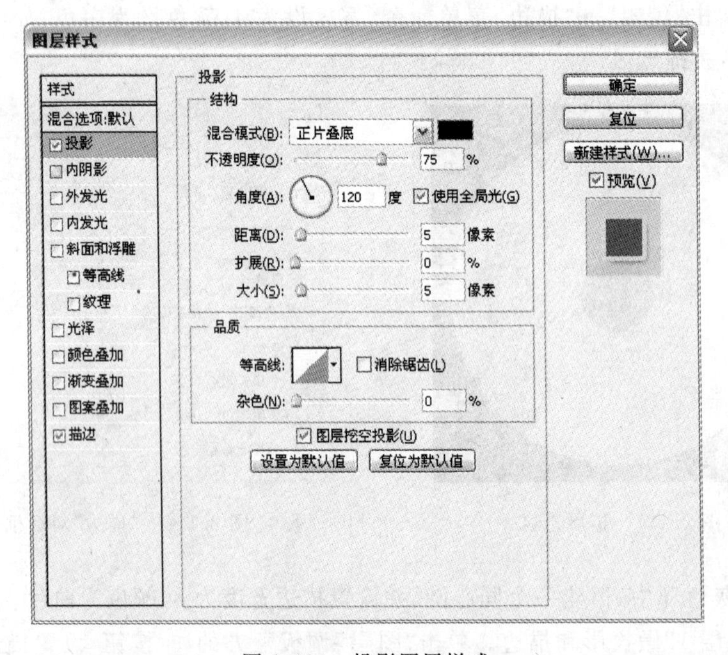

图 2.114 投影图层样式

(2) 用鼠标在“图层 3”从上到下垂直拖曳，如图 2.116 所示。按 Ctrl+T 键，再右击，选择“斜切”命令，用鼠标拖动调节点，将左侧上下(或者右侧上下)调节点的位置对调，如图 2.117 所示，然后顺时针旋转 90°。

(3) 建立“图层 4”，按下工具箱中的“渐变工具”按钮，调出“渐变编辑器”对话框。单击预设中第 2 行、第 1 个色块，添加色块为紫、黄、绿、蓝、橙、紫六种颜色，如图 2.118 所示。

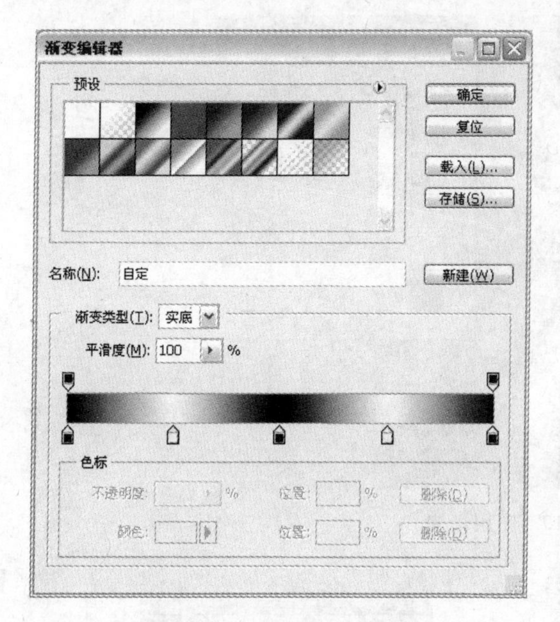

图 2.115 “调色板”设置

图 2.116 垂直渐变

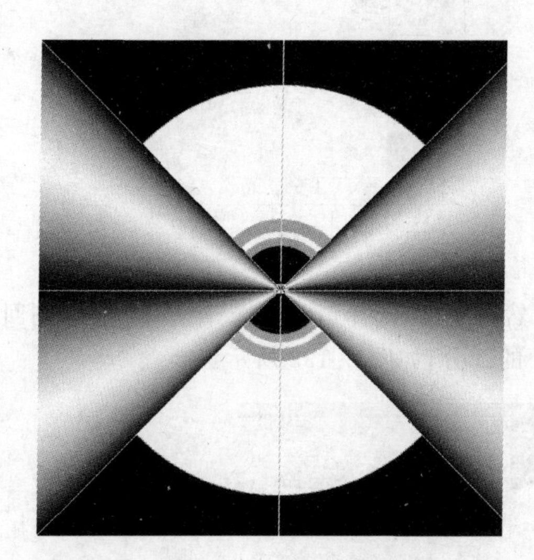

图 2.117 斜切渐变

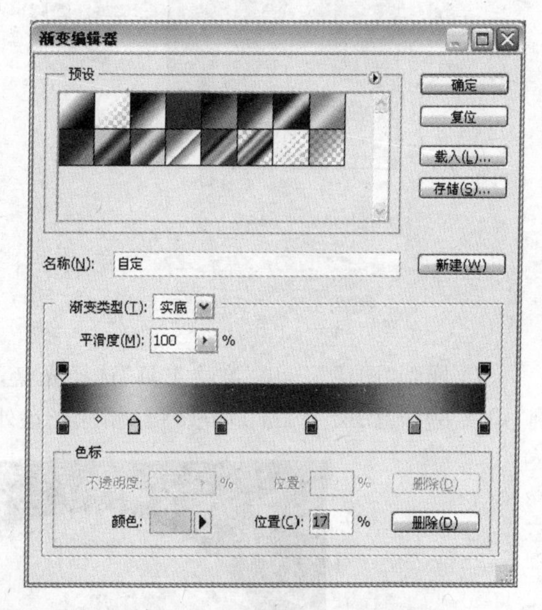

图 2.118 “渐变编辑器”对话框

(4) 同步骤(2),用鼠标在“图层 4”从上到下垂直拖曳。按 Ctrl+T 键,再右击,选择“斜切”命令,将左侧(或者右侧)的调节点的位置对换,如图 2.119 所示。

(5) 分别对“图层 3”和“图层 4”两个渐变图层,单击“滤镜”→“高斯模糊”菜单命令,设置参数如图 2.120 所示。

(6) 分别对“图层 3”和“图层 4”两个渐变图层,调节“图层”调板的不透明度为 50%,如图 2.121 所示。

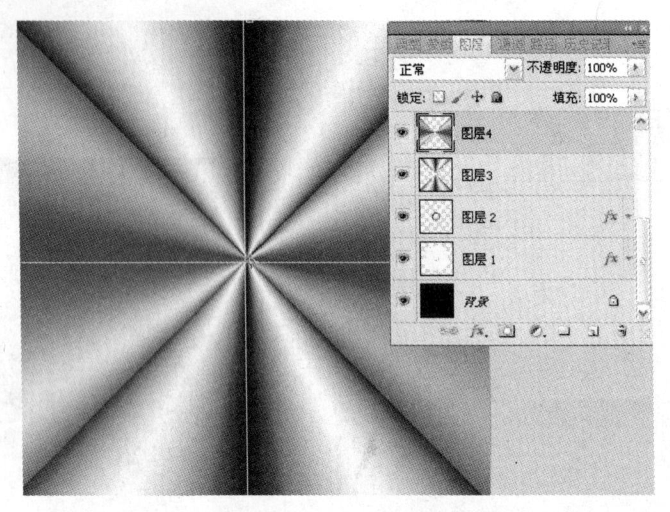

图 2.119　图层渐变

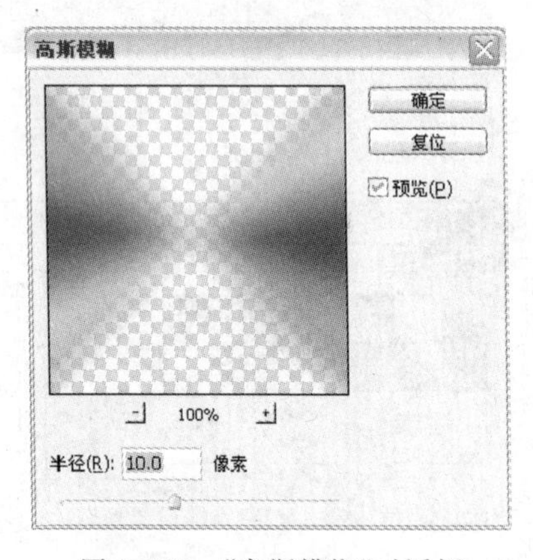

图 2.120　“高斯模糊”对话框

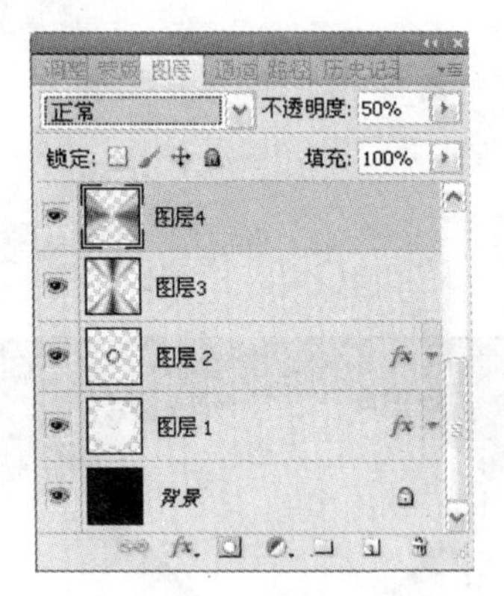

图 2.121　“图层”调板

(7) 回到“图层 1”，用“魔棒工具”选择光盘，然后单击“选择”→“反选”菜单命令，分别回到“图层 3”和“图层 4”，按 Delete 键，删除光盘外的部分，如图 2.122 所示。

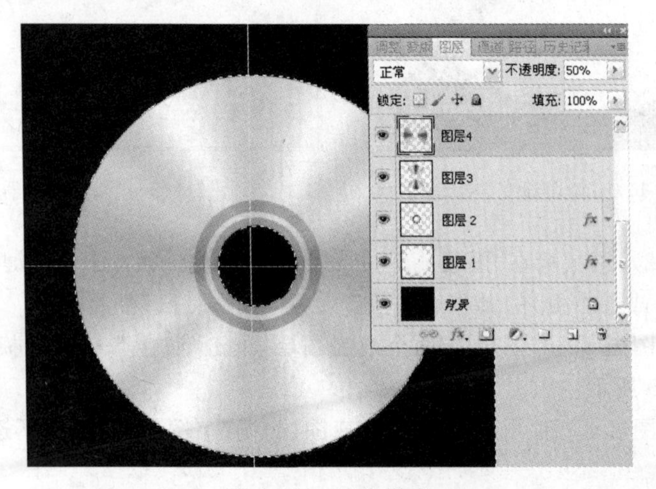

图 2.122　光盘样式

(8) 复制“图层 3”,选中“图层 3”,拖到“图层”调板下方的 按钮上,然后按 Ctrl+T 键并旋转 45°,如图 2.123 所示。

(9) 将内圆显示出来,按住“图层 2”,拖到“图层 4”上面,如图 2.124 所示。

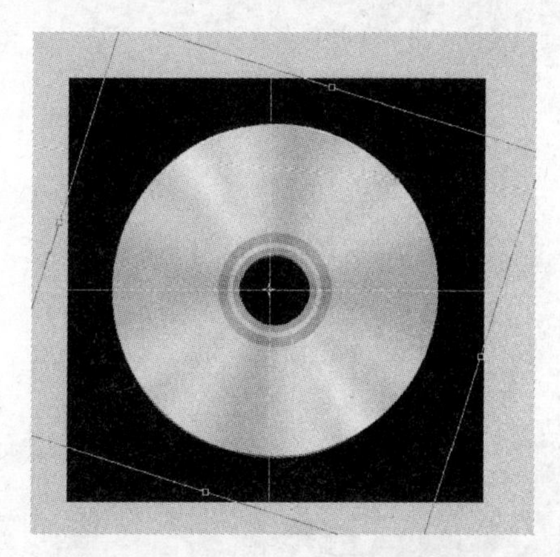

图 2.123 旋转图层

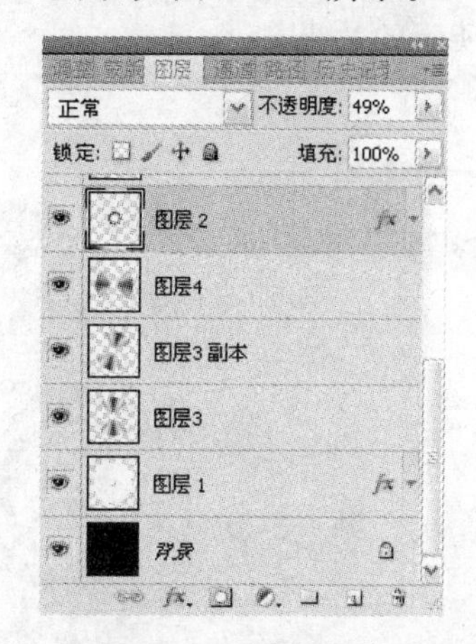

图 2.124 移动图层

3. 美化光盘

(1) 在光盘上写字,按下工具箱中的“文本工具”按钮 T,输入“DVD”,字体颜色为白色,大小为 30,如图 2.125 所示。

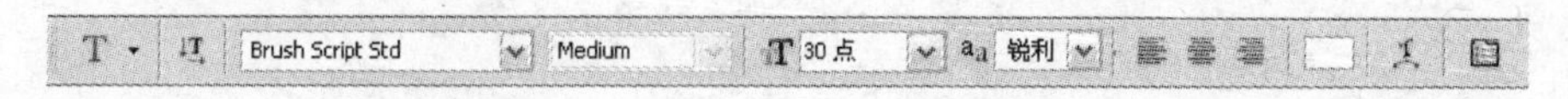

图 2.125 “文本工具”选项栏

(2) 按下工具箱中的“椭圆选框工具”按钮 ,在画布中创建一个圆选区,然后单击“选择”→“修改”→“边界”菜单命令,建立同心圆,再单击“选择”→“修改”→“平滑”菜单命令,填充白色,按 Ctrl+T 键,调节大小放到 DVD 字下,如图 2.126 所示。

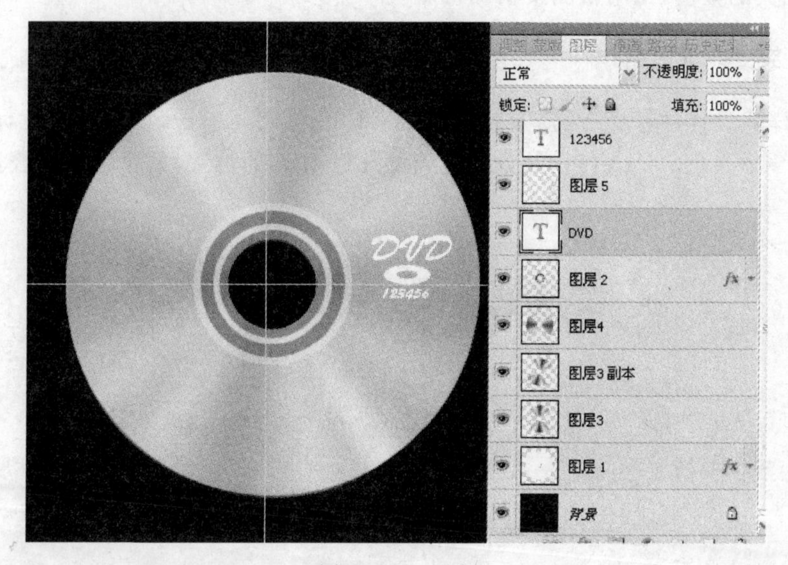

图 2.126 写字

(3) 打开素材中的红花，复制到光盘画布中并调到“背景”层上方，将“图层 1”的不透明度调低，使图显示出来，如图 2.127 所示。

(4) 单击标题上方的 按钮，去掉参考线，并调整红花层和背景的位置，最终达到图 2.100 所示的效果。

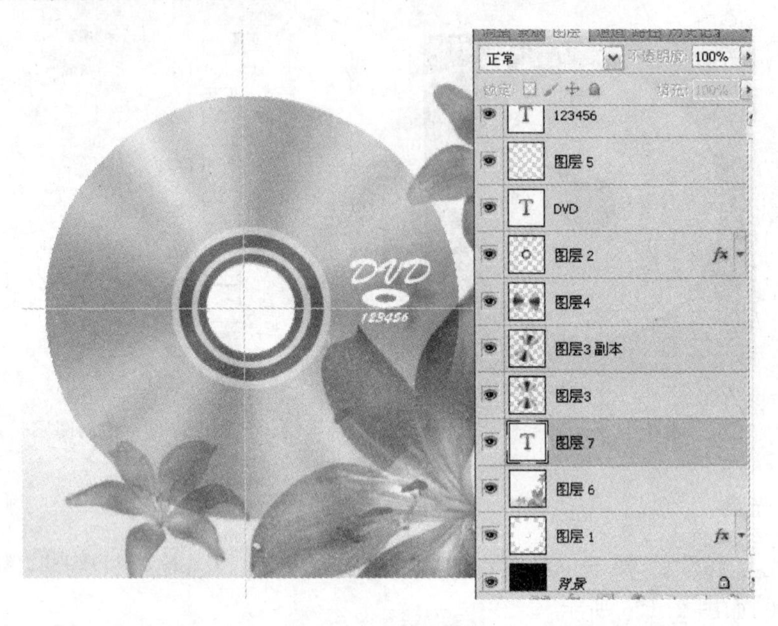

图 2.127　加入红花

2.6.4　实训技术点评

1. 同心圆的制作

通过已经选择的椭圆选区，单击“选择”→“修改”→“扩边”菜单命令，调出“边界选区”对话框，输入相关的数值，比用目测要精确得多。

2. 黑白突变效果的制作

在渐变样式设计栏 下边两个 色标之间单击，增加两个色标 ，分别将色标设置为一个黑色，一个白色，并分别拖到设计栏 50%的位置，两个色标重叠，如图 2.128 所示。

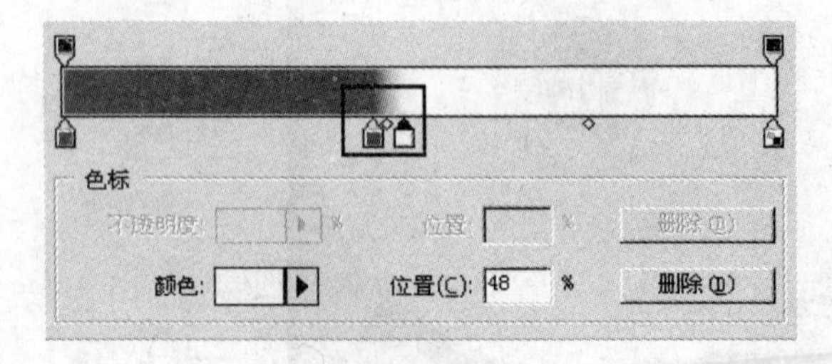

图 2.128　两个色标重叠

3. 准确获取颜色数值

在设置彩色渐变填充色时，可以在“渐变编辑器”对话框内的 R、G、B 文本框中分别输入它们的值，以获得准确的颜色。

2.6.5 实训练习

具体练习如下。

(1) 仿照实训，绘制内外边缘为金黄色的七彩光盘。

(2) 制作如图 2.129 所示的三角形图形。

(3) 制作用两种不同的杂色填充的圆形图形，如图 2.130 所示。

图 2.129 三角图形

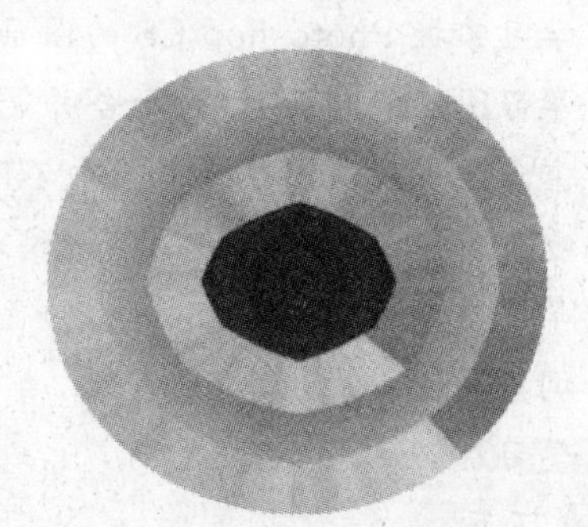

图 2.130 杂色填充圆

本章小结

本章通过案例的学习，初步掌握 Photoshop CS5 的基本操作方法和工具栏的使用；同时掌握灵活运用创建选区的各种方法、编辑选区的各种方法、渐变填充颜色和杂色填充的设置方法及渐变填充方式的设置。

通过实训后的练习，可以将每个实训的内容深化、变通和提高。

第3章

图层和图像色彩调整

本章学习要求

理论环节：

- 学习掌握 Photoshop CS 的图层概念和各种图层的作用及其使用方法；
- 学习图层的移动、排列和合并等方法；
- 重点学习使用图层样式产生不同效果的图层；
- 重点学习使用图层的混合模式来改变图层的特技效果；
- 学习图像的曲线调整、图像的色彩平衡调整、图像的亮度/对比度调整、图像的去色调整等方法；
- 学习综合运用技巧。

实践环节：

- 绘制奥运五环标识；
- 打造夜幕丽人；
- 圣诞快乐的创意；
- 水彩画——中国水乡；
- 神奇的梦幻背景。

3.1 实训 绘制奥运五环标识

3.1.1 实训目的

本实训目的如下。

(1) 学习图层的概念，了解各种图层的作用，重点学习图层的移动。

(2) 学习图层样式的设置。

(3) 学习图层的应用技巧，制作奥运五环的图形，如图 3.1 所示。

3.1.2 实训理论基础

1. “图层”调板简介

“图层”调板如图 3.2 所示。“图层”调板中一些选项的作用如下。

图 3.1 奥运五环

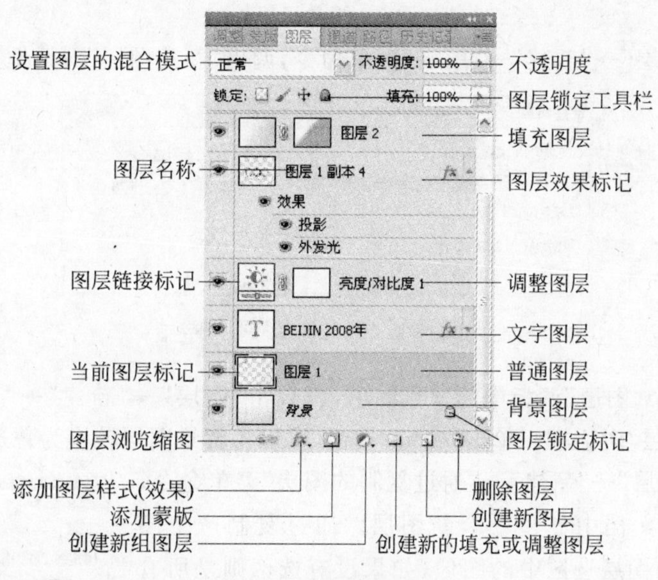

图 3.2 “图层”调板

(1)“设置图层的混合模式”下拉列表框 正常 。混合模式指绘图颜色与图像原有的底色采用什么方式混合。

(2)“图层锁定”工具栏。它有四个按钮,作用如下。

①“锁定透明像素”按钮 。用于锁定图层中,透明像素。

②“锁定图像像素”按钮 。用于锁定图层中的图像像素。

③“锁定位置”按钮 。用于锁定图层中的图像位置,禁止移动该图层。

④“锁定全部”按钮 。用于锁定图层中的全部内容,禁止对该图层进行编辑和移动。

(3)“图层显示标记” 。有该标记时,表示该图层处于显示状态。

(4)“删除图层”按钮 。单击选中一个图层,再单击该按钮,可将选中的图层删除。也可用鼠标将要删除的图层拖曳到“删除当前图层”按钮 上,再松开鼠标左键,则删除图层。

(5) “创建新图层”按钮 。单击选中一个图层，再单击该按钮，即可在当前图层之上创建一个普通图层。

2. 创建背景图层

(1) 调出“新建”对话框。在该对话框内，选择“白色”或“背景色”单选项，单击“确定”按钮，即可创建一个画布窗口，同时也建立了一个背景图层。

(2) 在画布窗口内没有背景图层时，单击选中一个图层，再单击“图层”→“新建”→“背景图层”菜单命令，可将当前的图层转换为背景图层。

3. 创建普通图层

(1) 调出“新建”对话框。在该对话框内，选择“透明”单选项，再单击“确定”按钮，即可创建一个画布窗口，同时也建立了一个普通图层。

(2) 单击“创建新图层”按钮 ，可在当前图层之上创建一个普通图层。

(3) 将剪贴板中的图像粘贴到当前画布窗口中时，会自动在当前图层之上创建一个新的普通图层。

(4) 单击“图层”→“新建”→“图层”菜单命令，调出“新建图层”对话框，如图 3.3 所示。

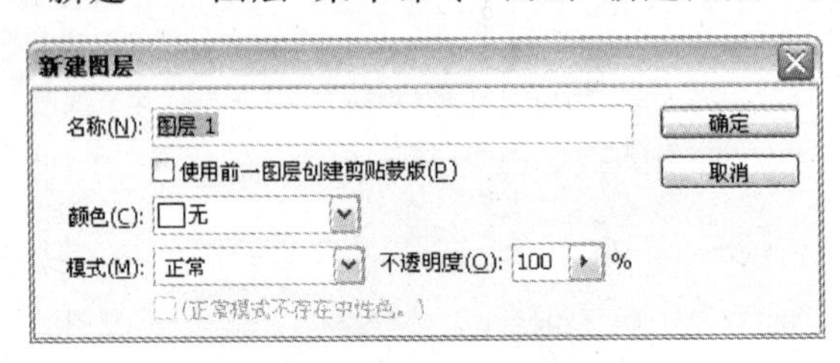

图 3.3 “新建图层”对话框

(5) 单击选中“图层”调板中的背景图层，再单击“图层”→“新建”→“背景图层”菜单命令，调出“新建图层”对话框。单击“确定”按钮，可以将背景图层转换为普通图层。

(6) 单击“图层”→“新建”→“通过复制的图层”菜单命令，可在指定的图像文档中创建一个新图层。通过复制产生图层，会将原来当前图层选区中的图像(如果没有选区则是所有图像)复制到新创建的图层中，如图 3.4 所示。

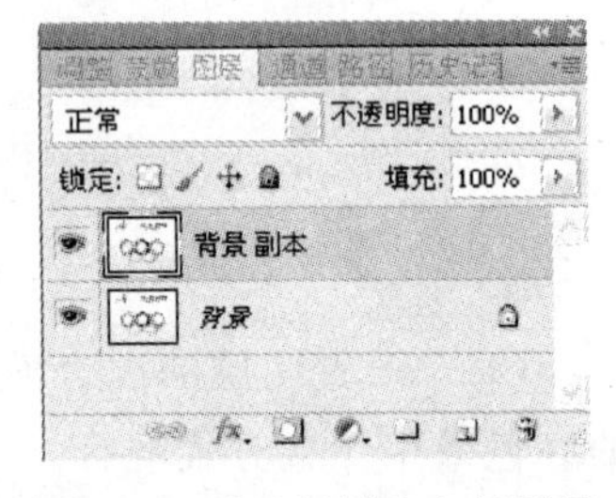

图 3.4 通过复制建立新图层

(7) 单击“图层”→“新建”→“通过剪切的图层”菜单命令，可以创建一个新图层。通过剪切产生图层，会将原来当前图层选区中的图像移到新创建的图层中，如图 3.5 所示。

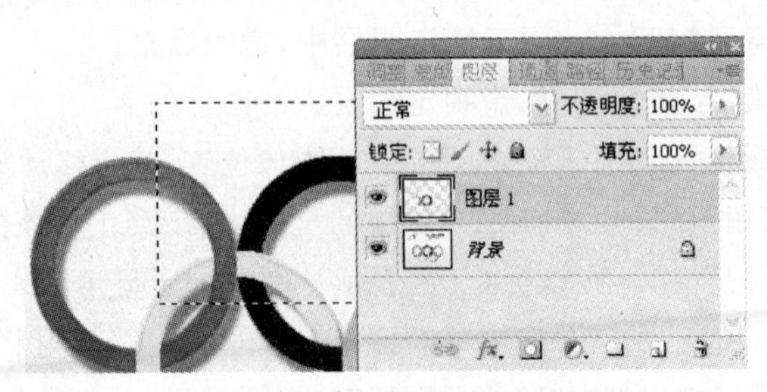

图 3.5 通过剪切建立新图层

（8）单击“图层”→“复制图层”菜单命令，调出“复制图层”对话框，如图 3.6 所示。

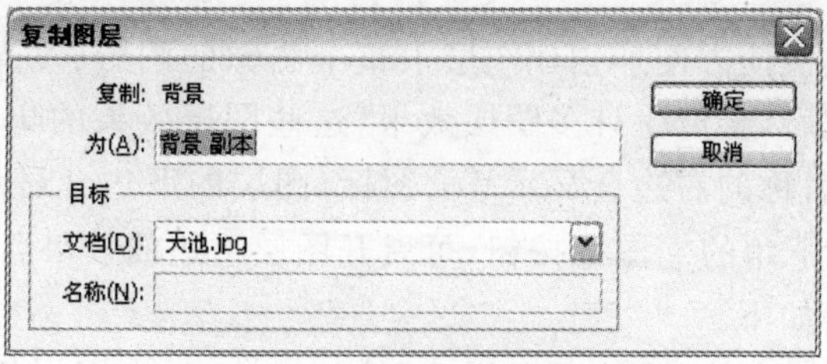

图 3.6 选择复制图层的文件

4. 创建填充图层和调整图层

填充图层和调整图层实际是同一类图层，在“图层”调板中，它们的表示形式基本一样，而与其他类型图层的表示形式不一样。

（1）创建填充图层。单击“图层”→“新填充图层”菜单命令，调出其子菜单，如图 3.7 所示。再单击其中的菜单命令，可调出“新建图层”对话框，它与如图 3.3 所示的图层基本一样。图 3.8 所示是创建了三个不同的填充图层后的“图层”调板。

图 3.7 创建三个填充图层

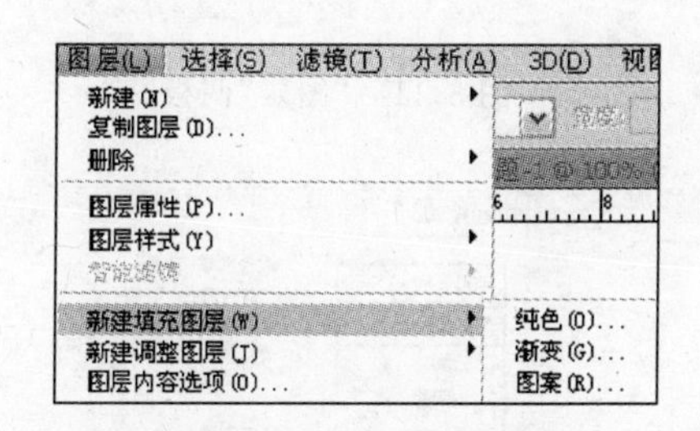

图 3.8 创建填充图层菜单

（2）创建调整图层。单击“图层”→“新调整图层”菜单命令，调出其子菜单，如图 3.9 所示。再单击其中的菜单命令，可调出“新建图层”对话框，它与如图 3.3 所示的图层基本一样。图 3.10 所示给出了创建了两个调整图层的“图层”调板。

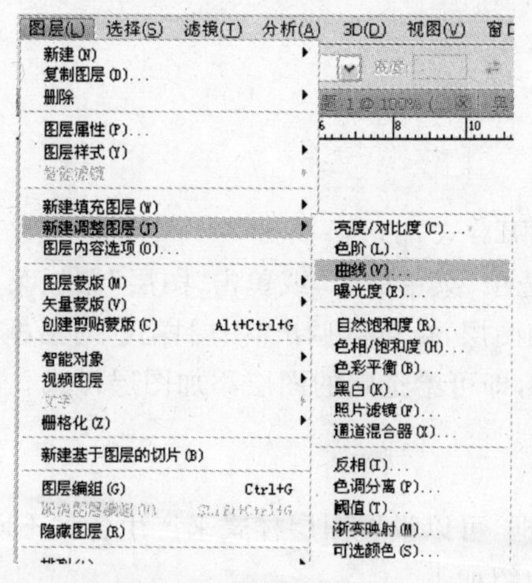

图 3.9 创建调整图层菜单

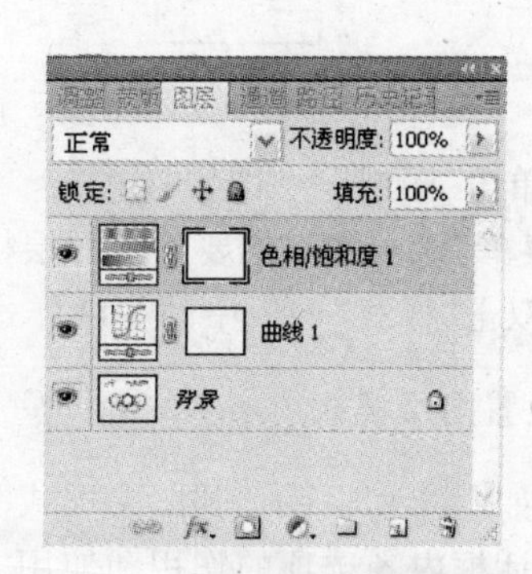

图 3.10 创建两个调整图层

5. 使用图层样式产生图层效果

使用图层样式可以快捷方便地创建图层中整个图像的阴影、发光、斜面、浮雕和描边等效果。图层被赋予样式后，会产生许多图层效果，这些图层效果的集合就构成了图层样式。在“图层”调板中，图层名称的右边会显示 fx 图标，图层的下边会显示效果名称，如图 3.11 所示。单击 fx 图标右下角的▼图标按钮，可展开图层下边的效果名称。

添加图层样式方法如下。

(1) 单击“图层”调板内的“添加图层样式”按钮 fx，弹出图层样式菜单，如图 3.12 所示。再单击“混合选项”菜单命令，即可调出“图层样式”对话框，如图 3.13 所示，利用该对话框，可以添加图层样式，产生各种不同的效果。

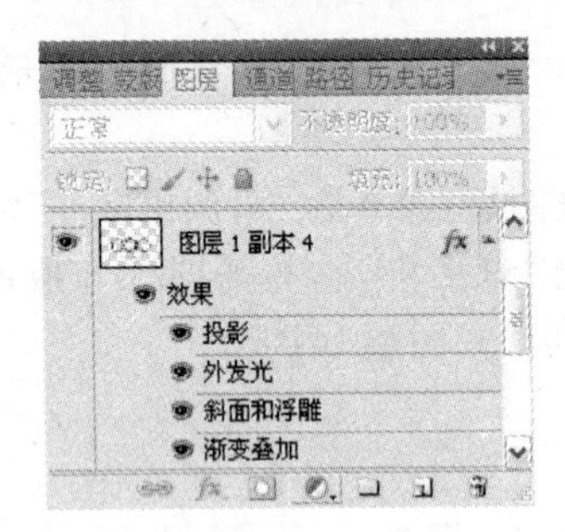

图 3.11 “图层”调板

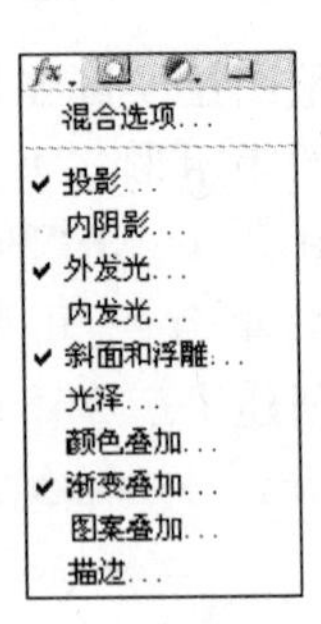

图 3.12 图层样式菜单

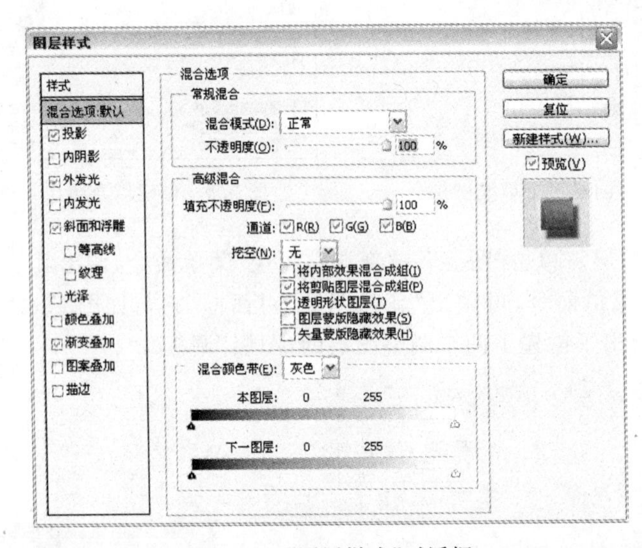

图 3.13 “图层样式”对话框

(2) 单击“图层”→“图层样式”→“混合选项”菜单命令，或单击“图层”调板菜单中的“混合选项”菜单命令，或双击要添加图层样式的图层，也可以调出“图层样式”对话框。

(3) 双击“样式”调板中的一种样式图标，即可给选定的图层添加图层样式。

6. 设置图层样式

利用如图 3.13 所示的“图层样式”对话框，可以设置图层样式来产生各种不同的图层效果。该对话框内各选项的作用和使用方法介绍如下。

(1) 在“图层样式”对话框内的左边一栏中，有“样式”和“混合选项”选项，以及“投影”和“斜面和浮雕”等复选框。单击选中一个复选框，即可增加一种效果，同时在“预览”框内会马上显示出相应的综合效果视图。

(2) 单击“图层样式”对话框内的左边一栏中的选项名称后，“图层样式”对话框中间一栏会发生相应的变化。中间一栏中的各个选项用于对图层样式进行调整。例如，单击“图层样式”对话框内左边一栏中的“斜面和浮雕”选项名称后，“图层样式”对话框变为如图 3.14 所示，利用它可以调整和设置斜面和浮雕的结构和阴影等参数。

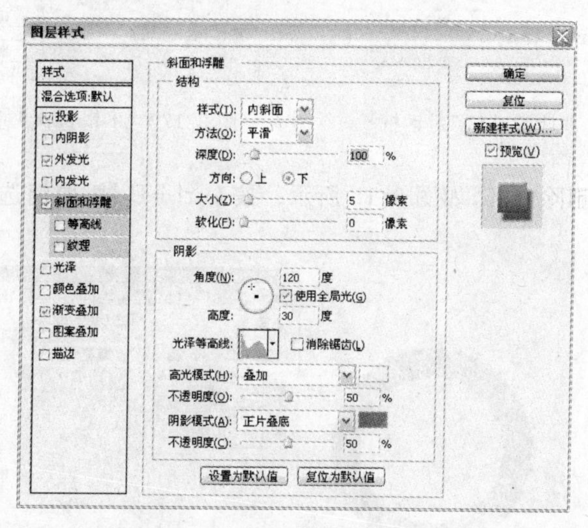

图 3.14　斜面和浮雕图层样式

3.1.3　实训操作步骤

1. 制作五环图形

操作方法如下。

(1) 单击“文件”→“新建”菜单命令，弹出“新建”对话框。新建宽度为 600 像素、高度为 450 像素、模式为 RGB 颜色和文档背景为白色的画布。然后，单击“确定”按钮。设置前景色为白色，背景色为蓝色(＃D2EFFF)，单击工具箱中的“渐变工具”按钮，选择渐变工具，从上到下拉一个蓝色(＃9CDAFC)到白色的线性渐变填充背景，如图 3.15 所示。

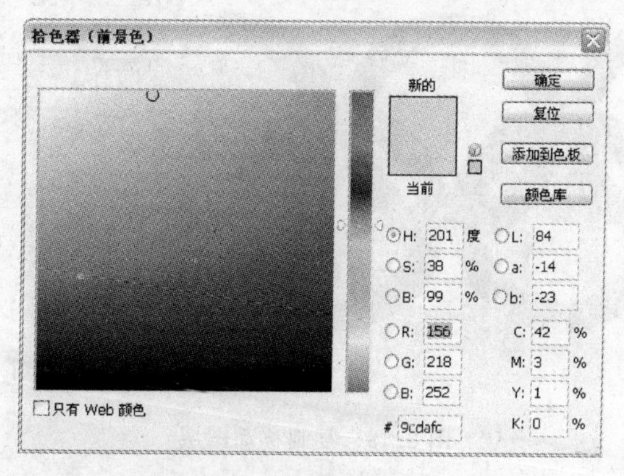

图 3.15　选择色彩

(2) 单击“图层”调板下方的 按钮，建立新的“图层 1”，前景设置蓝色，单击工具箱中的“椭圆选框工具”按钮 ，羽化设为 0，按住 Shift 键画一个圆形选区，然后按 Alt＋Delete 快捷键填充蓝色。

(3) 单击“选择”→“修改”→“收缩”菜单命令，如图 3.16 所示。再单击“选择”→“修改”→“平滑”菜单命令，如图 3.17 所示。

图 3.16 “收缩选区”对话框

图 3.17 “平滑选区”对话框

(4) 按 Delete 键删除内环，如图 3.18 所示。按 Ctrl＋D 键，取消选择。

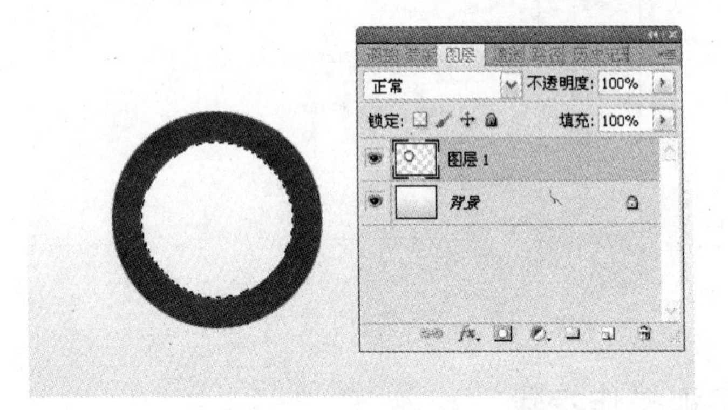

图 3.18 删除选区

(5) 按 Ctrl＋J 快捷键，把圆环图层复制 4 个，单击工具箱中的“移动工具”按钮 ，调整好圆环图层的位置，并分别命名图层为“蓝”、“黑”、“红”、“黄”和“绿”，如图 3.19 所示。

图 3.19 复制移动图层

(6) 分别在“黑”、“红”、“黄”和“绿”图层中，单击工具箱中的“魔棒工具”按钮，选中圆环，并将前景分别调成黑、红、黄和绿色，并填充圆环中，如图 3.20 所示。

图 3.20　填充图层颜色

(7) 当前层为“蓝”图层，单击工具箱中的“魔棒工具”按钮，选中蓝圆环，回到“黄”图层，按 Ctrl＋Shift＋Alt 快捷键，再单击“黄”图层的缩览图，如图 3.21 所示，选中蓝黄环的公共部分，用选择矩形工具，按 Ctrl 键，去掉一个选区，如图 3.22 所示。然后再按 Delete 键，删除“黄”图层的部分，露出“蓝”图层，达到蓝圆环和黄圆环套住的效果。

图 3.21　选中图层公共部分

图 3.22　去除一个选区

(8) 其他“黑”、“红”、“黄”和“绿”图层操作一样，“黄”和“黑”图层、“黑”和“绿”图层、“红”和“绿”图层。

注意：

(1) 在套环中，先在后面图层中选中整个环，然后再回到套索的前层，按Ctrl＋Shift＋Alt快捷键，单击图层标志窗口。

(2) 去掉一个公共选区时，应去掉浮在上面的图层，删除上面的图层，就会露出下面图层，达到套索效果，将“蓝”图层隐含(单击“蓝”图层的“眼睛”图标)，黄圆环就露出来了，如图3.23所示。

图3.23 图层显示

2. 设置五环艺术效果

(1) 将“背景”图层隐含(单击“背景”图层的“眼睛”图标)，单击“图层”→“合并可见图层”菜单命令，如图3.24所示。

图3.24 合并图层

(2) 将“背景”图层设为显示，即将图层前面的“图层可视性”按钮打开，当前图层为五环图层。单击“图层”→“图层样式”的混合选项，分别添加以下样式：投影(距离：9像素)，如图 3.25 所示；外发光(混合模式：叠加，白色)，如图 3.26 所示；斜面与浮雕(混合模式：样式内斜面，方向：下，光泽等高线：第 2 行第 4 列，高光模式：叠加)，如图 3.27 所示；渐变叠加(混合模式：叠加)，如图 3.28 所示。设置图层样式。

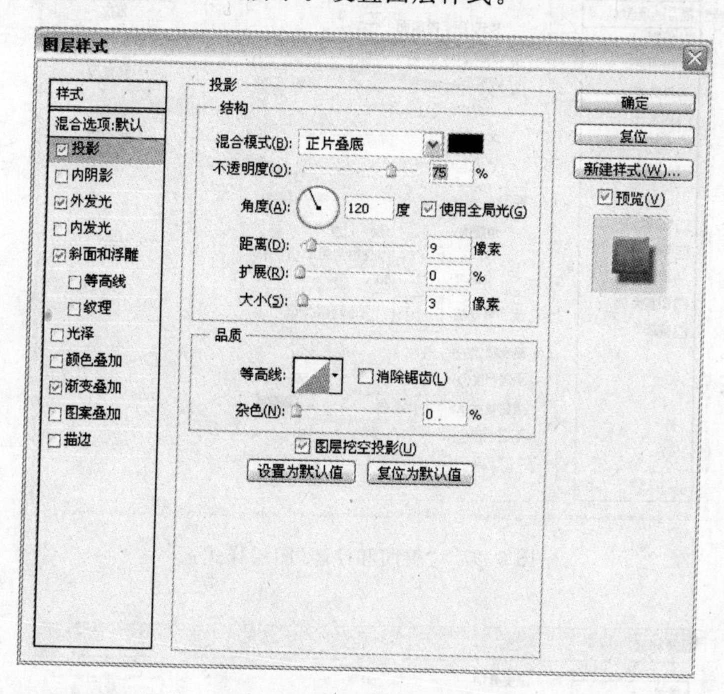

图 3.25 “投影”图层样式

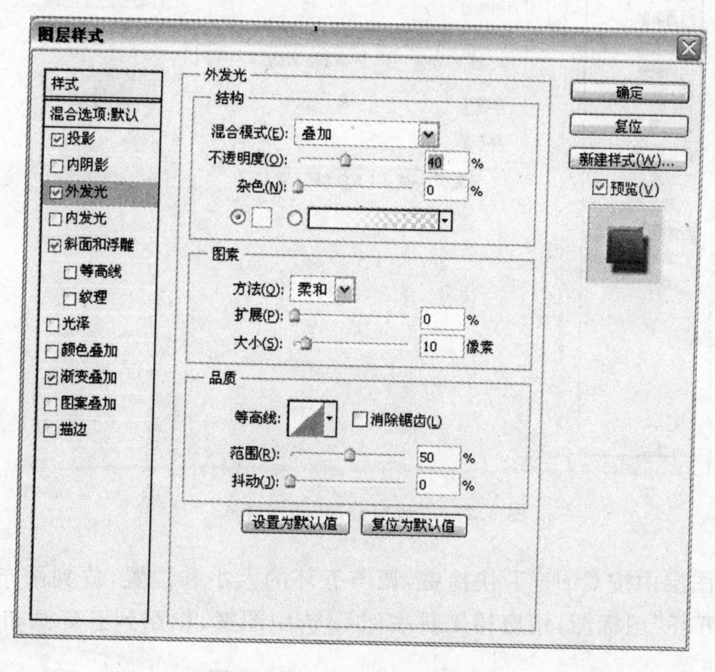

图 3.26 “外发光”图层样式

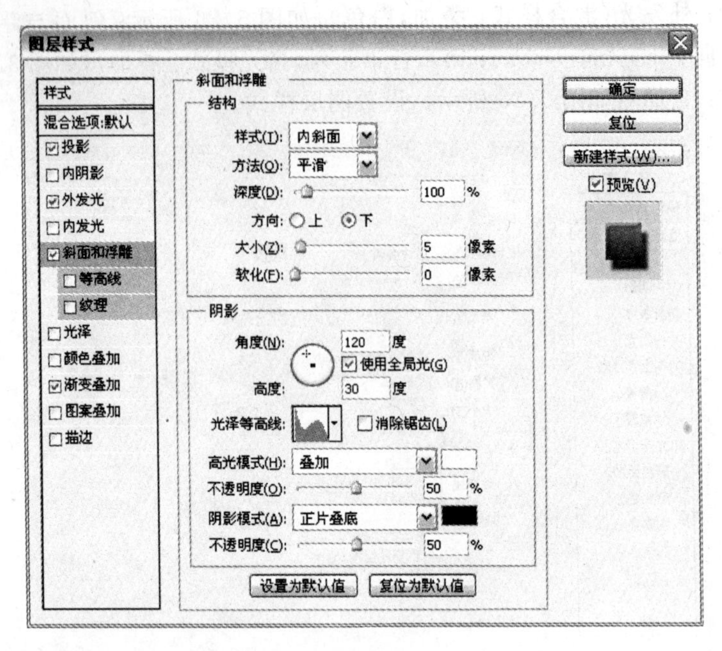

图 3.27 “斜面和浮雕”图层样式

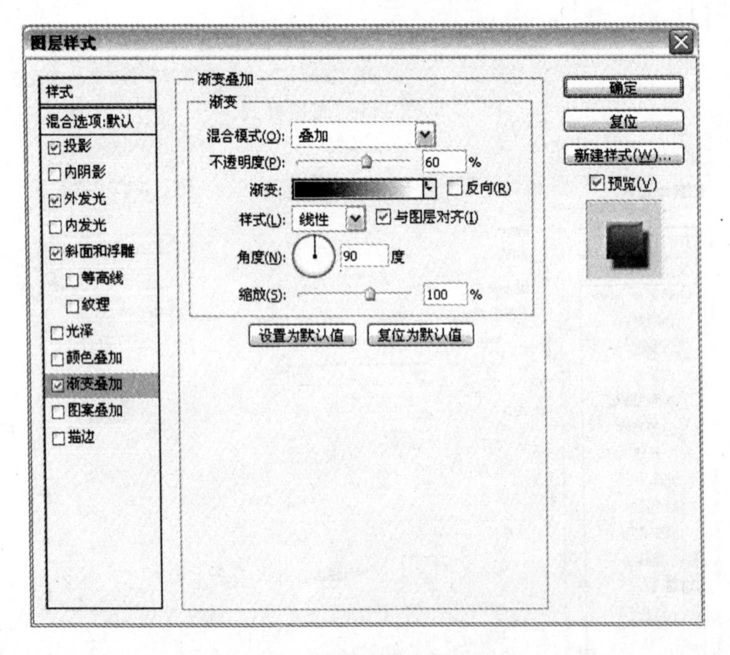

图 3.28 “渐变叠加”图层样式

(3) 在五环图层中按 Ctrl+T 快捷键，调节五环的大小和位置，放到画布稍下方，打开素材中的“奥运五环”图标图，用魔棒工具按钮选中图案，粘贴到五环画布中，如图 3.29 所示。

(4) 单击选框工具中的“文本工具”按钮 ▪ T 横排文字工具 T ，建立文本图层，写入“BEIJING2008 年”，设置如图 3.30 所示。

图 3.29　粘贴五环标志

图 3.30　字体设置

(5) 单击工具箱中的“文本工具”按钮 T，再建立一个文本图层，写入“Candidate City”，设置字体为黑体，大小为 20，颜色为黑色。

(6) 分别在两个文本图层设置“描边”图层样式，如图 3.31 所示。

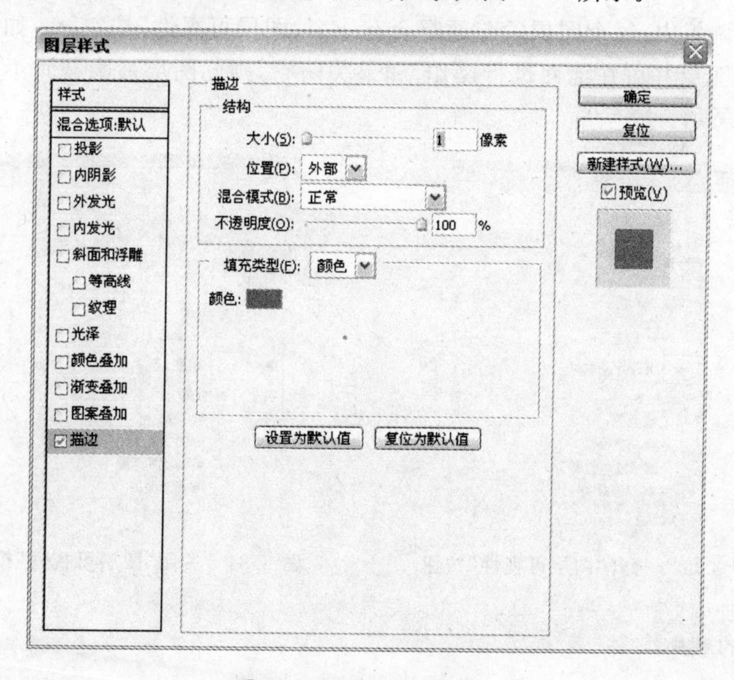

图 3.31　“描边”图层样式

(7) 设置效果如图 3.32 所示。

图 3.32 效果图

3.1.4 实训技术点评

1. 图层的可视性

在“图层”调板中,每个图层的前面都会有一个“图层可视性”按钮,如图 3.33 所示。打开它可显示图层并可在上面进行操作,如果关闭它,则此图层被隐藏时不能进行任何修改,如图 3.34 所示。

图 3.33 打开“图层可视性”按钮

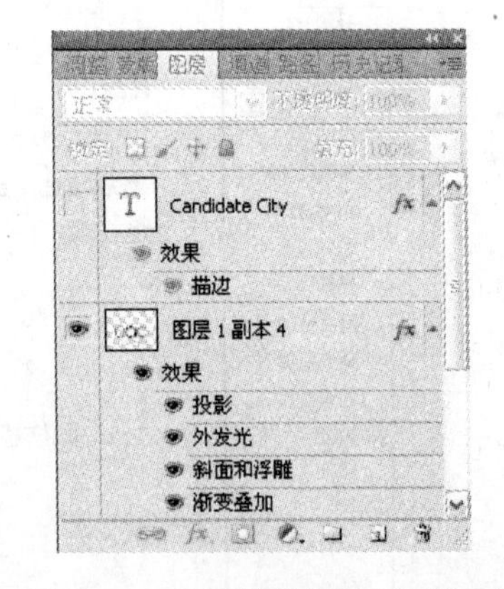

图 3.34 关闭“图层可视性”按钮

2. 图层的顺序

若调节图层的位置,可在“图层”调板中选中要调节的图层,按下鼠标左键,拖动鼠标上下移动,即可调换图层的顺序。

本实训中两个环相套，主要是删掉上面的图层，露出下面的图层，达到两环相套的效果。本例中讲述是在两环选中公共部分，然后去掉一个公共部分，方法是按 Ctl＋Shift＋Alt 快捷键，再单击上面图层标志窗口，也可以用选择删除选区的方法。

先在“黑”图层选中黑环，然后回到“黄”图层，用“橡皮工具”擦点选区中的黄色环，如图 3.35 所示，也可以达到同样的套环效果。

图 3.35 用橡皮擦掉选区

3.1.5 实训练习

具体练习如下。

(1) 制作如图 3.36 所示的 2008 套索字样，并自己设计一个背景。步骤如下。

① 分别在每个图层中写入 2、0、0 和 8 等字，将文字层转换为普通层，方法：“图层”→“像素化”→“文字”。

图 3.36 2008 纤手

② 旋转字体。选中其中一个字体，然后选择公共部分并按 Ctrl＋Shift＋Alt 快捷键。再按 Alt 键＋矩形工具去掉其中的一个共同选区。

③ 将字上面的部分删除，露出下面的字。重复后面的做法。

(2) 自己制作一个奥运五环图案。

(3) 将自己的照片与其他背景进行结合。

3.2 实训 打造夜幕丽人

3.2.1 实训目的

本实训有如下目的。

(1) 学习图层的混合模式，运用不同的混合模式，制作出不同的特技效果。

(2) 学习图层渐变的淡入效果。

(3) 学习图层的相对位置产生不同效果的技术。

(4) 学习图层的应用技巧,将如图 3.37 所示的"人物"图像与如图 3.38 所示的"秋天背景"图像相结合,营造出一幅如图 3.39 所示的夜幕下丽人的效果。

图 3.37 人物

图 3.38 秋天背景

图 3.39 夜幕丽人

3.2.2 实训理论基础

1. 图层处理方法

操作方法如下。

(1) 图层的移动。

① 单击"图层"调板中要移动的图层,选中该图层。使用工具箱内的"移动工具"按钮 ,或在使用其他工具时按住 Ctrl 键,然后用鼠标拖曳画布中的图层。

② 如果选中了"移动工具" 的选项栏中的"自动选择图层"复选框,则单击非透明区内的图像时,可自动选中相应的图层。拖曳鼠标可移动该图层。

(2) 图层的排列。

① 在"图层"调板内,用鼠标上下拖曳图层,可调整图层的相对位置。

② 单击"图层"→"排列"菜单命令,调出其子菜单。再单击子菜单中的菜单命令,可以移动当前图层。

(3) 图层的合并。

① 合并可见图层。单击"图层"→"合并可见图层"菜单命令,即可将所有可见图层合并为一个图层。如果有可见的背景图层,则将所有可见图层合并到背景图层中。如果没有可

见的背景图层，则将所有可见图层合并到当前可见图层中。

② 合并链接图层。单击“图层”→“合并链接图层”菜单命令，即可将所有链接图层合并到当前图层中。

③ 合并所有图层。单击“图层”→“拼合图层”菜单命令，即可将所有图层合并到背景图层中。

图层的合并也可以利用“图层”调板菜单命令。图层合并后，会使图像所占用的内存变小，图像文件变小。

2. 图层混合模式

图层混合模式在“图层”调板左上角，如图 3.40 所示。

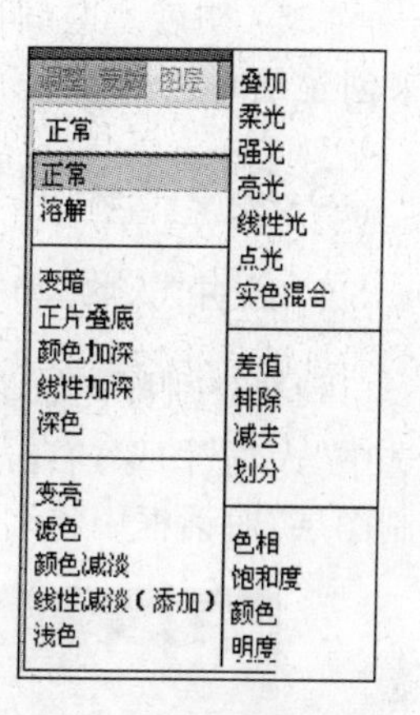

图 3.40　图层混合模式

(1) 正常。编辑或绘制每个像素，使其成为结果色。这是默认模式。

(2) 溶解。新绘制图像的颜色随机地覆盖当前图层和下面图层原来的底色或图像。绘图效果受“不透明度”的影响。

(3) 变暗。系统将比较新绘制图像的颜色与底色，如果比底色暗，则用绘图色替代底色；如果比底色亮，则用底色替代绘图色，从而使混合后的图像颜色变暗。

(4) 正片叠底。新绘制图像的颜色与当前图层的底色相结合，产生一种更深的颜色。

(5) 颜色加深。新绘制图像的混合色因暗化而变深。

(6) 线性加深。新绘制图像的混合色线性加深。

(7) 深色。新绘制图像通过增加对比度使底色的颜色变暗。和白色混合没有变换。

(8) 变亮。系统将比较新绘制图像的颜色与底色，从而使混合的图像颜色变亮。

(9) 滤色。新绘制图像的颜色与当前图层的底色相结合，产生一种更浅的颜色。例如，红色与蓝色混合后的颜色是粉红色。

(10) 颜色减淡。新绘制图像的混合色因加亮而变淡。

(11) 线性色减淡(添加)。新绘制图像通过增加亮度使底色的颜色变亮。和黑色混合没有变换。

(12) 浅色。新绘制图像对局部(面不是整幅图片)进行变亮处理。

(13) 叠加。新绘制图像的颜色与当前图层的底色相混合，产生一种中间颜色。

(14) 柔光。新绘制图像的混合色有柔光照射的效果。

(15) 强光。新绘制图像的混合色有强光照射的效果。当新绘制的图像颜色灰度大于50%时，以屏幕模式混合，产生加光的效果；当新绘制的图像颜色灰度小于50%时，以正片叠底模式混合，产生暗化的效果。

(16) 亮光。新绘制图像通过增加(或降低)对比度加深(或减淡)颜色。

(17) 线性光。新绘制图像通过增加(或降低)对亮度加深(或减淡)颜色。

(18) 点光。新绘制图像根据图像色来替换颜色。

(19) 实色混合。两个图层混合的结果为亮色更亮了，暗色更暗了。

(20) 差值。系统会比较新绘制图像的颜色和底色，用它们中较亮颜色的亮度减去较暗颜色的亮度值，作为混合色的亮度。

(21) 排除。与差值类似，但比差值生成的颜色对比小，因而颜色较柔和。与白色混合将使底色反相，与黑色混合则不产生变化。

(22) 色相。新绘制图像的混合色的色彩与亮度同底色一样，色相决定于新绘制图像所用颜色的色相。

(23) 饱和度。新绘制图像的混合色的色相与亮度同底色一样，饱和度决定于新绘制图像所用颜色的饱和度。

(24) 颜色。新绘制图像的混合色的亮度同底色一样，色相和饱和度决定于新绘制图像所用颜色的色相和饱和度。

(25) 明度。与颜色正好相反。新绘制图像采用底色的色相、饱和度以及绘图色的亮度来创建最终色。

3.2.3 实训操作步骤

1. 合并"人物"和"秋天背景"图像

(1) 分别打开如图 3.37 所示的"人物"图像和如图 3.38 所示的"秋天背景"图像文件，选中"人物"图像，右击人物的"背景"图层，选择并复制图层，如图 3.41 所示。在弹出的"复制图层"对话框中将名称改为"人物"，如图 3.42 所示。

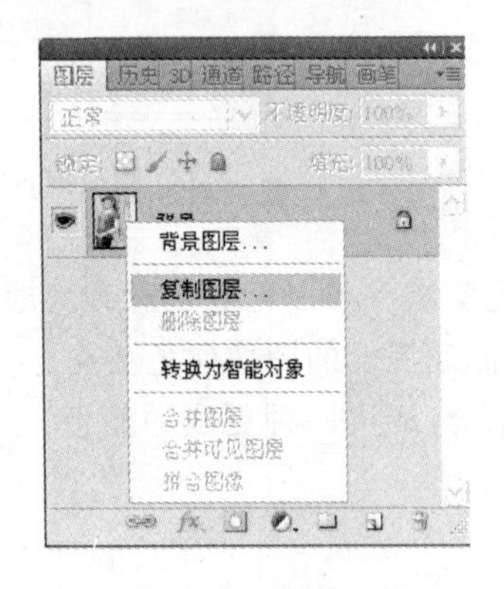

图 3.41 复制图层

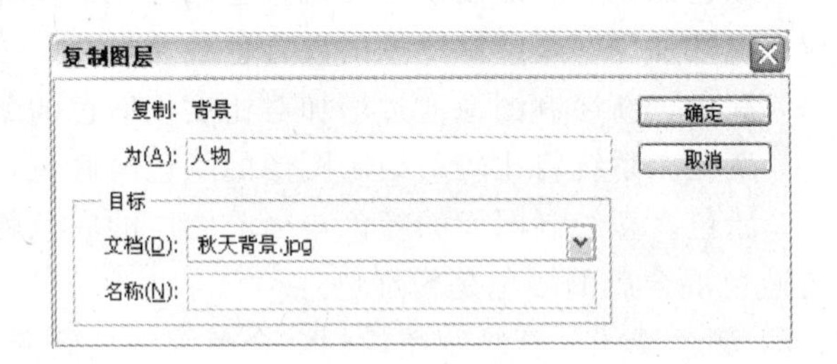

图 3.42 "复制图层"对话框

(2) 选择"秋天背景"图像并最大化，可以看到人物已经复制过来，如图 3.43 所示。选中"人物"图层，单击"编辑"→"自由变换"菜单命令(使用 Ctrl+T 快捷键也可以实现自由变换)，将人物缩小并调整到如图 3.44 所示的合适位置。

图 3.43 复制人物

图 3.44 调整大小

(3) 选中“人物”图层，单击“图层”调板左上角的混合模式栏，选中“强光”模式，如图 3.45 所示。可以看到人物图层以强光的形式叠加在“秋天背景”图层上，效果为如图 3.46 所示。

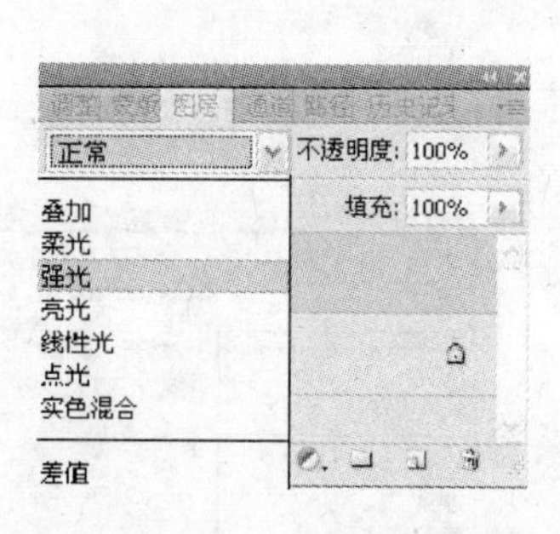

图 3.45 “强光”模式

图 3.46 效果图

(4) 单击工具箱中的“矩形选框工具”按钮，在上方的矩形工具选项中的羽化栏内输入“30 像素”。选中人物左侧部分，由于刚才设置了羽化值，本来是矩形的选框四角此时变得圆滑，如图 3.47 所示。按 Delete 键两次，删除选区内部分，得到如图 3.48 所示的淡入效果。

图 3.47 羽化矩形选框

图 3.48 淡入效果

2. 营造重影效果

(1) 在“人物”图层上右击，选择“复制图层”命令，得到“人物副本”图层，如图 3.49 所示。

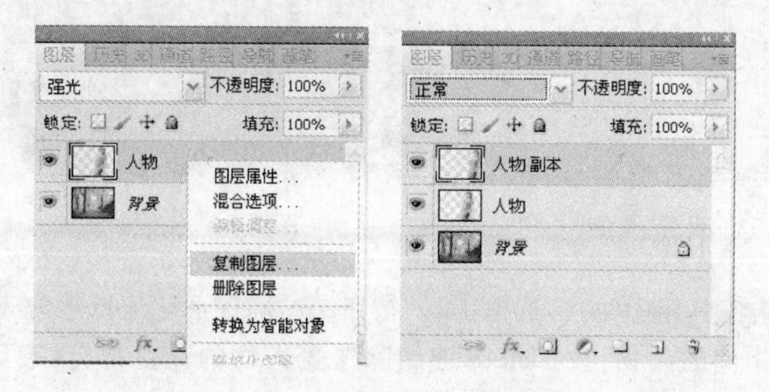

图 3.49 复制人物图层

(2) 单击"编辑"→"自由变换"菜单命令(使用 Ctrl+T 快捷键也可以实现自由变换),将"人物副本"拉大并移动到画布右端,最终效果如图 3.50 所示。

(3) 在"图层"调板中将"人物副本"图层的混合效果设置为"线性光",使复制出来的人物被强光照射并虚化到重影效果,如图 3.51 所示。

图 3.50 调整人物

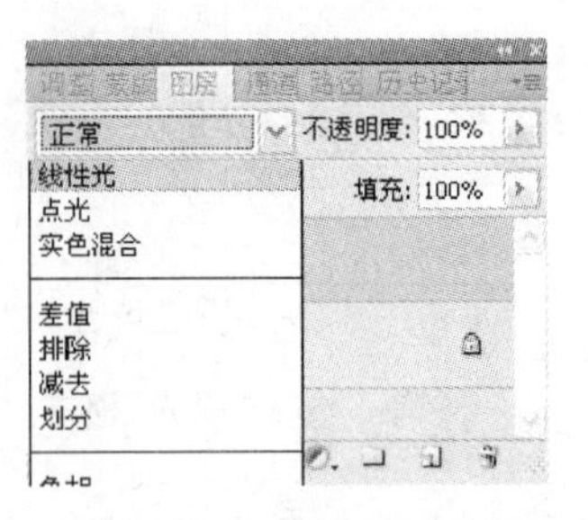

图 3.51 "线性光"设置

3. 改变图像整体颜色

操作方法如下。

(1) 单击"图层"调板中的 按钮创建新图层,命名为"蓝色"。

(2) 前景色选择蓝色(#3053D5),单击"编辑"→"填充"菜单命令,选择前景色并将"蓝色"图层填充为蓝色,如图 3.52 所示。单击"确定"按钮。

(3) 在"图层"调板中将"蓝色"图层的混合效果设置为"差值",如图 3.53 所示。使蓝色叠印到下面的图层中,效果如图 3.54 所示。

图 3.52 创建蓝色前景图层

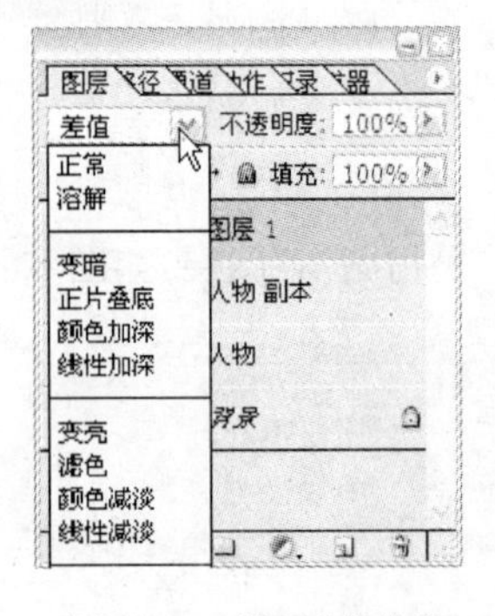

图 3.53 设置"差值"

图 3.54 "差值"效果

(4) 再次单击工具箱中"矩形选框工具"按钮 ,确保羽化值依然为 30 像素,如图 3.55 所示。选中画布中间的人物,按 Delete 键删除覆盖人物的蓝色部分,突显出人物整体,如图 3.56 所示:

图 3.55　羽化选区

(5) 最后利用“文字工具”按钮 T，输入“Hamasaki Ayumi”，注意字体图层应放置在“蓝色”图层下方才能得到叠化效果，如图 3.57 所示。最终效果如图 3.39 所示。

图 3.56　“突显人物”效果

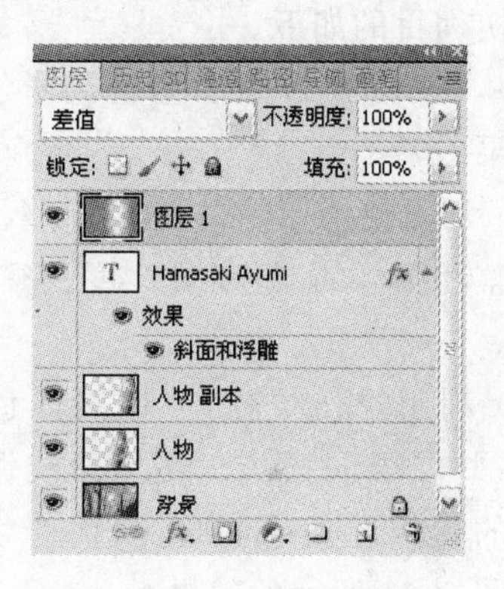

图 3.57　文字图层的位置

3.2.4　实训技术点评

本实训主要使用图层的混合模式，实现图像的特技效果。图层混合模式近 20 多种，常用的几种需要反复使用，才能了解它们的特性。实训中两次使用了图层渐变淡入效果，使用矩形工具，羽化，选择区域，然后按 Delete 键多次删除选区内部分，得到如图 3.48 所示的淡入效果。

注意：如果淡入不明显，可以多次按 Delete 键，直到得到满意的淡入效果为止。

3.2.5　实训练习

练习如下。

(1) 利用图层混合模式的“屏幕”设置，制作车的玻璃效果；利用图层混合模式的“强光”设置，制作车身反光效果。将如图 3.58 和图 3.59 所示的两幅图像，合成如图 3.60 所示的效果。

(2) 结合本实训的内容，自己设计一幅人物合成风景，要求人物要有淡入的效果。

图 3.58　车　　　图 3.59　人物　　　图 3.60　效果图

3.3　实例　圣诞快乐的创意

3.3.1　实训目的

本实训目的如下。

(1) 学习通过调节图像的色彩，实现图像的立体效果。

(2) 学习使用图像的曲线调整、图像的色彩平衡调整和图像的亮度/对比度调整来处理图像的方法。

(3) 利用操作技巧，使用图像色彩调整(曲线)和一些图层的操作。使用曲线调整，可以将选区中的图像调亮或调暗，从而产生立体效果，实现如图 3.61 所示的效果。

图 3.61　圣诞快乐效果图

3.3.2　实训理论基础

在处理图像的过程中，经常遇到图像太暗、颜色不鲜明和饱和度低等问题，这些会影响图像的效果，因此我们要通过学习 Photoshop CS5 的功能，解决此类问题。

1. 图像的曲线调整

图像的明暗度可以通过使用“图像”→“调整”→“曲线”菜单命令来调节，单击如上所示的菜单命令，即可调出“曲线”对话框，如图 3.62 所示。“曲线”对话框中各选项的作用如下。

(1) 色阶曲线水平轴。它代表原来图像的色阶值，即色阶输入值。单击水平轴上中间处的光谱条，可以使水平轴和垂直轴的黑色与白色互换。

(2) 色阶曲线垂直轴。它代表调整后图像的色阶值，即色阶输出值。

(3) 按钮。单击按下该按钮后，将鼠标移到色阶曲线处，当鼠标指针呈十字箭头状或十字线状时，拖曳鼠标可以调整曲线的弯曲程度，从而调整图像相应像素的色阶。单击鼠标左键，可以在曲线上生成一个空心正方形的控制点。单击选中控制点(空心正方形变为黑色实心正方形)，可使“输入”和“输出”文本框出现。调整这两个文本框内的数值，可改变控

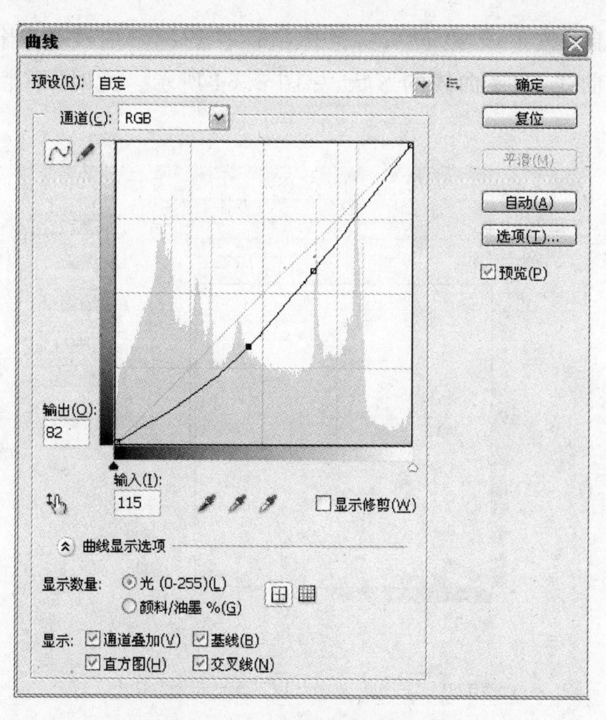

图 3.62 “曲线”对话框

制点的输入和输出色阶值,如图 3.63 所示。将鼠标指针移开曲线,当鼠标指针呈白色箭头状时,单击鼠标左键,可以取消控制点的选取,同时“输入”和“输出”文本框消失,此时只显示鼠标指针点的输入和输出色阶值。

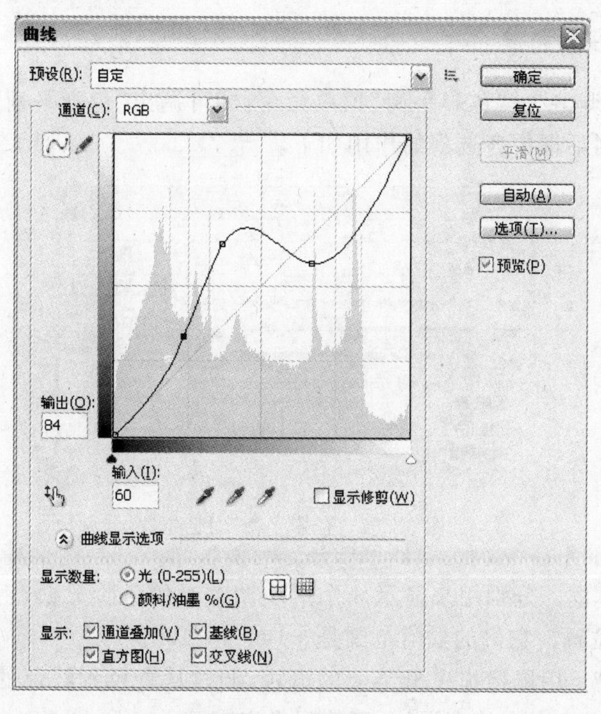

图 3.63 曲线调节

(4) 按钮。单击按下该按钮后，将鼠标指针移到色阶曲线处，当鼠标指针呈画笔状时，拖曳鼠标可绘制曲线，改变曲线的形状，如图 3.64 所示。此时“平滑”按钮变为有效，单击它可使曲线平滑。

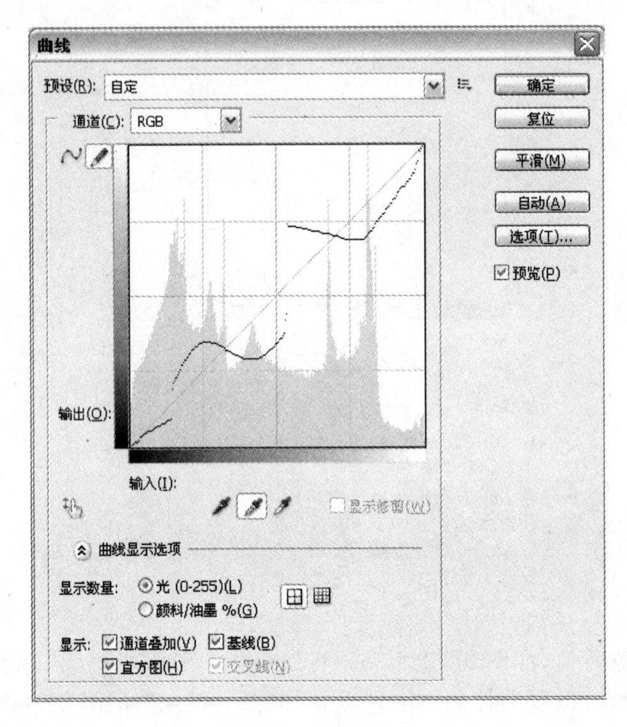

图 3.64　画笔调节

2. 图像的色彩平衡调整

单击“图像”→“调整”→“色彩平衡”菜单命令，即可调出“色彩平衡”对话框，如图 3.65 所示。“色彩平衡”对话框中各选项的作用如下。

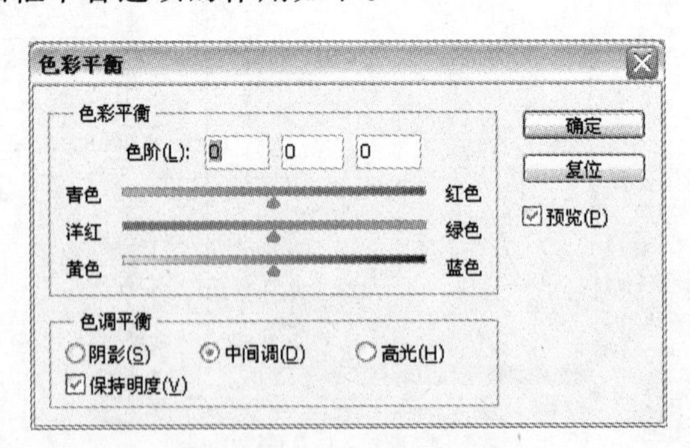

图 3.65　“色彩平衡”对话框

(1)“色阶”文本框。分别用来显示 3 个滑块调整时的色阶数据，用户也可以直接输入数值来改变滑块的位置。它们的数值范围是－100～＋100。

(2)“青色”滑竿。用鼠标拖曳滑竿上的滑块，调整从青色到红色的色彩平衡。向右拖曳滑块，可使图像变红；向左拖曳滑块，可使图像变青。

(3)“洋红”滑竿。用鼠标拖曳滑竿上的滑块,调整从洋红色到绿色的色彩平衡。

(4)“黄色”滑竿。用鼠标拖曳滑竿上的滑块,调整从黄色到蓝色的色彩平衡。

(5)“色调平衡”栏。用来确定色彩的平衡处理区域。

例如,在如图 3.66 所示的图像中进行色彩平衡调整后的效果如图 3.67 所示。

图 3.66　色彩平衡调整前图像

图 3.67　色彩平衡调整后图像

3. 图像的亮度/对比度调整

单击“图像”→“调整”→“亮度/对比度”菜单命令,即可调出“亮度/对比度”对话框,如图 3.68 所示。“亮度/对比度”对话框中各选项的作用如下。

(1)“亮度”滑竿。用鼠标拖曳滑竿上的滑块,可调整图像的亮度。

(2)“对比度”滑竿。用鼠标拖曳滑竿上的滑块,可调整图像的对比度。

两种滑竿的调整范围都是－100～＋100。如图 3.66 所示的图像按照如图 3.68 所示进行亮度/对比度调整后的效果如图 3.69 所示。

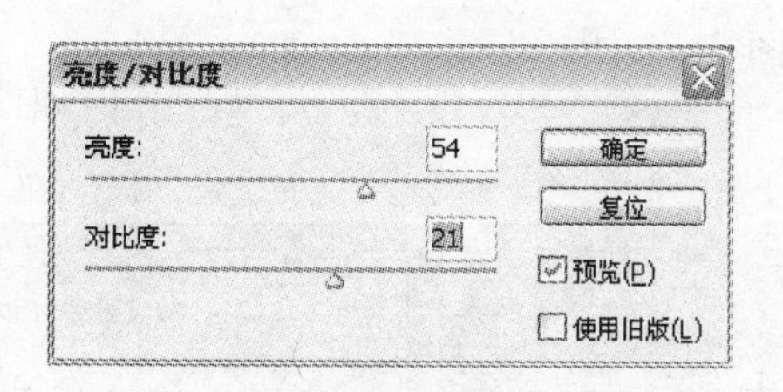

图 3.68　“亮度/对比度”对话框

图 3.69　“亮度/对比度”调整后图像

3.3.3　实训操作步骤

1. 制作背景图案

(1) 打开一幅如图 3.70 所示的图像。按下工具箱中的“魔棒工具”按钮 ,容差设置为 30,单击图像的背景云图,创建选区。按住 Shift 键,再多次单击背景云图,直到创建的选区将全部背景云图都选中。

(2) 单击“选择”→“反选”菜单命令,选中圣诞老人图像。然后单击“图层”→“新建”→“通过剪切的图层”菜单命令,将圣诞老人图像剪切到新建的“图层 1”图层中。

(3) 单击“图层”调板中“图层 1”图层左边的“图层显示”标记 ,使它消失,则该图层不显示，此时的画布如图 3.71 所示。图中，黄色的图像是将圣诞老人图像剪切后填充的背景色（设置的背景色为黄色）。

图 3.70 背景图

图 3.71 剪切背景图

(4) 双击“图层”调板中的“背景”图层，调出“新图层”对话框，单击”确定”按钮，即可将“背景”图层转变为普通的图像图层“图层 0”。

(5) 使用工具箱中的“修复画笔工具”，将黄色图像进行修复，使图像成为完整的云图图像。

2. 立体框的制作

操作方法如下。

(1) 打开一幅如图 3.72 所示的图像。按下工具箱中的“横排文字工具”按钮 T，将鼠标指针移动到画布窗口上单击。利用“横排文字工具”选项栏，设置字体为“楷书”，大小为 100 点，颜色为红色，然后在画布窗口内输入文字“圣诞快乐”。给“圣诞快乐”文字添加斜面、浮雕效果和投影效果（使用系统默认值），如图 3.73 所示。

图 3.72 圣诞树原图

图 3.73 添加文字图层

(2) 将文字图层和“背景”图层合并，全部选中，并复制到图 3.74 中，即复制一个新的“圣诞快乐”图层。

(3) 单击“编辑”→“自由变换”菜单命令，用鼠标拖曳调整“图层 2”图层内的图像的大小和位置。再单击“编辑”→“变换”→“透视”菜单命令，用鼠标拖曳调整圣诞树图像，使它呈透视状，如图 3.74 所示。然后，按回车键。

图 3.74 “透视”效果

(4) 将“背景”图层隐藏。然后，创建一个矩形选区，选中“圣诞快乐”图层内圣诞树图像左边一部分，如图 3.75 所示。

(5) 单击“图像”→“调整”→“曲线”菜单命令，调出“曲线”对话框，用鼠标拖曳调整该对话框中的曲线，如图 3.76 所示。单击“确定”按钮，此时的画布如图 3.77 所示。可以看出，选区中的图像的颜色变深了。

(6) 创建两个新的矩形选区，将“圣诞快乐”图层中图像左上角和左下角的三角图像选中，如图 3.78 所示。

图 3.75 “矩形选区”效果

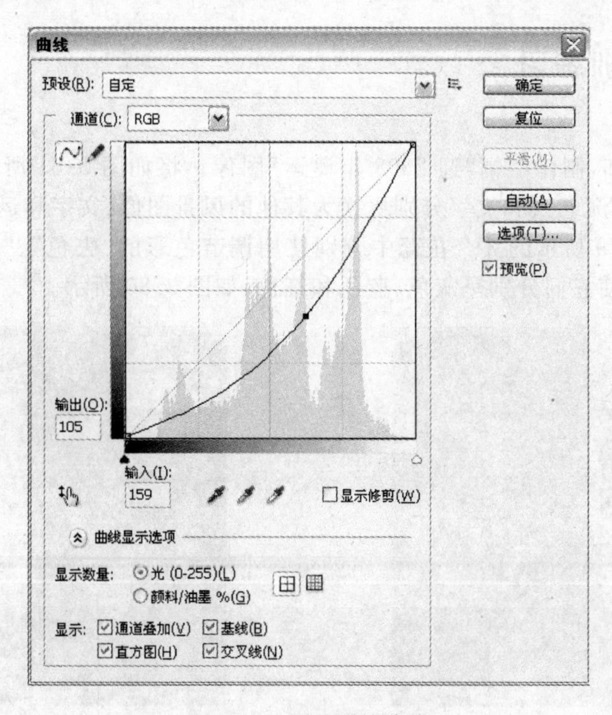

图 3.76 调整明暗曲线

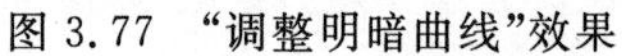

图 3.77 “调整明暗曲线”效果

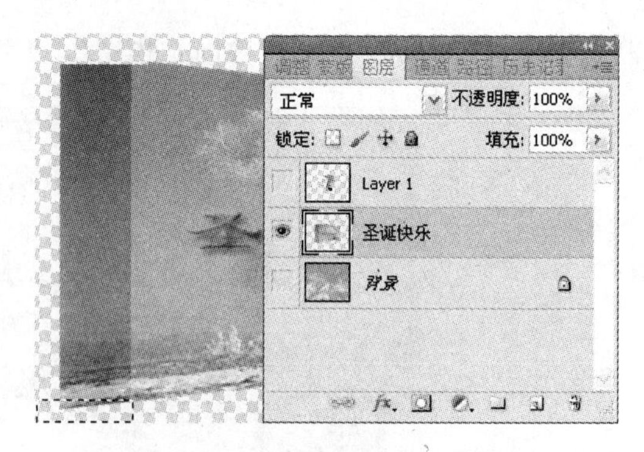

图 3.78 选择删除多余的区域

(7) 按 Delete 键，将图像左上角和左下角的三角形图像删除。然后，将“背景”图层显示。此时该图层的图像呈立体状。

(8) 使“图层 1”图层显示，单击“编辑”→“自由变换”菜单命令，用鼠标拖曳调整圣诞老人图像的大小和位置，最后的效果如图 3.61 所示。

3.3.4 实训技术点评

本实训的制作过程综合使用了一些前面讲述过的操作技巧，同时也介绍了一些新的操作方法和操作技巧。在进行上述工作时，需要使用图像色彩调整（曲线）和一些图层操作。使用曲线调整，可以将选区中的图像调亮或调暗，从而产生立体效果。

实训中将如图 3.70 所示的图像中的圣诞老人和背景图像分开，方法有多种，可以使用工具选择背景，也可用套索工具选择圣诞老人。可以采用任意一种方法来完成此图像最终效果图的处理工作。

3.3.5 实训练习

具体练习如下。

(1) 仿照本实训，制作一幅“迎 2008 年奥运”图像。将如图 3.61 所示的“圣诞快乐”图像中的透视矩形、圣诞老人和文字分别更换为其他的风景图像、文字和运动员图像。

(2) 在如图 3.79 所示的 3 个花蕊中分别使用调节色彩的“去色”、“反色”和“色彩饱和度”调制 3 个花蕊，使它们分别呈灰色、蓝色和红色，如图 3.80 所示。

图 3.79 原图

图 3.80 调色效果图

3.4　实例　水彩画——中国水乡

3.4.1　实训目的

本实训目的如下。

(1) 学习图像的合成,学习移动图层和复制图层的技巧。

(2) 学习调节图层的亮度、去色。

(3) 将如图 3.81 所示的“水乡”图像,通过调节图像的对比度、去色,最终制作成如图 3.82 所示的水彩画效果。

图 3.81　水乡风景

图 3.82　水彩画——水乡

3.4.2　实训理论基础

1. 图像和画布大小的调节

(1) 图像大小调节。单击“图像”→“图像大小”菜单命令,如图 3.83 所示,输入像素大小的宽度和高度,就可调节图像的大小尺寸。在宽度文本框中输入数值,高度自动成比例显示对应的数值。如果不顾忌图像的调整失真,可以取消选中“约束比例”复选框。

(2) 画布大小调节。单击“图像”→“图画布大小”菜单命令,如图 3.84 所示,在当前大小处显示当前的画布大小。输入新建大小的宽度和高度,就可调节图布的大小尺寸。如果大于图像的地方成背景色,如图 3.85 所示。

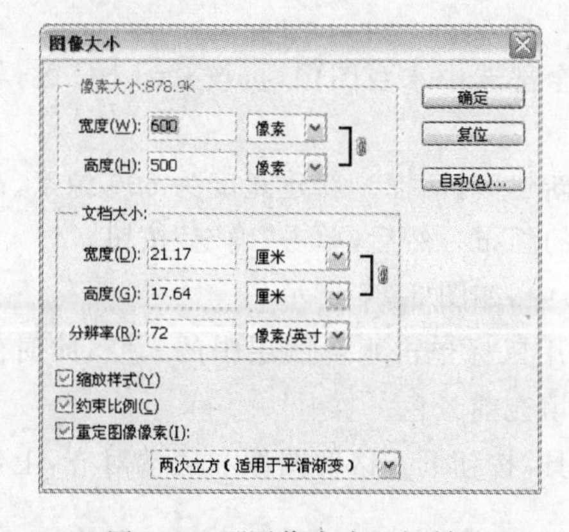

图 3.83　“图像大小”对话框

图 3.84　“画布大小”对话框

图 3.85　加大画布效果

2. 图像的亮度和对比度

调整步骤如下。

图像的反相调整。单击“图像”→“调整”→“亮度/对比度”菜单命令，调出的“亮度/对比度”对话框如图 3.86 所示，调节参数使图像变亮或暗。

图 3.86　“亮度/对比度”对话框

3. 图像的去色

图像的去色。单击“图像”→“调整”→“去色”菜单命令，即可将图像的颜色去掉，变成灰白色。

3.4.3 实训操作步骤

1. 修改水乡画布

操作步骤如下。

(1) 打开“水乡”图像素材。按 Ctrl+A 键全部选中水乡图像，再按 Ctrl+C 键，将水乡图像粘贴到剪贴板中。

(2) 单击“文件”→“新建”菜单命令，弹出“新建”对话框。新建宽度为 600 像素、高度为 450 像素、模式为 RGB 颜色和文档背景为黑色的画布。然后，单击“确定”按钮。

(3) 按 Ctrl+V 键，将水乡图像粘贴到画布中，如图 3.87 所示。

(4) 单击工具箱中的“吸管工具”按钮，用鼠标单击水乡图层中的天空，此时前景色和天空一样。回到背景层，按 Ctrl+Delete 键，填充前景色。

(5) 在水乡图层，单击工具箱中的“移动工具”按钮 T，移动图像和底端对齐，上部空间大些，便于写字用。

图 3.87　水乡画布调整

(6) 单击"图层"→"合并可见层"菜单命令，将水乡层和背景层合并为一层。

2. 制作水彩风景

操作步骤如下。

(1) 用鼠标将"图层"调板中的"背景"图层拖曳到"图层"调板中的"创建新的图层"按钮 上，复制一个背景图层"背景副本"，如图 3.88 所示。

(2) 单击"图像"→"调整"→"亮度对比度"菜单命令，调整亮度值如图 3.89 所示。目的是使整个画面的绿色显得更加亮丽一些。

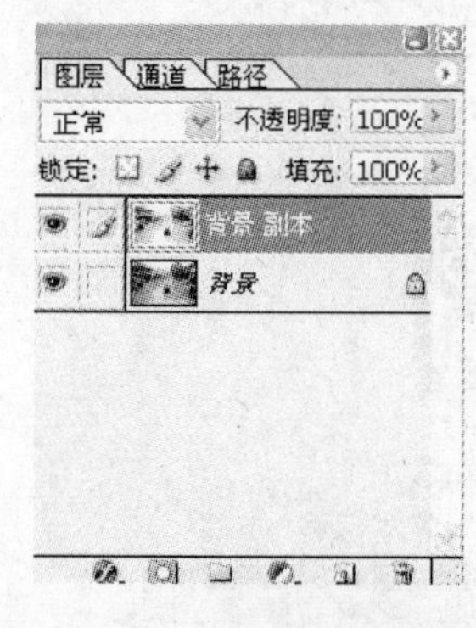

图 3.88　复制背景层

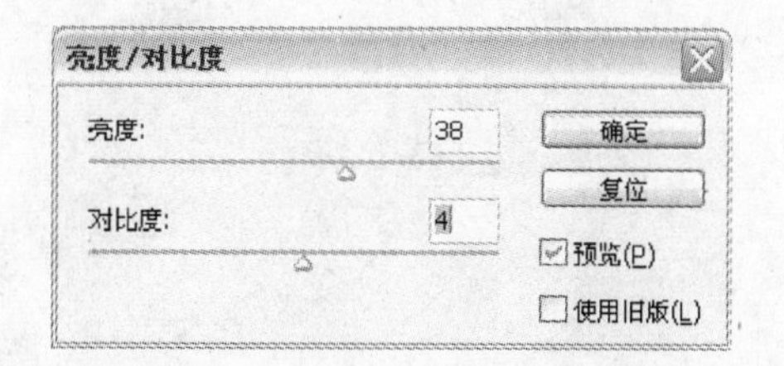

图 3.89　"亮度/对比度"对话框

(3) 再复制一个图层，单击"图像"→"调整"→"去色"菜单命令，图层成灰色。

(4) 当前层为"背景副本 2"，单击"滤镜"→"艺术效果"→"干画笔"菜单命令，如图 3.90 所示，选择默认值，单击"确定"按钮。

(5) 将图层的混合模式调为"滤色"，如果太亮还可以调整透明度。在这里将透明度调整为 54%，如图 3.91 所示。

(6) 为了使效果更加逼真，再复制一个图层，然后把混合模式调为颜色，适当地调整明暗度，如图 3.92 所示。

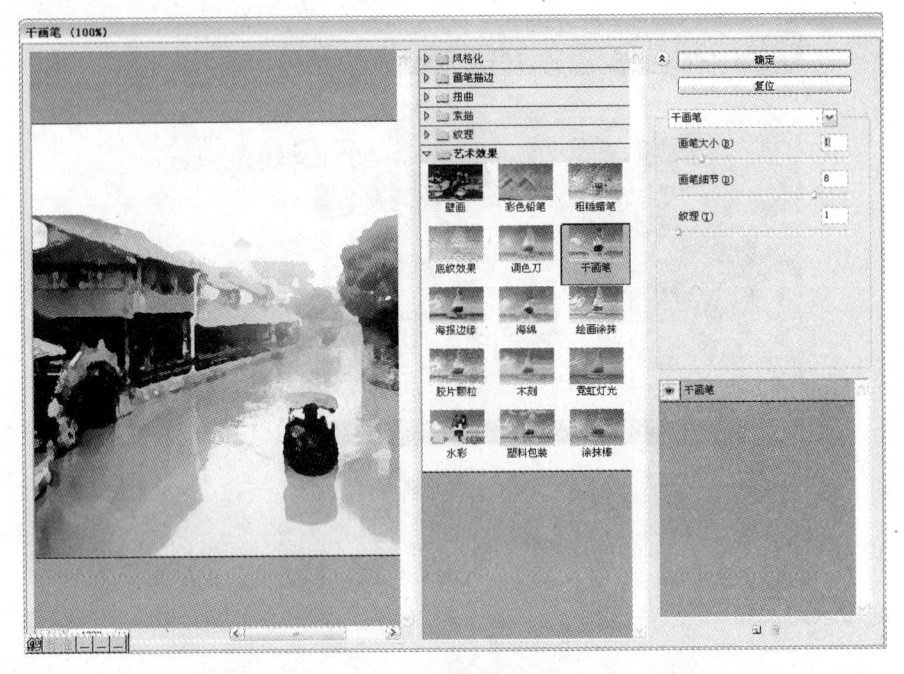

图 3.90 滤镜设置窗口

图 3.91 “滤色”图层混合模式

图 3.92 “颜色”图层混合模式

(7) 单击“图层”调板的“蒙版”按钮，在“背景副本 3”多出个图层框，然后按下工具箱中的“橡皮工具”按钮，在橡皮选项栏中选择画笔为羽化边的笔，如图 3.93 所示。然后在图层的树和房屋处涂抹，达到水彩的效果，如图 3.94 所示。

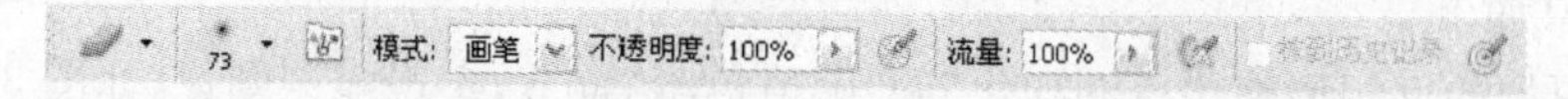

图 3.93 橡皮选项栏

图 3.94 图层蒙版

3. 添加文字

(1) 打开“水乡文字”图像素材。按下工具箱中的“魔棒工具”按钮，抠出文字来，按 Ctrl+A 键，全部选中水乡图像，再按 Ctrl+C 键，将“水乡文字图像”粘贴到剪贴板中。

(2) 回到水乡画布中，按 Ctrl+V 键，将水乡文字粘贴到画布中，调节大小和位置最后达到如图 3.82 所示的效果。

3.4.4 实训技术点评

1. 改变图层的透明度

在“图层”调板的“设置图层的混合模式”列表框中选择“柔光”选项，可使图层变淡，产生倒影的效果，也可在“图层”调板中改变不透明度和填充的数值，同样能达到相同的效果。具体步骤如下。

(1) 单击“图层”调板中要改变不透明度的图层，选中该图层。

(2) 单击“图层”调板中“不透明度”带滑块的文本框内部，再输入不透明度数值，如图 3.95 所示。

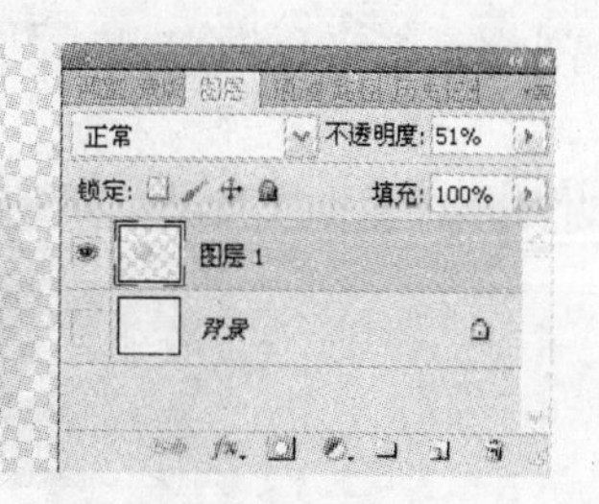

图 3.95 改变“不透明度”

2. 图像的滤镜效果

许多图像处理，滤镜的使用是不可缺少的，在后边的章节中会详细讲解，本例使用了“滤镜”→“艺术效果”→“干画笔”菜单命令，如图 3.90 所示，这里参数值需反复设置才能达到最佳的效果。

3.4.5 实训练习

具体练习如下。

(1) 用图像的反相调整、“色调均化”和“阈值色阶”调节，实现雕刻图像，如图3.96所示。

(2) 按照图3.97所示调节色调分离，并给图像加入3厘米白色框。

(3) 如图3.98所示，进行局部去色，在天空上应用羽化、色相饱和度技术制作出一个红太阳。

图3.96 雕刻效果图

图3.97 色调分离效果图

3.5 实例 神奇的梦幻背景

3.5.1 实训目的

本实训目的如下。

(1) 学习图像的色彩调整，利用曲线调整对整个图像和红、蓝通道调整，达到彩色墙的效果。

(2) 通过学习调节图像的亮度和对比度、色彩平衡和可选颜色等功能，实现背景梦幻的效果。

(3) 通过学习图层混合模式的改变，协助图像的色彩改变，将如图3.98所示的图像最终制作成如图3.99所示的梦幻背景的效果。

图3.98 梦幻背景原图

图3.99 梦幻背景效果

3.5.2　实训理论基础

1. 图像的可选颜色

该命令可以对图像中限定颜色区域中的各像素中的青色、洋红色、黑色的四色油墨进行调整。

单击“图像”→“调整”→“可选颜色”菜单命令，“可选颜色”对话框如图 3.100 所示。

(1) 颜色：包括红色、黄色、绿色、青色、蓝色、洋红色、白色、中性色和黑色共 9 种。

(2) 方法：

- 相对：按照总量的百分比。
- 绝对：输入一个确定数值完全按绝对值调整颜色。

“颜色”下拉框中选择“含有该种颜色的限定范围”，可以调整各单色油墨数量。

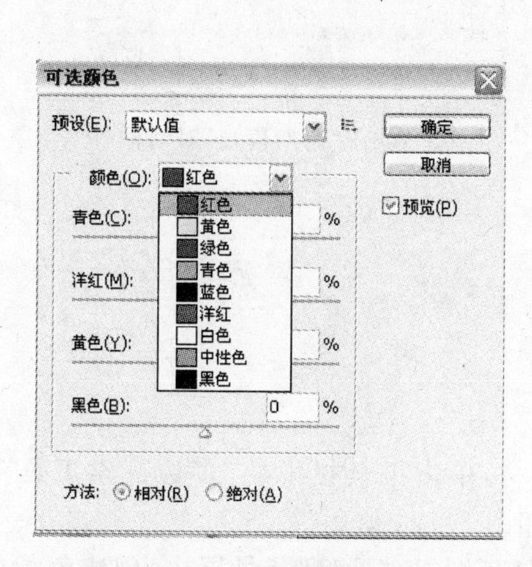

图 3.100　“可选颜色”对话框

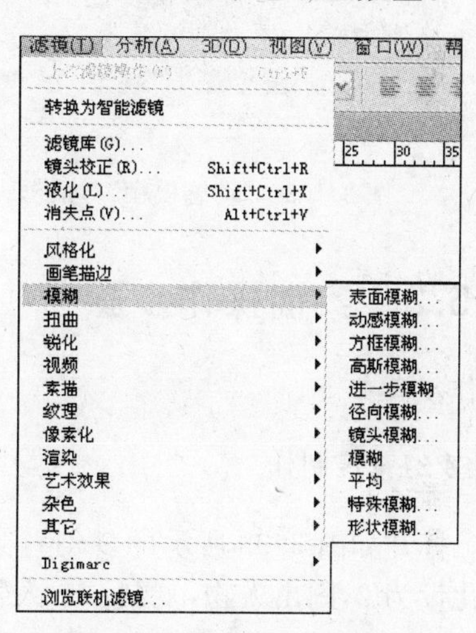

图 3.101　“模糊”滤镜菜单

2. “模糊”滤镜

“模糊”滤镜柔化选区或图像，它们通过平衡图像中已定义的线条和遮蔽区域的清晰边缘旁边的像素，使变化显得柔和，如图 3.101 所示。常用的有：

(1) 动感模糊。沿特定方向(－360°～＋360°)，以特定的强度进行模糊处理，该滤镜类似于以固定的时间给移动物体拍照，如图 3.102 所示。

(2) 径向模糊。模拟移动或旋转的相机，产生一种柔化的模糊。选取“旋转”沿同心圆环线模糊，然后指定旋转度；或选取“缩放”沿径向模糊，好像是在放大或缩小图像，然后指定 1～100 之间的一个数量。模糊的品质范围从“草图”到“好”和“最好”，“草图”产生最快但为粒状的结果，“好”和“最好”产生比较平滑的结果。通过拖移“中心模糊”框中的图案，指定模糊的原点。

(3) 特殊模糊。精确的模糊图像。可指定半径，确定滤镜搜索要模糊的不同像素的距离；可以指定阈值，确定像素值的差别达到何种程度时应将其消除；还可指定模糊品质，也可以为整个选区设置模式，或为颜色转变的边缘设置模式。

(4) 模糊。在图像中有显著颜色变化的地方消除杂色,“模糊”滤镜通过平衡已定义的线条和遮蔽区域的清晰边缘旁边的像素,使变化显得柔和。

(5) 进一步模糊。“进一步模糊”滤镜生成的效果比模糊滤镜强3～4倍。

(6) 高斯模糊。高斯模糊产生一种朦胧的效果,如图3.103所示。

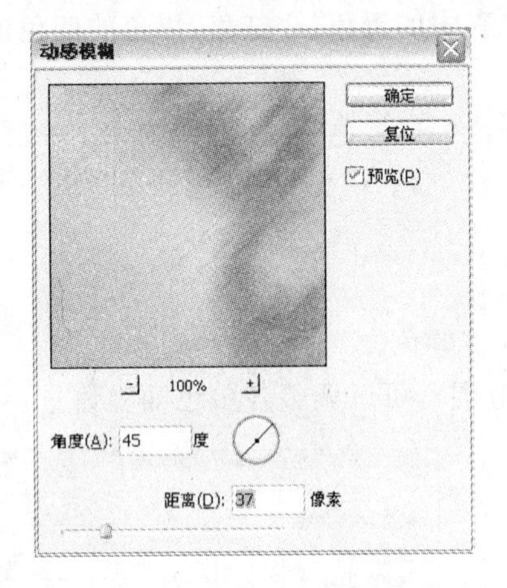

图3.102 “动感模糊”对话框

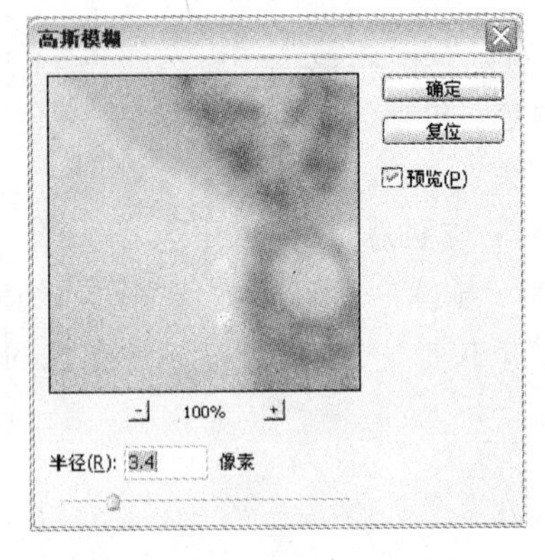

图3.103 “高斯模糊”对话框

3.5.3 实训操作步骤

操作步骤如下。

1. 梦幻背景制作

(1) 打开如图3.98所示的梦幻背景原图素材,单击工具栏中的“多边套索工具”按钮,羽化设为2,圈出人物,复制一个人物图层,如图3.104所示。

(2) 将人物图层隐含,单击人物图层前的“眼睛”图标,回到背景层中,创建色相/饱和度调整图层,设置色相为－12,饱和度为－45,如图3.105所示,使图像褪色些。

图3.104 抽出人物

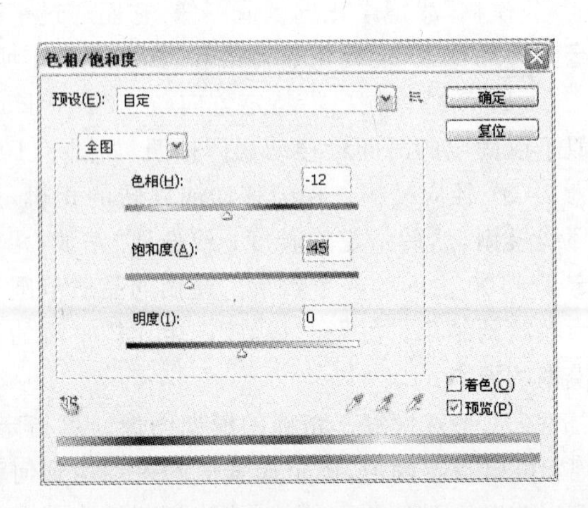

图3.105 “色相/饱和度”对话框

(3) 创建曲线调整图层,单击“图像”→“调整”→“曲线”菜单命令。对整个图像调整暗些,在通道选择“RGB”(默认设置),如图 3.106 所示;降低图像红色,在“通道”下拉框中选择“红”,如图 3.107 所示;增加图像的蓝色,在“通道”下拉框中选择“蓝”,如图 3.108 所示;然后单击“确定”按钮,效果如图 3.109 所示。

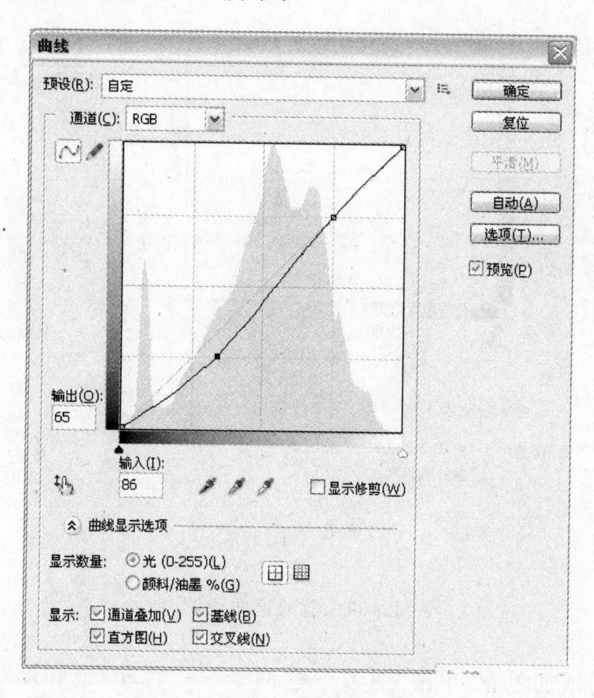

图 3.106 曲线调整

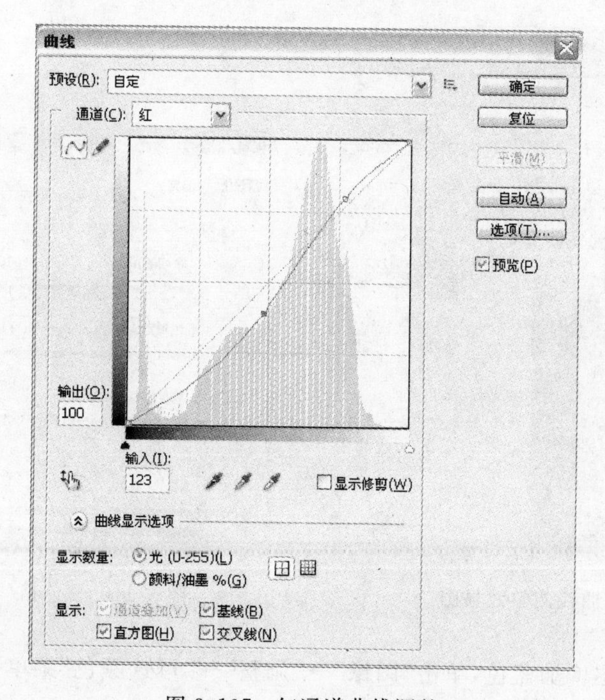

图 3.107 红通道曲线调整

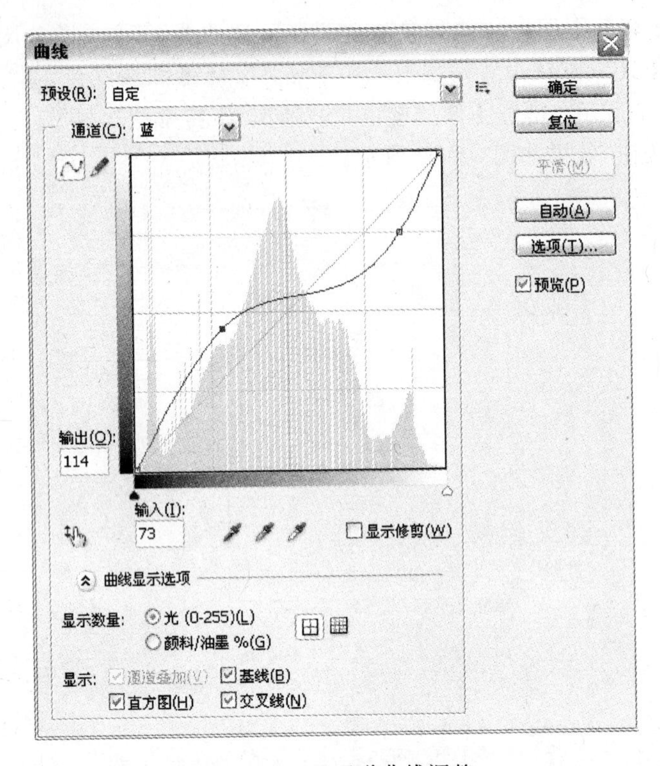

图 3.108　蓝通道曲线调整

(4) 对整个图层增加色彩，单击"图像"→"调整"→"色相/饱和度"菜单命令，设置色相为－10，饱和度为10，如图3.10所示。

图 3.109　曲线调整效果图

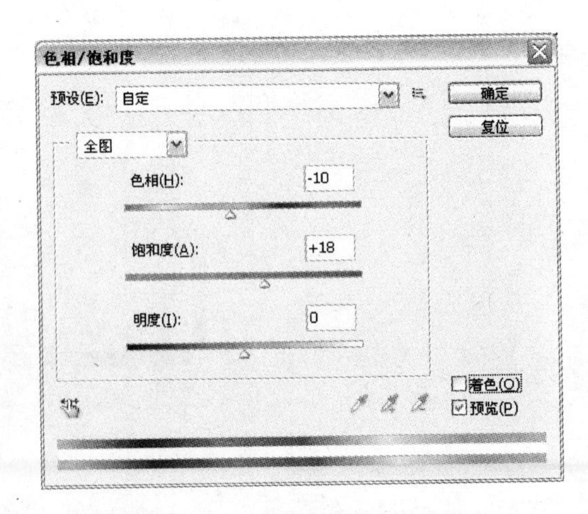

图 3.110　"色相/饱和度"对话框

(5) 对整个图层增加蓝色，单击"图像"→"调整"→"可选颜色"菜单命令，参数黑色为6，其他为0，如图3.111所示，图像调整后效果如图3.112所示。

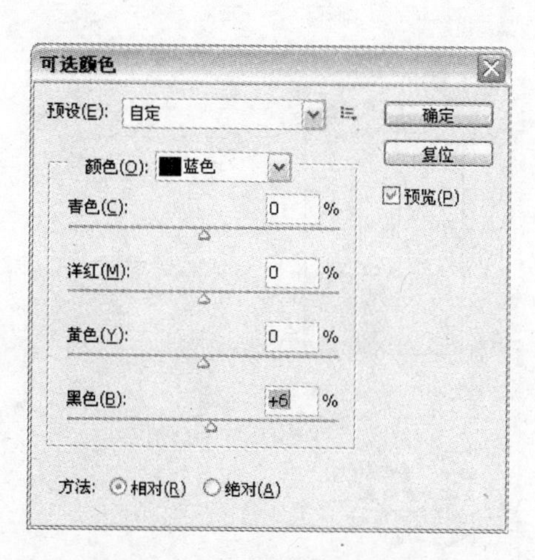

图 3.111　“可选颜色”对话框　　　　图 3.112　图像调整后效果

(6) 新建一个图层，按 Ctrl＋Alt＋Shift＋E 快捷键，盖印图层，单击“滤镜”→“模糊”→“动感模糊”菜单命令，参数角度为 45，距离为 220，如图 3.113 所示。确定后把图层混合模式改为“强亮”，效果如图 3.114 所示（这个时候人物部分会严重失真，暂时不要去管，等下会修复）。

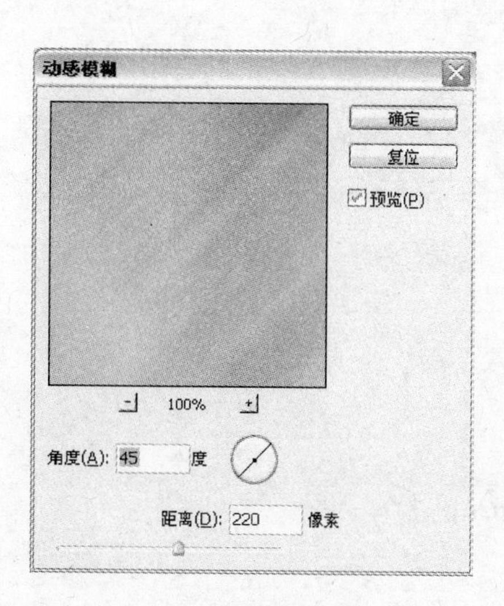

图 3.113　“动感模糊”对话框　　　　图 3.114　图像滤镜后效果

(7) 把动感模糊后的图层复制一层，按 Ctrl＋T 快捷键自由变换命令，右击，选择“水平翻转”命令，将图片水平翻转。单击“图像”→“调整”→“去色”菜单命令，图像变灰色。

(8) 单击“图像”→“调整”→“色彩平衡”菜单命令，设置色阶为－9，73，22，如图 3.115 所示。图像稍微调青一点，然后把图层混合模式改为“强光”。

(9) 单击"滤镜"→"渲染"→"镜头光晕"菜单命令,参数如图 3.116 所示。图像效果如图 3.117 所示。

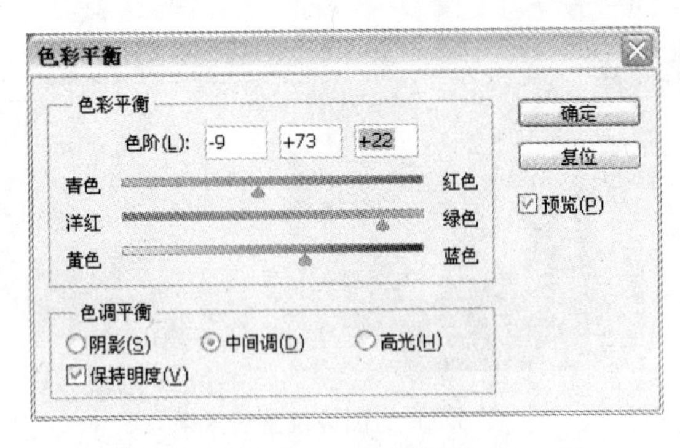

图 3.115 色彩平衡

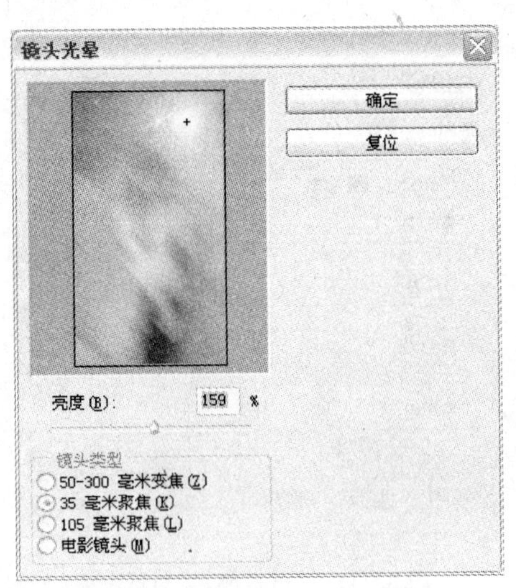

图 3.116 镜头光晕滤镜

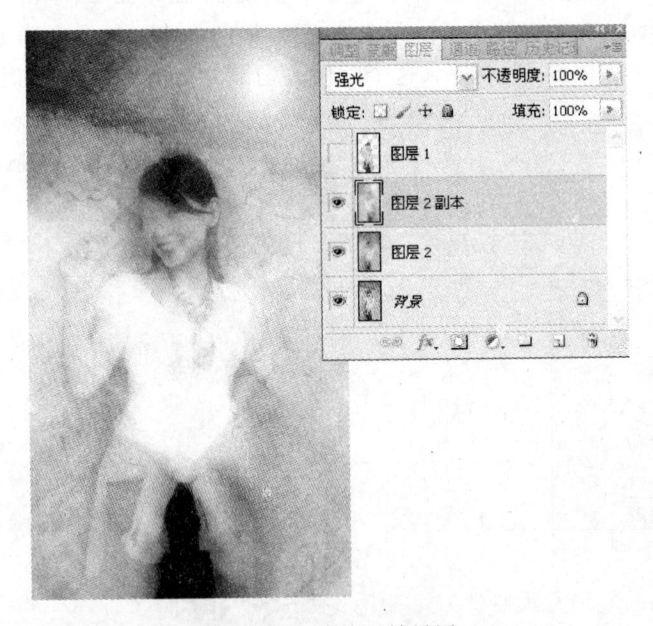

图 3.117 滤镜后效果图

2. 人物处理

(1) 将最上面的人物图层显示出,单击人物图层前的"眼睛"按钮,如图 3.118 所示,适当地把人物图片调亮一点。

(2) 对整个图层增加亮度,单击"图像"→"调整"→"亮度/对比度"菜单命令,设置亮度为 0,对比度为 20,如图 3.119 所示,最终的效果如图 3.99 所示。

图 3.118 调节人物图层

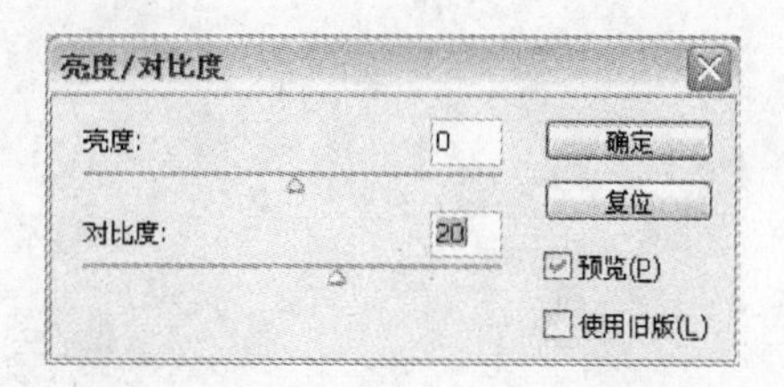

图 3.119 “亮度/对比度”对话框

3.5.4 实训技术点评

1. 图像调整

图像颜色的调整一般遵循如表 3.1 所示。

表 3.1 一般色彩调整归纳

功　能	调 整 命 令	功　能	调 整 命 令
明暗度的调整	亮度/对比度	色彩调整	色相/饱和度
	色阶		色彩平衡
	曲线		照片滤镜
	曝光度		通道混合器
			可选颜色
灰度	黑白		匹配颜色
	去色		替换颜色

注意：调整命令各有自己的特点，如“黑白”调整命令，可以调出需要的色彩，“色相/饱和度”同样也可以调出灰色，哪个命令更方便，纯属个人使用习惯，需反复实践。

2. 图像调整参数的设置

图像色彩调整需要在调整选项中设置参数，这些参数不完全需要精确，能达到需要的效果为最佳。

3. 图像调整曲线的设置

图像曲线调整中不仅可以对整个图像调整，如图 3.106 所示，也可以选择通道实现单色彩调节，如图 3.107 和图 3.108 所示(通道将在后面章节中讲解)。

3.5.5 实训练习

(1) 按照图 3.120 所示进行局部去色，在天空上应用羽化、色相饱和度技术制作出一个红太阳。

(2) 将阴天的照片调节成晴天。

图 3.120 太阳照大地

本章小结

本章通过 5 个案例学习 Photoshop CS 的图层概念和各种图层的作用及其使用方法。重点学习图层的移动、排列和合并的方法；学习使用图层样式产生图层效果；学习使用图层的混合模式改变图层的特技效果。

本章还学习了图像色彩调整内容，重点学习了图像的曲线调整、图像的色彩平衡调整、图像的亮度/对比度调整、图像的去色调整等内容。运用上述所学的知识完成 5 个案例。5 个案例中都分别运用前面所学的知识，灵活运用特技和一些综合技巧，完成图像的各种处理方法。

通过实训练习可以将每个实训的内容深化、变通和提高。

第4章

滤镜应用

本章学习要求

理论环节：

- 学习滤镜的内容、特点及其应用；
- 掌握滤镜的使用方法和原则；
- 了解常用滤镜参数的设置；
- 熟练掌握滤镜的使用技巧。

实践环节：

- 绘制锈迹斑斑效果；
- 打造绚丽圆环光束；
- 金属质感的枫叶；
- 编织彩色格子；
- 永不坠落的流星；
- 炫魔幻球的创意。

4.1 实训 绘制锈迹斑斑效果

4.1.1 实训目的

本实训目的如下。

(1) 学习扭曲滤镜的使用，利用有“渲染”中的“云彩”滤镜为背景。

(2) 学习使用“渲染”的“光照效果”滤镜，增加图像的立体效果。

(3) 学习使用“艺术效果”的“塑料包装”滤镜技术。

(4) 学习使用“扭曲”的“波纹”和“玻璃”、滤镜技术，完成的锈迹斑斑的背景效果，如图 4.1 所示。

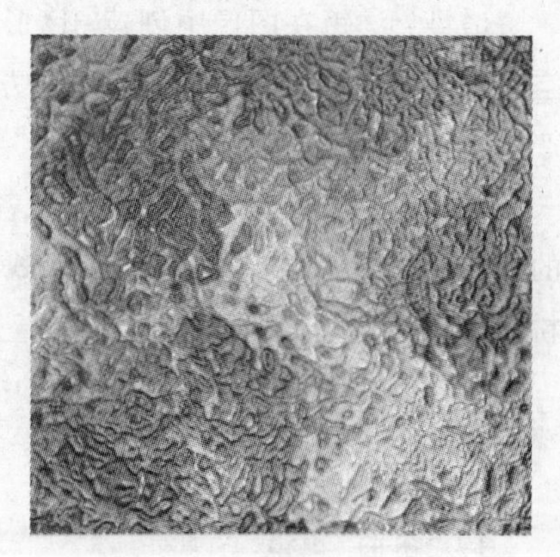

图 4.1 锈迹斑斑的背景

4.1.2 实训理论基础

Photoshop CS的滤镜效果非常多，它包括艺术效果、风格化、画笔描边、扭曲、模糊、锐化效果、像素化、渲染、素描、纹理、杂色、视频及其他效果。除了软件本身提供的滤镜外，还有很多第三方软件开发商生产的外挂滤镜效果。

通过对图像应用滤镜，可以得到多种特殊效果。滤镜主要用于表现不同的绘画，通过模拟绘画时使用不同技法，可以得到各种精美艺术品的特殊效果，如图4.2所示。

图4.2 滤镜菜单

风格化：滤镜通过置换像素并查找和提高图像中的对比度，在选区上产生一种绘画式或印象派艺术效果，以丰富在创意时的效果表现。

画笔描边：滤镜中的各项均用于模拟绘画时各种笔触技法的运用，它以不同的画笔和颜料生成一些精美的绘画艺术效果。

模糊：滤镜主要是使图像看起来更朦胧一些，即降低图像的清晰度。

扭曲：滤镜用于将图像进行几何扭曲，创建3D或其他视觉效果。

锐化：滤镜的作用是对图像的细微层次进行清晰度强调。

素描：滤镜通常用于为图像制作一些质感变化，也可以用它创建精美的艺术或手绘图像。

纹理：滤镜可以使图像产生一些纹理的变化，或者说产生一种将图像制作在某种材质上的质感变化。

像素化：滤镜的作用是将图像以其他形状的元素重新再现出来。

渲染：滤镜在图像中创建3D形状、云彩图案、折射图案和模拟的光反射。也可以在3D空间中操纵对象，创建3D对象(立方体、球面和圆柱等)，并从灰度文件中创建纹理填充，以产生类似3D的光照效果。

艺术效果：滤镜就像一位熟悉各种绘画风格和绘画技巧的艺术大师，可以使一幅平淡的图像变成大师的力作，且绘画形式不拘一格。它能产生油画、水彩画、铅笔画、粉笔画、水粉画等各种不同的艺术效果。

杂色：滤镜主要作用是在图像中加入或去除噪音点。

这章将根据案例使用的滤镜类型分别讲解。

1. "扭曲"滤镜

"扭曲"滤镜将图像进行几何扭曲，创建3D或其他视觉效果。注意，这些滤镜可能占用大量内存。本实训中主要用到了旋转扭曲滤镜，下面对其他"扭曲"滤镜进行简单介绍，如图4.3所示。

(1) 波浪。工作方式类似“波纹”滤镜，但它可以进行进一步控制，选项包括波浪生成器的数目、波长、波浪高度和波浪类型（正弦、三角形或方形）。“随机化”选项应用随机值，也可定义为扭曲的区域。

(2) 波纹。在选区上创建波状起伏的图案，像水池表面的波纹。若要进一步控制，可以使用“波浪”滤镜。

(3) 玻璃。使图像看起来像是透过不同类型的玻璃来观看而产生的效果。可以选取一种玻璃效果，也可以将自己的玻璃表面创建为 Photoshop 文件并应用它。可以调整“缩放”、“扭曲”和“平滑度”设置。

(4) 海洋波纹。将随机分隔的波纹添加到图像表面，使图像看上去像是在水中。

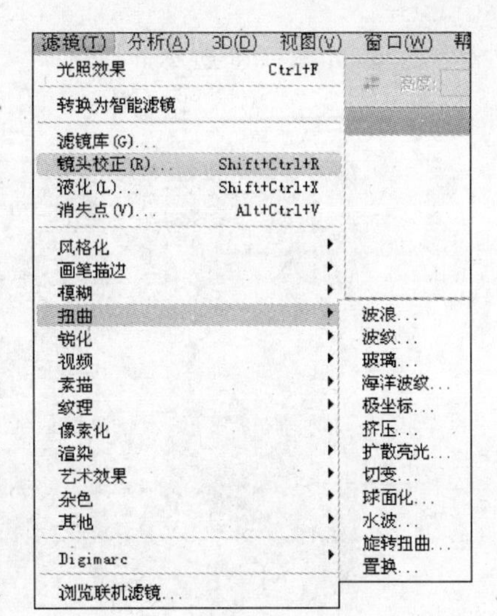

图 4.3 “扭曲”菜单

(5) 极坐标。根据选中的选项将选区从平面坐标转换到极坐标，反之亦然。它可以将直的物体拉弯，圆的物体拉直。

(6) 挤压。挤压选区，正值（最大值是 100%）将选区向中心移动，负值（最小值是 －100%）将选区向外移动。

(7) 扩散亮光。将图像渲染成像是透过一个柔和的扩散滤镜观看到的效果。此滤镜将透明的白色添加到图像，并从选区的中心向外渐隐亮光。

(8) 切变。沿一条曲线扭曲图像。扭曲过程中，可以通过拖移框中的线条来指定曲线，形成一条扭曲曲线；可以调整曲线上的任何一点。单击“默认”按钮将曲线恢复为直线。

(9) 球面化。通过将选区折成球形、扭曲图像和伸展图像以适合选中的曲线，使对象具有 3D 效果。

(10) 水波。根据选区中像素的半径将选区径向扭曲。“起伏”选项设置水波方向从选区的中心到其边缘的反转次数，还要选取如何置换像素。“水池波纹”将像素置换到左上方或右下方。“从中心向外”向着或远离选区中心置换像素，而“围绕中心”围绕中心旋转像素。

(11) 旋转扭曲。旋转选区，中心的旋转程度比边缘的旋转程度大。指定角度时可生成旋转扭曲图案。

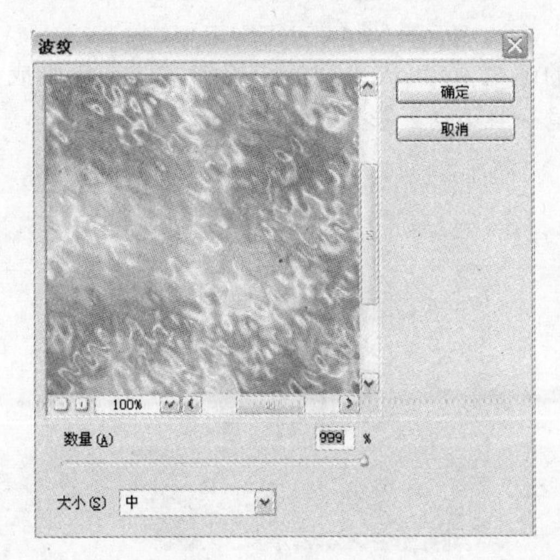

图 4.4 “水波”设置

2. “水波”和“玻璃”扭曲滤镜应用

水波扭曲滤镜可以将图像变换成水波效果。“数量”的输入范围为 －999～＋999，该值为正数时水波纹路大；“大小”可设置为小、中、大，即幅度的范围，如图 4.4 所示。

玻璃扭曲滤镜可以将图像变换成晶莹的效果，参数设置为：“扭曲度”值越大幅度就越大；“平滑度”值越大幅度就越光滑；“缩放”表示图像的大小；“纹理”包括块状、画布、磨砂、小镜头,如图 4.5 所示。

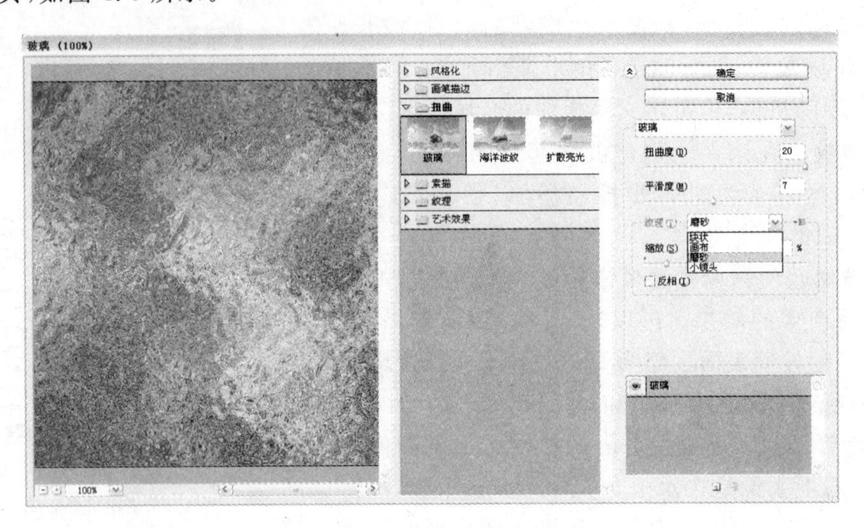

图 4.5 “玻璃”设置

3.“渲染”滤镜

“渲染”滤镜菜单如图 4.6 所示。

(1) 分层云彩。使用随机生成的介于前景色和背景色之间的值,生成云彩图案,此滤镜将云彩数据和现有的像素混合,其方式与“差值”模式混合颜色的方式相同。

(2) 光照效果。可以通过改变 17 种光照样式、3 种光照类型和 4 套光照属性的方式,在 RGB 图像上产生多种光照效果;可以存储自己的样式以在其他图像中使用。

- 蓝色全光源。即具有全强度和没有焦点的高处蓝色全光源。
- 柔化全光源。即中等强度的柔和全光源。

(3) 镜头光晕。模拟亮光照射到相机镜头所产生的折射,通过单击图像缩览图的任一位置或拖移其十字线,制定光晕的中心位置。

(4) 纤维。用前景色填充一个选区,若将纹理添加到文档或选区,须打开用于纹理填充的灰度文档。

(5) 云彩。使用介于前景色与背景色之间的随机值,生成柔和的云彩图案。若要生成色彩分明的云彩图案,须按住 Alt 键并选取“滤镜→渲染→云彩”命令,如图 4.7 所示。

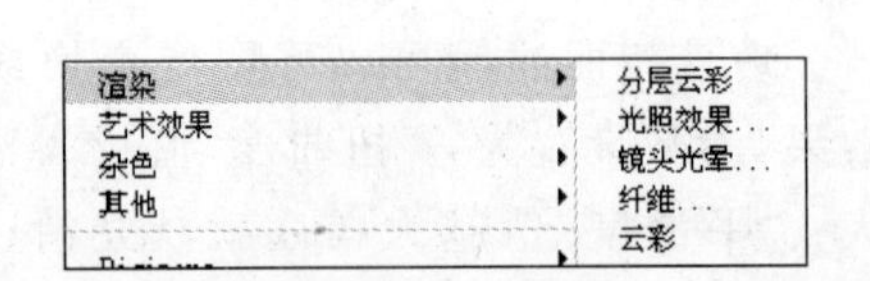

图 4.6 “渲染”滤镜菜单

图 4.7 “云彩”滤镜

4. 光照效果滤镜的应用

为了产生复杂的光照效果,可以多次使用“滤镜”→“渲染”→“光照效果”滤镜命令。

“光照效果”滤镜在图像中设置光源位置和照明形式,进而提供照明效果,“光照效果”滤镜的各项参数含义如下。

(1) 样式。提供 17 种照明样式。

(2) 光照类型。提供“平行光”、“全光源”和“点光”等三种照明方式。其中“平行光”是在整体图像中均匀照射光线的效果,“全光源”是在图像正上方照射光线的效果,“点光”是照射椭圆形光线的效果。

(3) 强度。指定照明亮度。

(4) 聚焦。指定照明范围。

(5) 光泽。指定接收照明的图像反射程度。

(6) 曝光度。指定对照明光线的图像曝光程度。

(7) 环境。指定整体图像上均匀照射的光线。

(8) 纹理通道。在图像的各个色彩中制作利用通道的浮雕。

如图 4.8 和图 4.9 所示是应用光照效果参数图及应用后的效果图。

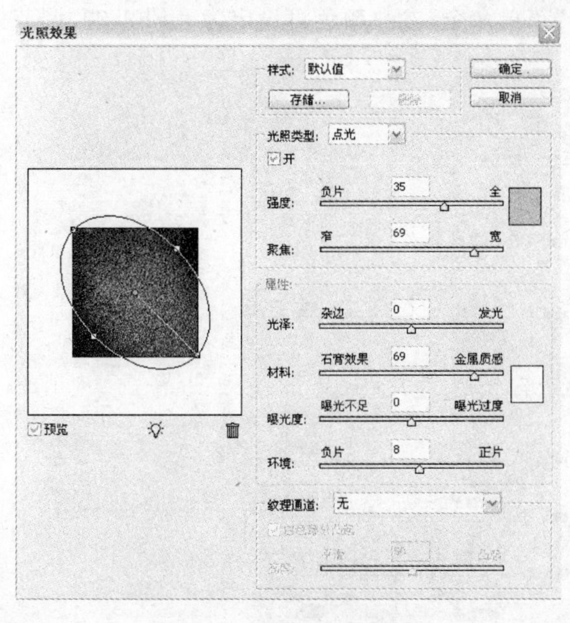

图 4.8 “光照效果”对话框

图 4.9 “应用光照”效果滤镜

4.1.3 实训操作步骤

操作步骤如下。

(1) 单击“文件”→“新建”菜单命令,弹出“新建”对话框。新建宽度为 500 像素、高度为 500 像素、模式为 RGB 颜色和文档背景为黑色的画布。然后,单击“确定”按钮。

(2) 用默认的颜色,前景色为白色,背景色为黑色。单击“滤镜”→“渲染”→“云彩”菜单命令。

(3) 单击“滤镜”→“渲染”→“分层云彩”菜单命令，按 Ctrl+F 快捷键，重复分层云彩两三次，如图 4.10 所示。

图 4.10　分层彩云

(4) 单击“滤镜”→“渲染”→“光照效果”菜单命令，参数颜色可设定为＃FF9500，调节光源大小如图 4.11 所示。

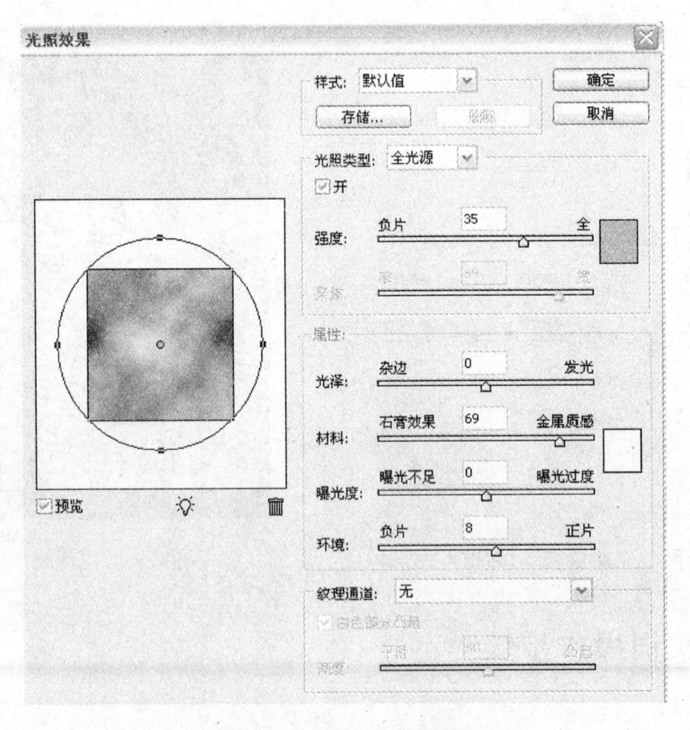

图 4.11　“光照效果”滤镜

(5) 单击“滤镜”→“艺术效果”→“塑料包装”菜单命令，在弹出的对话框中设置高光强度为 20，细节为 15，平滑度为 15，如图 4.12 所示。

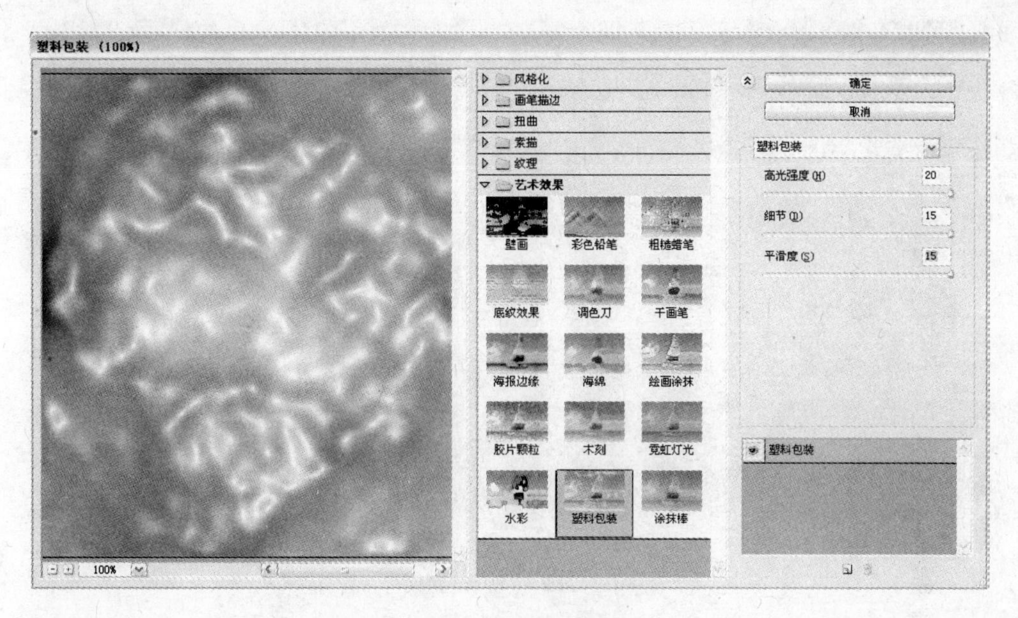

图 4.12 “塑料包装”滤镜

(6) 单击“滤镜”→“扭曲”→“波纹”菜单命令，在弹出的对话框中设置数量为最大，大小为中，如图 4.13 所示。

图 4.13 “波纹”滤镜

(7) 单击“滤镜”→“扭曲”→“玻璃”菜单命令，在弹出的对话框中设置扭曲度为 20，平滑度为 7，缩放为 70，如图 4.14 所示。

(8) 单击“滤镜”→“渲染”→“光照效果”菜单命令，在弹出的对话框中设置光照类型为点光，颜色为＃AD8929，注意纹理通道要选择“红”通道，如图 4.15 所示。

(9) 适当地调整色彩，最终效果如图 4.1 所示。

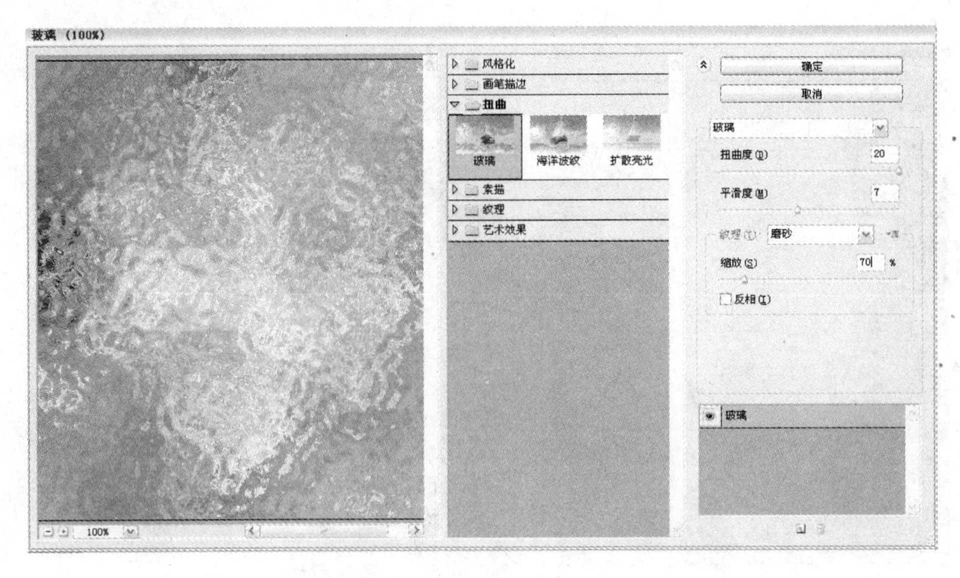

图 4.14 “玻璃”滤镜

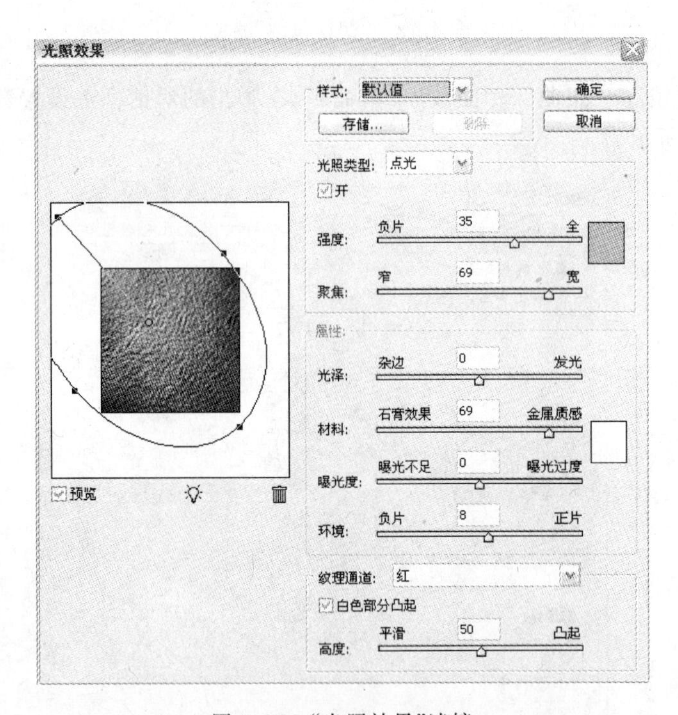

图 4.15 “光照效果”滤镜

4.1.4 实训技术点评

1. 云彩滤镜应用

背景色和前景色的默认值是前景色为黑色，背景色为白色。运用渲染中的“云彩”滤镜，如图 4.16 所示。一般黑色地方是滤镜后比较突出的地方。

使用“分层云彩”滤镜会使云彩更加鲜明，黑白更加分明，如图 4.17 所示。

图 4.16　“云彩”滤镜

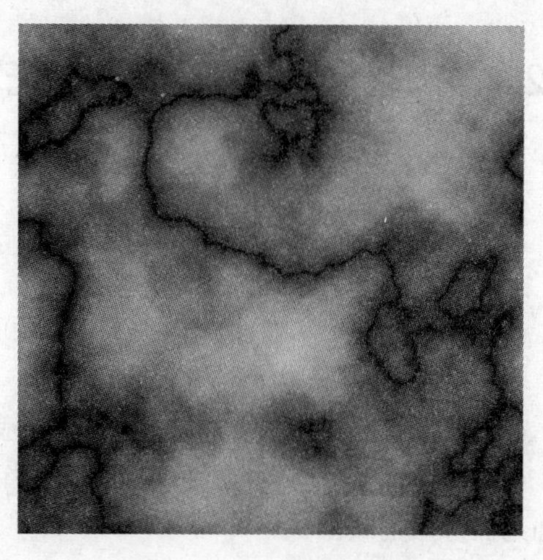

图 4.17　“分层云彩”滤镜

2. 纹理通道

所谓通道是将色彩信息用RGB这三种颜色分别表现出来，通道面板能较方便地管理这些通道。RGB模式由红色(R)、绿色(G)和蓝色(B)三种颜色和合成这些的RGB通道组成。分别打开通道面板的眼睛图标，可以看出明显的明暗差别，这说明各个通道的颜色信息是互不相同的。通道基本用黑色和白色来表示颜色信息，而白色区域越多，所具有的相关颜色就越丰富。

本例在“光照效果”的滤镜中，纹理通道中可以分别通过色彩进行选择，这里选择红通道目的就是，选择亮度大的通道，使整个图像更加清晰。

4.1.5　实训练习

利用杂色工具中的“添加杂色”滤镜和风格化中的“浮雕效果”滤镜，制作砂石表面的凹凸效果。运用渲染工具中的“云彩”滤镜和“光照效果”滤镜得到岩石效果，如图 4.18 所示。

图 4.18　彩色砂石

4.2 实训 打造绚丽圆环光束

4.2.1 实训目的

本实训目的如下。

(1) 学习使用“极坐标”滤镜技术，可以很轻松把一些小图形处理成圆环形或放射效果。

(2) 学习使用“径向模糊”滤镜，将图做成梦幻效果。

(3) 利用合并图层、自由变换、调整色彩等功能，渲染颜色，最终实现如图 4.19 所示的更加绚丽多彩的效果。

图 4.19 绚丽发光圆环

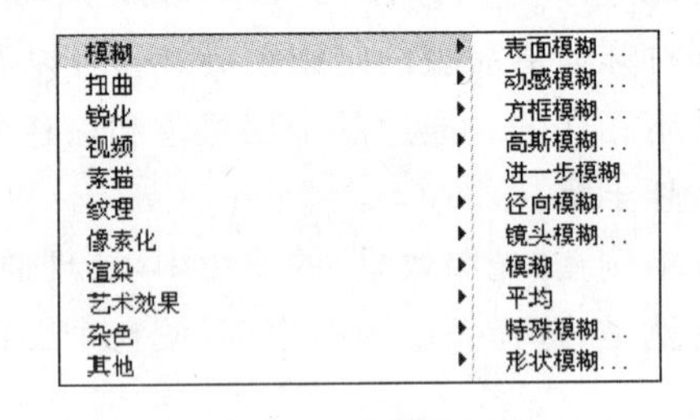

图 4.20 “模糊”菜单

4.2.2 实训理论基础

1. “模糊”滤镜

“模糊”滤镜组主要用于不同程度地减少相邻像素间颜色的差异，使图像产生柔和、模糊的效果，如图 4.20 所示，常见功能有：

(1) 动感模糊

该滤镜模仿拍摄运动物体的手法，通过对某一方向上的像素进行线性位移，产生运动模糊效果。动感模糊是把当前图像的像素向两侧拉伸，在对话框中可以对角度进行调整以及改变拉伸的距离。

(2) 高斯模糊

该滤镜可根据数值快速地模糊图像，产生很好的朦胧效果。高斯是指对像素进行加权平均所产生的钟形曲线。选择高斯模糊后，会弹出一个对话框，在对话框的底部可以拖动滑块来调整当前图像模糊的程度，还可以输入数值半径(R)：像素。

(3) 进一步模糊

与模糊滤镜产生的效果一样，只是强度增加，3～4 倍。

(4) 径向模糊

该滤镜可以产生具有辐射性模糊的效果，即模拟相机前后移动或旋转产生的模糊效果。

- 旋转(Spin)：将图像由中心旋转模糊，模仿漩涡的质感。
- 缩放(Zoom)：把当前文件的图像由缩放的效果出现，做一些人物动感的效果特别好。

(5) 模糊

该滤镜使图像变得模糊一些，它能去除图像中明显的边缘或非常轻度的柔和边缘，如同在照相机的镜头前加入柔光镜所产生的效果。

(6) 特殊模糊

该滤镜能找出图像的边缘并对边界线以内的区域进行模糊处理。它的好处是在模糊图像的同时仍使图像具有清晰的边界，有助于去除图像色调中的颗粒、杂色。

2. 径向模糊滤镜的应用

“径向模糊”滤镜可以模拟移动或旋转的相机，它用于旋转图像或放大图像，可产生一种柔化的模糊。例如，选择“滤镜”→“模糊”→“径向模糊”命令，弹出对话框的各项参数含义如下。

(1) 数量。指定应用的强度，如图 4.21 所示。

(2) 模糊方法。设置模糊的形状。“旋转”指定为圆形，如图 4.22 所示；“缩放”指定为放射形，如图 4.23 所示。

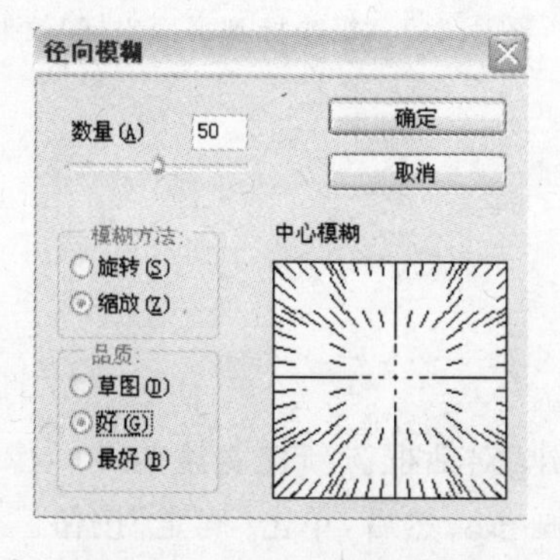

图 4.21 “径向模糊”设置

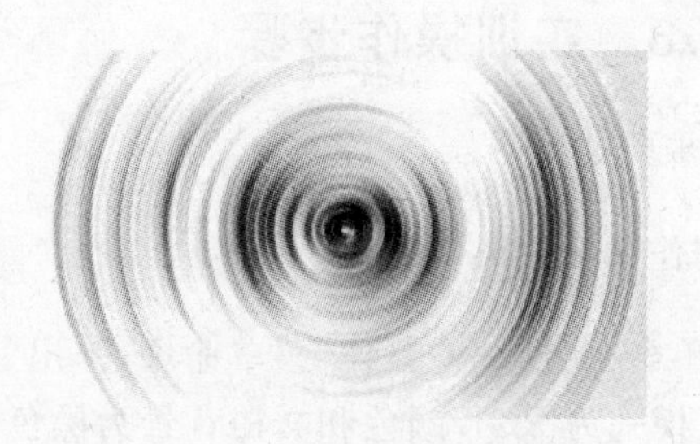

图 4.22 旋转模糊形状

3. 极坐标滤镜应用

“极坐标”滤镜是对使图像按照一定的坐标算法产生强烈的变形。简单地说，平面图就好像是地图，而极坐标就好像是把地图做成地球仪。

在“极坐标”对话框中，如图 4.24 所示，用户可以选择坐标变形的方式为“平面坐标到极坐标”或“极坐标到平面坐标”，得到的效果如图 4.25 和图 4.26 所示。

图 4.23 缩放模糊形状

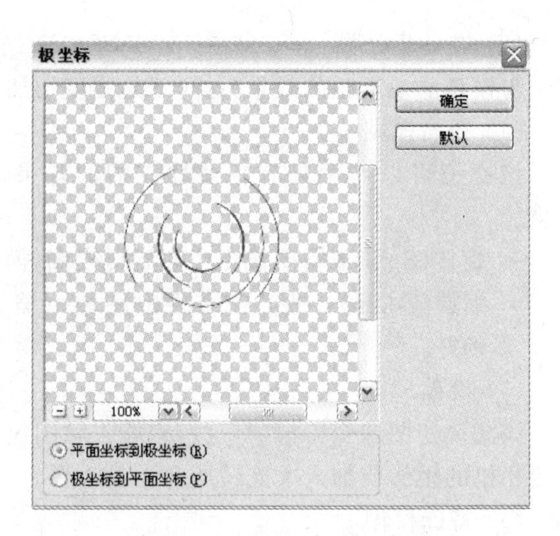

图 4.24 “极坐标”对话框

图 4.25 “平面坐标到极坐标”效果

图 4.26 “极坐标到平面坐标”效果

4.2.3 实训操作步骤

操作步骤如下。

1. 制作图案效果

(1) 单击“文件”→“新建”菜单命令，弹出“新建”对话框。新建宽度为 500 像素、高度为 500 像素、模式为 RGB 颜色和文档背景为黑色的画布。然后，单击“确定”按钮。

(2) 单击图层调板下端的创建新图层按钮，生成新图层，命名为“图层 1”。

(3) 单击工具箱中“椭圆选择工具”按钮，做出横向细长的椭圆，按 Alt+Delete 快捷键，填充亮灰色，如图 4.27 所示。

(4) 在图层 1，单击“滤镜”→“扭曲”→“极坐标”菜单命令，在弹出的对话框中设置“平面坐标到极坐标”，如图 4.28 所示，单击“确定”按钮完成设置，效果如图 4.29 所示。

(5) 复制图层 1，将图层 1 拖到图层调板下方的图层按钮上，命名为“图层 2”，按 Ctrl+T 快捷键，调节图形及大小，如图 4.30 所示。

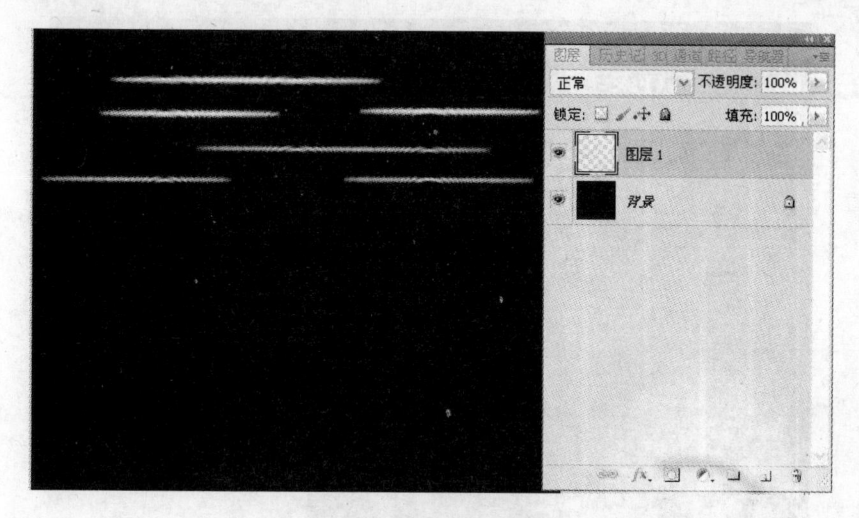

图 4.27 制作横向椭圆

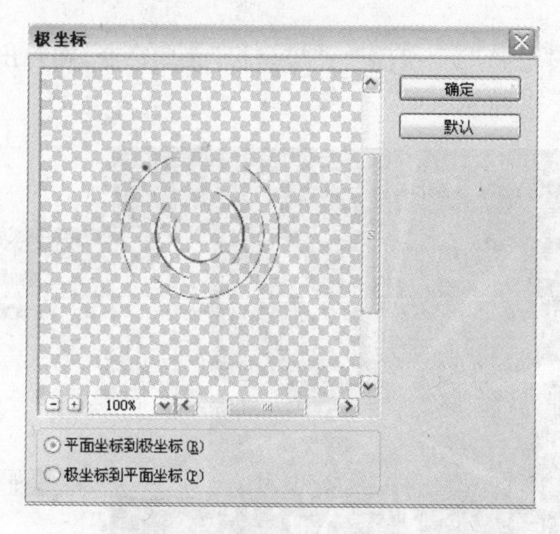

图 4.28 “平面坐标到极坐标”设置

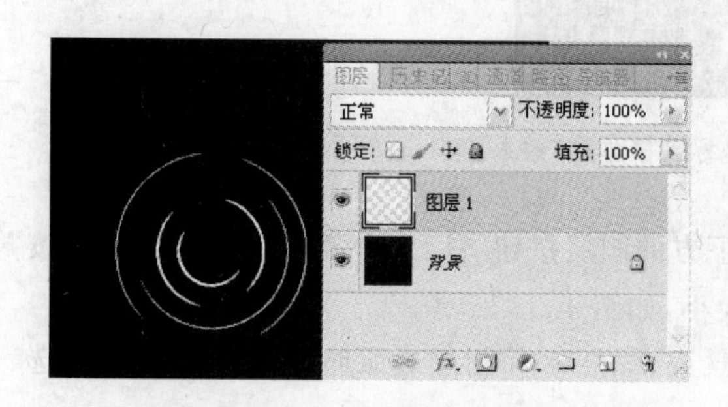

图 4.29 “平面坐标到极坐标”效果

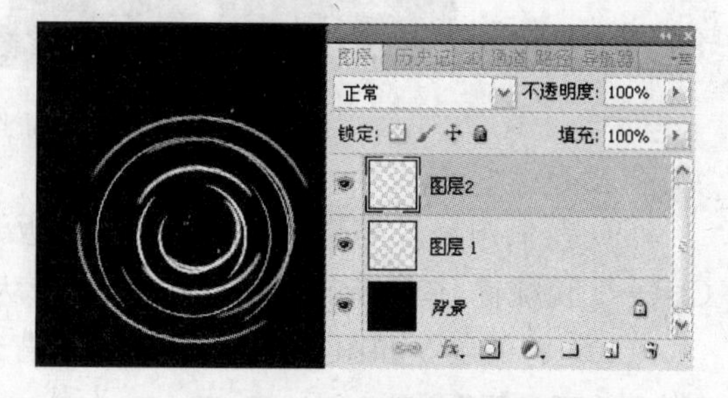

图 4.30 调节图层图案大小

(6) 单击图层调板下端的创建新图层按钮，生成新图层，命名为“图层 3”。

(7) 单击工具箱中“椭圆选择工具”按钮，做出纵向细长的椭圆，按 Alt+Delete 快捷键，填充亮灰色，如图 4.31 所示。

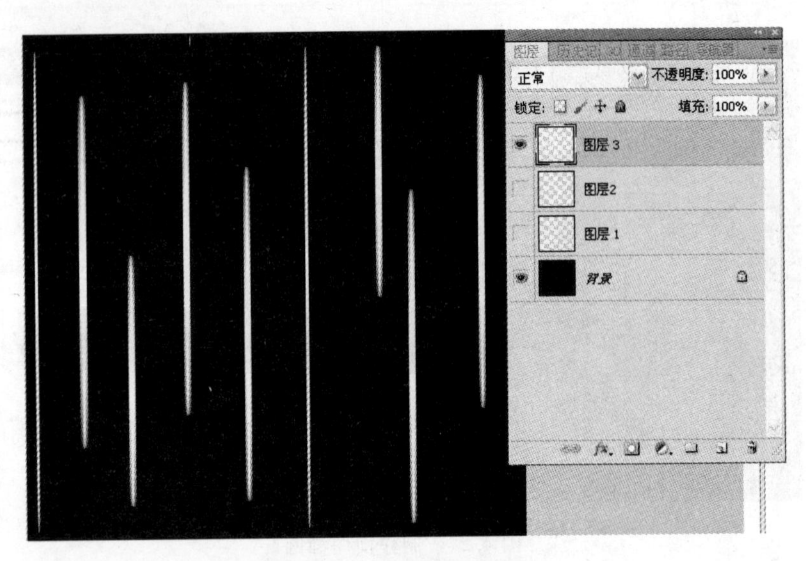

图 4.31　制作纵向椭圆

(8) 在图层 3,单击“滤镜”→“扭曲”→“极坐标”菜单命令,在弹出的对话框中设置“平面坐标到极坐标”,如图 4.32 所示。

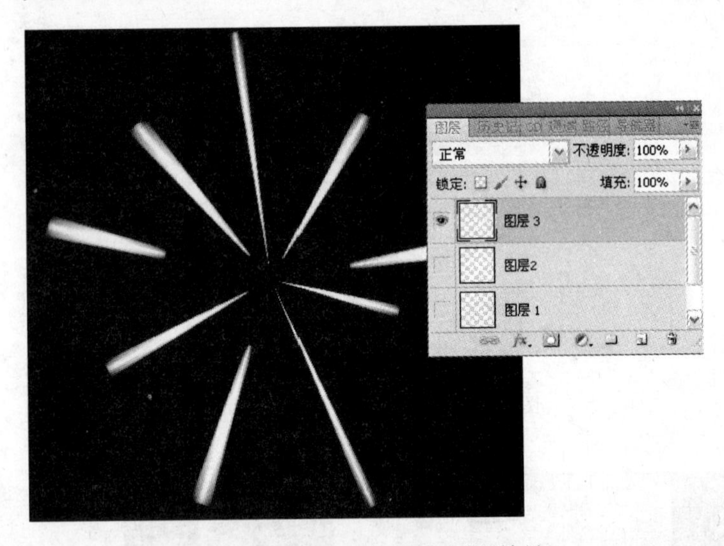

图 4.32　“平面坐标到极坐标”效果

(9) 复制图层 3,将图层 3 拖到图层调板下方的图层按钮上,命名为“图层 3”副本,按 Ctrl+T 快捷键,变换旋转角度,调节图形及大小,如图 4.33 所示。

(10) 将图层 3 和图层 3 副本合并,将背景层、图层 1 和图层 2 眼睛图标隐藏,右击,选择“合并可见层”命令。

(11) 合并后的图层为图层 3,单击“滤镜”→“扭曲”→“径向模糊”菜单命令,在弹出的对话框中设置数量为 50,模糊方式为缩放,品质为好,如图 4.34 所示。

(12) 合并图层 1 和图层 2,合并后的图层为图层 2,单击“滤镜”→“扭曲”→“径向模糊”菜单命令,在弹出的对话框中设置数量为 20,模糊方式为旋转,品质为好,如图 4.35 所示。

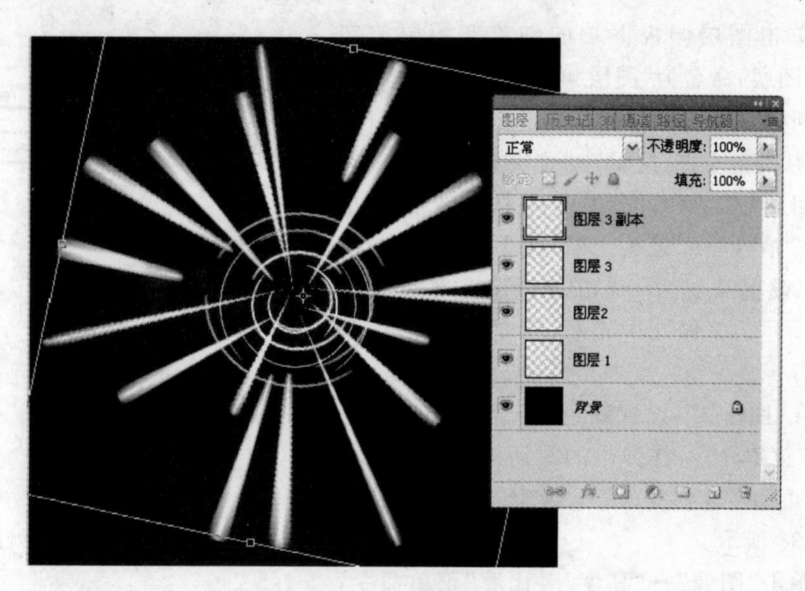

图 4.33 旋转射线

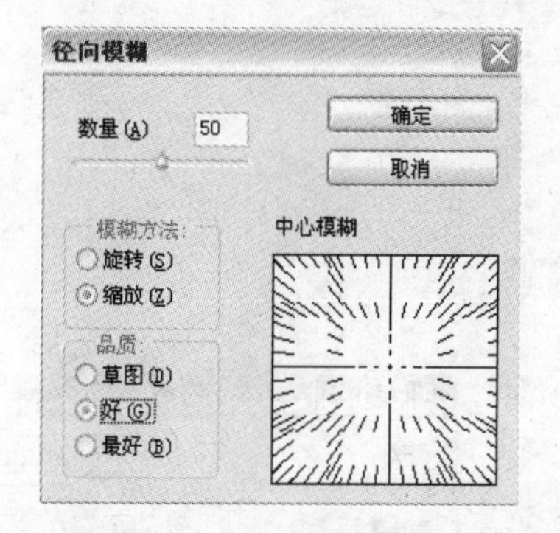

图 4.34 “缩放”径向模糊设置

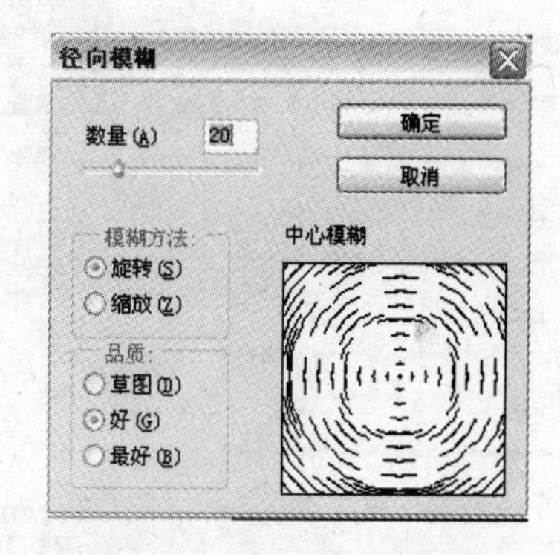

图 4.35 “旋转”径向模糊设置

(13) 合并图层 2 和图层 3(除了背景都合并了),合成后图层为图层 3,按 Ctrl+T 快捷键进行自由变换,右击,选择“扭曲”命令,改变旋转角度,调节图形及大小,如图 4.36 所示。

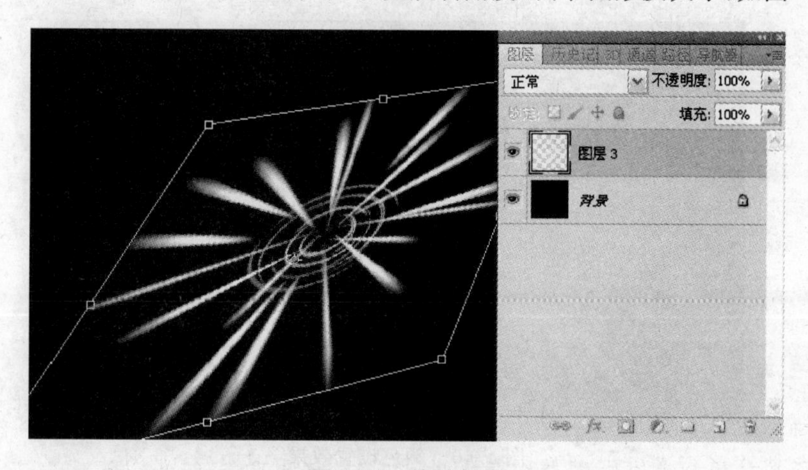

图 4.36 旋转射线

(14) 单击图层调板下端的创建新图层按钮，生成新图层，命名为“图层 4”，并填充黑色。

(15) 回到“图层 3”，将变换完的图层放到中间，按 Ctrl＋A 快捷键全选，按 Ctrl＋C 快捷键复制。

(16) 回到“图层 4”，按 Ctrl＋V 快捷键粘贴，单击“滤镜”→“渲染”→“镜头光晕”菜单命令，在弹出的对话框中设置亮度为 145，选择“35 毫米聚焦”，如图 4.37 所示。多做几次光晕，亮度低一点，达到类似效果。

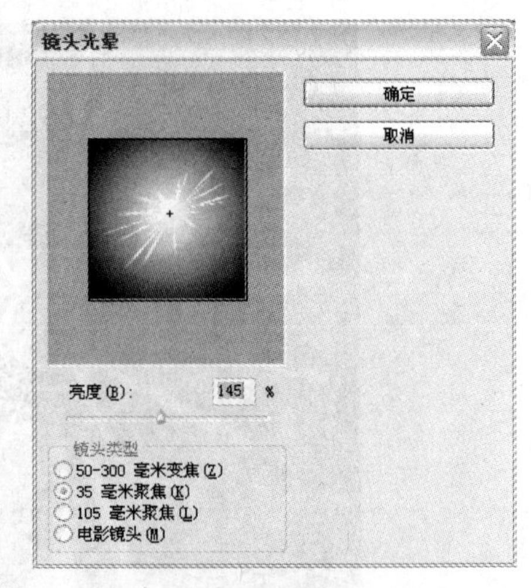

图 4.37 “镜头光晕”对话框

(17) 在“图层 4”，设置颜色，单击“图像”→“色相/饱和度”菜单命令，在弹出的对话框中设置色相为 30，饱和度为 70，明度为 10，选中“着色”复选框中，如图 4.38 所示。

(18) 单击“图像”→“亮度/对比度”菜单命令，在弹出的对话框中设置亮度为 49，对比度为 80，如图 4.39 所示，效果如图 4.40 所示。

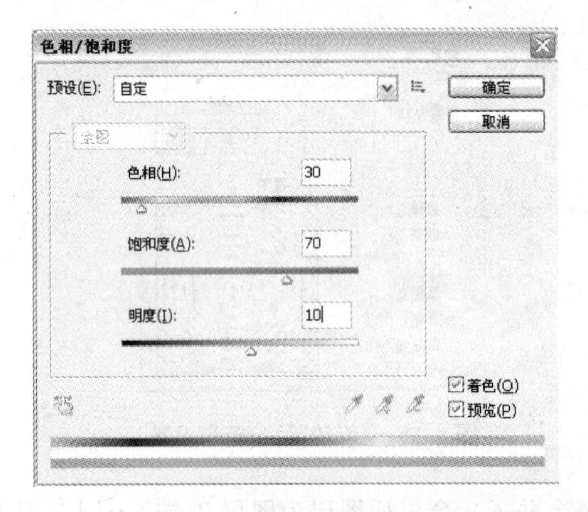

图 4.38 “色相/饱和度”对话框

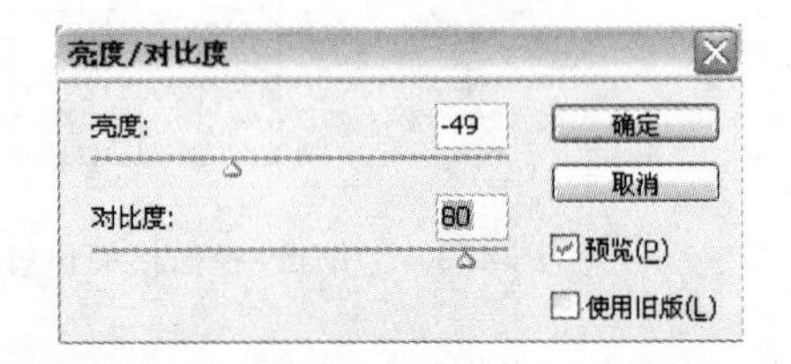

图 4.39 “亮度/对比度”对话框

图 4.40 颜色设置效果

4.2.4 实训技术点评

“极坐标”滤镜是对整个画布进行的，如果图像在画布一边，使用“平面坐标到极坐标”就会变形，如果选择“极坐标到平面坐标”，就会出现图像飞出画布，如图 4.41 所示。为了防止这种现象发生，可以用“矩形选区工具”选择图像后，设置极坐标滤镜，效果就会正常，如图 4.42 所示。

图 4.41 整个画布“极坐标”效果

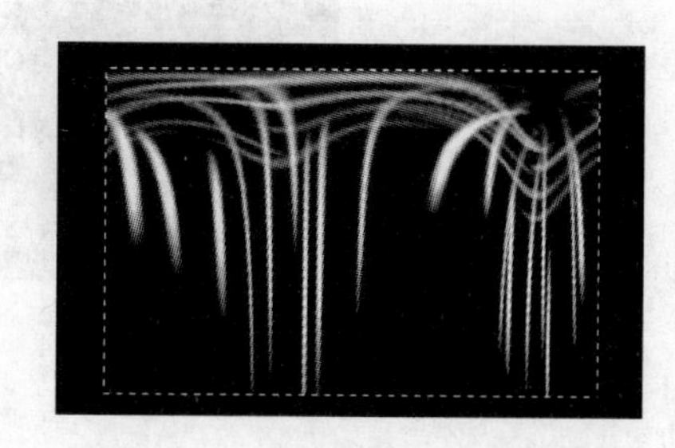

图 4.42 选择图像“极坐标”效果

4.2.5 实训练习

掌握利用“纤维”、“晶格化”、“径向模糊”和“浮雕效果”等滤镜制作如图 4.43 所示的波形效果。

提示：

(1) 选择“滤镜”→“渲染”→“云彩”滤镜。

(2) 选择“滤镜”→“像素化”→“马赛克”滤镜。

(3) 选择“滤镜”→“模糊”→“径向模糊”滤镜。

(4) 选择“滤镜”→“风格化”→“浮雕效果”滤镜。

(5) 选择“滤镜”→“画笔描边”→“强化边缘”命令。

图 4.43 波形效果

4.3 实训 金属质感的枫叶

4.3.1 实训目的

本实训目的如下。

(1) 学习“渲染”中的“云彩”滤镜，模糊中的“高斯模糊”和“径向模糊”等技巧。

(2) 学习添加杂色滤镜的使用，做出金属质感的背景。

(3) 掌握图形形状画出枫叶的图案，学习“渐变叠加”的图层样式和图层蒙版功能。

(4) 将自己想要的图形画出选区，然后把多余的部分删除，再整体调整下，效果就出来了，最终效果如图 4.44 所示。

图 4.44　金属质感枫叶

4.3.2　实训理论基础

1."杂色"滤镜

"杂色"滤镜添加或移去杂色或带有随机分布色阶的像素。这有助于将选区混合到周围的像素中,"杂色"滤镜可创建与众不同的纹理或移去图像中有问题的区域,如灰尘和划痕,如图 4.45 所示。以下为常用"杂色"滤镜的介绍。

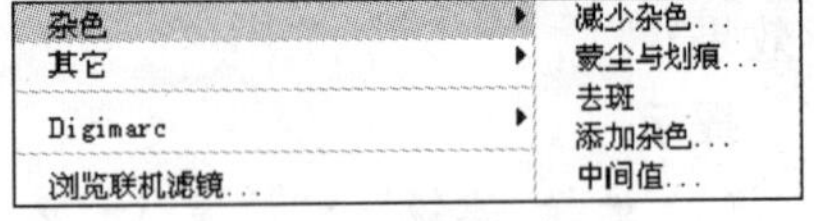

图 4.45　杂色滤镜菜单

(1) 中间值。通过混合选区中像素的亮度来减少图像的杂色,此滤镜搜索像素选区的半径范围以查找亮度相近的像素,去掉与相邻像素差异太大的像素,并用搜索到的像素的中间亮度值替换中心像素。此滤镜在消除或减少图像的动感效果时非常有用。

(2) 添加杂色。将随机像素应用于图像,模拟在高速胶片上拍照的效果。"添加杂色"滤镜也可用于减少羽化选区或渐变填充中的条纹,或使经过重大修饰的区域看起来更真实。其选项包括平均分布和高斯分布。"平均分布"使用随机数值分布杂色的颜色值以获得细微效果;"高斯分布"沿一条钟形曲线分布杂色的颜色值以获得斑点状效果。

(3) 蒙尘与划痕。通过更改相异的像素减少杂色。为了在锐化图像和隐藏瑕疵之间取得平衡,可尝试半径与阈值设置的各种组合,或者在图像的选中区域应用此滤镜。

2."添加杂色"滤镜的应用

为了产生粗糙的立体感效果,可以使用"添加杂色"滤镜。"添加杂色"滤镜对话框中各项参数含义如下。

(1) 数量。用于设置添加杂色的程度。

(2) 分布。"平均分布"以规则形状分布杂色,而"高斯分布"以不规则形状分布杂色。

(3) 单色。设置是否添加黑白杂色。

例如，如图 4.46、图 4.47 和图 4.48 所示分别为原图、应用“添加杂色”滤镜后效果图和“添加杂色”滤镜参数的设置图。

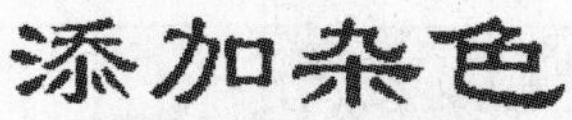

添加杂色

图 4.46　原图

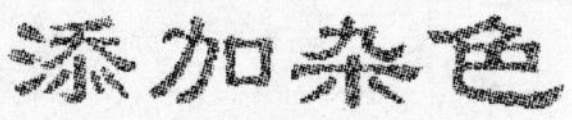

添加杂色

图 4.47　添加杂色滤镜

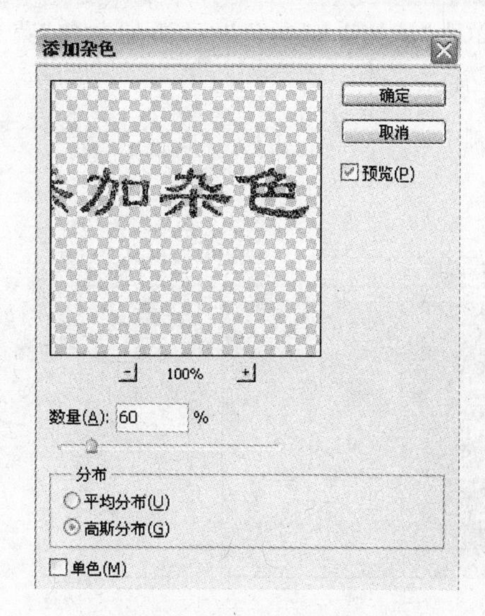

图 4.48　“添加杂色”对话框

4.3.3　实训操作步骤

操作步骤如下。

1. 制作背景效果

(1) 单击“文件”→“新建”菜单命令，弹出“新建”对话框。新建宽度为 500 像素、高度为 500 像素、模式为 RGB 颜色和文档背景为黑色的画布。然后，单击“确定”按钮。

(2) 单击图层调板下端的创建新图层按钮 ，生成新图层，命名为“子图层 1”。

(3) 单击“滤镜”→“渲染”→“云彩”菜单命令，效果如图 4.49 所示。

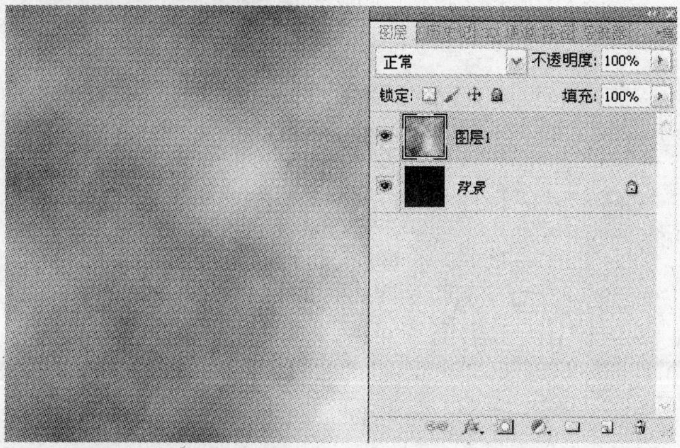

图 4.49　云彩滤镜效果

（4）单击“滤镜”→“模糊”→“高斯模糊”菜单命令，在弹出的对话框中，设置半径为 50，得到的效果如图 4.50 所示。

（5）单击“滤镜”→“杂色”→“添加杂色”菜单命令，在弹出的对话框中，设置数量为 10，如图 4.51 所示。

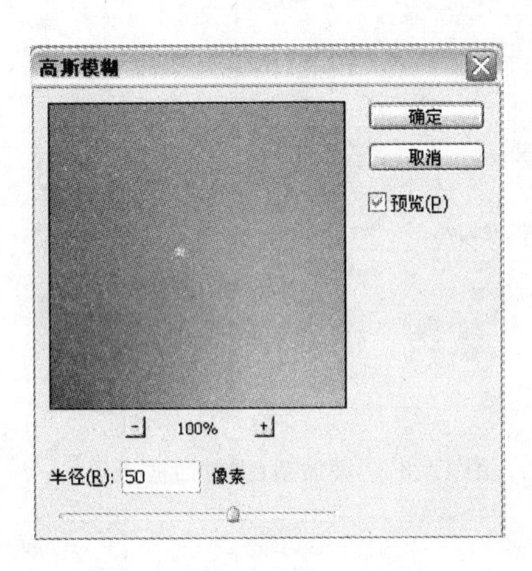

图 4.50 “高斯模糊”对话框

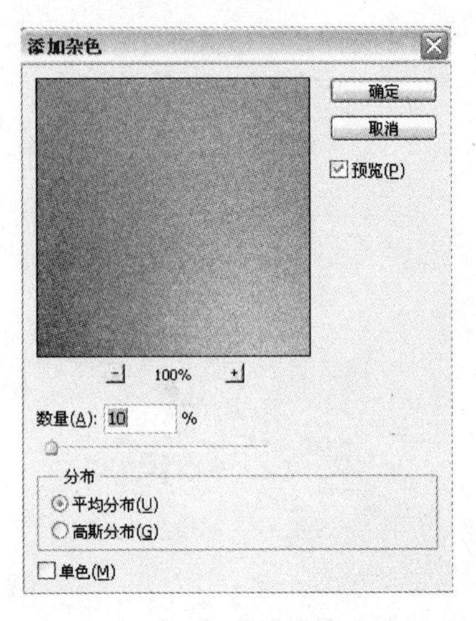

图 4.51 “添加杂色”对话框

（6）单击“滤镜”→“模糊”→“径向模糊”菜单命令，在弹出的对话框中，设置半径为 40，模糊方法为旋转，品质为好，单击“确定”按钮，如图 4.52 所示。

（7）单击“滤镜”→“锐化”→“USM 锐化”菜单命令，在弹出的对话框中，设置数量为 66，半径为 3.6，如图 4.53 所示。得到的效果如图 4.54 所示。

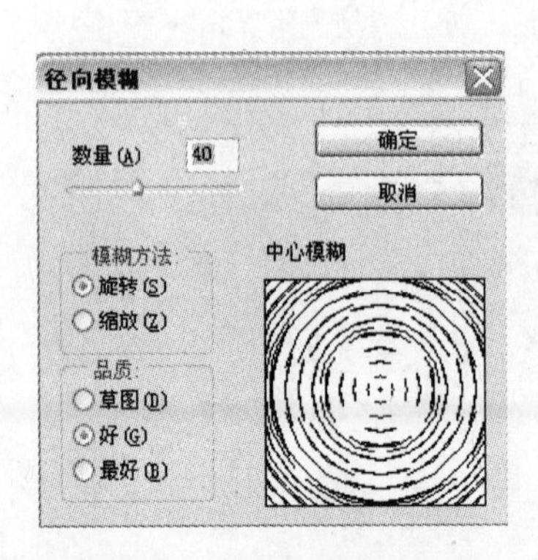

图 4.52 “径向模糊”对话框

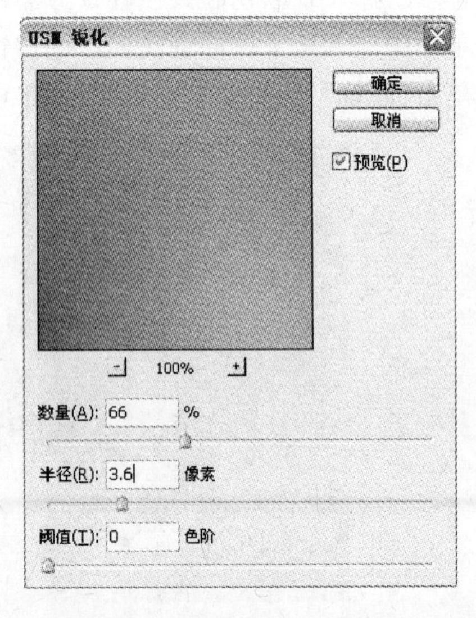

图 4.53 “USM 锐化”对话框

图 4.54　滤镜效果

(8) 单击“添加图层样式”按钮,在弹出的下拉列表中选择“渐变叠加”命令,设置混合模式为“颜色减淡”,不透明度为 55%,样式为角度,角度为 90 度,缩放为 130,如图 4.55 所示。黑白渐变设置如图 4.56 所示。制作后的效果如图 4.57 所示。

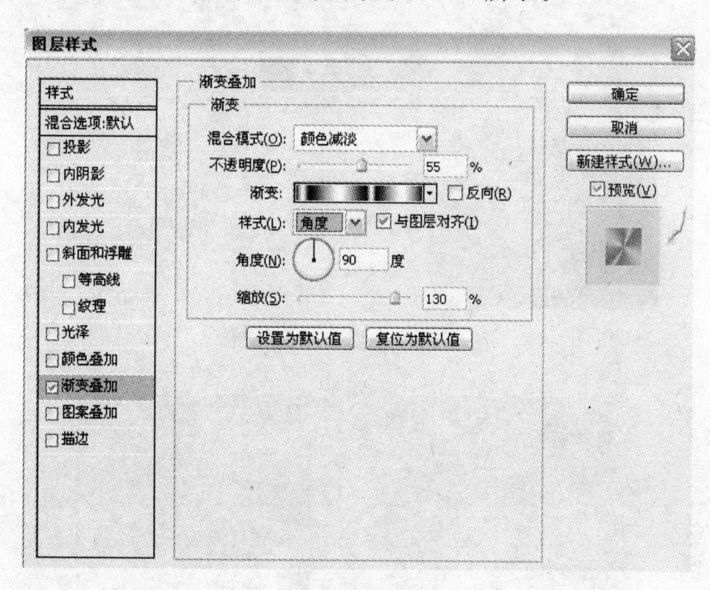

图 4.55　“图层样式”设置

2. 枫叶图案的制作

(1) 在“图层 1”,选择工具箱中的“自定形状工具”工具按钮 ,在画面中绘制路径,如按 Ctrl+T 快捷键,调出自由变形框,将图案旋转一下角度,如图 4.58 所示。

(2) 按 Ctrl+Enter 快捷键,将路径转换为选区,单击“添加图层蒙版”按钮,得到效果如图 4.59 所示。

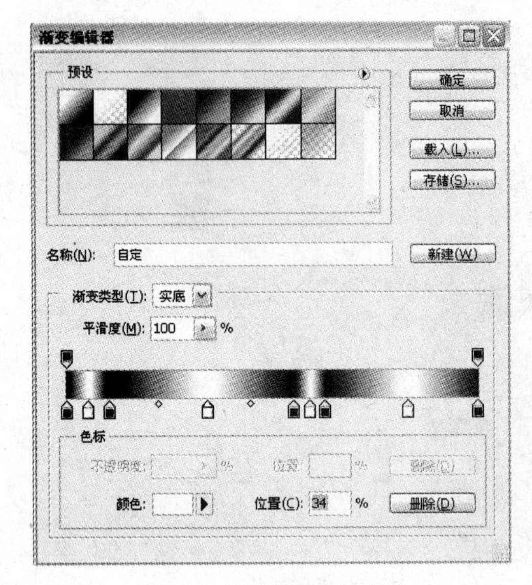

图 4.56 “渐变颜色”设置

图 4.57 金属质感的背景

图 4.58 旋转枫叶位置

图 4.59 添加图层蒙版

(3) 单击图层调板的图层栏，右击，选择“应用蒙版”命令，如图 4.60 所示。

图 4.60 应用蒙版

(4) 将“图层 1”拖到图层调板的创建新图层按钮上，复制一个图层，命名为“图层 2”。

(5) 做出枫叶的厚度，按 Ctrl 键同时单击“图层 2”的图层缩览图，选中枫叶选区，按下工具箱的“移动工具”按钮，再按 Alt 键的同时连续按向右方向键 12 次，效果如图 4.61 所示。

图 4.61 位移

(6) 按 Ctrl+C 快捷键,执行“复制”操作,再按 Ctrl+V 快捷键,执行粘贴,得到“图层 3”。

(7) 复制“图层 2”的图层样式,在“图层 2”右击,选择“复制图层样式”命令,回到“图层 3”,右击,选择“粘贴图层样式”命令。

(8) 修改“图层 2”的图层样式,“渐变叠加”样式中的角度调整为 0,如图 4.62 所示,效果如图 4.63 所示。

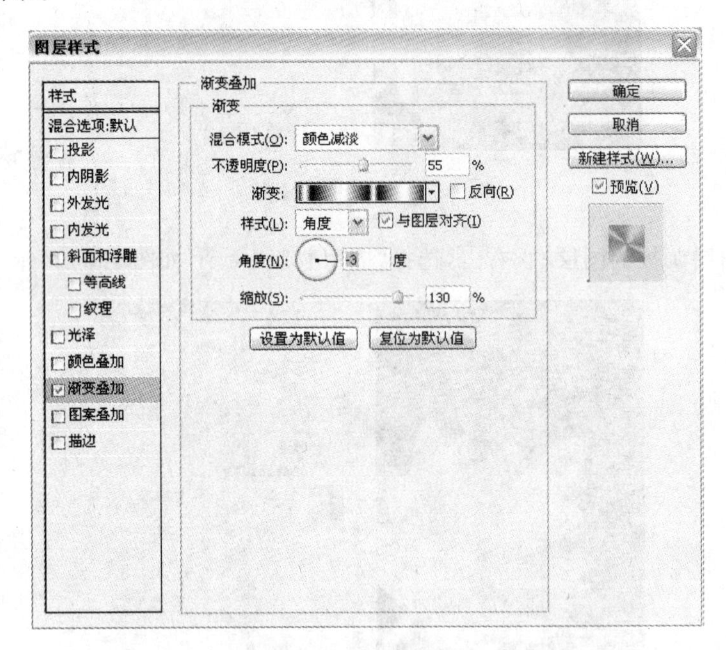

图 4.62 “图层样式”对话框

图 4.63 枫叶厚度效果

(9) 将“图层 2”、“图层 3”合并,复制一个合并图层,按 Ctrl+T 快捷键,右击,选择“垂直翻转”命令,移动到枫叶下方,做出阴影,将“图层 2”的不透明度调为 25%,如图 4.64 所示。最终效果如图 4.44 所示。

图 4.64 枫叶阴影

4.3.4 实训技术点评

1. “锐化”滤镜

本例中使用了锐化滤镜。简单讲锐化就是使图片的局部清晰一些，滤镜通过增加相邻像素的对比度来使模糊图像变清晰，但一定要适度。锐化不是万能的，很容易形成颗粒及噪点导致图像失真使东西不真实。常用锐化功能菜单如图 4.65 所示。

- “USM 锐化”滤镜：改善图像边缘的清晰度，如图 4.66 所示。其中：

数量：控制锐化效果的强度。

半径：指定锐化的半径。

阀值：指定相邻像素之间的比较值。

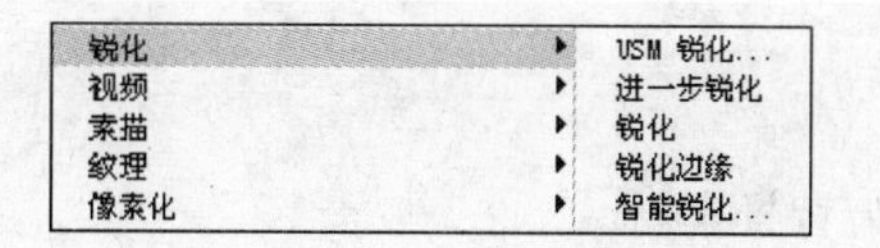

图 4.65 “锐化”菜单

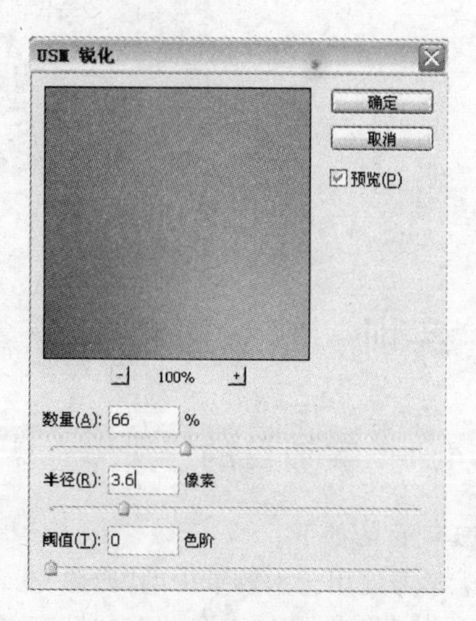

图 4.66 “USM 锐化”对话框

- “锐化”滤镜：产生简单的锐化效果。
- “进一步锐化”滤镜：产生比“锐化”滤镜更强的锐化效果。
- “锐化边缘”滤镜：与“锐化”滤镜的效果相同，但它只是锐化图像的边缘。

2. 蒙版的应用

蒙版的定义：保护被选取或指定的区域不受编辑操作的影响，起到遮蔽的作用。可以用 Alpha 通道和存储选区产生蒙版。

蒙版效果：遮照物(即蒙版)作用于被遮照物(即作用图层)，遮照物是以 8 位灰度通道形式存储，其中：

- 黑色的部分——完全不透明，被遮照物不可见。
- 白色的部分——完全透明，被遮照物可见。
- 灰度的部分——半透明，被遮照物隐约可见。

蒙版简单讲就是在不损坏原图的情况下，把不要的部分蒙住，可以在蒙版中修改图像，也可应用蒙版变为普通图层，如图 4.59 和图 4.60 所示。

4.3.5 实训练习

制作金属质地纹理，如图 4.67 所示。使用滤镜的“渲染”→“云彩”、“杂色”→“添加杂色”、“动感模糊”滤镜、“锐化”→“USM 锐化”滤镜及“画笔描边”→“深色线条”滤镜。

图 4.67 金属质地纹理

4.4 实训 编织彩色格子

4.4.1 实训目的

本实训目的如下。

(1) 学习使用艺术效果中的“云彩”滤镜作为背景素材。

(2) 学习像素化的“点状化”和“马赛克”滤镜，制作出一些颜色艳丽的斑点背景。

(3) 学习风格化的“查找边缘”滤镜转成格子效果。

(4) 利用色彩调整制作出颜色万千的彩色格子背景，如图 4.68 和图 4.69 所示。

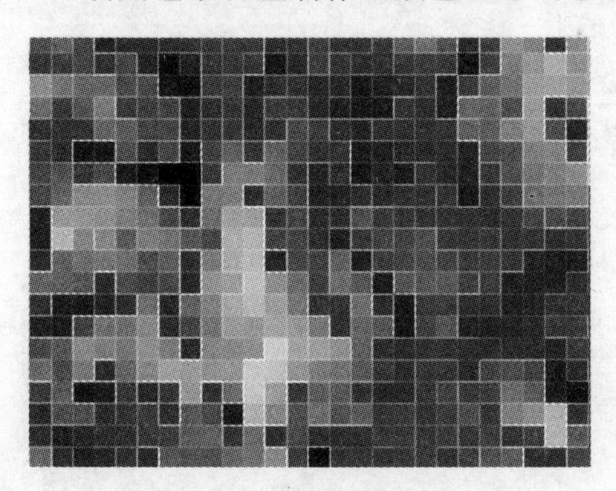

图 4.68　彩色格子图案(1)

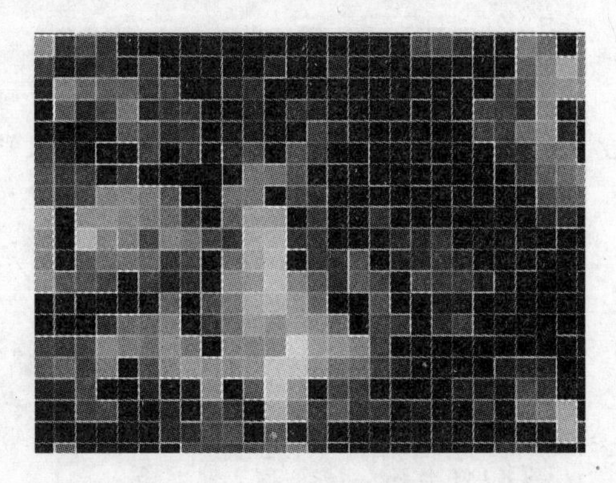

图 4.69　彩色格子图案(2)

4.4.2　实训理论基础

1.“像素化”滤镜

“像素化”滤镜如图 4.70 所示，主要涉及如下内容。

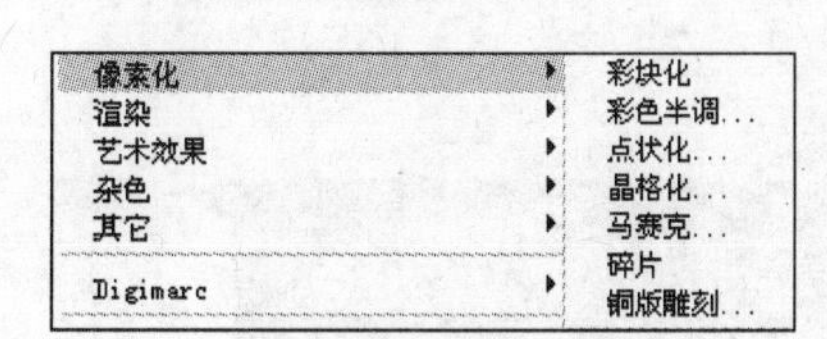

图 4.70　“像素化”滤镜菜单

(1) 彩块化。使纯色或相近颜色的像素结成相近颜色的像素块，可以使用此滤镜使扫描的图像看起来像手绘图像。

(2) 彩色半调。为半调网点的最大半径输入一个以像素为单位的值，范围为 4～127；为一个或多个通道输入网角值。

(3) 点状化。将图像中颜色分解为随机分布的网点，如同点状化绘画一样，并使用背景色作为网点之间的画布区域。

(4) 晶格化。使像素结块，形成多变形纯色。

(5) 马赛克。使像素结为方形块，给定块中的像素颜色相同，块颜色代表选区中的颜色。

(6) 铜版雕刻。将图像转换为黑白区域的随机图案或彩色图像中完全是饱和颜色的随机图案，使用此滤镜，可从“铜版雕刻”对话框中的“类型”菜单中选取一种网点图案。

2.“点状化”和“马赛克”滤镜应用

(1)“点状化”滤镜

单击“滤镜”→“像素化”→“点状化”菜单命令，弹出“点状化”对话框：参数值在 0～300 之间，参数设置越大，网点越大，图像越难辨认。图 4.71 所示为原图，设置“点状化”滤镜数值为 5，如图 4.72 所示，效果如图 4.73 所示。

图 4.71　原图

(2)“马赛克”滤镜

单击“滤镜”→“像素化”→“马赛克”菜单命令，弹出“马赛克”对话框：单元格大小值在 0～200 之间，参数单元格设置越大，单元格越大，图像的分辨率就越低，越难辨认。图 4.71 所示为原图，设置“马赛克”滤镜数值为 20，如图 4.74 所示，效果如图 4.75 所示。

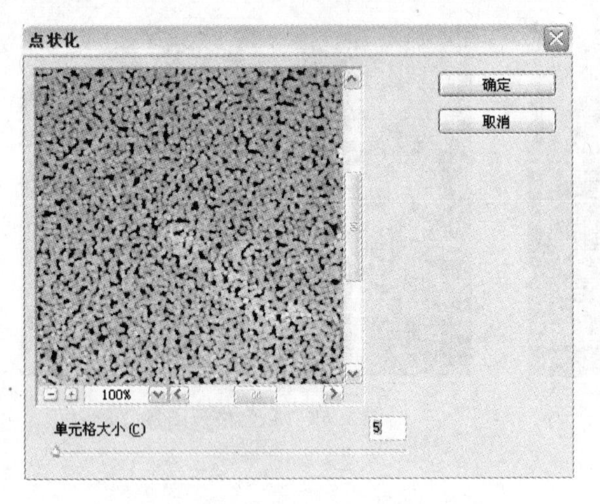

图 4.72 “点状化”对话框

图 4.73 “点状化”效果

图 4.74 “马赛克”对话框

图 4.75 “马赛克”滤镜效果

4.4.3 实训操作步骤

操作步骤如下。

1. 制作背景效果

(1) 单击“文件”→“新建”菜单命令，弹出“新建”对话框。新建宽度为 600 像素、高度为 450 像素、模式为 RGB 颜色和文档背景为白色的画布。然后，单击“确定”按钮。

(2) 单击“滤镜”→“渲染”→“云彩”菜单命令，重复按 Ctrl ＋ F 快捷键几次，效果如图 4.76 所示。

(3) 为了把背景调成绚丽的颜色。单击“滤镜”→“像素化”→“点状化”菜单命令，设置单元格大小为 45，如图 4.77 所示，效果如图 4.78 所示。

图 4.76 “云彩”滤镜效果

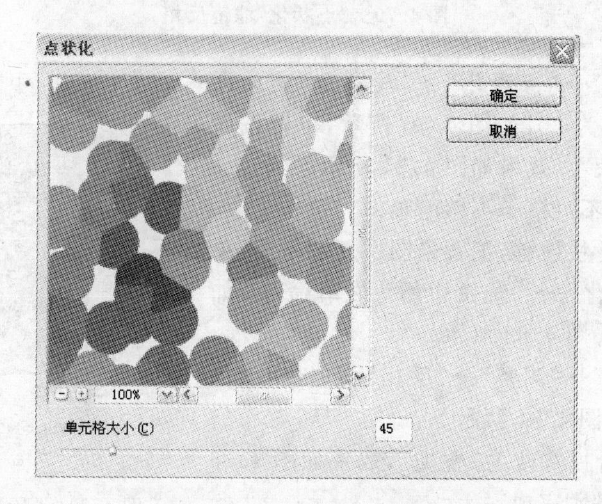

图 4.77 “点状化”对话框

图 4.78 “点状化”滤镜效果

(4) 单击“图像”→“调整”→“反相”菜单命令，让色调更艳丽，效果如图 4.79 所示。

图 4.79 “点状化”滤镜反相

(5) 单击“滤镜”→“像素化”→“马赛克”菜单命令，设置单元格大小为 20，如图 4.80 所示，可以按照实际需要调整格子大小，效果如图 4.81 所示。到这一步格子部分完成了，不过格子不够清晰。

(6) 按 Ctrl ＋ J 快捷键，把背景图层复制一层，单击“滤镜”→“风格化”→“查找边缘”菜单命令，如图 4.82 所示，效果如图 4.83 所示。

(7) 单击“图像”→“调整”→“反相”菜单命令，把边缘线显示出来，如图 4.84 所示。

(8) 把图层混合模式改为“叠加”，效果如图 4.85 所示。完整的格子基本完成。

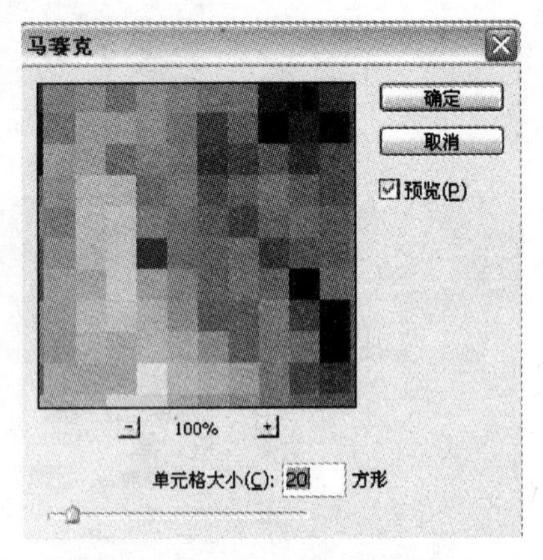

图 4.80 “马赛克”对话框设置

图 4.81 “马赛克”滤镜效果

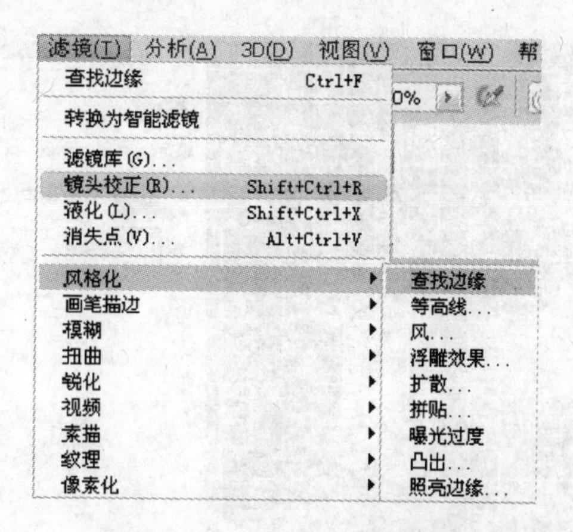

图 4.82 “查找边缘”滤镜

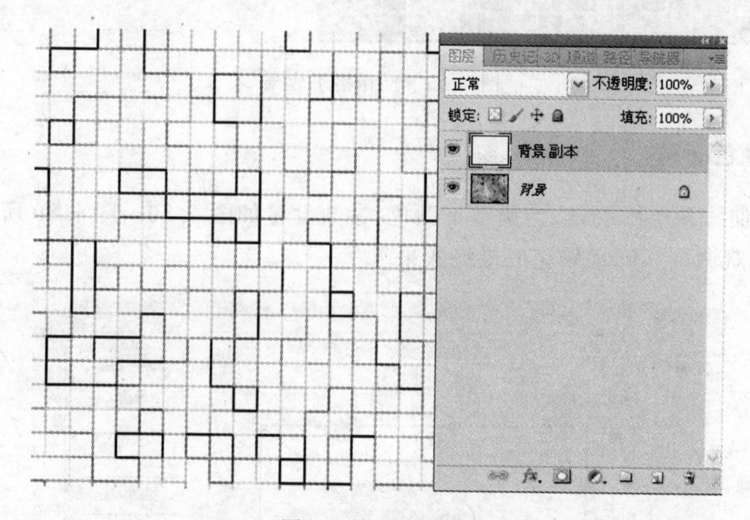

图 4.83 格子效果

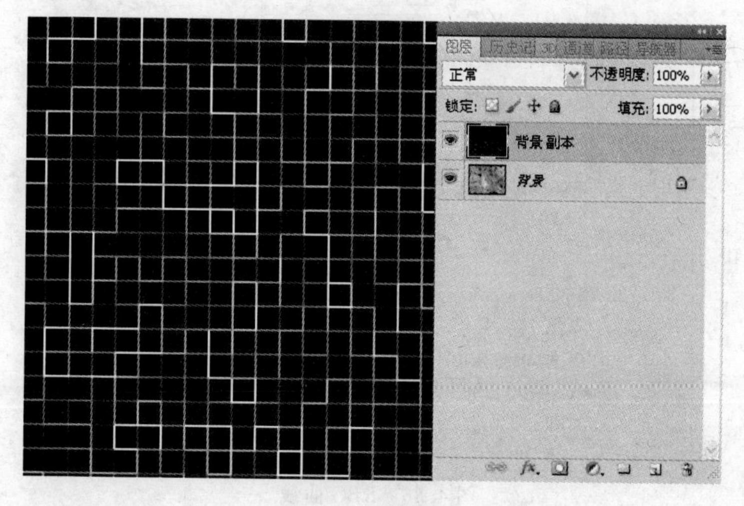

图 4.84 反相边缘

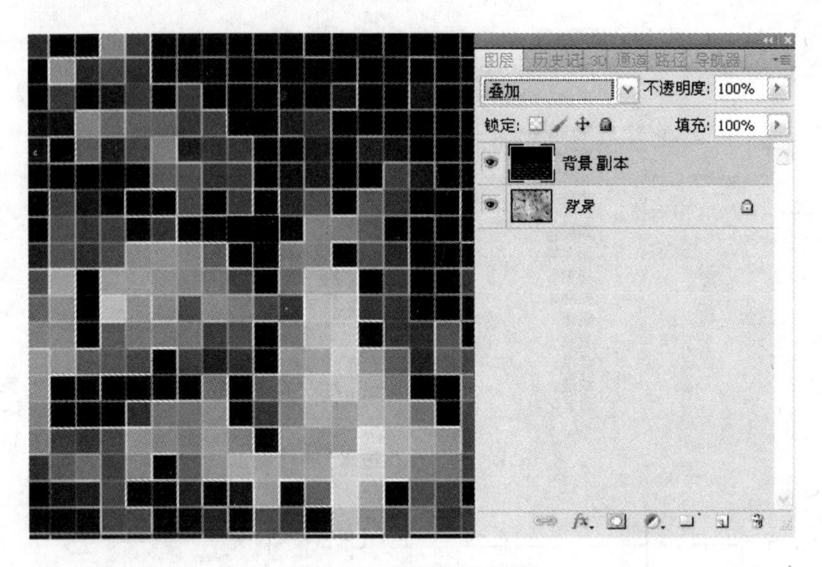

图 4.85　反相格子效果

2. 调整颜色应用

(1) 创建曲线调整图层,适当调整下颜色,参数设置如图 4.86～图 4.89 所示(颜色可以按照自己的喜欢调整),确定后完成最终效果。

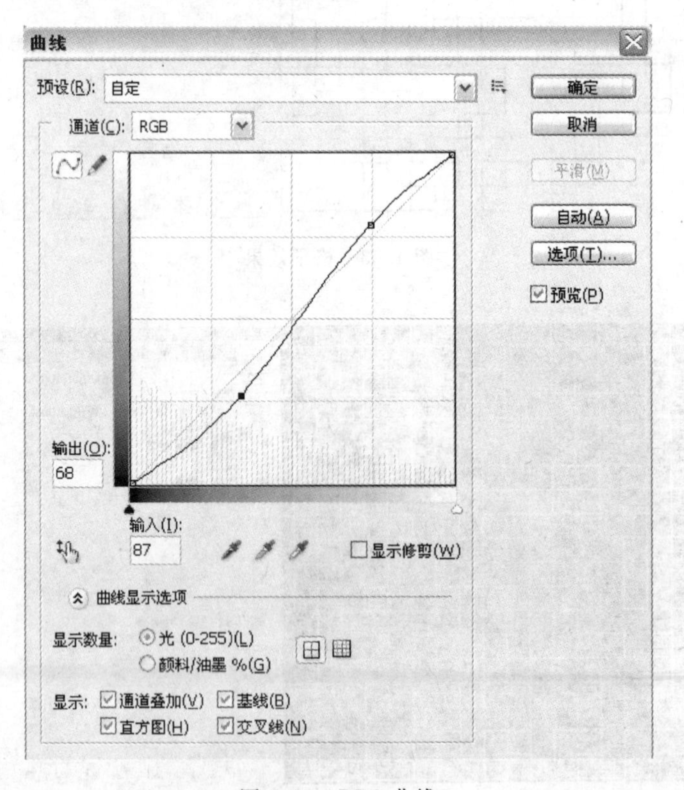

图 4.86　RBG 曲线

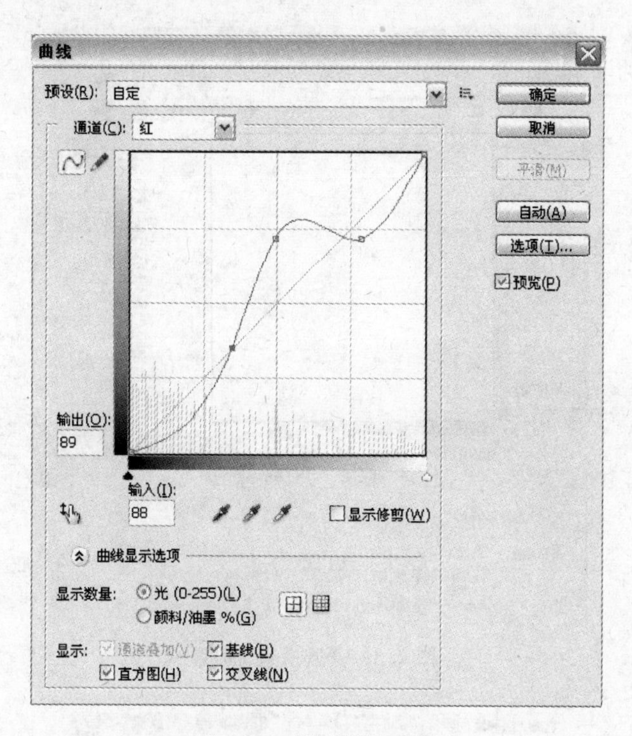

图 4.87 “红通道”曲线

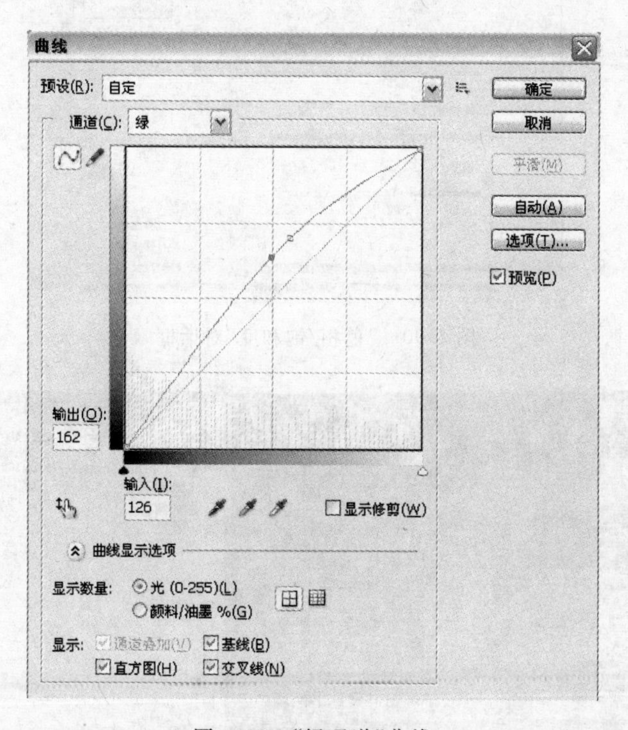

图 4.88 “绿通道”曲线

(2) 同时也可以使用“图像”→“调整”→“色相/饱和度”菜单命令，如图 4.90 所示，效果如图 4.91 所示。最终制作出如图 4.68 和图 4.69 所示的图像。

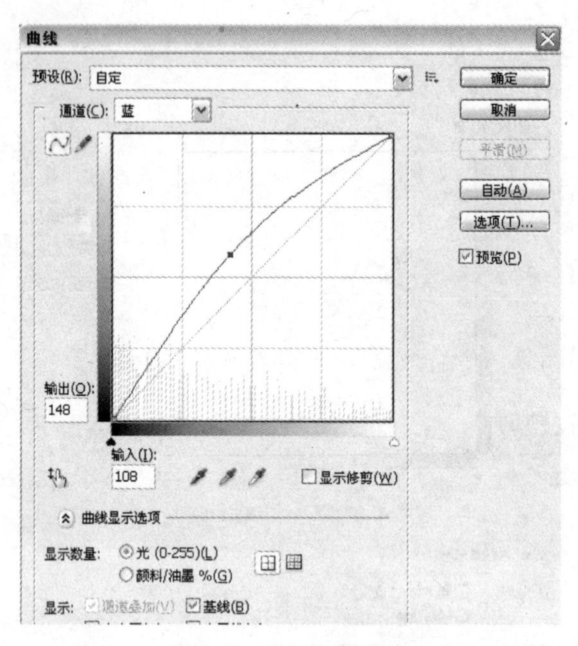

图 4.89 “蓝通道”曲线

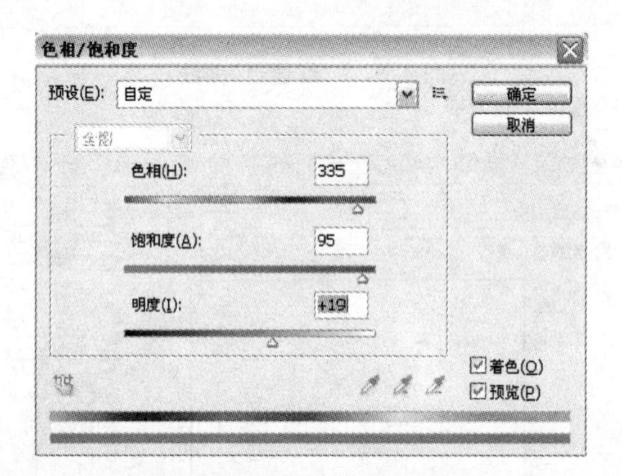

图 4.90 “色相/饱和度”对话框

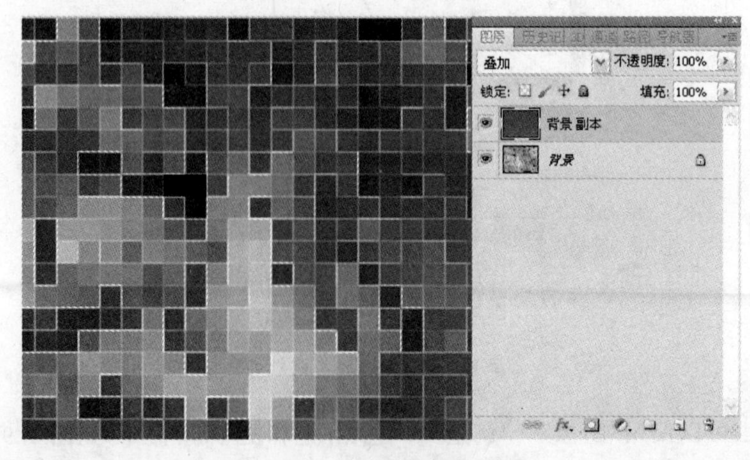

图 4.91 “色相/饱和度”效果

4.4.4 实训技术点评

1. 风格化的查找边缘

查找边缘作用是通过强化颜色过滤区，从而使图像产生轮廓被铅笔勾画的描边效果。使用这个滤镜，系统会自动寻找，识别图像的边缘，用优美的细线描绘它们，并给背景填充白色，使一幅色彩浓郁的图像变成别具风格的速写，本案例就是利用这一功能完成优美格子的背景。

2. 反相应用

反相作用是将图像变成负片，即好像相底一样。本例中使用多次反相作用，就是想使背景色调更艳丽。

3. 颜色调应用

调整色彩可以使用"图像"中的色相饱和度和色彩平衡命令，也可以使用"图像"中的"曲线"命令对各种通道进行调整，如图 4.87、图 4.88 和图 4.89 所示，使用哪种方法应因人而异，也是根据图像的色彩决定的，需要反复尝试而定。

4.4.5 实训练习

具体练习如下。

利用"马赛克"滤镜和"浮雕效果"滤镜完成如图 4.92 所示的效果。

提示：

(1) 制作马赛克效果。打开一幅照片，如图 4.93 所示，在图层调板中选择"滤镜"→"像素化"→"马赛克"滤镜，单元格大小设置为 14 像素。效果如图 4.92 所示。

图 4.92 马赛克效果

图 4.93 原图

(2) 制作浮雕效果。在图层调板中，复制背景图层，命名为"背景 1"图层。选择"滤镜"→"风格化"→"浮雕效果"滤镜，设置角度为 135°，高度为 5，数量为 500%。效果如图 4.94 所示。

(3) 选择"背景 1"图层，设置混合模式为"叠加"。

(4) 合并图层，得到最终效果，如图 4.95 所示。

图 4.94 浮雕效果

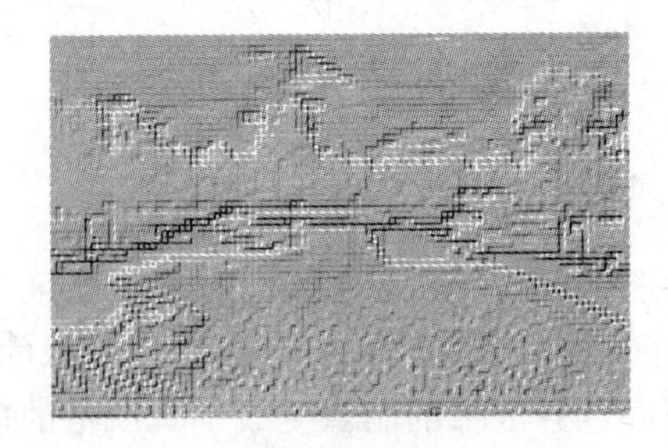

图 4.95 叠加

4.5 实训 永不坠落的流星

4.5.1 实训目的

本实训目的如下。

(1) 利用工具箱中的选择工具制作出流星的形状。

(2) 学习扭曲的"海洋波纹"滤镜,各种模糊效果,制作出逼真的流星。

(3) 学习不断修改流星的形状使其更加逼真,如图 4.96 所示。

图 4.96 "永不坠落"效果图

4.5.2 实训理论基础

1. "图层样式"对话框的应用

本实训在设计过程中用到了"图层样式"对话框,下面进行简单介绍。

(1) 打开"图层样式"对话框的方法如下。

① 在图层调板中选择需要应用图层样式的图层后,选择"图层"→"图层样式"→"混合选项"命令或所需的图层样式。

② 在图层调板中双击将要应用图层样式的图层。

③ 在要应用图层样式的图层上右击,在弹出的菜单中选择"混合选项"命令或所需的图层样式。

④ 在图层调板中选择需要应用图层样式的图层并单击图层调板下端的"添加图层样

式”按钮 ，选择“混合选项”命令或所需的图层样式。

(2)“图层样式”对话框的应用。打开“图层样式”对话框后，可以分别进行投影、斜面与浮雕、图案叠加方式和描边等图层样式的设定。

滤镜技术同 4.1.4 节和 4.2.4 节实训理论基础。

4.5.3 实训操作步骤

操作步骤如下。

(1) 单击“文件”→“新建”菜单命令，弹出“新建”对话框。新建宽度为 600 像素、高度为 450 像素、模式为 RGB 颜色和文档背景为黑色的画布。然后，单击“确定”按钮。

(2) 拖动“背景”层到图层调板下端的创建新图层按钮 上，复制一个“背景”图层，命名为“图层 1”。

(3) 在“图层 1”的中间建立一个 130 像素的正圆形选区，单击工具箱中的“椭圆选区工具”按钮 ，单击“编辑”→“描边”菜单命令，用白色描边，描边的宽度为 20 个像素，位置为居内。为了使描边边缘平滑，单击“选择”→“调整边缘”菜单命令，如图 4.97 所示。单击“确定”按钮后，图层如图 4.98 所示。

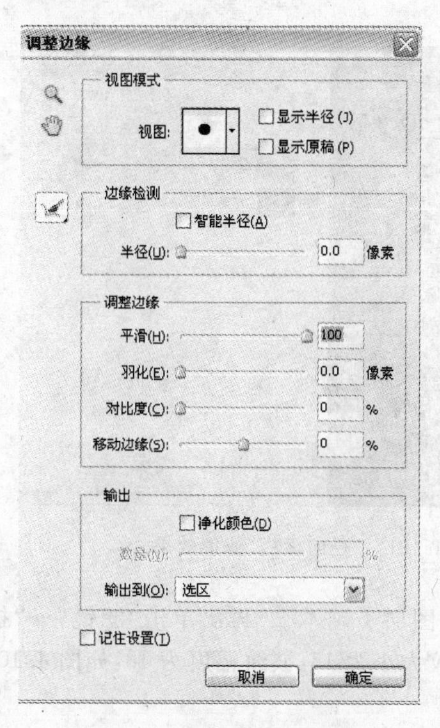

图 4.97 “调整边缘”对话框

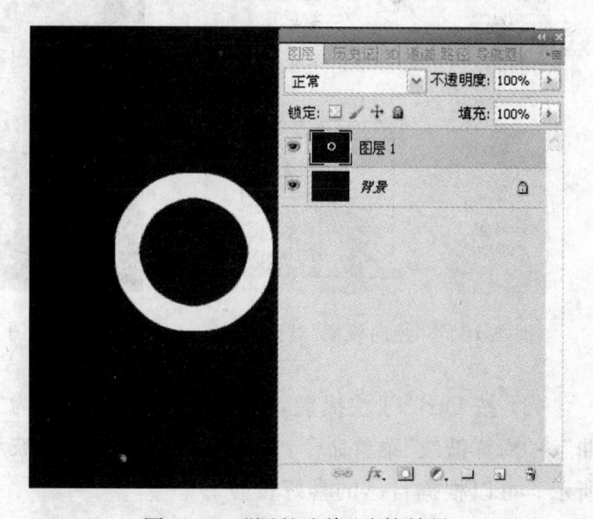

图 4.98 “调整边缘”滤镜效果

(4) 按 Ctrl+D 去掉选区，单击“滤镜”→“扭曲”→“海洋波纹”菜单命令，在弹出的对话框中设置波纹大小为 6，波纹幅度为 14，如图 4.99 所示。

(5) 单击“滤镜”→“模糊”→“径向模糊”菜单命令，在弹出的对话框中设置数量为 100，模糊方法为缩放，品质为好，如图 4.100 所示。单击“确定”按钮。完成后效果不佳，再按 Ctrl+F 快捷键，滤镜效果如图 4.101 所示。

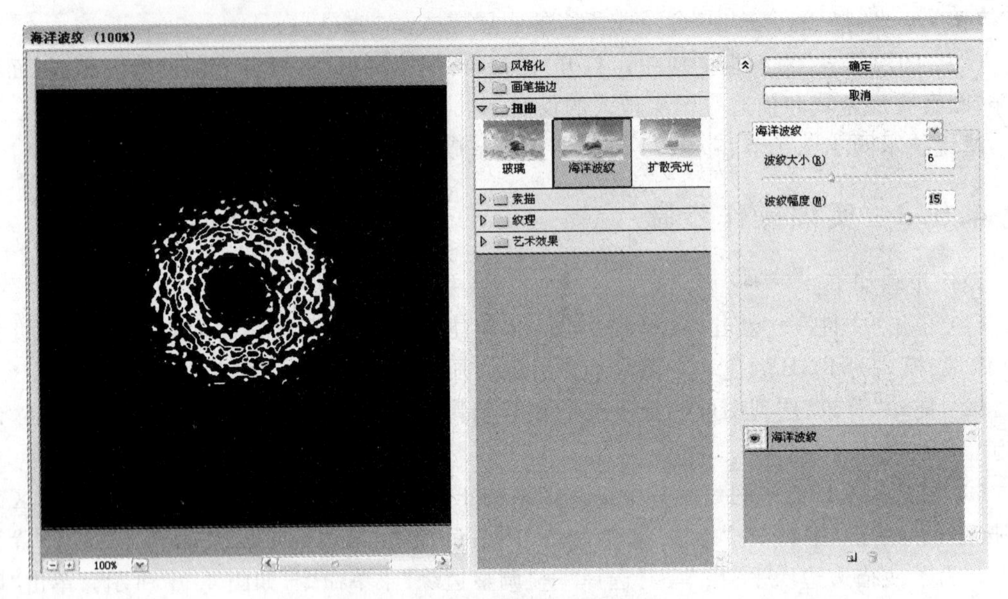

图 4.99 “海洋波纹”滤镜窗口

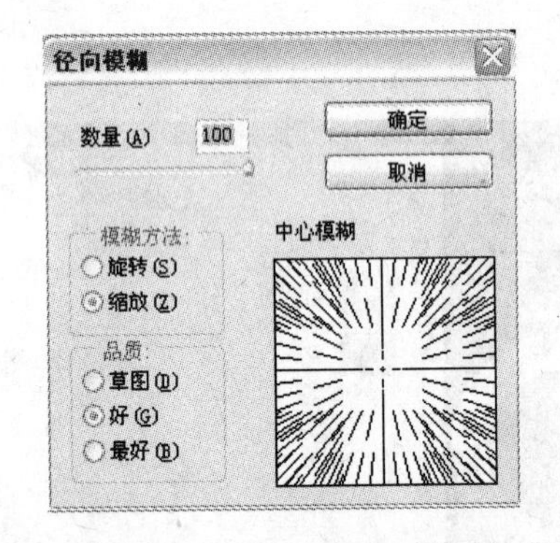

图 4.100 “径向模糊”对话框

图 4.101 “径向模糊”滤镜效果

(6) 按 Ctrl+J 快捷键,复制一个图层,命名为“图层 1 副本”。再次单击“滤镜”→“扭曲”→“海洋波纹”菜单命令,在弹出对话框中设置波纹大小为 15,波纹幅度为 18,如图 4.102 所示。可以根据自己的喜好设置。

(7) 按 Ctrl+J 快捷键,复制一个图层,命名为“图层 1 副本 2”。单击“滤镜”→“模糊”→“径向模糊”菜单命令,在弹出的对话框中参数不变,并将该层的混合模式设置为颜色减淡,此层下面的图层混合模式设置为变亮。效果如图 4.103 所示。

(8) 在所有图层的最上方建立一个新的图层,将前景色改为橘色,背景色改为红色,用径向渐变填充该图层,并将该层的混合模式设置为“颜色”。效果如图 4.104 所示。

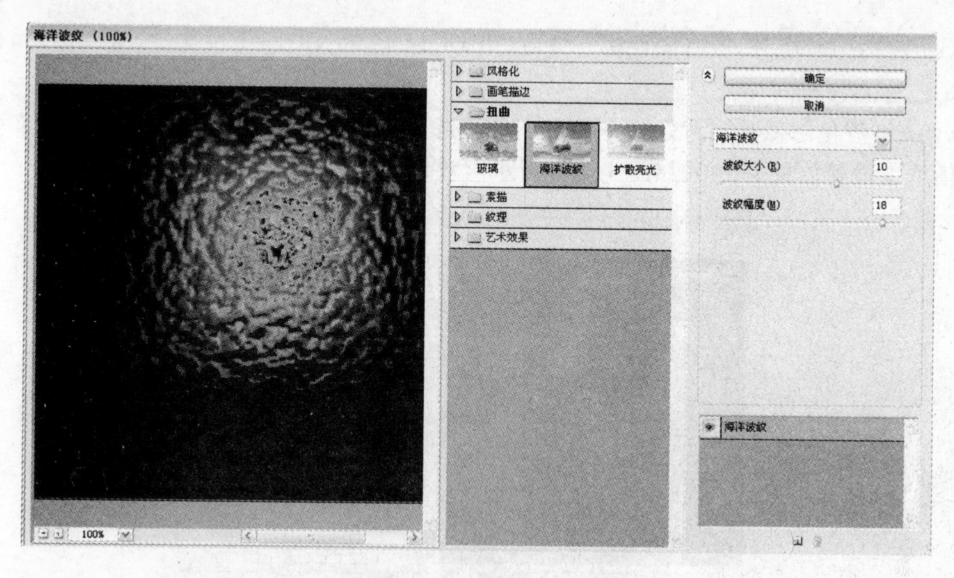

图 4.102 “海洋波纹”设置

图 4.103 “颜色减淡”混合模式效果

图 4.104 “颜色”混合模式效果

(9) 除"背景"层外，所有图层都合并在"背景"层上，按 Ctrl+J 快捷键，复制图层，命名为 wb。

(10) 将流星图像移到背景的左上角，单击"滤镜"→"扭曲"→"挤压"菜单命令，在弹出的对话框中设置数量为 100(如图 4.105 所示)，效果如图 4.106 所示。

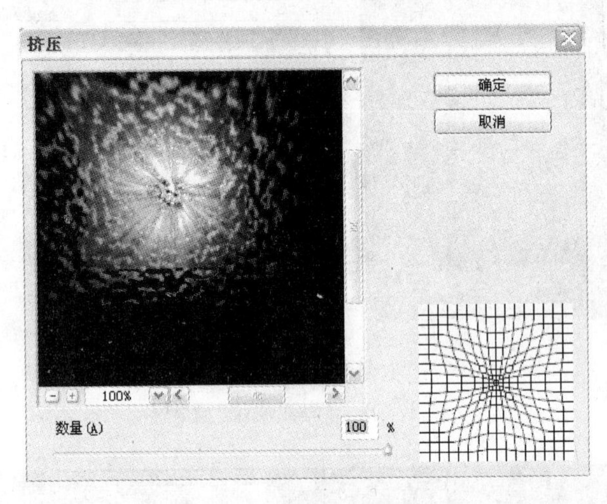

图 4.105 "挤压"对话框

(11) 按 Ctrl+J 快捷键，复制两个图层，命名为"wb 副本"和"wb 副本 2"，当前为"wb 副本"图层，单击"滤镜"→"模糊"→"动感模糊"菜单命令，在弹出的对话框中设置角度为 −45 度，距离为 36，如图 4.107 所示。将图层的混合模式改为滤色。并用橡皮工具将流星的中心点动感模糊擦掉。效果如图 4.108 所示。

图 4.106 "挤压"滤镜窗口效果

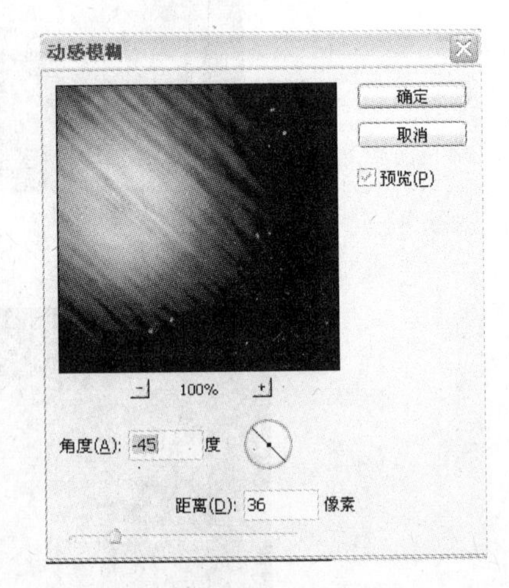

图 4.107 "动感模糊"设置

(12) 当前图层为"wb 副本 2"图层，将图层的混合模式改为滤色，单击工具箱中的"椭圆选择工具"按钮，在流星的中心点建立一个羽化值为 5 个像素的选区，如图 4.109 所示。按 Ctrl+Shift+I 快捷键，反选后，按 Delete 键。让流星的热点显得更高一些，效果如图 4.109 所示。

图 4.108 羽化的选区效果

图 4.109 “滤色”混合模式效果(1)

(13) 再复制一个图层,设置图层模式为滤色,用“橡皮擦工具”擦除中间部分,最终效果如图 4.110 所示。

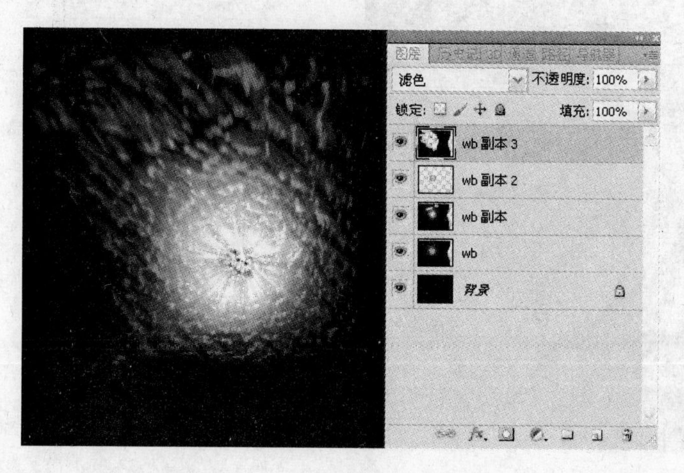

图 4.110 “滤色”混合模式效果(2)

(14) 单击按下工具箱的"文字工具"按钮 T,写出"永不坠落"字样,加上红色描边和斜面浮雕图层样式,参数默认,如图 4.111 所示。最后制作出永不坠落的流星。

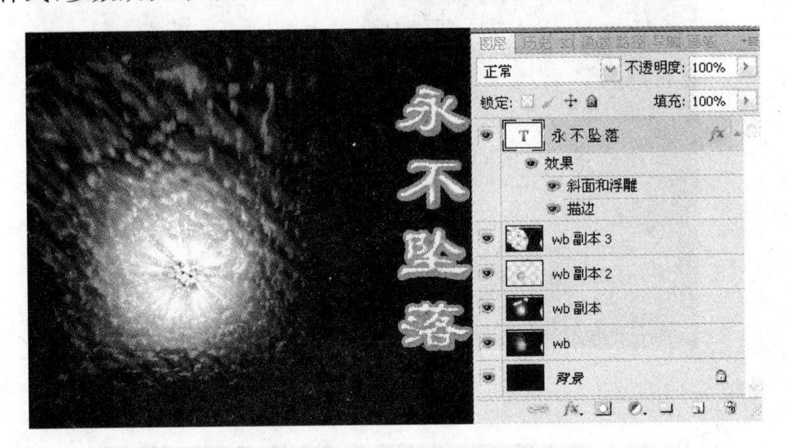

图 4.111 添加文字效果

4.5.4 实训技术点评

此案例是一个综合应用滤镜的案例,需要反复使用"海洋波纹"滤镜和各种模糊效果,制作出逼真的流星效果。

案例中使用的图层比较多,最好给每个图层命名,以便方面记忆。

4.5.5 实训练习

制作如图 4.112 所示的水晶射线。

提示:

(1) 建立图层后,单击"滤镜"→"渲染"→"镜头光晕"菜单命令,"镜头光晕"对话框如图 4.113 所示。

图 4.112 水晶射线

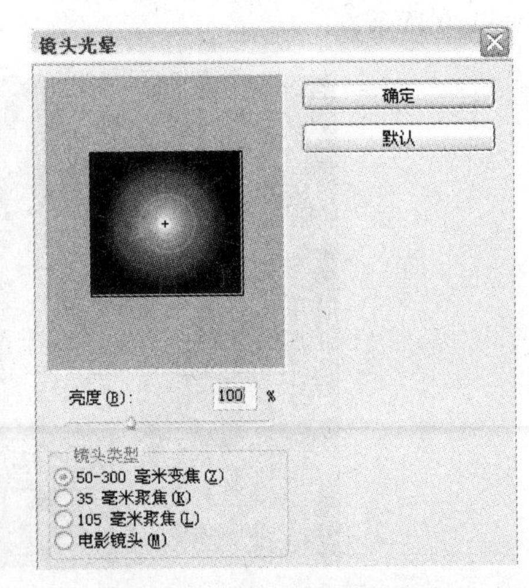

图 4.113 "镜头光晕"对话框

(2) 单击“滤镜”→“艺术效果”→“壁画”菜单命令,“壁画”滤镜对话框如图 4.114 所示。

(3) 新建一个 800×800 像素的画布,将图 4.114 所示的滤镜效果复制到画布中,单击“滤镜”→“风格化”→“凸出”菜单命令,“凸出”对话框如图 4.115 所示。

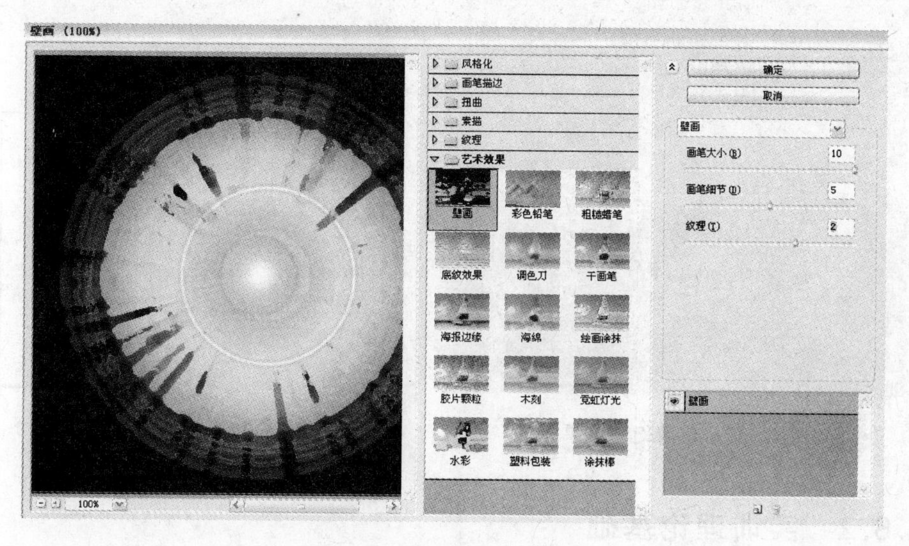

图 4.114 “壁画”滤镜窗口

(4) 移动图层并适当旋转,如图 4.116 所示。调节自己喜欢的颜色,复制下方图案,最后做出如图 4.112 所示。

图 4.115 “凸出”对话框

图 4.116 使用滤镜后的效果

4.6 实训 炫魔幻球的创意

4.6.1 实训目的

本实训目的如下。

(1) 利用“渲染”中的“镜头光晕”滤镜为背景。

(2) 学习使用“素描”中的“铬黄”滤镜,使图像有梦幻效果。

(3) 学习使用不同的"图层样式"设置，打造如图 4.117 所示的炫魔滤镜效果。

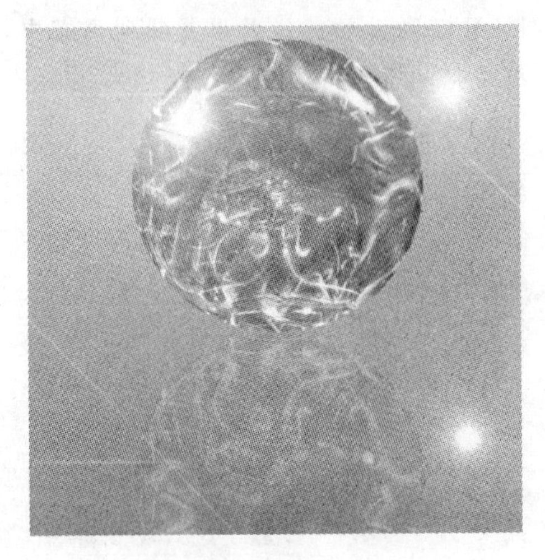

图 4.117 炫魔幻球效果

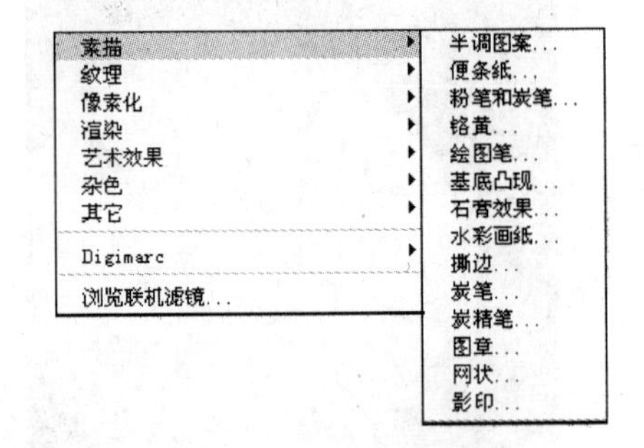

图 4.118 "素描"菜单

4.6.2 实训理论基础

1. "素描"滤镜

以下为"素描"滤镜中各项的介绍，如图 4.118 所示。

(1) 半调图案。在保持连续色调范围的同时，模拟半调网屏的效果。

(2) 便条纸。创建像是由手工制作的纸张构建的图像，图像的暗区显示为纸张上层中的洞，它可使背景色显示出来。

(3) 粉笔和炭笔。重绘图像的高光和中间色调，其背景为粗糙粉笔绘制的纯中间色调，炭笔用前景色绘制，粉笔用背景色绘制。

(4) 铬黄。将图像处理成好像是擦亮的铬黄表面，高光在反射表面上是高点，暗调是低点，应用此滤镜后，使用色阶可以增加图像的对比度。

(5) 绘图笔。使用细的、线状的油墨描边以获取原图像中的细节，多用于对扫描图像进行描边，此滤镜使用前景色作为油墨，并使用背景色作为纸张，以替换原图中的颜色。

(6) 基底凸现。变换图像，使之呈现浮雕的雕刻状及突出光照下变化各异的表面，图像的暗区呈现前景色，而浅色区使用背景色。

(7) 水彩画纸。利用有污点的涂抹使颜色流动并混合。

(8) 撕边。对于文字或高对比度对象组成的图像尤其有用，此滤镜重建图像，使之呈现粗糙、撕破的纸片状，使用前景色与背景色给图像着色。

(9) 炭笔。重绘图像，产生色调分离和涂抹的效果。炭笔色是前景色，纸张色是背景色。

(10) 炭精笔。在图像上模拟浓黑或纯白的炭精笔纹理，"炭精笔"滤镜在暗区使用前景色，在亮区使用背景色。

(11) 图章。用于黑白图像时效果最佳,此滤镜简化图像,使之呈现用橡皮或木质图章盖印的样子。

(12) 网状。模拟胶片乳胶创建图像,使之在暗调区域呈现结块状,在高光区呈轻微颗粒状。

(13) 影印。模拟影印图像的效果,大的暗区趋向于只复制边缘四周,而中间色调是纯黑色或纯白色。

2. "铬黄"滤镜应用

铬黄的作用是在渲染图像,就好像它具有擦亮的铬黄表面。高光在反射表面上是高点,阴影是低点。应用此滤镜后,使用"色阶"对话框可以增加图像的对比度。

在如图 4.119 所示的原图的基础上应用素描中的"铬黄"滤镜,单击"滤镜"→"素描"→"铬黄"菜单命令,在弹出对话框中设置细节为 6,平滑度为 7,如图 4.120 所示。

图 4.119 原图

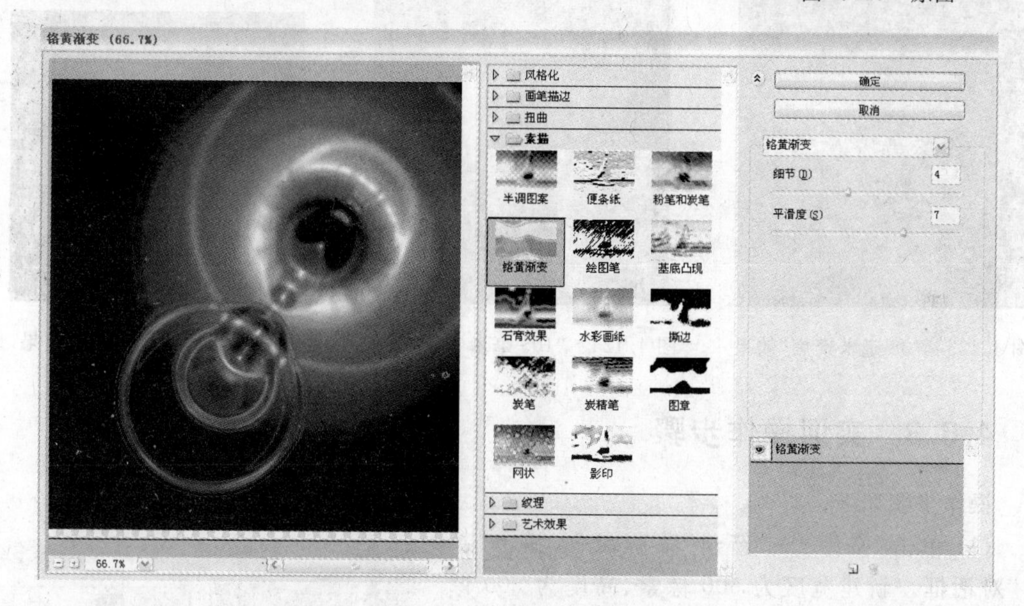

图 4.120 "铬黄"滤镜窗口

3. "镜头光晕"滤镜应用

镜头光晕是模拟亮光照射到相机镜头所产生的折射。通过点按图像缩览图的任一位置或拖移其十字线,指定光晕中心的位置。

单击"滤镜"→"渲染"→"镜头光晕"菜单命令,在弹出的对话框中,亮度数值范围为10～300,镜头类型有"50～300 毫米聚焦"、"35 毫米聚焦"、"105 毫米聚焦"和"电影镜头"4 种选项(如图 4.121 所示),亮度值不变,各选项的效果如图 4.122、图 4.123、图 4.124 和图 4.125 所示。

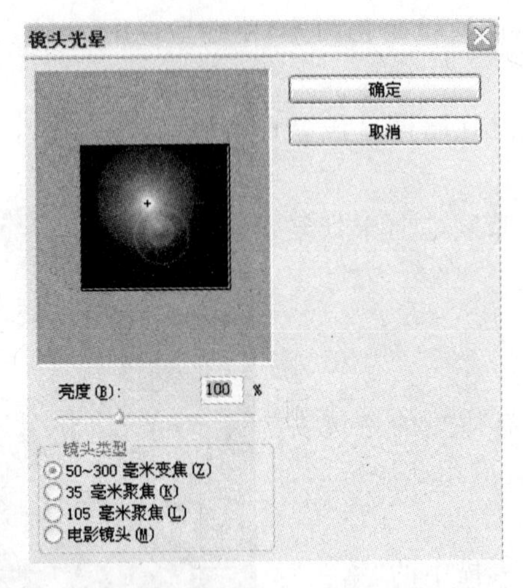

图 4.121 “镜头光晕”设置

图 4.122 “50～300 毫米聚焦”效果

图 4.123 “35 毫米聚焦”效果

图 4.124 “105 毫米聚焦”效果

图 4.125 “电影镜头”效果

4.6.3 实训操作步骤

操作步骤如下。

(1) 单击“文件”→“新建”菜单命令，弹出“新建”对话框。新建宽度为 500 像素、高度为 500 像素、模式为 RGB 颜色和文档背景为黑色的画布。然后，单击“确定”按钮。

(2) 单击“图层”调板下端的“创建新图层”按钮，生成新图层，命名为“图层 1”。

(3) 单击“滤镜”→“渲染”→“镜头光晕”菜单命令，在弹出对话框中设置亮度为 100，选择“50～300 毫米聚焦”选项，重复两次，如图 4.126 所示，效果如图 4.127 所示。

(4) 单击“滤镜”→“素描”→“铬黄”菜单命令，在弹出对话框中设置细节为 6，平滑度为 7，如图 4.128 所示。

图 4.126 “镜头光晕”设置

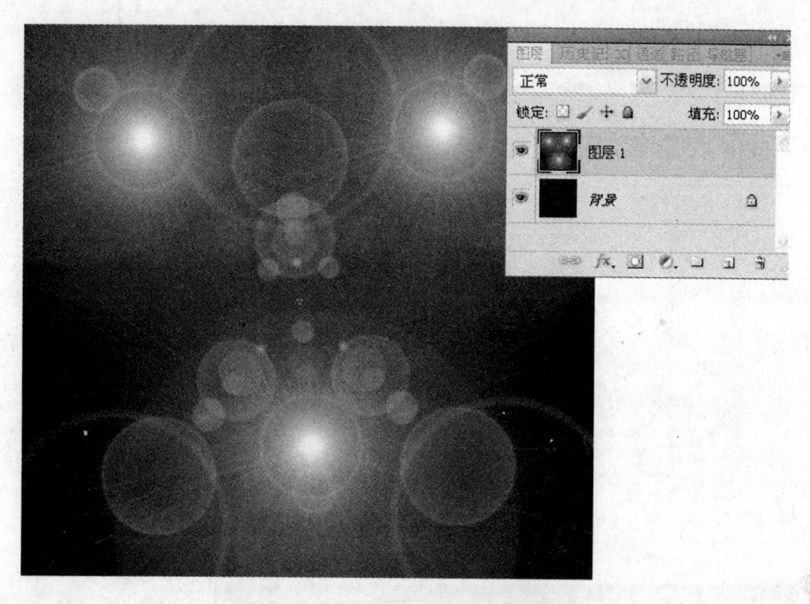

图 4.127　“镜头光晕”滤镜效果

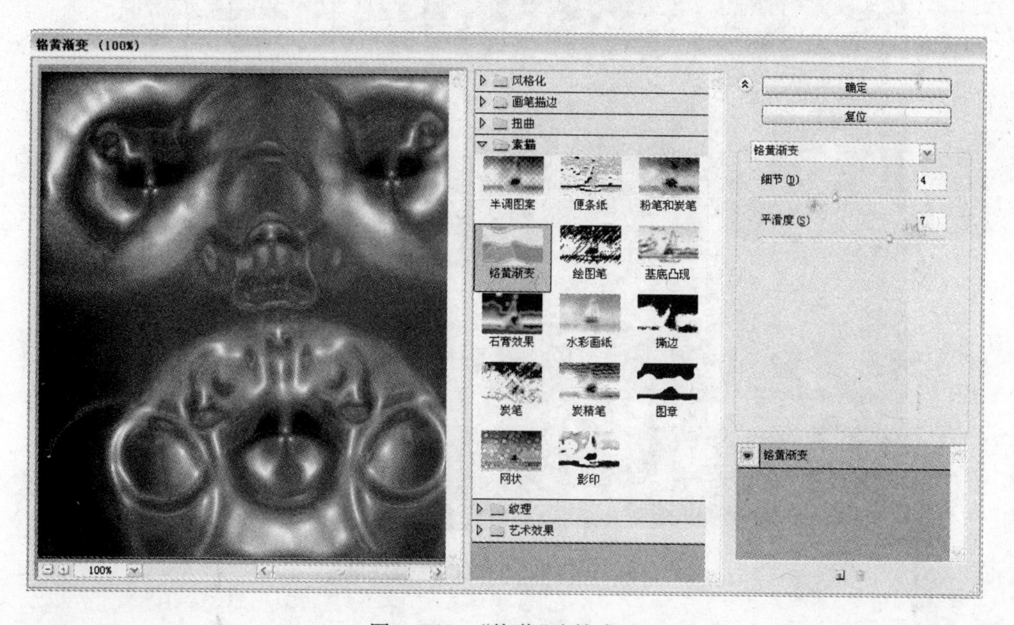

图 4.128　“铬黄”滤镜窗口

(5) 给图像着色设置,单击“图像”→“调整”→“色相/饱和度”菜单命令,在弹出对话框中设置色相为 360,饱和度为 100,选择“着色”复选框,如图 4.129 所示。效果如图 4.130 所示。

(6) 复制两图层,分别起名为“1”和“2”,方便后面制作的时候解释的清楚。把“1”图层的混合模式设置为“变亮”,如图 4.131 所示。“2”图层的混合模式设置为“滤色 ”,如图 4.132 所示。

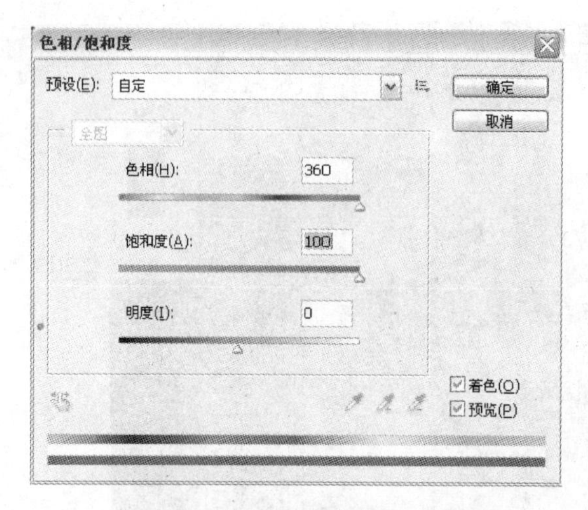

图 4.129 “色相/饱和度”对话框

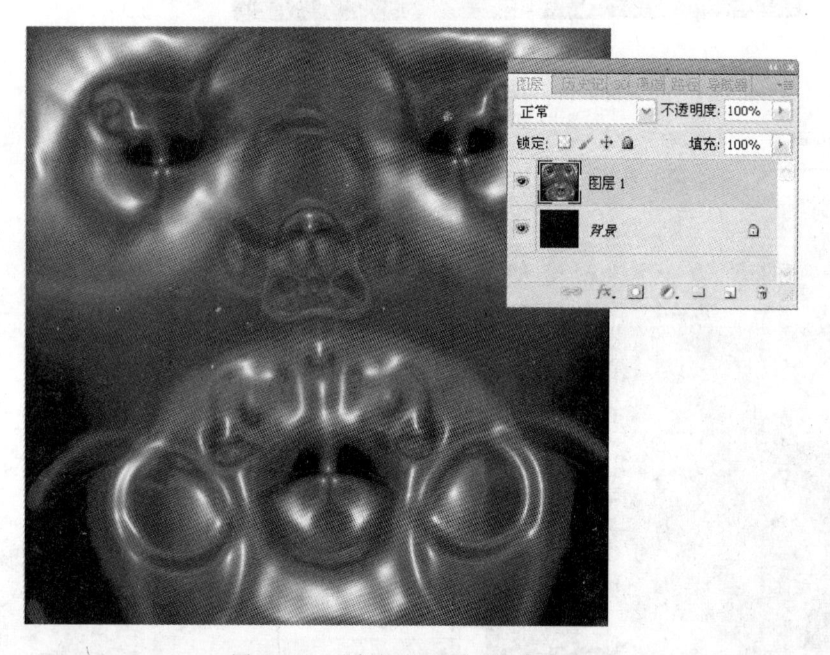

图 4.130 “色相/饱和度”滤镜效果

图 4.131 “变亮”混合样式效果

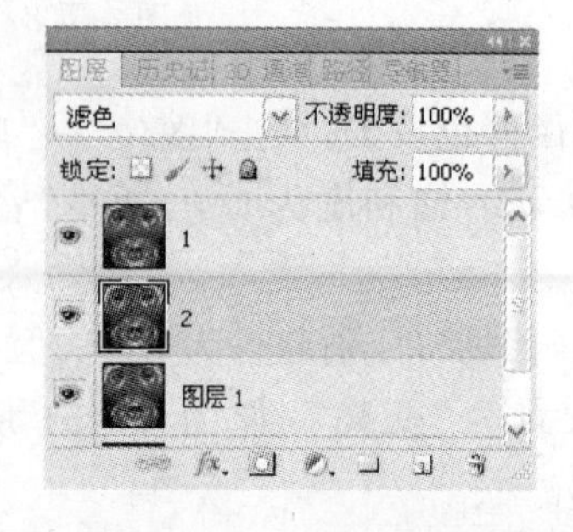

图 4.132 “滤色”混合样式效果

(7) 当前图层在“1”图层,单击“滤镜”→“扭曲”→“波浪”菜单命令,在弹出的对话框中设置类型为正弦,波长最小为 10,最大为 175,波幅最小 35,最大 80,如图 4.133 所示。

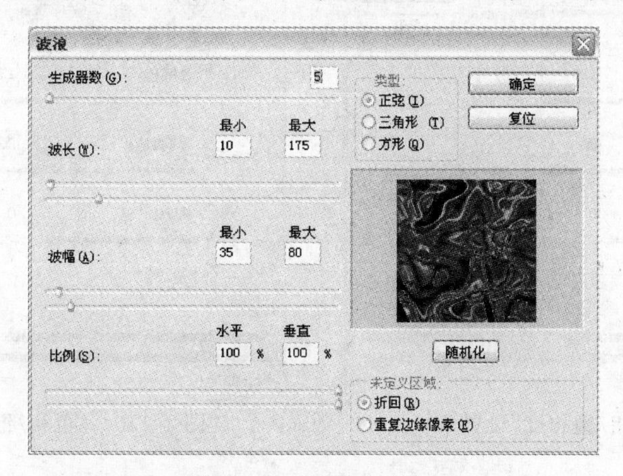

图 4.133　“波浪”对话框

注意:图案可以选择“随机化”,效果如图 4.134 所示。

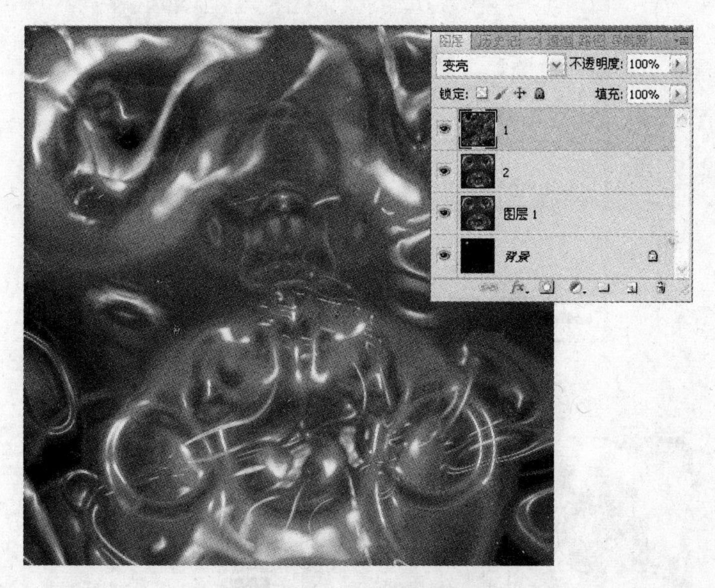

图 4.134　“波浪”滤镜效果

(8) 把“1”图层复制一层,起名为“3”,按 Ctrl+T 键,右击,选择“水平翻转”命令,目的是让图案左右对称。设置颜色为绿色,单击“图像”→“调整”→“色相/饱和度”菜单命令,在弹出对话框中设置色相为 125,饱和度为 80,选中“着色”复选框,如图 4.135 所示。

(9) 再把“1”图层复制一层,起名为“4”,按 Ctrl+T 键,右击,选择“垂直翻转”命令,目的是让图案上下对称。设置颜色为蓝色,单击“图像”→“调整”→“色相/饱和度”菜单命令,在弹出的对话框中设置色相为 230,饱和度为 80,选中“着色”复选框,如图 4.136 所示。

(10) 再把“1”图层复制一层,起名为“5”,按 Ctrl+T 键,右击,选择“翻转 90 度”命令。设置颜色为紫色,单击“图像”→“调整”→“色相/饱和度”菜单命令,在弹出的对话框中设置色相为 300,饱和度为 75,选中“着色”复选框,如图 4.137 所示。复制图层着色后的效果如图 4.138 所示。

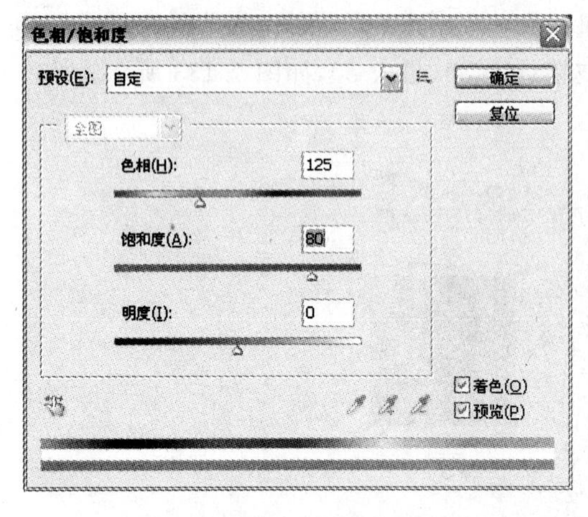

图 4.135 “色相/饱和度”设置(1)

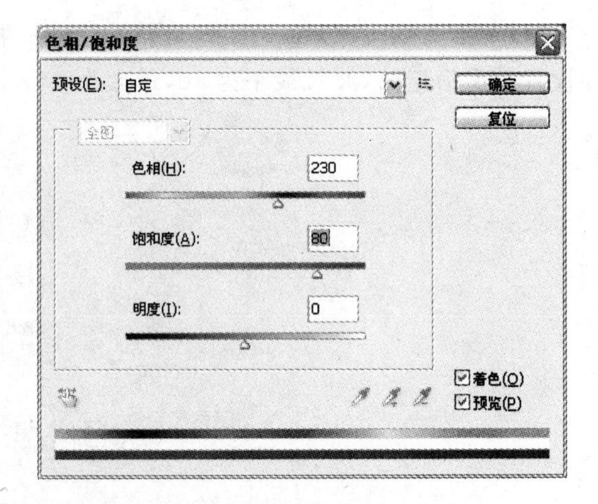

图 4.136 “色相/饱和度”设置(2)

图 4.137 “色相/饱和度”设置(3)

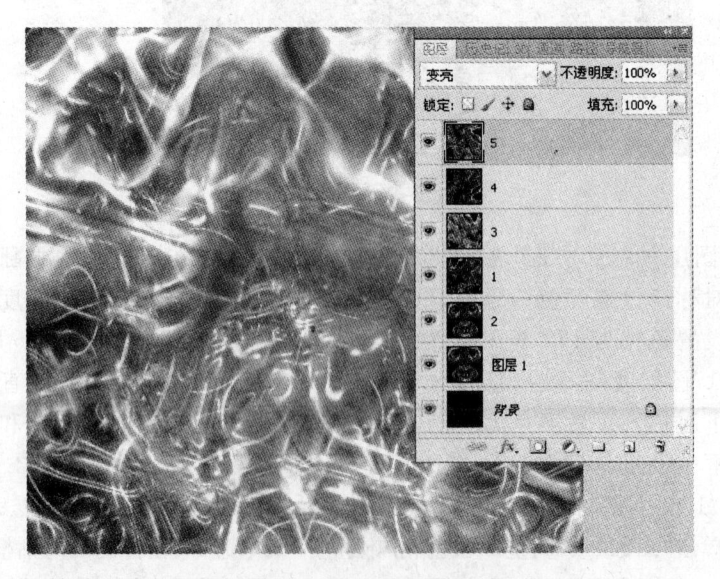

图 4.138 “色相/饱和度”效果

(11) 除"背景"图层外,合并可见的图层。单击按下工具箱中的"椭圆选框工具"按钮 ,按 Shift 键画个圆,如图 4.139 所示。

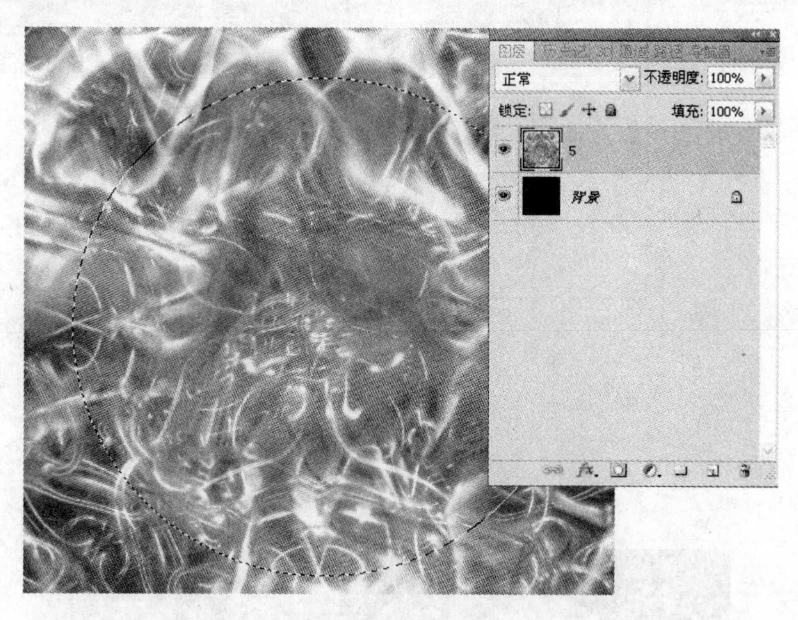

图 4.139 选区

(12) 反选,按 Delete 快捷键,清除掉边角,按 Ctrl+D 键,如图 4.140 所示。去掉选区。

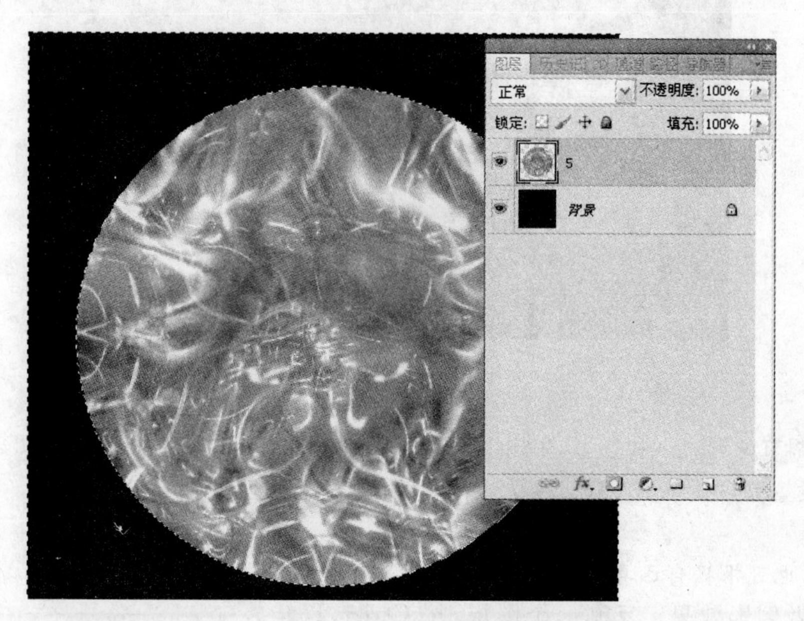

图 4.140 "反选"效果

(13) 单击"滤镜"→"扭曲"→"球面化"菜单命令,在弹出的对话框中设置数量为 100,模式为正常,如图 4.141 所示,效果如图 4.142 所示。

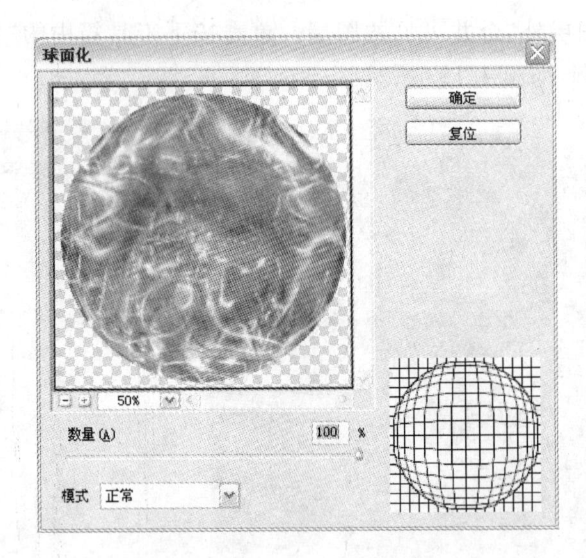

图 4.141 “球面化”对话框

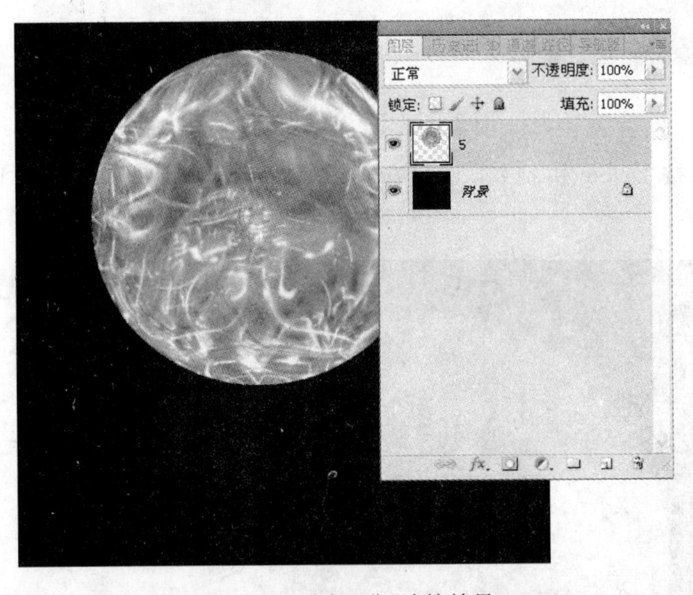

图 4.142 “球面化”滤镜效果

(14) 调节球形大小和位置，单击“图像”→“调整”→“亮度/对比度”菜单命令，在弹出的对话框中设置亮度为－10，对比度为 50，如图 4.143 所示。

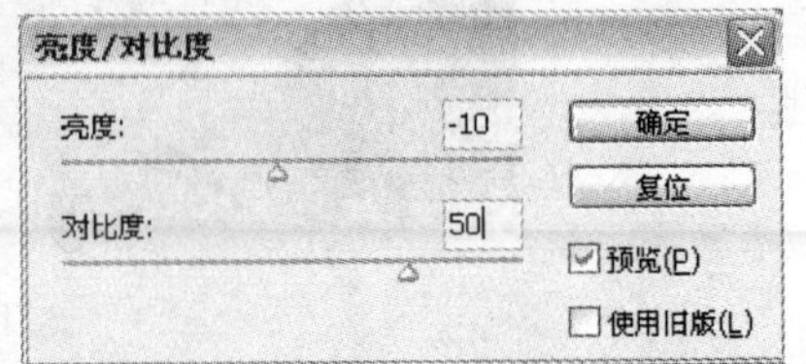

图 4.143 “亮度/对比度”对话框

注意：也可根据自己喜欢的颜色设置。

(15) 做倒影效果。复制一个图层，按 Ctrl＋T 键，右击，选择“垂直翻转”命令，调彩球到下方，将不透明度调为 30%，配上喜欢的背景颜色，如图 4.144 所示。

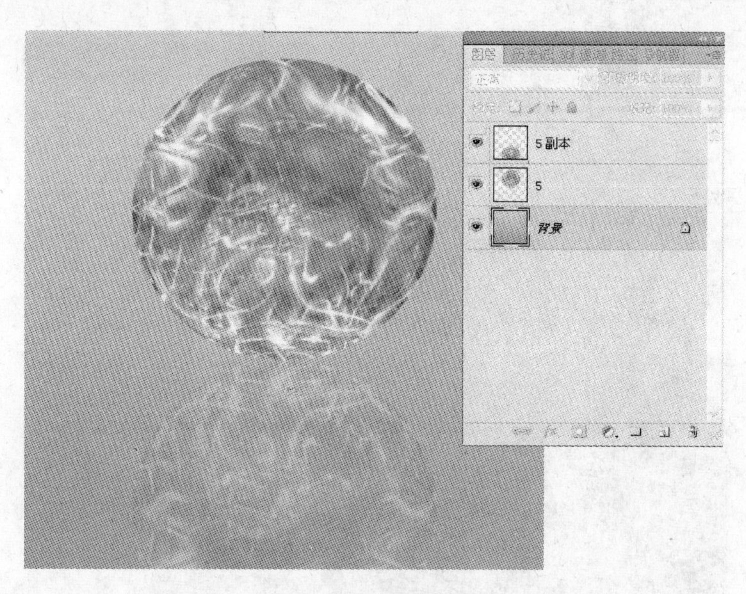

图 4.144 倒影效果

(16) 合并所有图层,单击"滤镜"→"渲染"→"镜头光晕"菜单命令,在弹出的对话框中设置亮度为 100,选择"电影镜头"单选项,如图 4.145 所示。

(17) 单击"滤镜"→"渲染"→"镜头光晕"菜单命令,在弹出的对话框中设置亮度为 100,选择"105 毫米聚焦"单选项,如图 4.146 所示。

(18) 单击"滤镜"→"渲染"→"镜头光晕"菜单命令,在弹出的对话框中设置亮度为 100,选择"35 毫米聚焦"单选项,如图 4.147 所示,效果如图 4.148 所示。

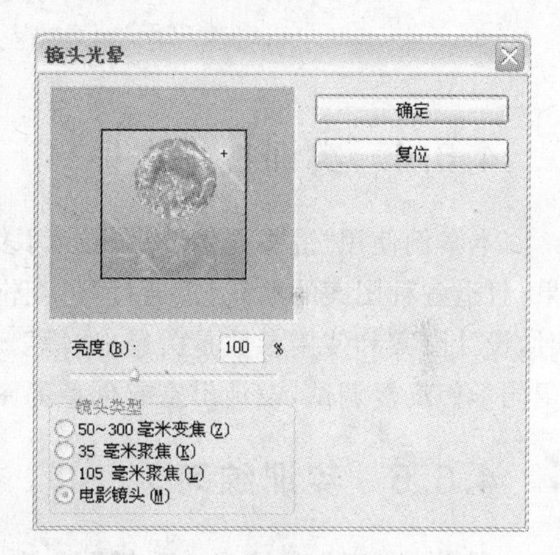

图 4.145 "电影镜头"滤镜对话框

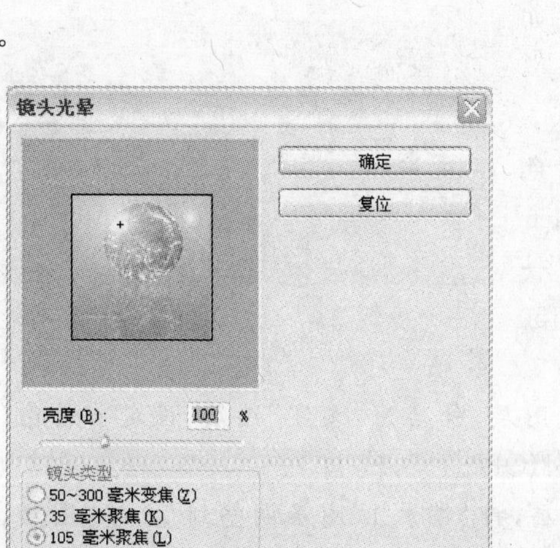

图 4.146 "105 毫米聚焦"滤镜对话框

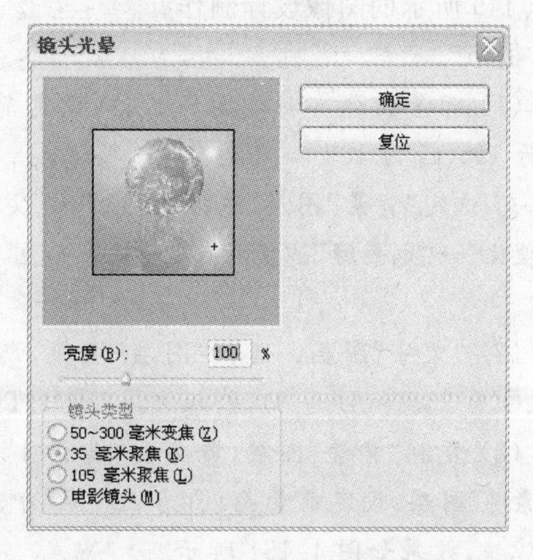

图 4.147 "35 毫米聚焦"滤镜对话框

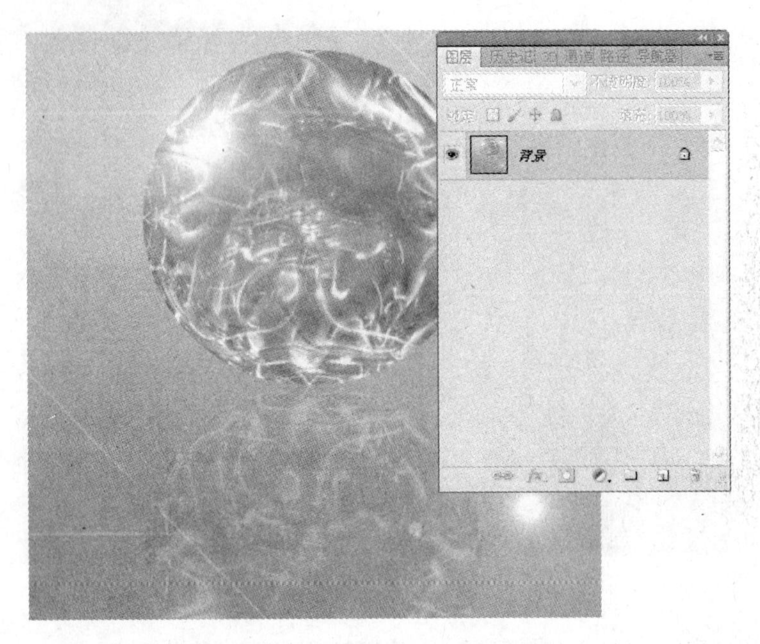

图 4.148 “镜头光晕”滤镜效果

4.6.4 实训技术点评

本案例使用“镜头光晕”滤镜技术，多次使用作为基本元素的图案，进行一系列的滤镜效果，打造各种图案的曲线，再通过“色相饱和度”进行颜色调试。在使用“镜头光晕”滤镜技术时，设计图案和使用参数是关键，这需要不断摸索和大胆尝试才能打造神奇的图案效果，希望同学们反复调试，设计出富有创意的图案。

4.6.5 实训练习

利用“纹理”滤镜和“素描”滤镜，完成如图 4.149 所示的图像设计制作。

图 4.149 设计效果

提示

(1) 背景设计。新建图像文件，设定前景色(R 为 195、G 为 183 和 B 为 157)，按 Alt＋Delete 键填充，选定“背景”图层，选择“滤镜”→“纹理”→“纹理化”→“龟裂缝”滤镜，应用后效果如图 4.150 所示。

(2)“文字”图层。选取“图层”调板，新建图层，命名为“文字”图层，设定前景色(R 为 255、G 为 255 和 B 为 0)，输入文字“PHOTOSHOP”。

(3) 复制“背景”图层，命名为“背景 1”图层，将“背景 1”图层调整到“文字”图层，选定“背景 1”图层，设定前景色(R 为 255、G 为 255 和 B 为 0)，选择“滤镜”→“素描”→“基底凸现”滤镜，效果如图 4.151 所示。

图 4.150 龟裂纹滤镜

图 4.151 基底凸现

(4) 按住 Alt 键，在“文字”图层和“背景 1”图层之间放置鼠标光标，则光标会变成“剪切蒙版”图标，此时，单击就会应用上方图层包括在下方图层中的蒙版，如图 4.152 所示。

(5) 右击“文字”图层，选择“混合”命令，更改图层样式，选择投影、斜面和浮雕，进行相应参数设置，得到如图 4.153 所示的最终效果。

图 4.152 剪切蒙版

图 4.153 更改图层样式

本章小结

本章通过 6 个实训，详细介绍了大部分滤镜的特点、内容和使用方法，初步掌握 Photoshop CS 滤镜的使用技巧。使用滤镜时，可从“滤镜”菜单中单击相应的子菜单，并进行相应的参数设置即可。

Photoshop CS 滤镜效果较多，使用时须注意不能将滤镜应用于位图模式或索引模式的图像，有些滤镜只对 RGB 图像起作用，有些滤镜完全在内存中处理，“高斯模糊”、“添加杂色”、“蒙尘与划痕”、“中间值”、“USM 锐化”、“曝光过渡”和“高反差保留”滤镜可用于每通道 16 位的图像，也可以用于每通道 8 位的图像。

第5章 图像处理

本章学习要求

理论环节：

- 掌握各种文字的输入和装饰方法；
- 学习直线工具、矩形选框工具、圆角矩形选框工具、椭圆选框工具、多边形工具和自定义形状工具的使用；
- 重点掌握仿制印章工具、修复画笔工具、修补工具和橡皮擦工具的使用；
- 灵活使用画笔工具及画笔样式设置；
- 学会综合使用各种工具完成图像处理的方法。

实践环节：

- 镀金文字的制作；
- 水晶按钮的制作；
- 宝石首饰设计；
- 网页标题栏的设计；
- 打造绚丽夜景；
- 修改风景图像；
- 怀旧照片的制作。

5.1 实例 镀金文字的制作

5.1.1 实训目的

本实训目的如下。

(1) 学习 Photoshop CS 文字输入及处理方法。

(2) 通过绘制立体文字图像，学会使用文字的输入、合并图层、描边、将文字图层转换成普通图层和风格化滤镜等操作，完成如图 5.1 所示的文字效果。

5.1.2 实训理论基础

1. 文字工具

工具箱内的文字工具组有 4 个工具，如图 5.2 所示。

图 5.1 镀金文字

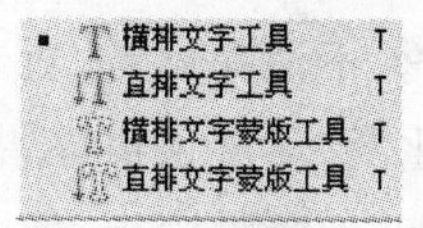

图 5.2 文字工具

(1) 横排文字工具

按下工具箱内的“横排文字工具”按钮 T，此时的选项栏如图 5.3 所示。选项栏内各选项的作用如下。

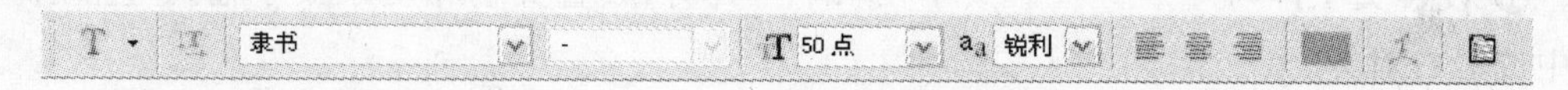

图 5.3 横排文字工具选项栏

创建文字图层。按下工具箱中的“横排文本工具”按钮 T，单击画布，即可在当前图层上创建一个新的文字图层。同时，画布内单击处会出现一个竖线光标，表示可以输入文字(这时输入的文字称为点文字)。输入文字过程中，按 Ctrl 键可以切换到移动状态，拖曳鼠标可以移动文字。另外，也可以使用剪贴板粘贴文字。

(2) 直排文字工具

按下工具箱内的“直排文字工具”按钮 IT，此时的选项栏与图 5.3 所示的基本一样。它的使用方法与横排文字工具的使用方法也基本一样，只是输入的文字是竖向排列。

(3) 文字蒙版工具

按下工具箱内的“横排文字蒙版工具”按钮 T 或“直排文字蒙版工具”按钮 IT，此时的选项栏与图 5.3 所示的基本一样。再单击画布，即可在当前图层上加入一个粉红色的蒙版。同时，画布内单击处会出现一个竖线或横线光标，表示可以输入文字。例如，输入“蒙版文字”后的画布如图 5.4 所示。单击其他工具后，画布如图 5.5 所示。

图 5.4 输入蒙版文字

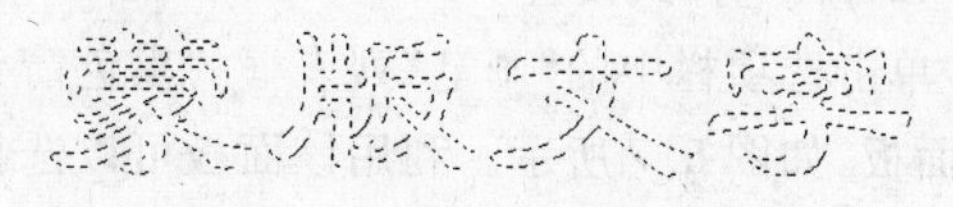

图 5.5 蒙版文字转换路径

(4) 设置字体、字形、大小和消除锯齿方式

操作步骤如下。

① 设置字体系列 Arial 。用来设置字体。

② 设置字形 Regular 。用来设置字形。字形有常规(Regular)、加粗(Bold)和斜体(Italic)等。其中，不是所有字体都具有这些字形。如果字体是中文，字形通过“消除锯齿”

方式选择。

③ 设置字体大小 T 100点。用来设置字体大小。可以选择下拉列表框内提供的大小数据,也可以直接在文本框内输入数据。单位有毫米(mm)、像素(px)和点(pt)等。

④ 设置消除锯齿方式 aa 平滑。用来设置是否消除文字的边缘锯齿及采用什么方式消除文字的边缘锯齿。它有如下五个选项。

- "无"。不消除锯齿,对于很小的文字,消除锯齿后会使文字模糊。
- "锐化"。使文字边缘锐化。
- "明晰"。消除锯齿,使文字边缘清晰。
- "强"。过渡时消除锯齿。
- "平滑"。产生平滑的效果。

(5) 设置文字排列和文本颜色

具体内容如下。

① 设置文字排列。文字在水平排列时,设置文字相对于文字输入起点居左、居中或居右对齐。

② 设置文字排列。文字在垂直排列时,设置文字相对于文字输入起点居上、居中或居下对齐。

③ 设置文本颜色。单击它可调出"拾色器"对话框,用来设置文字的颜色。

另外,单击"创建变形文本"按钮,可调出"变形文字"对话框。单击"显示字符和段落调板"按钮,可以调出"字符"和"段落"调板。

2. 画笔工具的选择

(1) 画笔选项栏

画笔选项栏如图 5.6 所示,主要有"画笔"(画笔形状与大小)列表框、"模式"(色彩混合模式)下拉列表框、"不透明度"文本框和"工具选择"按钮。

图 5.6 画笔工具选项栏

(2) 画笔样式设置

单击选项栏中的"画笔"列表框的黑色箭头按钮或右击画布窗口内部,可调出"画笔样式"面板,如图 5.7 所示。利用该面板可以选择画笔的形状和调整画笔的大小。单击"画笔样式"面板中的一种画笔样式图案后按回车键,或双击"画笔样式"面板中的一种画笔样式图案,即可完成画笔样式的设置。

单击"画笔样式"面板右上角的"菜单按钮",可调出"画笔样式"面板菜单,如图 5.8 所示,再单击菜单中的子菜单命令,可以执行相应的操作。其主要内容包括创建新画笔、复位默认画笔、在原画笔的基础之上载入新画笔、存储画笔、替换画笔、给画笔重命名、删除画笔、改变"画笔样式"面板的显示方式等。

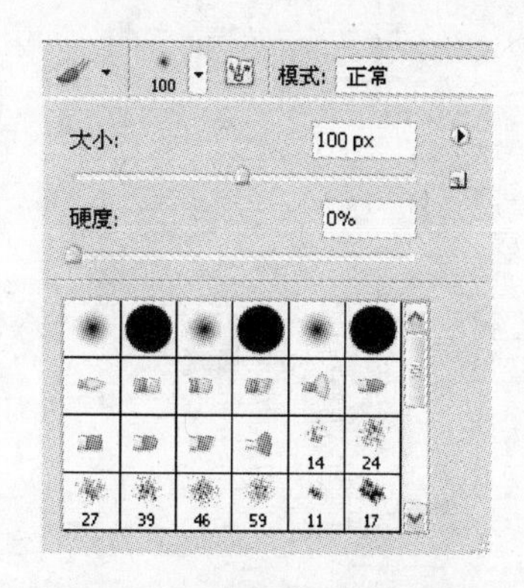

图 5.7 “画笔样式”面板

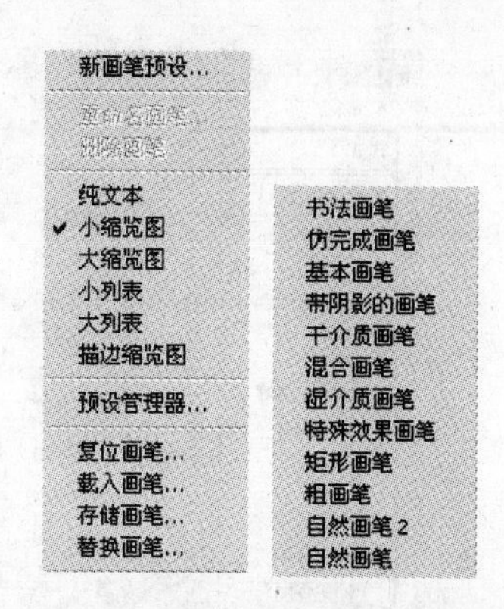

图 5.8 “画笔样式”面板的菜单

5.1.3 实训操作步骤

操作步骤如下。

(1) 单击“文件”→“新建”菜单命令，弹出“新建”对话框。新建宽度为 600 像素、高度为 450 像素、模式为 RGB 颜色和文档背景为白色的画布。然后，单击“确定”按钮。

(2) 按下工具箱中的“文字工具”按钮 T，然后将鼠标指针移动到画布窗口下单击。利用“文字”选项栏，设置字体为“Times New Roman”，大小为 200 点，加粗，颜色为白色，然后在画布窗口内输入文字“GOLD”。此时，Photoshop CS 将自动为文字创建一个图层。

(3) 按下工具箱内的“移动工具”按钮，用鼠标拖曳文字，使它在画布中间，如图 5.9 所示。

图 5.9 文字

(4) 单击“图层”调板内的图标按钮 fx.，弹出快捷菜单，单击该菜单中的“外发光”菜单命令，在弹出的“图层样式”对话框中设置结构颜色为深黄色(＃B7914F)，图索大小为 30，如图 5.10 所示。单击“斜面和浮雕”图层样式，在弹出的对话框中设置结构样式为描边浮雕，方法为雕刻清晰，深度为 200，大小为 5，光泽等高线选第 2 排第 3 列，双脉冲的曲线，如图 5.11 所示。再单击“描边”图层样式，在弹出的对话框中设置结构大小为 5，填充类型为渐变，由浅黄到橘黄，左边颜色为＃F7EEAD，右边颜色为＃C1AC5A1，如图 5.12 所示。此时“文字图层”如图 5.13 所示。

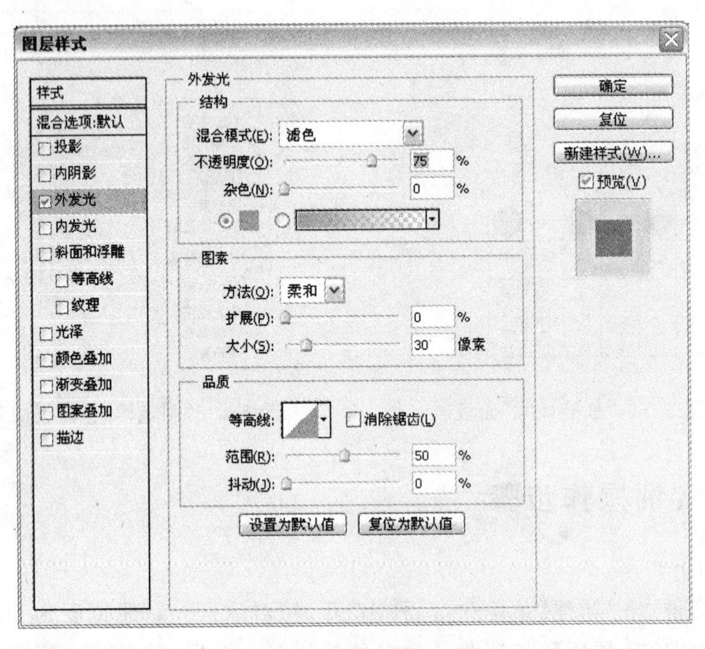

图 5.10 “外发光”图层样式

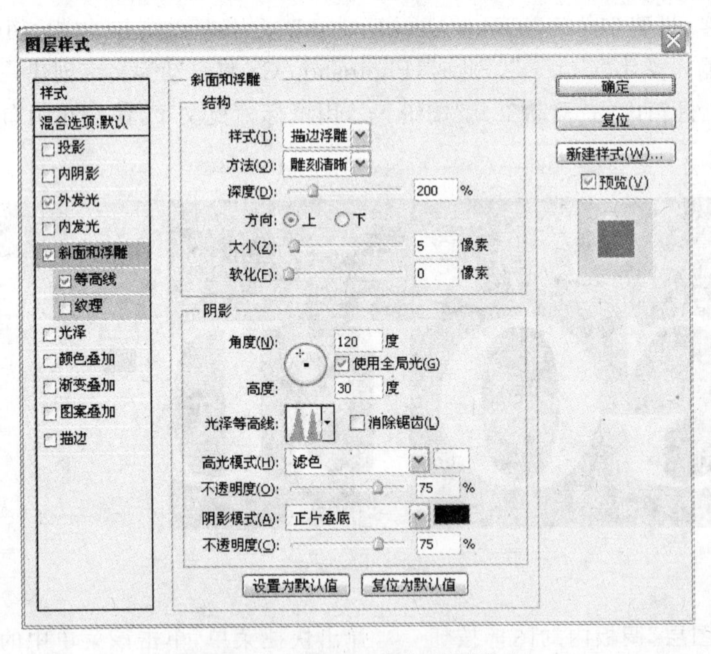

图 5.11 “斜面和浮雕”图层样式

(5) 复制“文字”图层,设置如下样式。单击“图层”调板内的图标按钮 fx.,弹出快捷菜单,单击该菜单中的“内发光”菜单命令,弹出“图层样式”对话框。设置结构颜色为橘黄色(#E8801F),图素大小为15,如图 5.14 所示。单击“斜面和浮雕”图层样式,设置结构的方法为雕刻清晰,深度为175,大小为16,光泽等高线选择第 2 排第 3 列,双脉冲的曲线,如

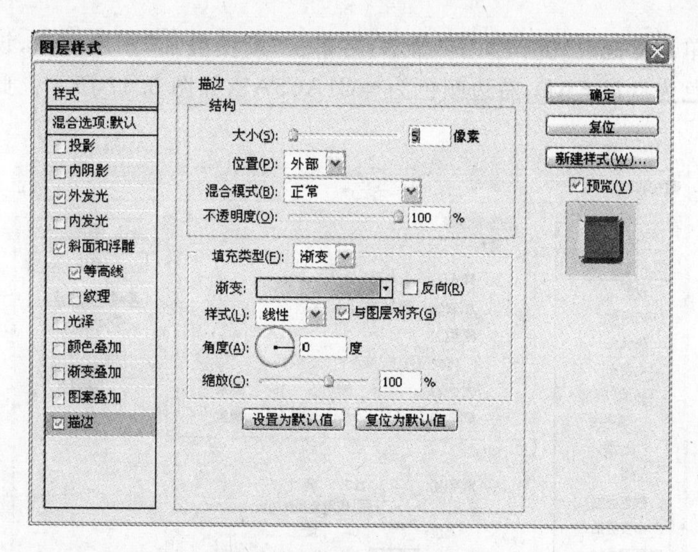

图 5.12 "描边"图层样式

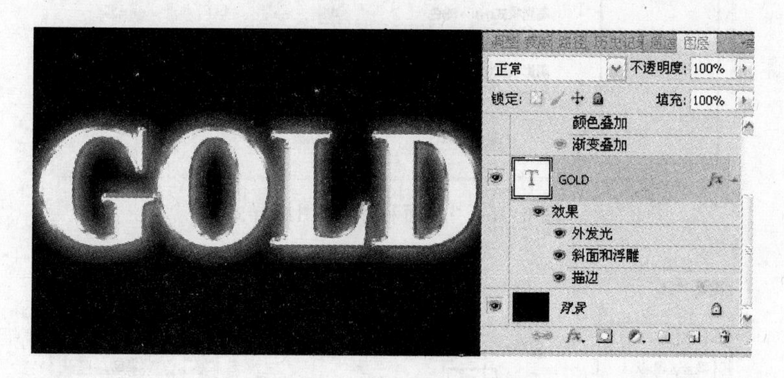

图 5.13 图层样式设置效果

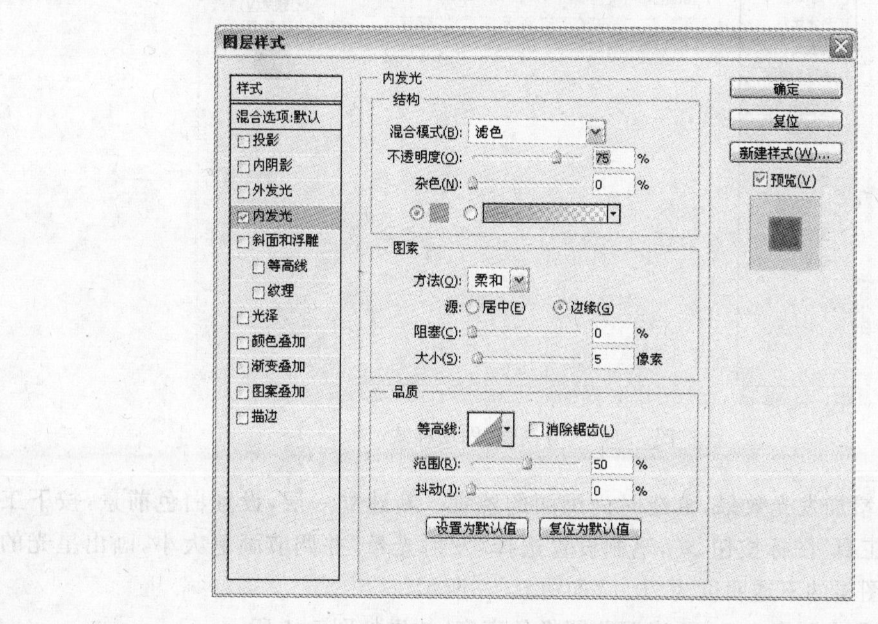

图 5.14 "内发光"图层样式

图 5.15 所示。单击等高线，如图 5.16 所示，再单击“渐变叠加”图层样式，设置渐变由浅黄到橘黄，左边颜色为＃7EEAD，右边颜色为＃C1AC5A1，如图 5.17 所示。此时文字图像如图 5.18 所示。

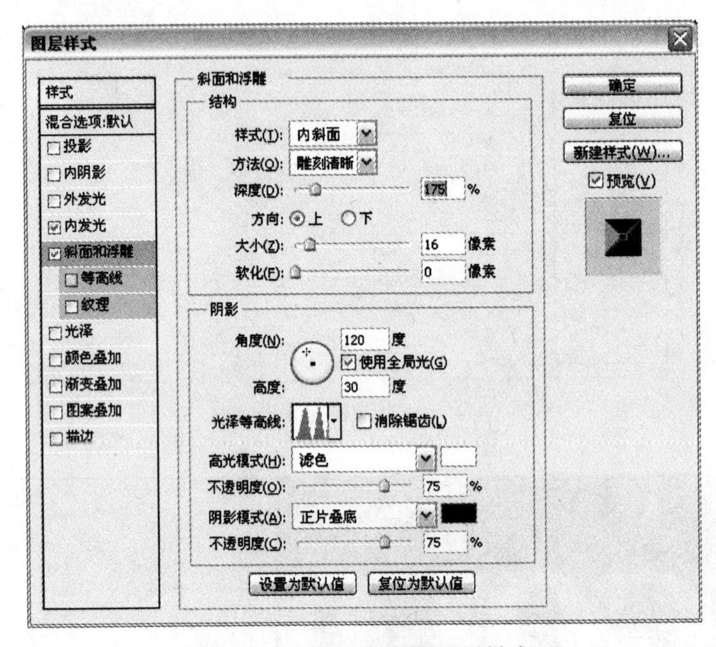

图 5.15 “斜面和浮雕”图层样式

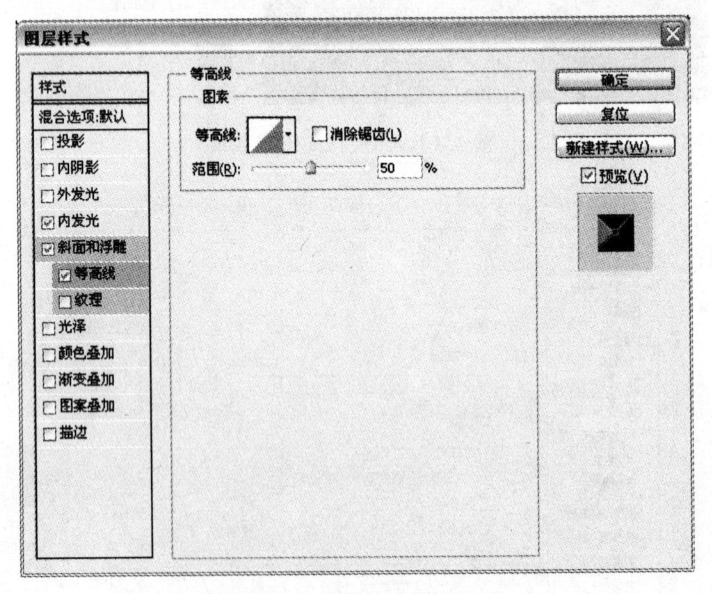

图 5.16 “等高线”图层样式

(6) 最后再增加发光效果，营造时尚绚丽的感觉。新建立一层，设置白色前景，按下工具箱内的“画笔工具”图标按钮，笔刷设置选择“发射光晕”并调节画笔大小，画出星光的形状，并且调整图层的不透明度为 70％，如图 5.19 所示。

(7) 最后将所有图层合并，适当调节图像的亮度，效果如图 5.1 所示。

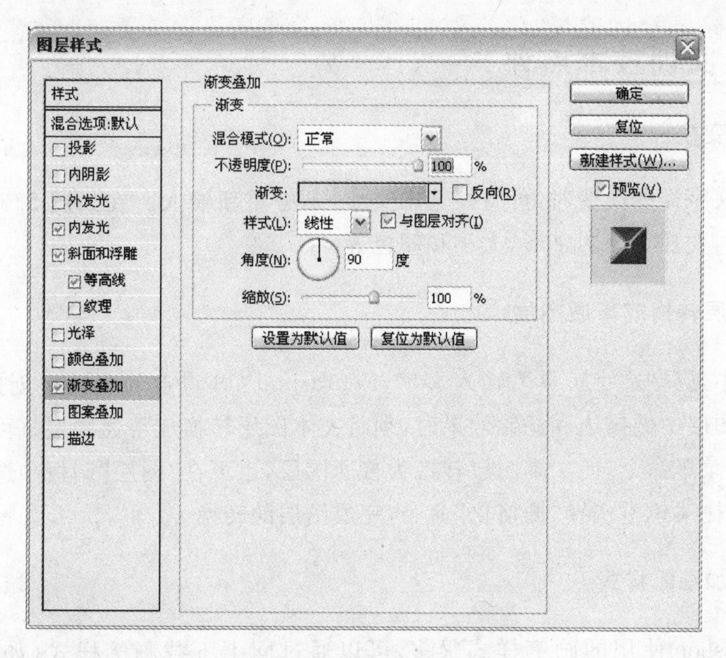

图 5.17 “渐变叠加”图层样式

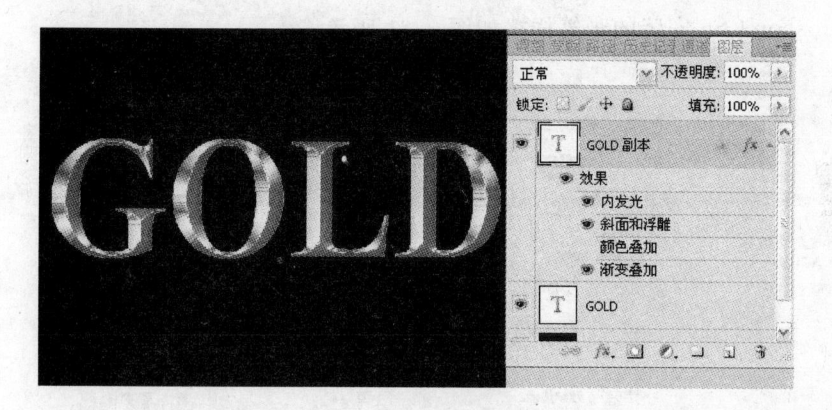

图 5.18 图层样式设置效果

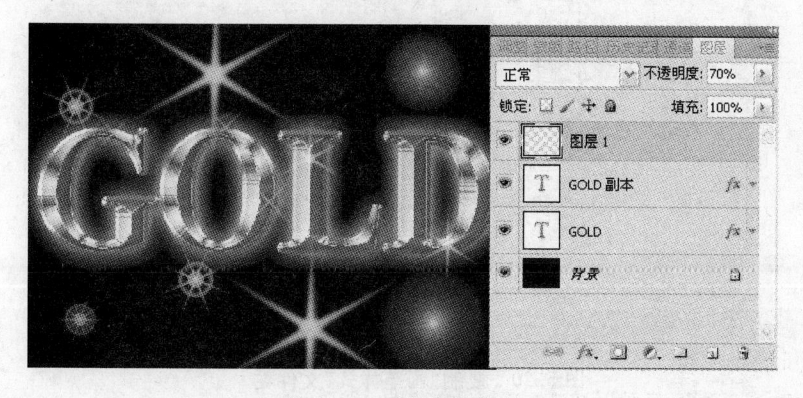

图 5.19 画笔设置效果

5.1.4 实训技术点评

1. 文字的变换

当输入的文字需要改变时，可直接选中文字，不必重新输入。在如图 5.3 所示的“文字工具”选项栏中，变换文字的字形、大小和颜色等。

2. 文本图层转换成普通图层

在工具箱中选择“文字工具”，输入文字，Photoshop CS 将自动为文字创建一个文本图层。当在文本图层中做描边和滤镜效果时，须将文本图层转换成普通图层。可通过单击“图层”→“栅格化”菜单命令，使文本图层转换为普通图层，也可在“图层”调板中选择文本图层，然后右击，在快捷菜单中选择“栅格化”命令，完成图层的转换。

3. 自置添加画笔样式

目前 Photoshop 使用的画笔样式很多，可以通过网上下载画笔样式(如 WWW. 68ps. com)，将下载的文件复制到\Adobe Photoshop CS5\Presets\Brushes 文件夹中，如图 5.20 所示。Photoshop CS5 安装的画笔样式如图 5.21 所示。

图 5.20 复制“画笔样式”文件夹

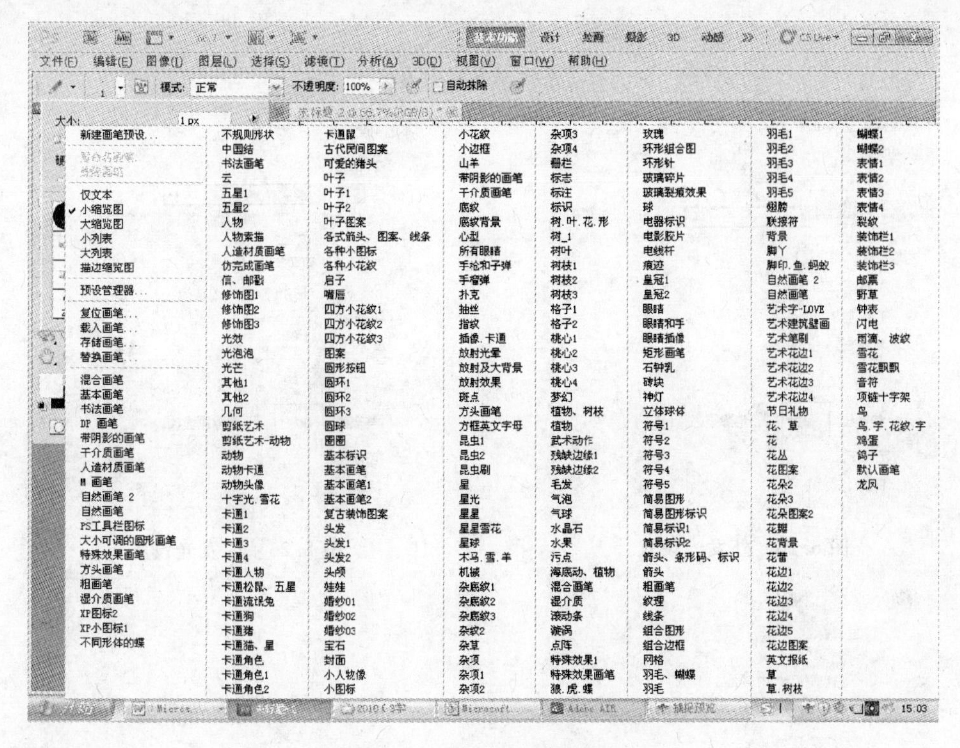

图 5.21 “画笔样式”面板的菜单

5.1.5 实训练习

本实训练习如下。

(1) 制作水晶字体,设置颜色为蓝色,大小为 200,格式选择“强”,如图 5.22 所示。图层样式设置如下:

投影如图 5.23 所示,内阴影如图 5.24 所示。

外发光如图 5.25 所示,内发光如图 5.26 所示。

斜面和浮雕如图 5.27 和图 5.28 所示,斜面和浮雕下面有两个选择——等高线和纹理,如图 5.29 所示。

图 5.22 水晶文字

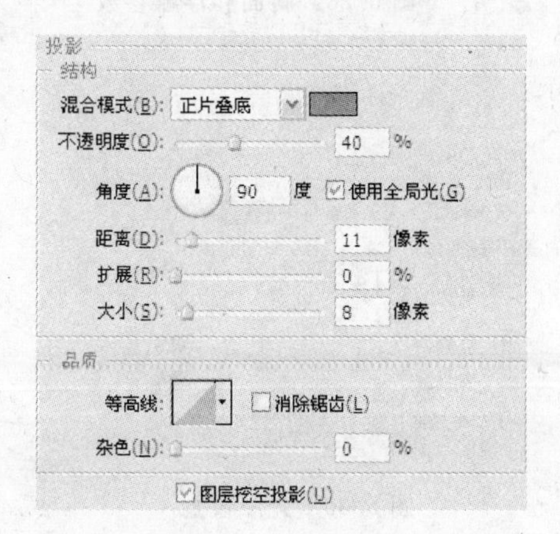

图 5.23 投影设置

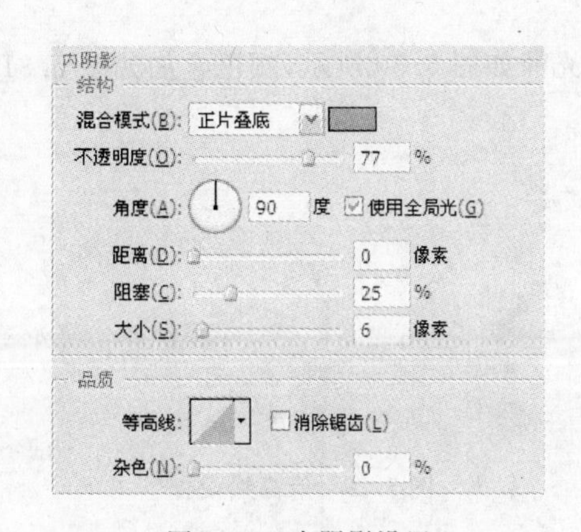

图 5.24 内阴影设置

外发光
结构
混合模式(B): 正常
不透明度(O): 60 %
杂色(N): 0 %
图素
方法(Q): 较柔软
扩展(P): 0 %
大小(S): 14 像素
品质
等高线: 消除锯齿(L)
范围(R): 50 %
抖动(J): 0 %

图 5.25　外发光设置

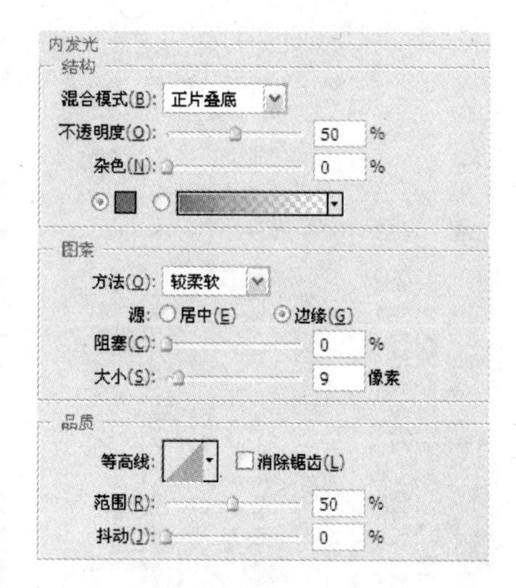

图 5.26　内发光设置

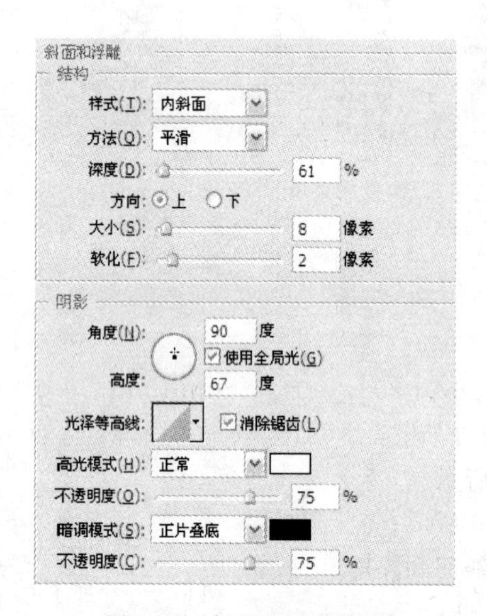

图 5.27　斜面和浮雕设置

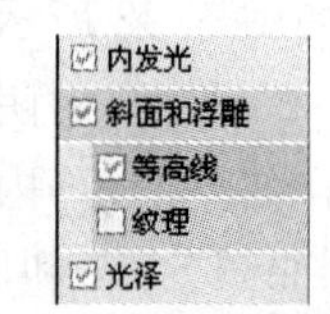

图 5.28　斜面和浮雕参数

光泽如图 5.30 所示，颜色叠加如图 5.31 所示。

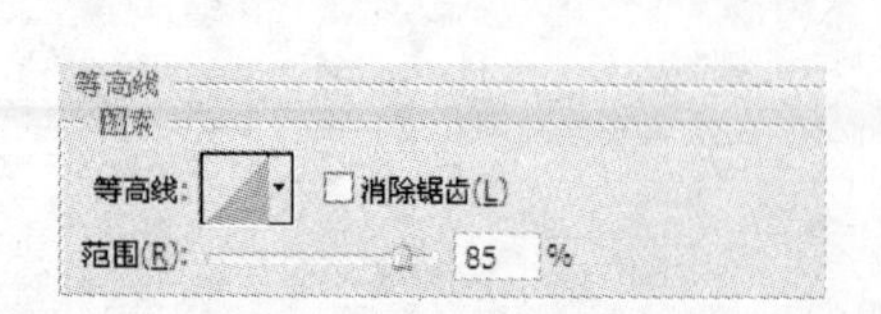

图 5.29　等高线设置

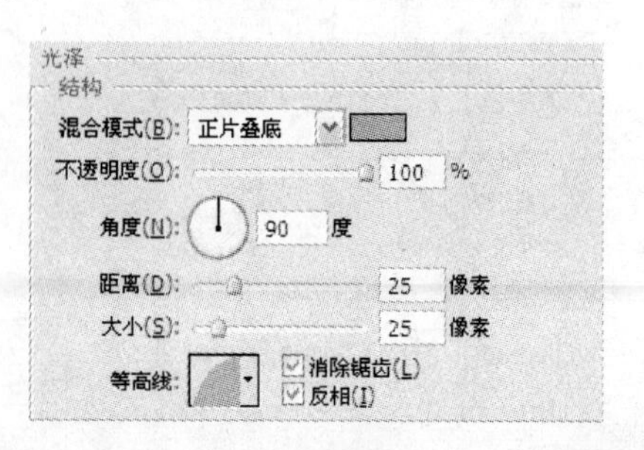

图 5.30　光泽设置

(2) 利用图层样式制作一个如图 5.32 所示的文字。

颜色叠加
颜色
混合模式(B): 滤色
不透明度(O): 100 %

图 5.31　颜色叠加设置

图 5.32　文字效果

5.2　实训　水晶球按钮制作

5.2.1　实训目的

本实训目的如下。

(1) 通过学习绘制按钮,能够掌握图像的渐变填充、高光和阴影等效果。

(2) 利用"自定义形状"和"选框工具"等制作出带有花纹或者文字的按钮,效果如图 5.33 所示。

图 5.33　完成图

5.2.2　实训理论基础

1. 直线工具

单击按下工具箱中的"直线工具"按钮 ╲ 后,即可在画布内绘制直线图像。直线工具的选项栏如图 5.34 所示。可以看出,它增加了一个"粗细"文本框。其他与"矩形选框工具"的使用方法一样。按住 Shift 键,同时拖曳鼠标,可绘制水平、垂直或 45°直线。

(1) "粗细"文本框。该文本框内的数据决定了直线的粗细。

(2) "几何选项"按钮 ▾ 。单击该按钮,会调出"箭头"面板,如图 5.35 所示。利用该面板可以调整箭头的一些属性。该面板内各选项的作用如下:

图 5.34　"直线工具"选项栏

- "起点"复选框。选中它后,表示直线的起点有箭头。
- "终点"复选框。选中它后,表示直线的终点有箭头。
- "宽度"文本框。用来设置箭头相对于直线宽度的百分数,取值范围为 10%～1000%。
- "长度"文本框。用来设置箭头相对于直线长度的百分数,取值范围为 10%～5000%。
- "凹度"文本框。用来设置箭头头尾相对于直线长度的百分数,取值范围为－50%～＋50%。

利用该面板可以设置各种箭头的属性。如图 5.36(a)所示给出了线粗细为 2 像素、有起始箭头、宽度为 500％、长度为 1000％、凹度为 0 的直线图像；如图 5.36(b)所示给出了线粗细为 4 像素、有起始箭头和终点箭头、宽度为 500％、长度为 1000％、凹度为 0 的直线图像；如图 5.36(c)所示给出了线粗细为 5 像素、有起始箭头和终点箭头、宽度为 500％、长度为 1000％、凹度为 30％的直线图像；如图 5.36(d)所示给出了线粗细为 5 像素、有起始箭头和终点箭头、宽度为 500％、长度为 1000％和凹度为 50％的直线图像。

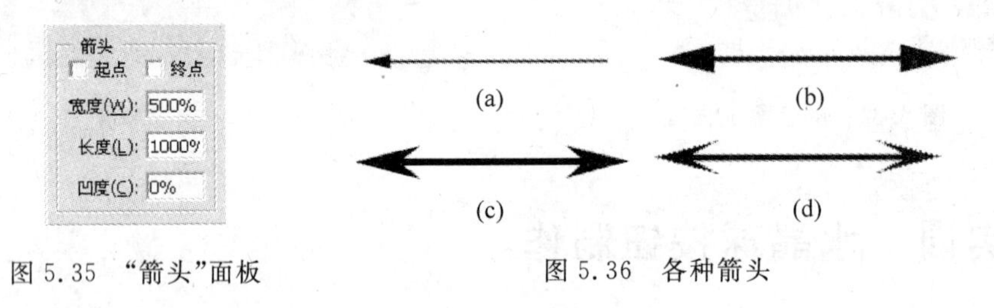

图 5.35 “箭头”面板　　图 5.36 各种箭头

2. 矩形选框工具

在“形状图层”模式下,“矩形选框工具”的选项栏如图 5.37 所示；在“路径”模式下,“矩形选框工具”的选项栏如图 5.38 所示；在“完整像素”模式下,“矩形选框工具”的选项栏如图 5.39 所示。

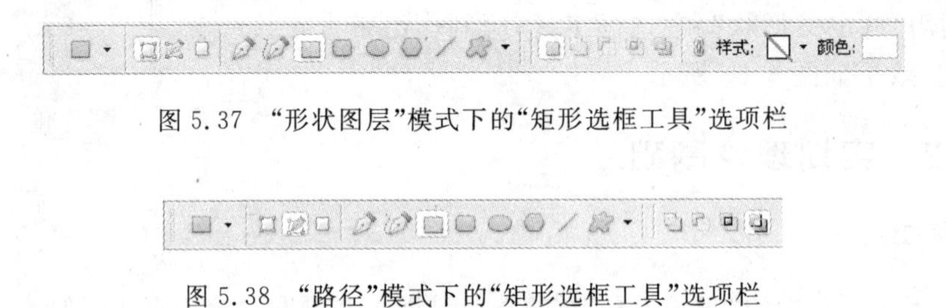

图 5.37 “形状图层”模式下的“矩形选框工具”选项栏

图 5.38 “路径”模式下的“矩形选框工具”选项栏

图 5.39 “完整像素”模式下的“矩形选框工具”选项栏

利用这些选项栏进行工具的属性设置后,即可在画布窗口内拖曳鼠标,绘出矩形。按住 Shift 键,同时拖曳鼠标,可绘制正方形。选项栏中各选项的作用如下。

(1) 栏按钮。该栏的五个按钮的作用如下。

• “创建新的形状图层”按钮。按下此按钮后,会创建一个新的形状图层。新绘制的图形采用的样式不会影响原来图形的样式,如图 5.40 所示。

• “添加到形状区域”按钮。该按钮只有在已经创建了一个形状图层后才有效。按下此按钮后,则绘制的新形状图像与原来的形状图像相加成为一个新的形状图像,而且新绘制的图像采用的样式会影响原来图像的样式,但不会创建新图层,如图 5.41 所示。还可以按住 Shift 键,用鼠标拖曳出一个新形状图像,也可使创建的新形状图像与原来的形状图像合成一个新形状图像。

图 5.40 创建新的形状图层

图 5.41 添加到形状区域

- "从形状区域减去"按钮。按下此按钮后，可去掉创建的新形状图像与原来形状图像重合的部分，得到一个新形状图像，而且不会创建新图层，如图 5.42 所示，或按住 Alt 键，用鼠标拖曳出一个新形状图像，也可使创建的新形状图像将与原来形状图像重合的部分减去，得到一个新形状图像。
- "交叉形状区域"按钮。按下此按钮后，可只保留新形状图像与原来形状图像重合的部分，得到一个新形状图像，而且不会创建新图层，如图 5.43 所示，或按住 Shift＋Alt 键，用鼠标拖曳出一个新形状图像，也可只保留新形状图像与原来形状图像重合的部分，得到一个新形状图像。
- "重叠形状区域除外"按钮。按下此按钮后，可清除新的与原来形状图像重合的部分，保留不重合部分，得到一个新形状图像，而且不会创建新图层，如图 5.44 所示。

图 5.42 从形状区域减去

图 5.43 交叉形状区域

图 5.44 重叠形状区域除外

(2) 按钮。设置更改目标图层的属性，清除更改新建图层的属性。

(3) "几何选项"按钮。单击该按钮，会调出"自定形状选项"面板，如图 5.45 所示。利用该面板可以调整矩形的一些属性。

(4) "图层样式拾色器"按钮 样式:。按下此按钮后，会调出"样式"面板，如图 5.46 所示。单击选中该面板中的一种填充样式图案后按回车键，或双击该面板中的一种填充样式图案，即可完成填充样式的设置。绘制的矩形就是用选定的填充样式来填充内部的。如果选中无样式，则使用选项栏中的"颜色"框 颜色: 内的颜色来决定填充矩形内部的颜色。

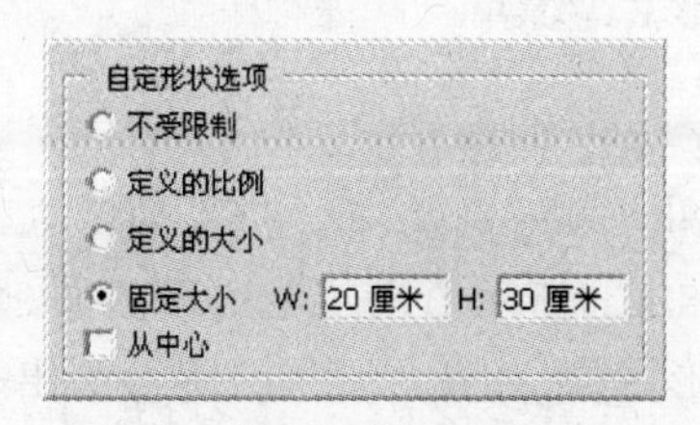

图 5.45 "自定形状选项"面板

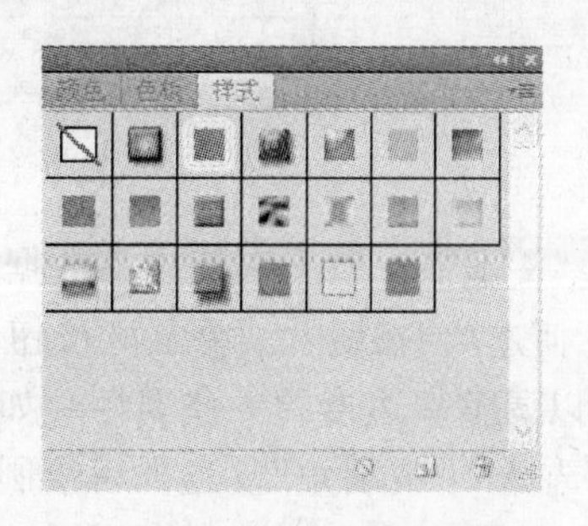

图 5.46 "样式"面板

(5)“颜色”按钮 颜色: ■ 。单击它可调出“拾色器”对话框。

(6) 模式: 正常 下拉列表框。用来进行色彩混合模式的设置。

(7) 不透明度: 100% 文本框。用来设置填充的不透明度。

(8)“消除锯齿”复选框 ☑消除锯齿 。单击选中它后,可以使图像更平滑。

3. 圆角矩形选框工具

单击工具箱中的“圆角矩形选框工具”按钮 后,即可在画布内绘制圆角矩形图像。“圆角矩形选框工具”的选项栏如图 5.47 所示。可以看出,它增加了一个“半径”文本框。其他与矩形选框工具的使用方法一样。

图 5.47 “圆角矩形选框工具”菜单

(1)“半径”文本框。该文本框内的数据决定了圆角矩形圆角的半径,单位是像素。

(2)“几何选项”按钮 。单击该按钮,会调出“圆角矩形选项”面板,如图 5.48 所示,利用该面板可以调整圆角矩形的一些属性。

4. 椭圆选框工具

单击工具箱中的“椭圆选框工具”按钮 后,即可在画布内绘制椭圆和圆形图像。“椭圆选框工具” 的使用方法与“矩形选框工具”的使用方法基本一样。单击“几何选项”按钮 ,会调出“椭圆选项”面板,如图 5.49 所示。利用该面板可以调整椭圆的一些属性。

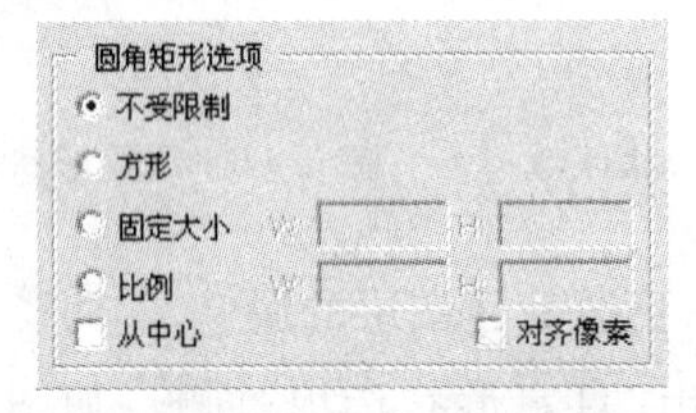

图 5.48 “圆角矩形选项”面板

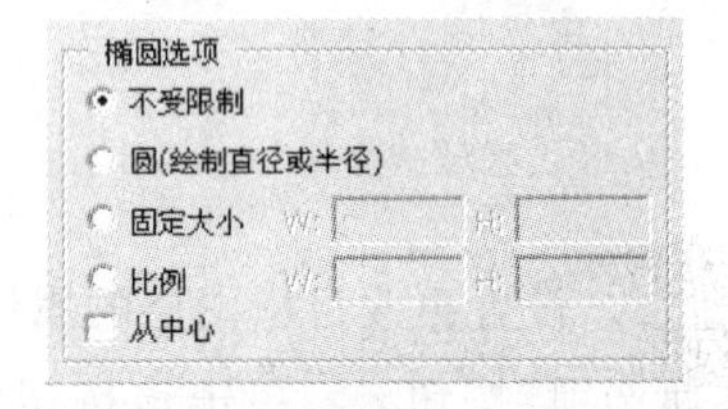

图 5.49 “椭圆选项”面板

5. 多边形工具

单击工具箱中的“多边形工具”按钮 后,即可在画布内绘制多边形图像。“多边形工具”的选项栏如图 5.50 所示。它增加了一个“边”文本框。其他与“矩形选框工具”的使用方法一样。

图 5.50 “多边形工具”菜单

(1)“边”文本框。该文本框内的数据决定了多边形的边数。

(2)“几何选项”按钮 。单击该按钮,会调出“多边形选项”面板,如图 5.51 所示。利用该面板可以调整多边形的一些属性。如图 5.52(a)所示给出了五边形图像,如图 5.52(b)所示给出了选择“平滑拐角”复选框后绘制的圆形图像,如图 5.52(c)所示给出了选择“缩进边依据”和“平滑缩进”复选框后绘制的五边形图像。

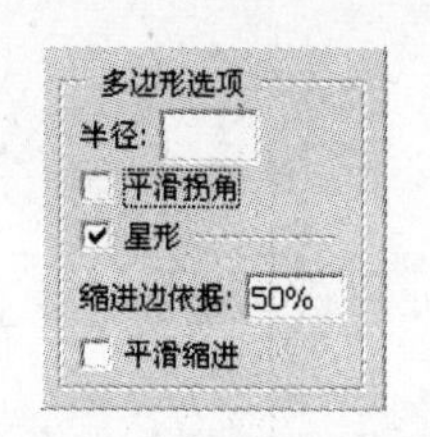

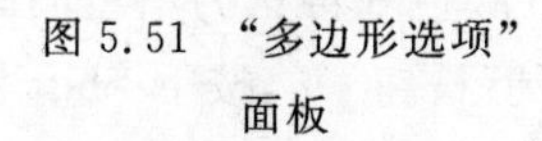

图 5.51 “多边形选项”面板

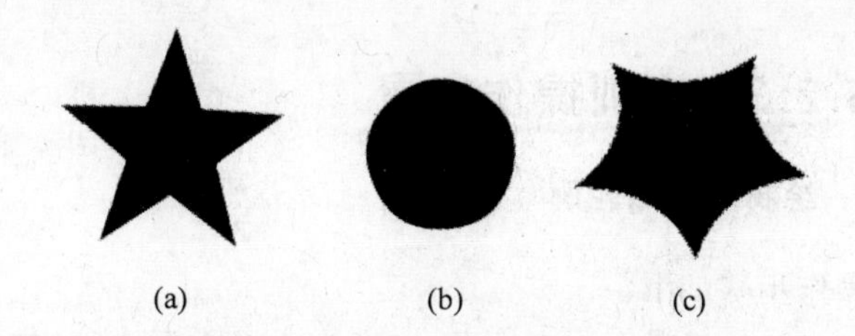

图 5.52 五边形图像

6. 自定形状工具

单击工具箱中的“自定形状工具”按钮后,即可在画布内绘制自定形状的图像。“自定形状工具”的选项栏如图 5.53 所示。可以看出,它增加了一个“形状”下拉列表框。“自定形状工具”的使用方法与“矩形选框工具”的使用方法基本一样。

图 5.53 “自定形状工具”选项栏

(1)“形状”下拉列表框。单击该下拉列表框的黑色箭头按钮,会调出“自定形状样式”面板,如图 5.54 所示。双击面板中的一个图案样式,然后在画布中拖曳鼠标,即可绘制选中的图案。

(2)“几何选项”按钮。单击该按钮,会调出“自定形状选项”面板,如图 5.55 所示。利用该面板可以调整自定形状图形的一些属性。

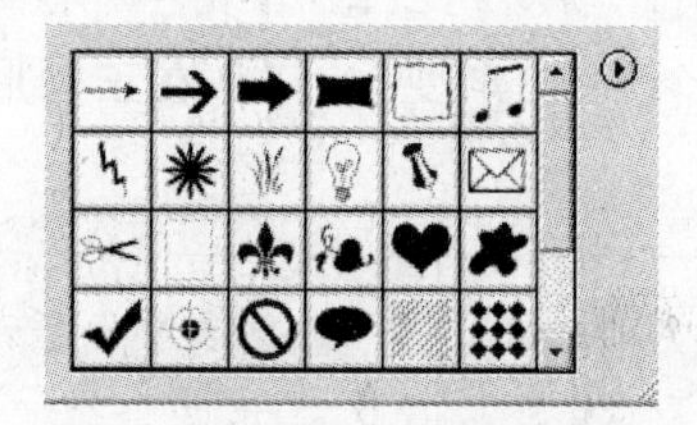

图 5.54 “形状”下拉列表框

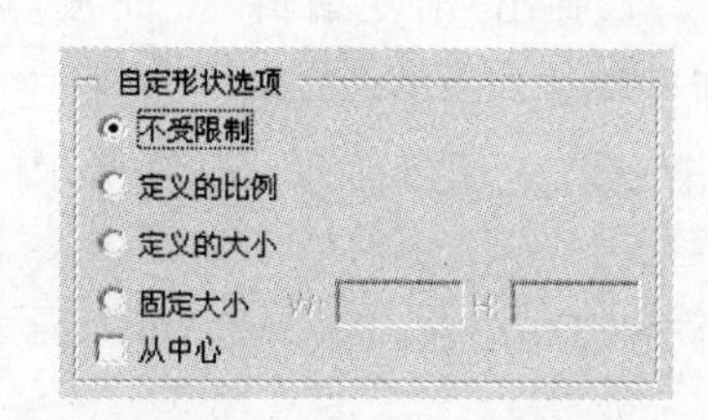

图 5.55 “自定形状选项”面板

(3)用户还可以自己设计新的自定形状样式,其方法如下。新建一个小的画布,在该画布内用各种自定形状工具绘制一个图像。

注意:若在一个形状图层中绘制各种图像,可单击“编辑”→“定义自定形状”菜单命令,调出“形状名称”对话框,如图 5.56 所示。在“名称”文本框内输入新自定义形状的名称,再单击“确定”按钮,即可将刚刚绘制的图像定义为新的自定形状样式,并追加到“自定形状样式”面板中自定形状样式图案的后边。

图 5.56 “形状名称”对话框

5.2.3 实训操作步骤

1. 绘制水晶球轮廓

操作步骤如下。

(1) 新建宽度为400像素、高度为400像素、模式为RGB颜色和背景为白色的画布。

(2) 新建一个"正圆"图层,单击工具箱中的"椭圆选框工具"按钮,按下Shift键,在画面中绘制一个正圆形选区,如图5.57所示。前景色选取浅蓝色(R为82、G为188和B为255),按Alt+Delete键使用前景色填充,得到一个蓝色的正圆,如图5.58所示。

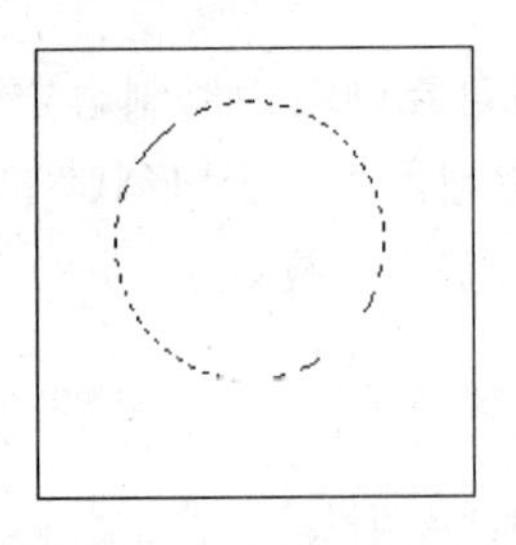

图5.57 正圆形选区

图5.58 填充正圆形选区

(3) 单击"图层"调板上的"新建图层"按钮,新建一个"渐变"图层,按住Ctrl键,单击"正圆"图层,得到刚才蓝色正圆的选区,单击"选择"→"羽化"菜单命令,在弹出的对话框中设置"羽化半径"为12像素,如图5.59所示。使用工具箱中的"渐变工具",单击"编辑渐变"按钮,弹出"渐变编辑器"面板,选择从湖蓝渐变到白色,单击"确定"按钮确定。在上方的"渐变样式"中选择左数第二个"径向渐变"按钮。在正圆形选区内从上到下进行渐变填充,得到如图5.60所示的效果。

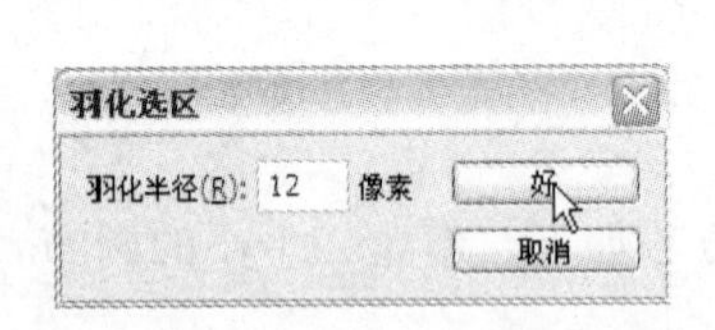

图5.59 "羽化选区"对话框

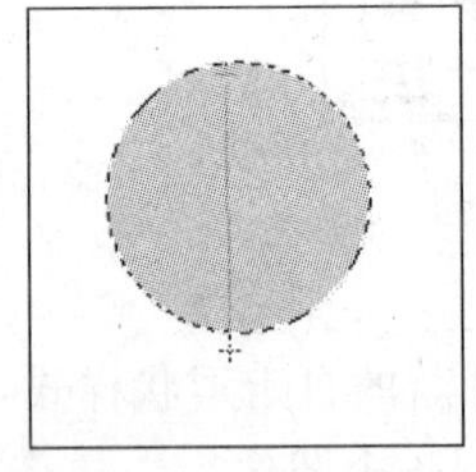

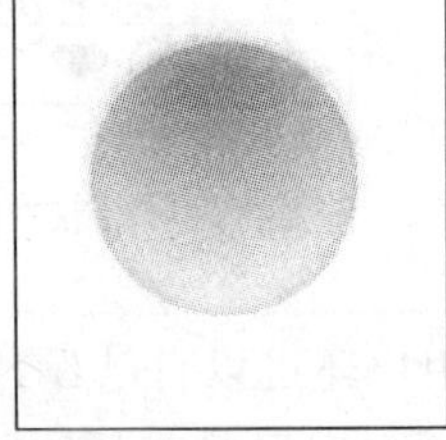

图5.60 渐变填充

2. 制作水晶的高光与阴影

操作步骤如下。

(1) 单击"图层"调板上最上层的"新建图层"按钮,新建一个"亮光"图层,再单击工具箱中的"椭圆选框工具"按钮,在上方的选项栏的"羽化栏"中输入20像素。接着在蓝色水晶球下三分之一处画一个小圆,用白色进行填充,如图5.61所示。

(2) 单击"滤镜"→"模糊"→"高斯模糊"菜单命令,在弹出的"高斯模糊"对话框中设置"半径"为15像素,如图5.62所示。单击"确定"按钮,应用模糊效果如图5.63所示。

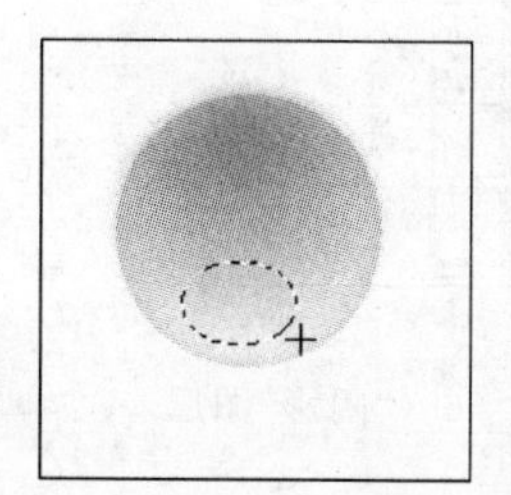

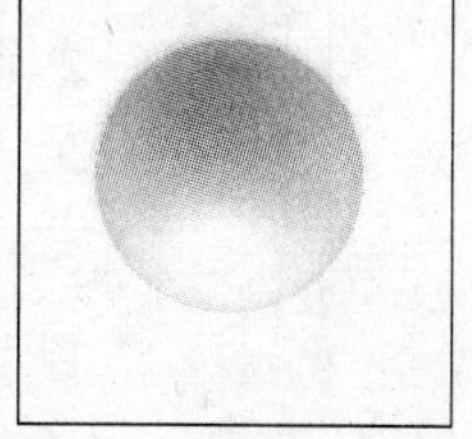

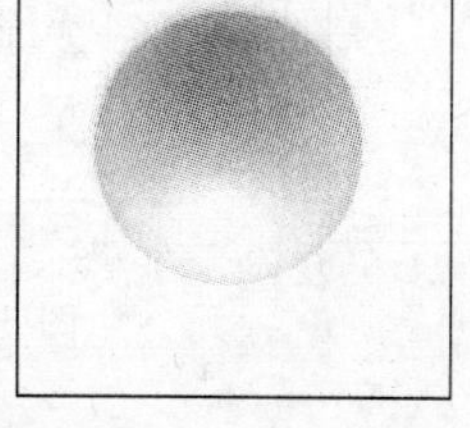

图 5.61 羽化亮光

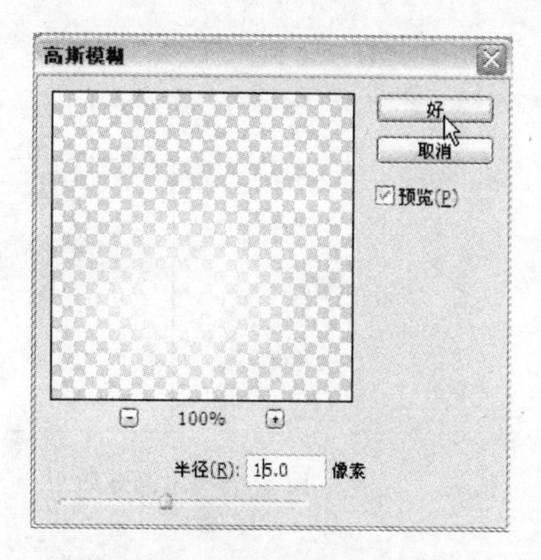

图 5.62 “高斯模糊”对话框

(3) 绘制水晶球的高光效果。单击“图层”调板上最上层的“新建图层”按钮，新建一个“高光”图层，再单击工具箱中的“椭圆选框工具”按钮，在上方的选项栏的“羽化栏” 羽化: 10 像 中输入 10 像素。接着在蓝色水晶球的顶部绘制一个小圆，用白色进行填充，如图 5.64 所示。

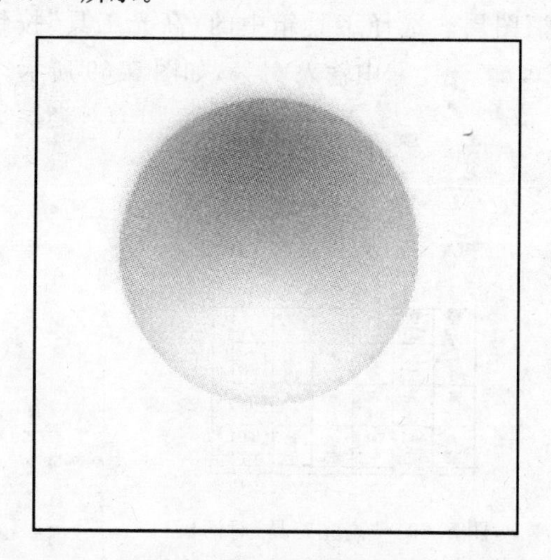

图 5.63 高斯模糊效果

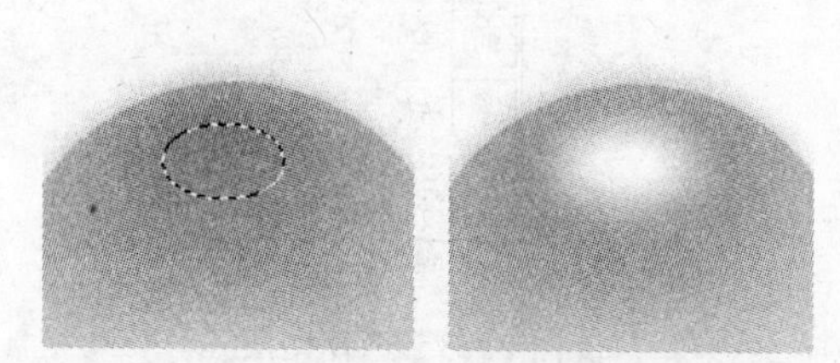

图 5.64 水晶球的高光效果

(4) 单击“编辑”→“自由变换”菜单命令，将白色小圆拉扁，并单击“滤镜”→“模糊”→“高斯模糊”菜单命令，在弹出的对话框中设置“半径”为 5 像素。单击“确定”按钮，应用模糊效果得到如图 5.65 所示的水晶球效果。

(5) 制作水晶球的阴影部分。在“图层”调板的最下层建立“阴影”图层，如图 5.66 所示。选中工具箱中的“椭圆选框工具”按钮，在上方的选项栏的“羽化栏”中输入 20 像素。在水晶球下方绘制一个较扁的椭圆，用灰蓝色填充(R 为 80、G 为 108 和 B 为 120)，如图 5.67 所示。

(6) 利用工具箱中的“移动工具”按钮，将阴影移动到水晶球正下方，再运用“自由变化”调整阴影大小。

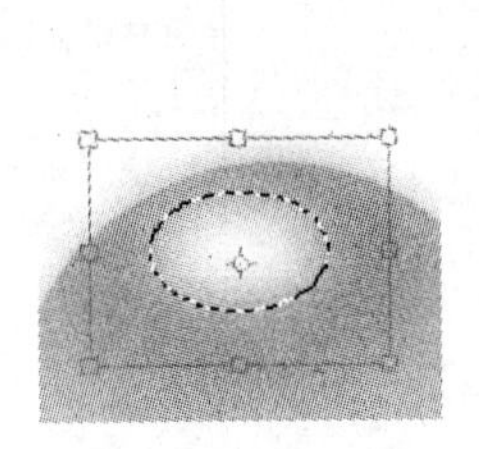
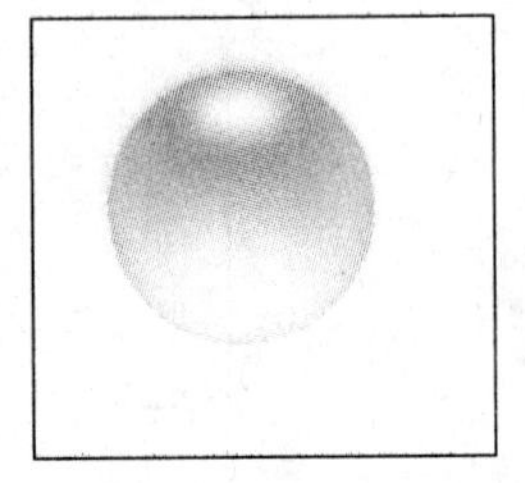

图 5.65　水晶球效果

图 5.66　“阴影”图层

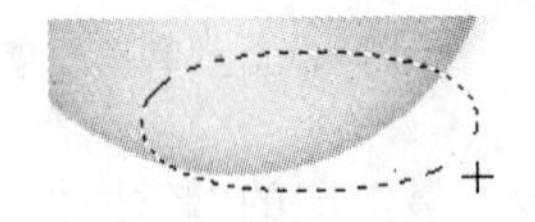
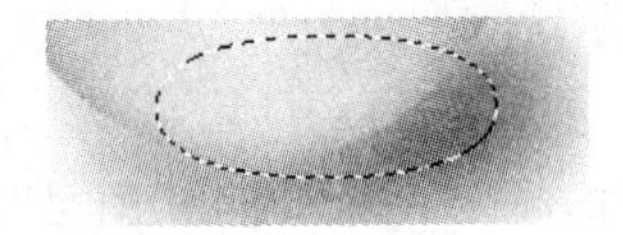

图 5.67　水晶球阴影

(7) 最后为水晶球添加高光效果。将如图 5.68 所示的“图层”调板中的“高光”、“亮光”、“渐变”和“正圆”四个图层合并为“水晶球”图层。选择工具箱中的“高光工具”按钮，在上方的选项栏的“曝光度”范围: 高光 曝光度: 60% 中输入 60%，如图 5.69 所示。

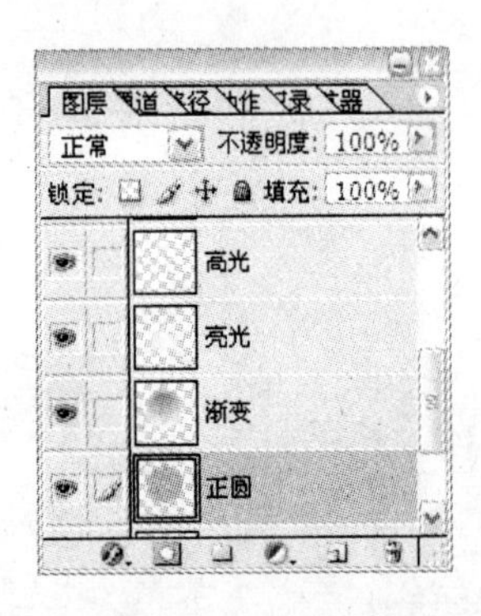

图 5.68　选择图层

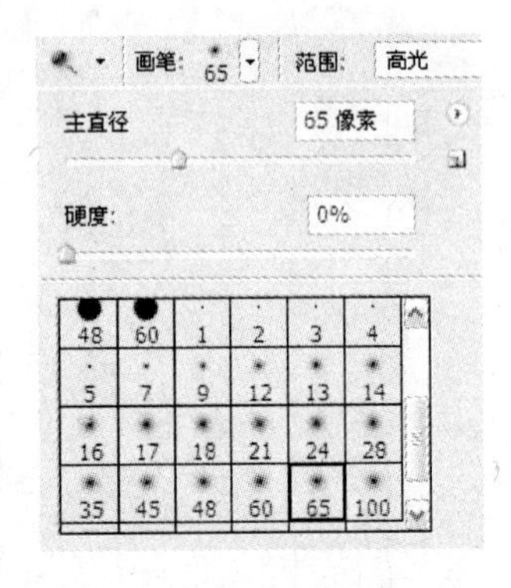

图 5.69　“高光工具”对话框

(8) 在高光工具中，选择 65 像素的笔尖大小，注意要选择边缘较虚的笔刷，然后在蓝色水晶球的底部按照弧形画出高光效果，如图 5.70 所示，可以多画几笔，直到绘制出满意效果为止，最后得到如图 5.71 所示的水晶球效果。

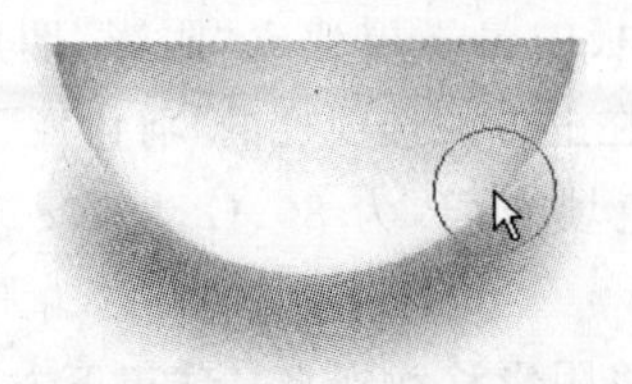

图 5.70　画出高光效果

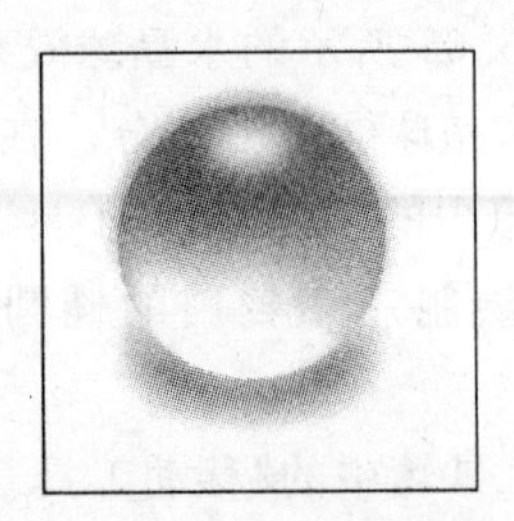

图 5.71　水晶球效果

3. 制作按钮的花纹部分

操作方法如下。

(1) 单击“图层”调板上“新建图层” 按钮，新建一个“花纹”图层，如图 5.72 所示。选择工具箱中的“自定形状工具”按钮，在菜单栏下方的“形状”下拉菜单中选择“空星形”，前景色设为白色，如图 5.73 所示。

(2) 设置好后，在水晶球中间按住 Shift 键绘制一个星星，如图 5.74 所示。

图 5.72 建立新图层

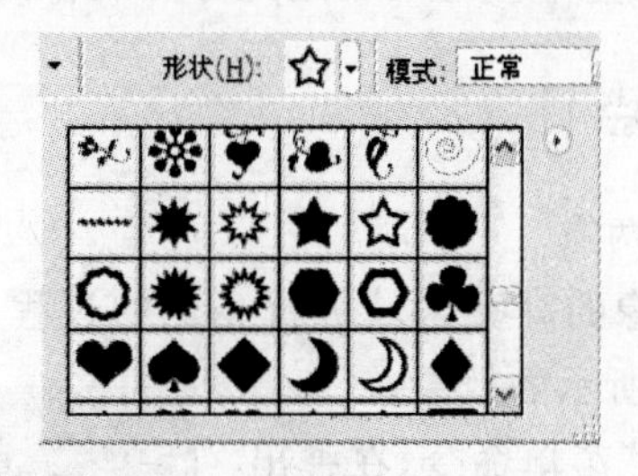

图 5.73 “自定形状工具”选项

图 5.74 绘制一个星星

(3) 右击“花纹”图层，选择“混合选项”命令。弹出“图层样式”对话框，如图 5.75 所示。单击“样式”一栏中的“内阴影”选项，启动“内阴影”对话框，如图 5.76 所示。设置“不透明度”为 70%，“角度”为 120，“距离”为 5 像素，“阻塞”为 5 像素，“大小”为 7 像素，颜色为天蓝色(R 为 80、G 为 160 和 B 为 235)，其他为默认。然后选中“内发光”复选框，设置均为默认，单击”确定”按钮，得到如图 5.77 所示的效果，同时按钮内的星星也有了立体效果。

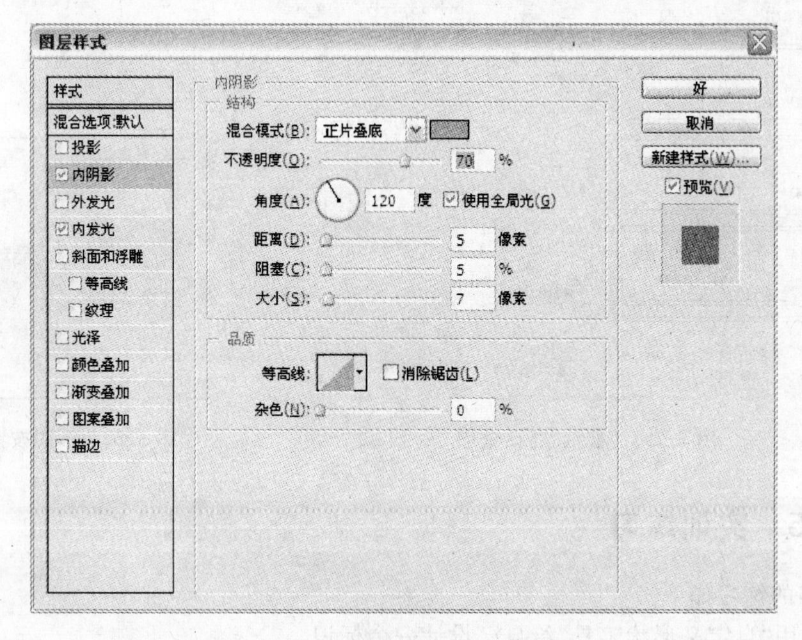

图 5.75 “图层样式”对话框

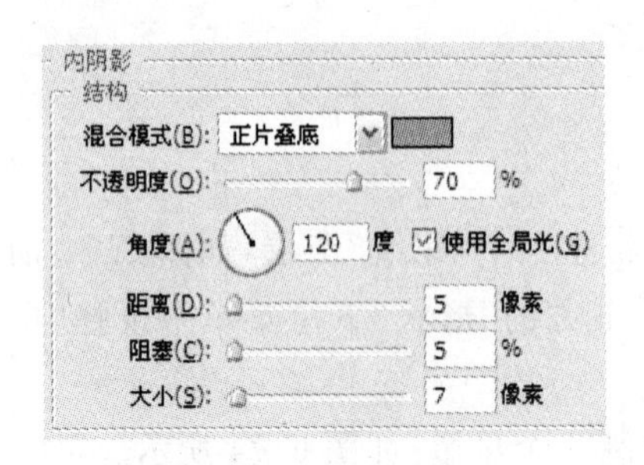

图 5.76 “内阴影”对话框

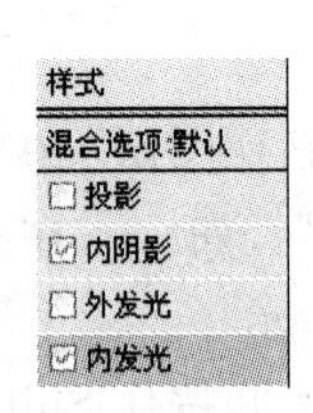

图 5.77 水晶花纹按钮

至此，水晶花纹按钮制作完毕。可以利用此方法制作网页中的图标和 LOGO 按钮等。

5.2.4 实训技术点评

实训技术点评包含如下两点。

(1) “高光工具”是对图像的高亮区域进行亮化的过程，如果在一点上连续使用高光工具单击，便会得到如图 5.78 所示的效果。

(2) 使用“滤镜”→“波浪”菜单命令，在弹出的“波浪”对话框中设置类型为正弦；生成器数为 24；波长最小为 387，最大为 565；波幅最小为 6，最大为 6；比例水平为 100%，垂直为 98%，如图 5.79 所示。通过调整该对话框的参数，可以制作出不同形状的按钮，如图 5.80 所示。

图 5.78 连续使用高光工具

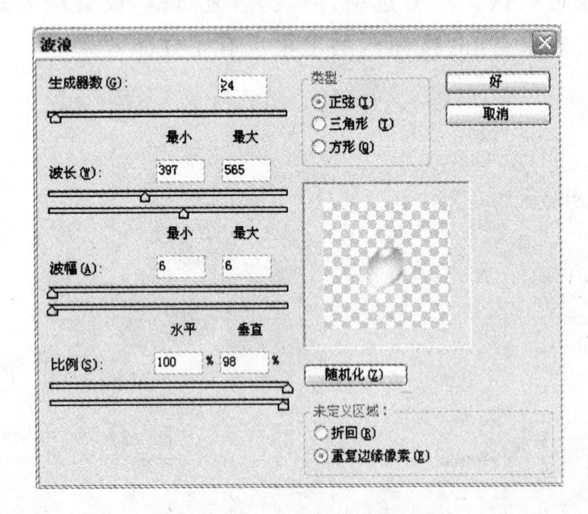

图 5.79 “波浪”对话框

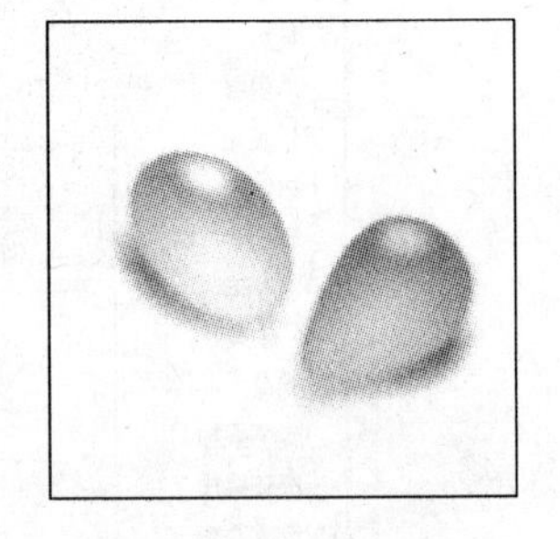

图 5.80 不同按钮

5.2.5 实训练习

本实训的练习如下。

(1) 利用“自定义形状工具”给自己设计一个标识。

(2) 参考本实训水晶花纹按钮的制作步骤，利用“文字工具”制作文字按钮，如图 5.81 所示。

(3) 制作如图 5.82 所示的按钮。

图 5.81 文字按钮

图 5.82 不规则按钮

5.3 实训 珠宝首饰设计

5.3.1 实训目的

本实训目的如下。

(1) 通过使用和了解画笔工具,能够掌握笔刷大小和形状的使用。

(2) 使用自由变形命令中的变形(Photoshop CS5 版本新增功能),

(3) 利用"Web 样式"中的设置,设计出淋漓尽致的珠宝首饰,如图 5.83 所示。

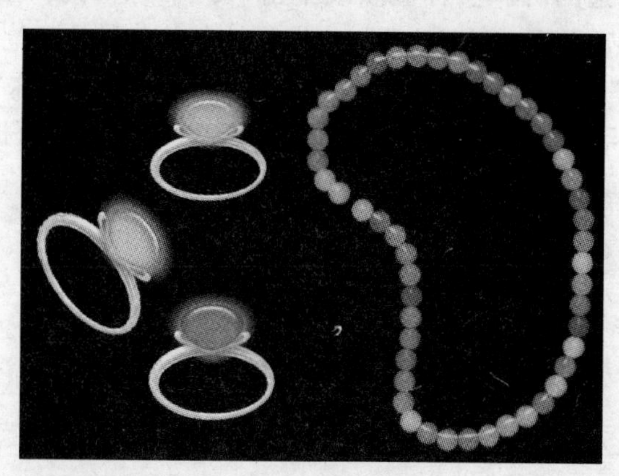
图 5.83 珠宝首饰

5.3.2 实训理论基础

1. "样式"面板设置

Photoshop 样式就是效果的集合。单击"窗口"→"样式"菜单命令打开"样式"面板,如图 5.84 所示。里面有很多样式供选择,和 Word 中的艺术字效果是一个道理。如果选择"Web 样式"命令,可弹出如图 5.85 所示的面板。

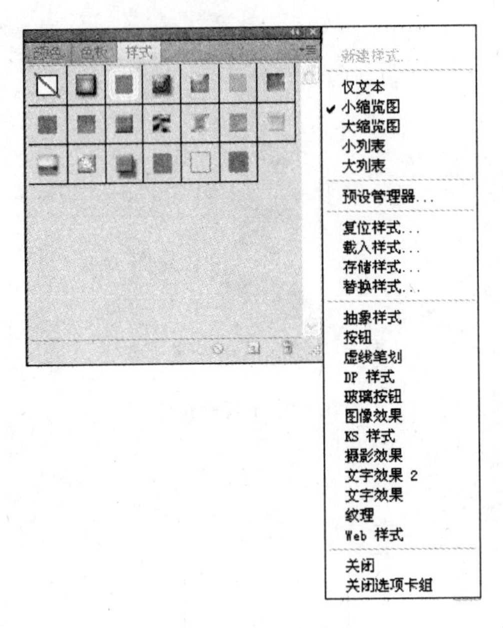

图 5.84　样式设置

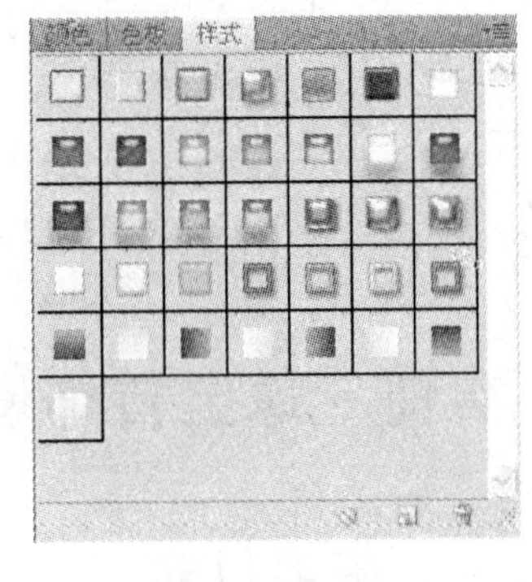

图 5.85　Web 样式

2. 创建新画笔

操作步骤如下。

(1) 单击选项栏右边的“画笔”标签项或单击“切换画笔调板”按钮，调出“画笔”调板，如图 5.86 或图 5.87 所示。利用该调板可以设计各种各样的画笔。设计完后，单击该调板下边的“创建新画笔”按钮，即可调出“画笔名称”对话框。在“名称”文本框中输入画笔名称，再单击“确定”按钮，即可将刚刚设计的画笔加载到“画笔样式”面板中。

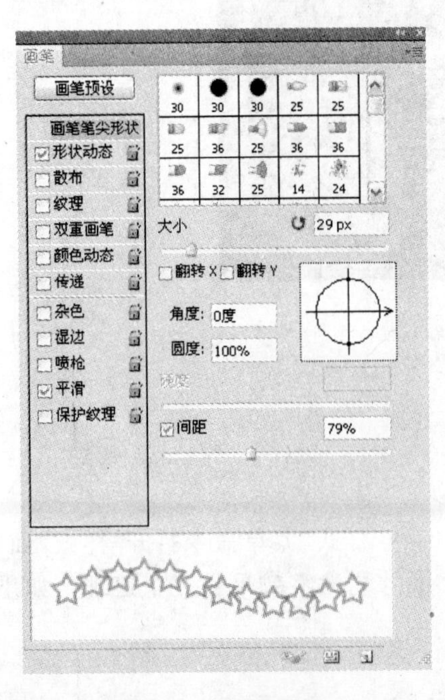

图 5.86　画笔笔尖形状

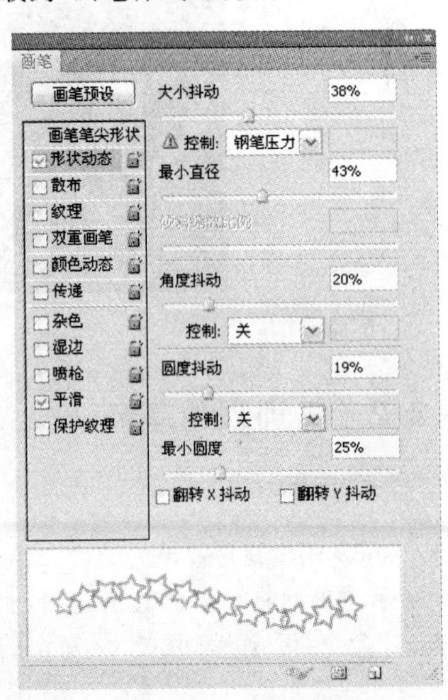

图 5.87　形状动态

(2) 创建图像新画笔。创建图像新画笔可按照如下步骤进行。

① 导入一幅不太大的图像,或者绘制一幅不太大的图像。

② 单击"编辑"→"定义画笔"菜单命令,调出"画笔名称"对话框,在其文本框内输入画笔名称,然后,单击"确定"按钮,即完成了创建图像新画笔的工作。此时在当前"画笔样式"面板内会增加一个新的画笔图案。

3. 使用画笔和铅笔工具绘图

使用画笔、铅笔和喷枪工具绘图的方法基本一样,只是用"画笔工具"绘制的线条可以比较柔和(使用软画笔或选中"湿边"复选框),像用毛笔绘图一样;用"铅笔工具"绘制的线条硬(没有软画笔),像用铅笔绘图一样;用"喷枪工具"绘制的线条较散,像用喷图绘图一样。绘图时要掌握如下一些要领。

(1) 设置好颜色(前景色)和画笔类型等后,单击画布窗口内部,可以绘制一个点。

(2) 在画布中拖曳鼠标,可以绘制曲线。

(3) 单击直线起点并且不松开鼠标按键,再按住 Shift 键,然后拖曳鼠标,可以绘制水平或垂直直线。

(4) 单击直线起点,再按住 Shift 键,然后单击直线终点,可以绘制直线。

(5) 按住 Shift 键,再一次单击多边形的各个顶点,可以绘制折线或多边形。

(6) 按住 Alt 键,可将画图工具切换到吸管工具。此操作也适用于本实训介绍的其他工具。

(7) 按住 Ctrl 键,可将画图工具切换到移动工具。此操作也适用于本实训介绍的其他工具。

(8) 如果已经创建了选区,则只可以在选区内绘制图像。

5.3.3 实训操作步骤

1. 制作指环

操作步骤如下。

(1) 新建宽度为 600 像素、高度为 450 像素、模式为 RGB 颜色和背景为黑色的画布。单击"确定"按钮。

(2) 单击"图层"调板下方的按钮,建立新的图层,命名为"指环",单击按下工具箱中的"椭圆选框工具"按钮,画一个椭圆选区,填充白色,再画一个小椭圆选区,如图 5.88 所示,按 Delete 键,删除内环,形成指环。

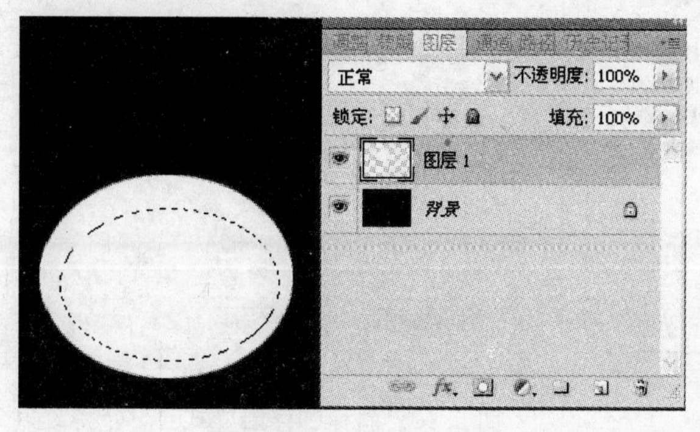

图 5.88 指环结构图

(3) 给指环添加白银效果，单击“窗口”→“样式”菜单命令，打开“样式”面板，单击样式菜单中上方按钮 ，从弹出选项命令中，选择“Web 样式”命令，替换当前样式后，单击“水银”样式，使指环图层如图 5.89 所示的效果。

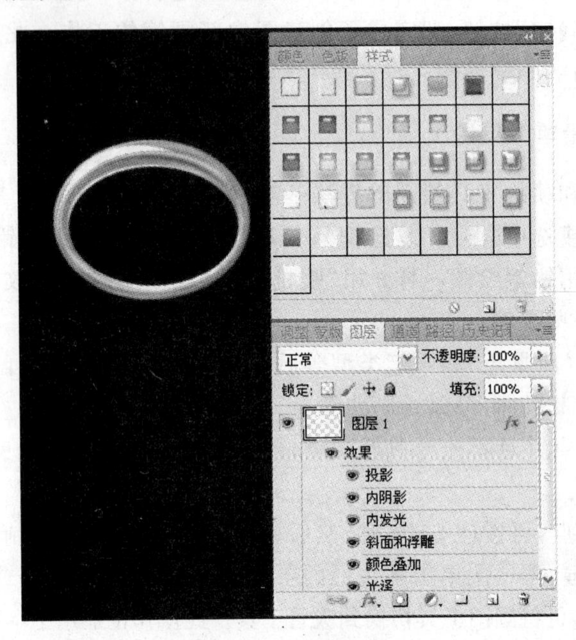

图 5.89　水银样式

(4) 在“图层”调板中双击“指环”图层，调出其样式面板，取消选中“描边”复选框，在“斜面和浮雕”一项中将“阴影模式”后的颜色改为 R:130，G:130，B:130，如图 5.90 所示。单击“确定”按钮，即可使图像更靓丽些。

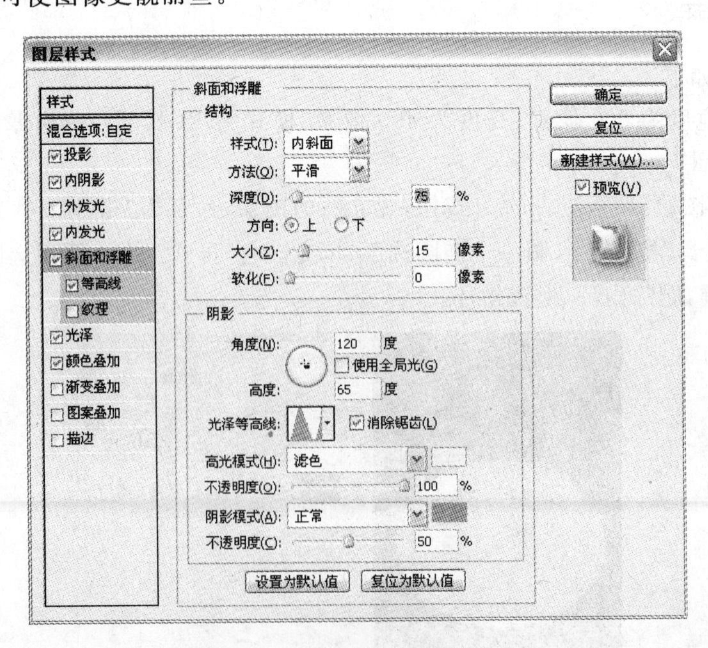

图 5.90　斜面和浮雕样式

2. 绘制环托

(1) 单击“图层”调板下方的 按钮,建立新的图层,命名为“环托”。画个椭圆,单击“选择”→“修改”→“收缩”菜单命令,在弹出的对话框中设置值为10,按 Delete 键,删除中间部分。以同样方式再画一个规则的环形,并将指环的样式粘贴给它,方法为在“指环”图层调板右击,选择“拷贝图层样式”命令后回到“环托”图层,右击“环托”图层,选择“粘贴图层样式”命令,如图5.91所示。

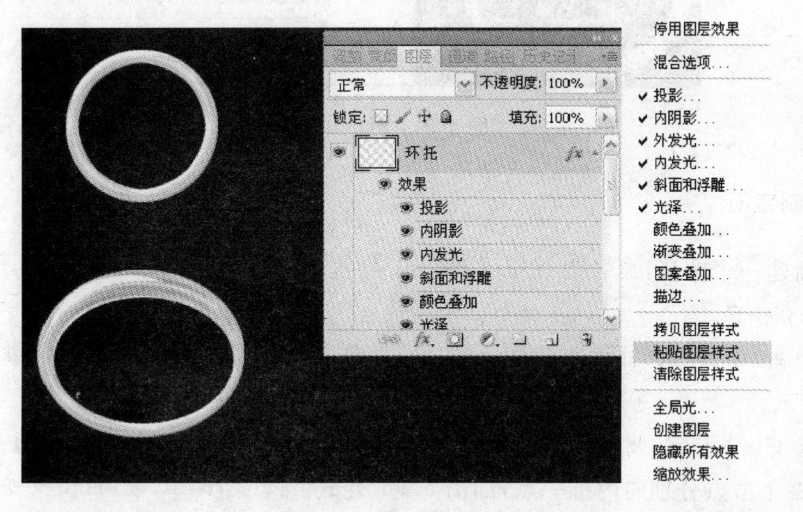

图5.91　环托的结构

(2) 给环托造形。按 Ctr+T 快捷键,调出自由变换命令,右击,选择“变形”命令(Photoshop CS 9.0 以上版本才有),将红圈内的两个节点之间的一段路径向下拖动,如图5.92所示。到适当位置后按 Enter 键确定即可,如图5.93所示。按 Ctrl+T 键,自由变换调节珠宝的大小和形状,放在指环之上。

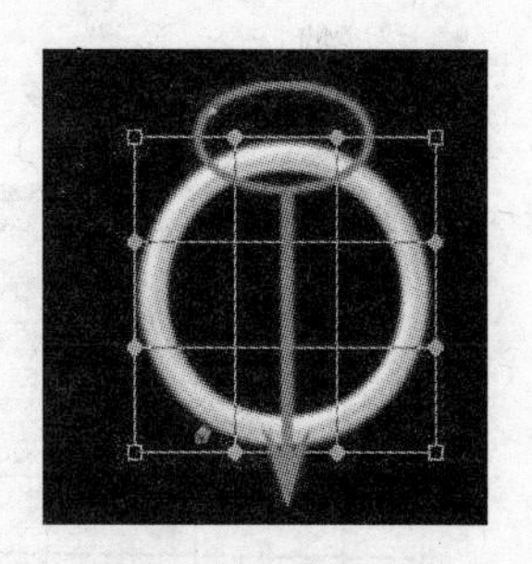

图5.92　变形拖动

(3) 将“背景”图层隐含,单击“图像”→“合并可见层”菜单命令,将环托和指环合成在一起,如图5.94所示。

(4) 复制2层,为后面制作3个戒指进行准备。

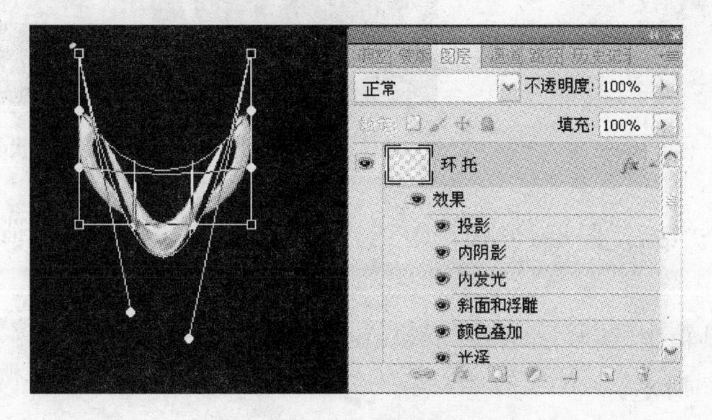

图5.93　环托的形状

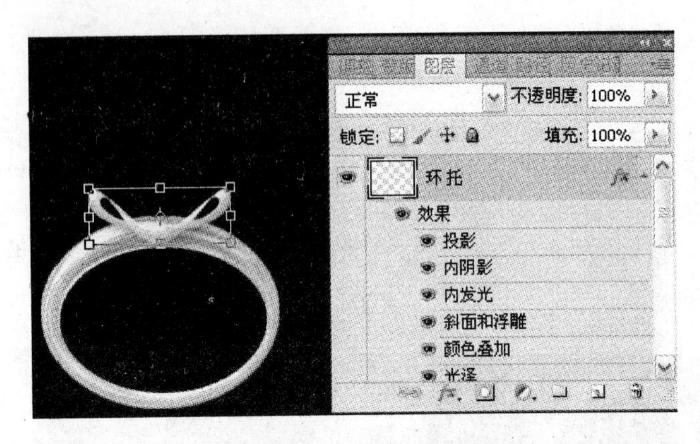

图 5.94 调整环托

3. 绘制宝石

(1) 新建一个图层,命名为“钻石”,单击工具箱中的“椭圆选框工具”按钮 ,画一个椭圆选区,填充白色。

(2) 单击“窗口”→“样式”→“Web 样式”菜单命令,选择“带投影的蓝色凝胶”样式,如图 5.95 所示。

(3) 按 Ctr+T 键,调出自由变换命令,右击选择“变形”命令,调节宝石的下方,将变形框下方的 2 个节点分别向内推一点,如图 5.96 所示。按 Ctrl+T 键,自由变换造形后的珠宝到合适大小和形状,放在指环之上。

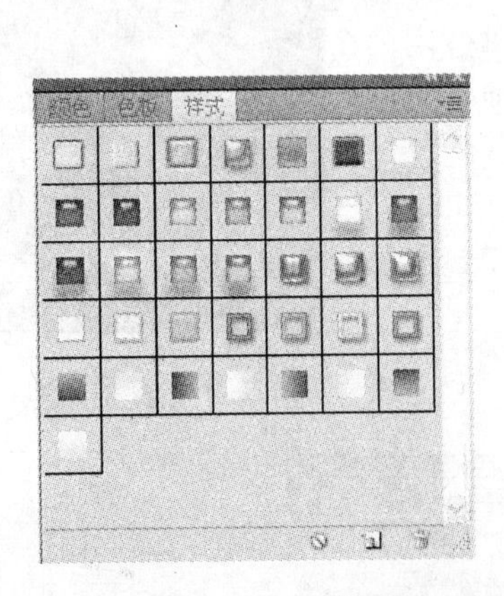

图 5.95 宝石样式

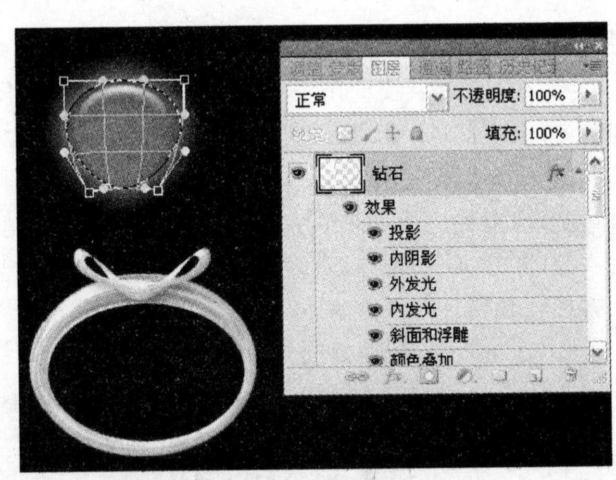

图 5.96 珠宝形状

(4) 复制两个“钻石”图层,分别调节选择“凝胶样式”,还可以打造出绿色或者红色的钻石。

(5) 单击工具箱中的“移动工具”按钮 ,调整移动 3 枚戒指的位置,并将 3 个戒指合并图层,如图 5.97 所示。

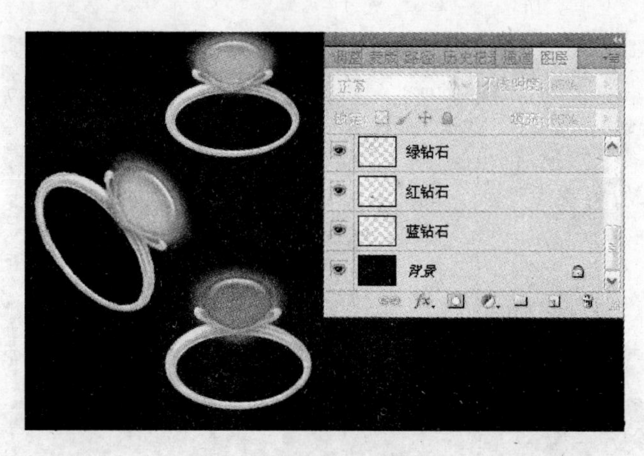

图 5.97　宝石戒指效果

4. 绘制宝石项链

(1) 新建一个图层,命名为“项链”,单击工具箱中的“画笔工具”按钮,单击画笔选项栏中的按钮画笔设置按钮,调节画笔笔尖形状,大小为 20,间距为 100%,成为一串珠子,如图 5.98 所示,然后画出项链的形状。

(2) 设置前景色为红色,背景滤色,调节颜色动态中参数(参数的数值可根据自己喜欢的颜色搭配设置),如图 5.99 所示,退出设置,然后画出项链的形状。

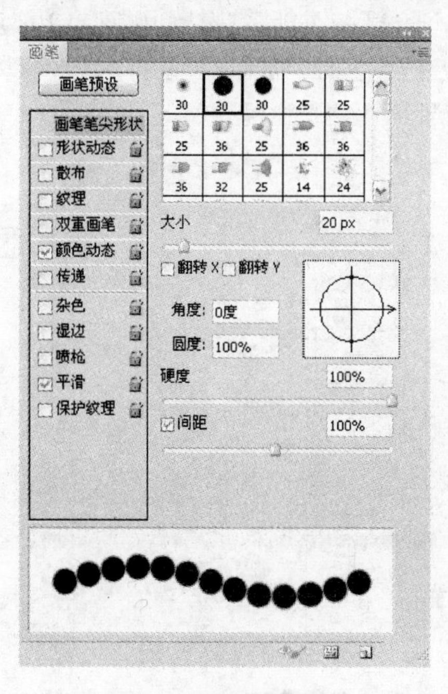

图 5.98　画笔设置

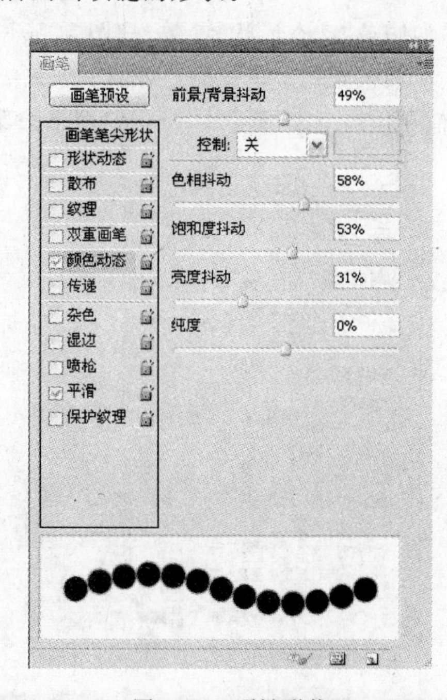

图 5.99　项链形状

(3) 在“样式”面板中选择“带投影的紫色凝胶”样式即可,调整项链的色彩饱和度,使其更逼真,图层样式中的内阴影、外发光和色彩叠加等项设置去掉,使项链亮些,如图 5.100 所示,最后效果如图 5.83 所示。

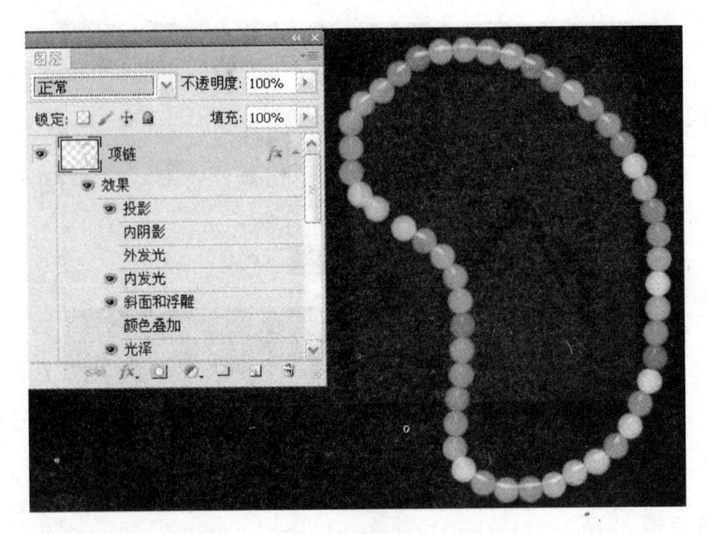

图 5.100 项链图层样式调整

5.3.4 实训技术点评

1. "画笔工具"的设置

(1) "画笔工具"不仅可以任意绘制图像，还可以通过"画笔预设"面板为笔刷设置各种属性。如调节"动态形状"参数，如图 5.101 所示；调节"颜色动态"参数，如图 5.102 所示。通过从前景色到背景色的颜色设置，如果需要接近前景色时，"前景/背景抖动"的参数数值小，其他参数需反复调试，才能达到理想的颜色搭配。

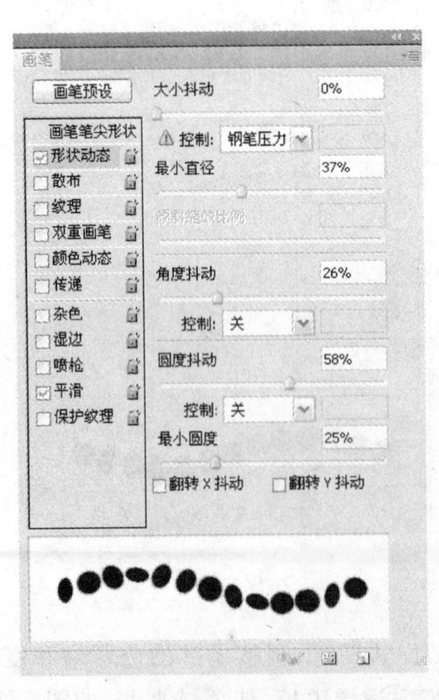

图 5.101 动态形态

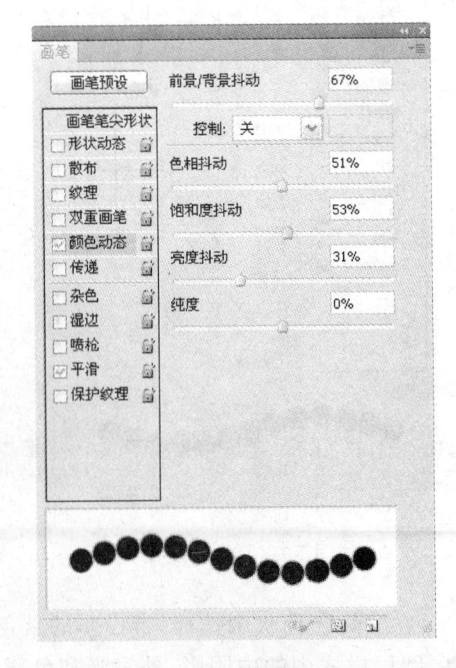

图 5.102 颜色动态

(2) 画笔菜单栏如图 5.103 所示。单击 ▸ 按钮,在弹出的下拉菜单中可以载入各种效果的笔刷,同时,还可以利用"复位画笔"恢复到最初的基本笔刷样式,如图 5.104 所示。

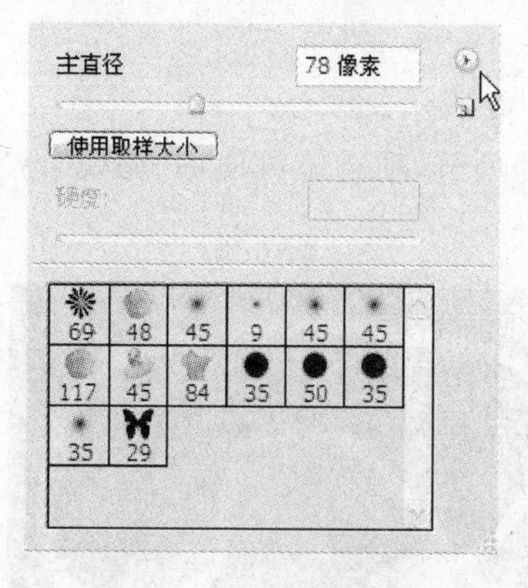

图 5.103 画笔菜单栏

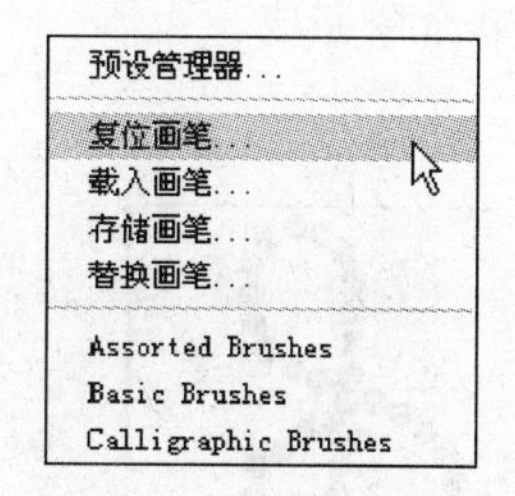

图 5.104 复位画笔

2. 图层样式的使用

(1) 系统自带样式

窗口中的样式是系统自带的模板样式,可以方面使用,我们也可以通过这些系统自带的样式进行调整,本例中就是利用系统自带的"带投影的紫色凝胶"样式,修改达到所要的效果。

(2) 自设图层样式

在"图层"调板下方按下 *fx*,可以自选类型和参数设定。

注意:图层样式的设置是对整个图层设置的,不管是否选择图层中的某个对象或者图层有几个图形,都会设置成一样。如本例中,如果把指环和宝石合并图层,在设置样式时,整个戒指都会设置成一样的颜色和样式,如图 5.105 所示。

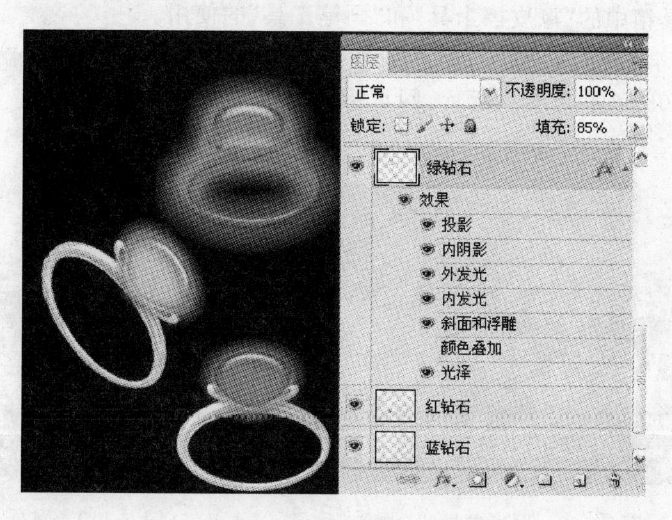

图 5.105 图层样式设置

5.3.5 实训练习

本实训练习如下。

(1) 利用画笔预设绘制高音谱号,如图5.106所示。

(2) 使用"画笔工具"绘制如图5.107所示的项链,项链坠可使用"滤镜"→"艺术效果"→"塑料包装"菜单命令完成。

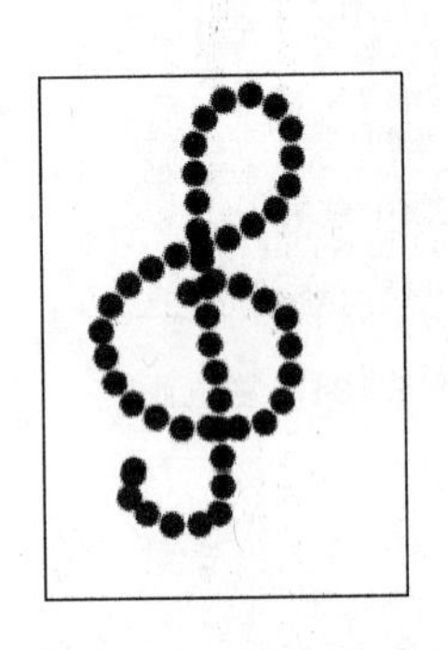

图5.106 高音谱号

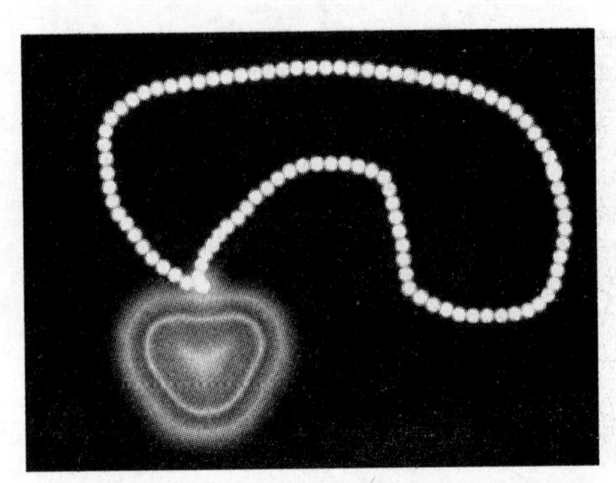

图5.107 项链

5.4 实例 网页标题栏设计

5.4.1 实训目的

本实训目的如下。

(1) 学习图像拼接的几种方法。

(2) 学习工具箱中的"橡皮擦工具"和"画笔工具"的使用。

(3) 利用所学的知识,综合设计网页标题栏,网页素材如图5.108、图5.109和图5.110所示,网页标题栏效果如图5.111所示。

图5.108 网页素材(1)

图5.109 网页素材(2)

图5.110 网页素材(3)

图 5.111 网页标题栏设计

5.4.2 实训理论基础

网页中使用的图像大多使用 Photoshop 软件来处理，这需要将前面所学的知识进行很好的运用。

1. 图像拼接方法

两个图像拼接在一起，需要用羽化、选取、橡皮工具，将拼接的色彩平滑。

(1) 在图像中，首先在椭圆选框工具选项栏中将羽化设置高些，如 50%，单击工具箱中的矩形选框工具按钮 ，在图像上画圆，单击“选项”→“反选”菜单命令，然后按 Delete 快捷键，将选中区域渐变删除，如图 5.112 所示。

注意：如果渐变不明显，可多按几次 Delete 快捷键，即可与背景色更近似。

(2) 用通道载入选区同样可以做出和背景渐变的效果。

① 选择“通道”面板，单击新建通道按钮 ，用“渐变”工具做出左黑右白的渐变效果，如图 5.113 所示。

图 5.112 选区渐变

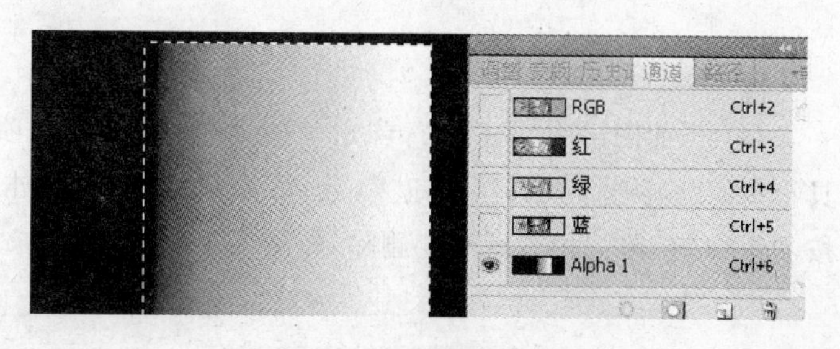

图 5.113 新建渐变通道

② 选择菜单栏中的“选择” →“载入选区”菜单命令，“载入选区”对话框如图 5.114 所示，单击“确定”按钮后，发现刚才白色的部分变成了选区。

③ 回到“图层”调板，看到选区依然存在，按 Delete 键即可使图像和背景边缘平滑渐变，如图 5.115 所示。

载入选区
源
文档(D): 未标题-1
通道(C): Alpha 1
□反相(V)
操作
◉新建选区(N)
○添加到选区(A)
○从选区中减去(S)
○与选区交叉(I)
确定
取消

图 5.114 “载入选区”对话框

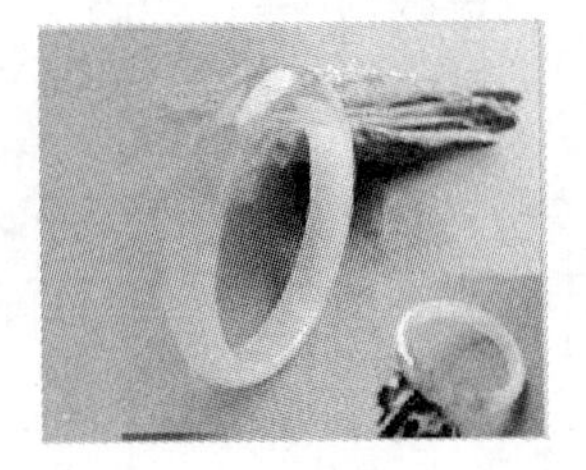

图 5.115 载入选区渐变

5.4.3 实训操作步骤

1. 网页背景设计

操作步骤如下。

(1) 新建宽度为 960 像素、高度为 250 像素、模式为 RGB 颜色和背景为白色的画布，单击“确定”按钮。

(2) 设置背景为海蓝色。将如图 5.108、图 5.109 和图 5.110 所示的网页素材分别打开，并复制网页素材，粘贴到画布中，如图 5.116 所示。

图 5.116 图像位置

(3) 当前图层为“图层 1”，首先在“椭圆选框工具”选项栏中将羽化设置为 50%，单击工具箱中的“椭圆选框工具”按钮 ◌，画一个椭圆选框，单击“选项”→“反选”菜单命令，然后按 Delete 键，将选中区域渐变删除，如图 5.117 所示，边缘可用渐变橡皮擦。

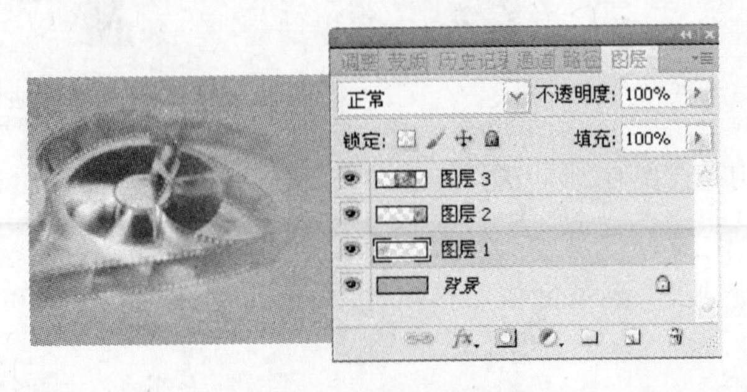

图 5.117 椭圆羽化图层

(4) 当前图层为“图层 2”，单击工具箱中的“矩形选框工具”按钮，画一个大点的矩形选区，单击“选项”→“反选”菜单命令，然后按 Delete 键，将选中区域渐变删除，如图 5.118 所示，边缘可用渐变橡皮擦。

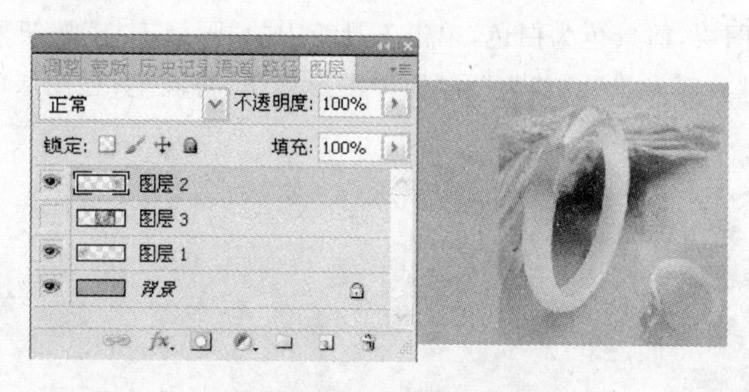

图 5.118 矩形羽化图层

(5) 当前图层为“图层 3”，单击工具箱中的“椭圆选框工具”按钮，画一个椭圆选区，单击“选项”→“反选”菜单命令，然后按 Delete 键，将选中区域渐变删除，如图 5.119 所示，边缘可用渐变橡皮擦。

图 5.119 中间羽化图层

(6) 创建新的图层，在“椭圆选框工具”选项栏中将羽化设置为 30%，单击工具箱中的“椭圆选框工具”按钮，画一个椭圆选区，再单击工具箱中的“渐变工具”按钮，选择彩色渐变，在所选区域中填充，再将“图层 4”的混合模式改为“颜色”，如图 5.120 所示，按 Delete 键，去掉选区。

图 5.120 填充渐变图层

2. 网页背景装饰制作

操作步骤如下。

(1) 新建一个图层,前景色为白色,单击工具箱中的“画笔工具”按钮,单击画笔窗口中的按钮,选择“放射光晕”、“梦幻”和“简单图形标识”等画笔,在图层中画出如图 5.121 所示的效果。

图 5.121 各种画笔效果

(2) 写字。新建一个图层,前景色为橘黄色,单击工具箱中的“矩形选框工具”按钮,羽化为 0,画矩形选区,填充橘红色,混合模式为 60%透明度,如图 5.122 所示。

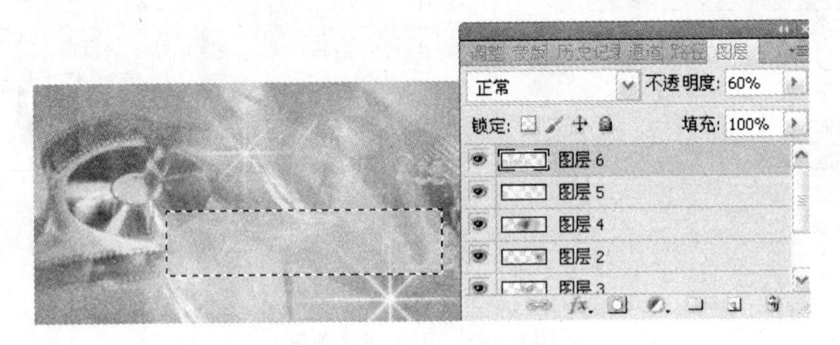

图 5.122 建立黄色矩形框

(3) 单击工具箱中的“文字工具”按钮,在橘红色框中输入“网页设计”,调节大小,使用图层样式“描边”和“斜面浮雕”效果,最后和背景合并。

(4) 再复制一层,移动并与下面的字形成错位效果,如图 5.123 所示。最后做出如图 5.111 所示的效果。

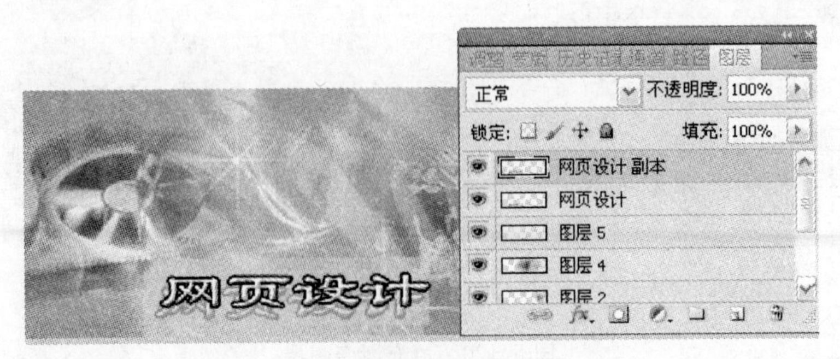

图 5.123 字体效果

5.4.4　实训技术点评

网页设计与制作时，应根据网页的内容决定使用的图片。

图像之间的渐变处理除了使用上述案例的方法外，还可以用画笔在接缝处画出花纹，遮盖缝隙。图层之间的颜色可以使用图层混合模式中的不透明度调节，也可以使用混合模式中的“颜色”和“滤色”。

5.4.5　实训练习

(1) 使用如图 5.124、图 5.125 和图 5.126 所示的图片，模仿设计如图 5.127 所示的网页效果。

图 5.124　素材(1)

图 5.125　素材(2)

图 5.126　素材(3)

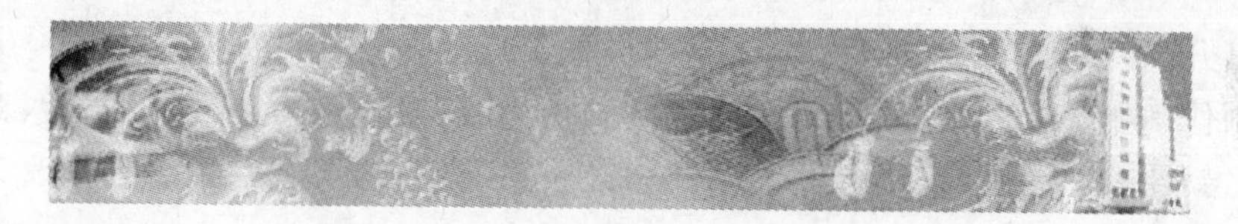

图 5.127　网页设计效果

(2) 给企业设计一个网页标题栏，图片在网上下载，使用图片渐变、画笔和文字。

5.5　实例　打造绚丽夜景

5.5.1　实训目的

本实训目的如下。

(1) 学习使用图层混合样式的设置。

(2) 学习工具箱中的“画笔工具”、“橡皮擦工具”和“选取工具”的使用。

(3) 学习工具箱中的“画笔工具”、“橡皮擦工具”的参数设置。

(4) 通过所学的知识点将如图 5.128 所示的图像制作成如图 5.129 所示的绚丽夜景。

图 5.128 夜景原图

图 5.129 绚丽夜景

5.5.2 实训理论基础

本实训的内容是综合性的练习，它的知识点涵盖在前面的章节中。通过这个实训要掌握综合运用所学知识的高超的制作技巧，这是提高综合运用所学知识水平的过程。

本实训要应用到的技巧有如下几种。

(1) 使用“渐变工具”填充制作前景，利用图层混合样式调节绚丽背景的效果。

(2) 使用“画笔工具”画出星光的效果。

5.5.3 实训操作步骤

(1) 打开如图 2.128 所示的夜景原图。

(2) 制作绚丽夜景。单击工具栏中的“渐变工具”按钮，新建一个红、紫、蓝、绿、黄、红的渐变；新建一个图层，按住 Shift 键从左至右拉出渐变，并把图层混合模式改为“叠加”，如图 5.130 所示。

图 5.130 彩色渐变

(3) 制作绚丽霞光。单击工具栏中的“渐变工具”按钮，新建一个银灰色的渐变颜色(深灰、浅灰、深灰、浅灰、深灰、浅灰)，新建一个图层，单击工具栏中的“矩形选框工具”按钮，设置羽化数值为50像素，在上面拉一个矩形选区，在选区内拉出渐变，按Ctrl＋T键，适当地调整大小和角度，如图5.131所示。

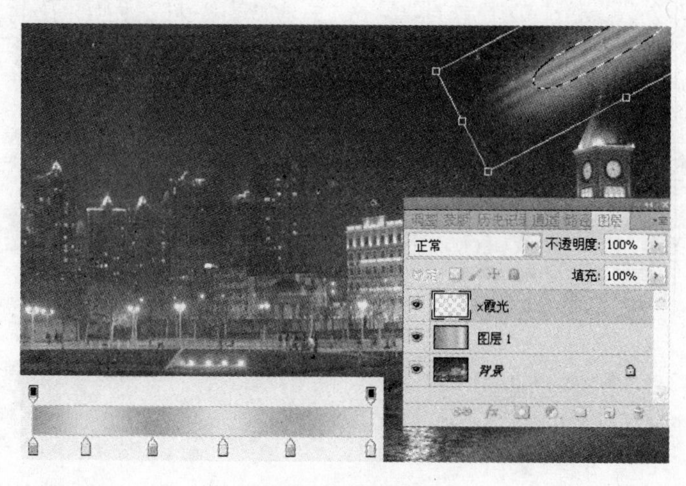

图5.131 霞光制作

(4) 把“霞光”图层拖到“图层2”的下面，按Ctrl＋J键两次，复制两个图层，把复制的最上面的图层往右下方稍微移动一点。

(5) 合并3个“霞光”图层，按Ctrl＋T键，再右击，选择“透视”命令，调节霞光方位，如图5.132所示。

(6) 单击工具栏中的“画笔工具”按钮，按F5键，设置画笔预设。设置“画笔笔尖形状”的大小为3，硬度为60%，间距为130%，如图5.133所示；设置“形状动态”的大小抖动为8%，最小直径为100%，如图5.134所示；设置“散布”为最大，如图5.135所示。

图5.132 霞光设置

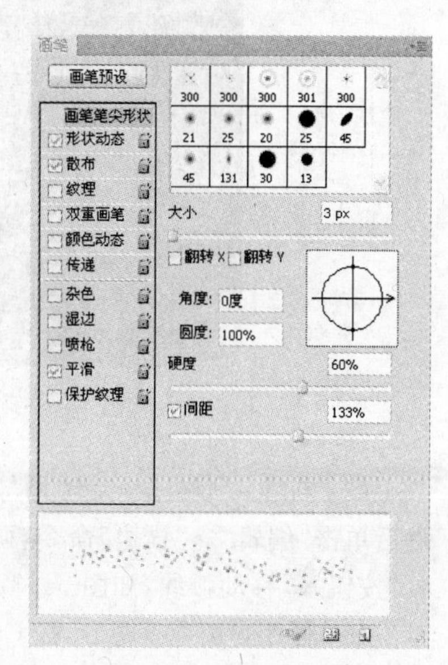

图5.133 画笔笔尖形状

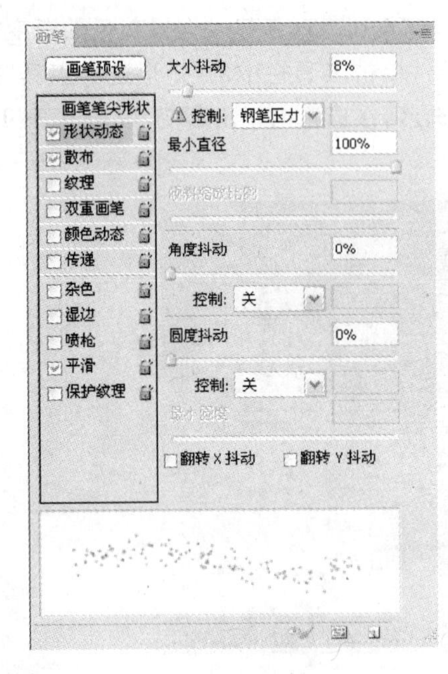

图 5.134　形状动态

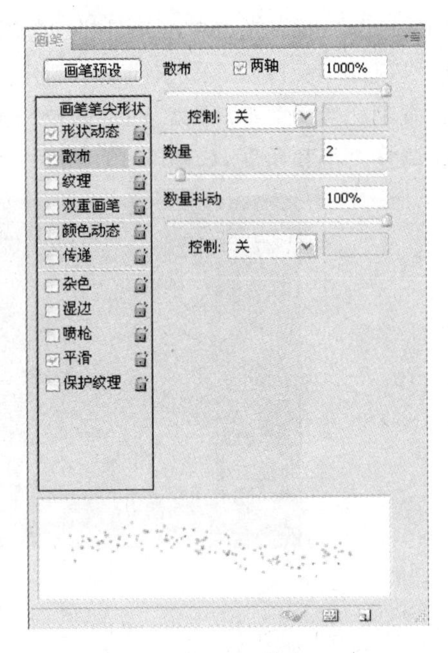

图 5.135　散布

(7) 新建一个图层,命名为“光点”,用刚设置好的画笔,在“光点”图层单击,变换一下画笔的直径,画出星光的效果。再选择“放射光晕”,在“光点”图层画出大点的星光,并将图层移动到“图层 1”下面,如图 5.136 所示。

图 5.136　增加光点

(8) 新建一个图层,命名为“光线”,单击工具栏中的“椭圆选框工具”按钮,画椭圆,然后单击“编辑”→“描边”命令,画出椭圆边缘,用“矩形选框工具”将椭圆分割,用“移动工具”按钮移动弧线,如图 5.137 所示。

(9) 使用自由变换命令,按 Ctrl＋T 键,调节光线大小和位置; 使用“橡皮工具”按钮,设置不透明度为 50%,擦出明暗线,最终完成如图 5.129 所示的绚丽夜景的效果。

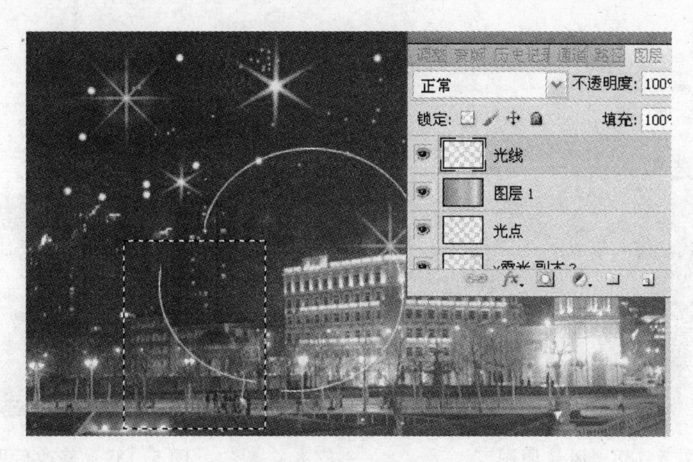

图 5.137 增加光线

5.5.4 实训技术点评

本次实训内容是综合性的制作过程，它需要有一定的 Photoshop 的基本知识，并能灵活运用。制方法并不唯一，制作时可以尝试其他的方法，只要能达到最终的效果即可。尤其是在星光的制作方面，可以多选几种画笔设置，直到达到满意的效果为止。

本例光线的制作，可以用路径描边的技术，制作比较简单，有关路径知识将在后面的章节中详细讲解。

另外，在使用多个图层时，图层的名称尽量与实际内容相关，以方便操作。

5.5.5 实训练习

具体练习如下。

选择自拍夜景的照片，模仿本案例修改夜景照片成为绚丽多彩、魅力无限的夜景照片。

5.6 实例 修改风景图像

5.6.1 实训目的

本实训目的如下。

(1) 学习工具箱中的“仿制图章工具”、“修补工具”和“修复画笔工具”的使用。

(2) 学习工具箱中的“橡皮擦工具”和“魔棒橡皮工具”的使用。

(3) 通过上述的知识点将如图 5.138 所示的图像修改成为如图 5.139 所示的风景图像。

图 5.138　风景原图

图 5.139　修改后图

5.6.2　实训理论基础

修改风景图像时，常使用工具箱内图章工具组中的“仿制图章工具”和修复工具组的两个工具。图章工具组有两个工具，修复工具组有 4 个工具，橡皮工具组有 3 个工具，如图 5.140 所示。

在工具箱内修复工具组中，包括了“污点修复画笔工具”、“修复画笔工具”、“修补工具”和“红眼工具”。“污点修复画笔工具”和“红眼工具”是 Photoshop CS 中新增加的两种工具，它们的作用很像图章工具(包括“仿制图章工具”)。“仿制图章工具”只是将采样点附近的像素直接复制到需要的地方；“修复画笔工具”和“修补工具”只复制采样区域像素，保留区域的颜色和亮度值不变，并尽量将区域的边缘与周围的像素融合。

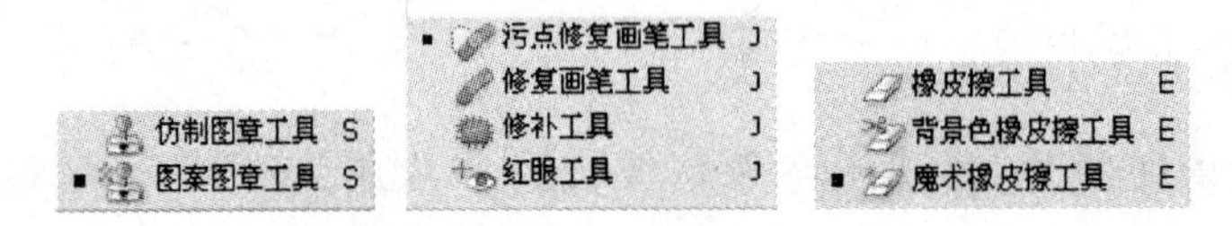

图 5.140　使用的工具

橡皮工具中有 3 种选择，分别用于不同的处理。

1. 仿制图章工具

“仿制图章工具”可以将图像的一部分复制到同一幅图像其他位置或其他图像中。“仿制图章工具”的选项栏如图 5.141 所示。使用“仿制图章工具”复制图像的方法如下。

图 5.141　仿制图章工具选项栏

(1) 打开两幅图像，如图 5.142 和图 5.143 所示。下面将“飞机”图像的全部或一部分复制到“天池”图像中。注意，打开的两幅图像应具有相同的彩色模式。

图 5.142　天池图像

图 5.143　飞机图像

（2）按下工具箱内的“仿制图章工具”按钮，在其选项栏内进行画笔、模式和不透明度等设置，如图 5.144 所示。选中“对齐的”复选框的目的是复制一幅图像。

（3）按住 Alt 键，同时单击“飞机”图像的中间部分（此时鼠标指针变为图章形状），则单击的点即为复制图像的基准点（即采样点）。因为选择了“对齐的”复选框，所以系统将以基准点对齐，即使是多次复制图像，也是复制一幅图像。

（4）单击“天池”图像画布窗口的标题栏，选中“天池”图像画布窗口。在“天池”图像内用鼠标拖曳，即可将“飞机”图像以基准点为中心复制到“天池”图像中。可以复制多个相同的图像，如图 5.145 所示。如果选中“对齐的”复选框，则在复制中多次重新拖曳鼠标时，不会重新复制图像，而是继续前面的复制工作，直到整幅“飞机”图像复制完毕。如果不选中“对齐的”复选框，则在复制图像过程中，重新拖曳鼠标时，将会重新复制图像，而不是继续前面的复制工作，这样复制后的图像如图 5.145 所示。

图 5.144　选中“对齐的”复选框

图 5.145　取掉“对齐的”复选框选中

2. 图案图章工具

“图案图章工具”与“仿制图章工具”的功能基本一样，只是它复制的不是以基准点确定的图像，而是图案。“图案图章工具”的选项栏如图 5.146 所示。下面介绍如何使用“图案图章工具”将“飞机”图像的一部分复制到“天池”图像中。

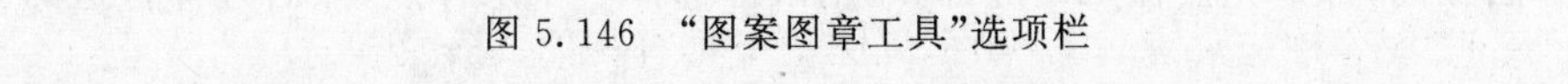

画笔: 21　模式: 正常　不透明度: 100%　流量: 100%　图案:　☑对齐的　☐印象派效果

图 5.146　“图案图章工具”选项栏

(1) 打开“飞机”图像，创建一个选择了飞机图像的矩形选区，如图 5.147 所示。

(2) 单击“编辑”→“定义图案”菜单命令，调出“图案名称”对话框，如图 5.148 所示。在该对话框的“名称”文本框内输入图案的名称“飞机图案”，再单击“确定”按钮，即可定义一个名字为“飞机图案”的图案。

图 5.147　选择矩形选区

图 5.148　“图案名称”对话框

(3) 按下工具箱内的“图案图章工具”按钮，在其选项栏内进行画笔、模式和不透明度(此处选择 60%)设置，选择“图案”列表框内的“飞机图案”图案，不选择“对齐的”和“印象派效果”复选框。不选择“对齐的”复选框的目的是复制多幅图像，此时的选项栏如图 5.146 所示。

(4) 单击“天池”图像画布窗口的标题栏，选中“天池”图像画布窗口。在“天池”图像内用鼠标拖曳，即可将“飞机”图案复制到“天池”图像中，可以复制多个相同的图案，如图 5.149 所示。如果选择了“对齐的”复选框，则在复制中多次重新拖曳鼠标时，也不会重新复制图像，而是继续前面的复制工作。如果不选择“对齐的”复选框，则在复制图像过程中，重新拖曳鼠标时，将会重新复制图像，而不是继续前面的复制工作。

图 5.149　图案复制

3. 修复画笔工具

“修复画笔工具”可将图像的一部分或一个图案复制到同一幅图像上。而且可以只复制采样区域像素，保留区域的颜色和亮度值不变，并尽量将区域的边缘与周围的像素融合。它的选项栏如图 5.150 所示，其中各选项的作用如下。

图 5.150　修复画笔工具选项栏

(1)“源”栏。它有两个单选项。选择“样本”单选项后，需要先取样，再复制；选择“图案”单选项后，不需要取样，复制的是选择的图案。选择“图案”单选项后，其右边的图案选择列表会变为有效，单击它的黑色箭头按钮可以调出图案面板来选择图案。

(2)“对齐的”复选框。选择该复选框，可以复制一幅图像，系统将以基准点(即采样点)对齐，即使是多次复制图像，也是复制一幅图像；不选择该复选框，则在复制图像中，重新拖曳鼠标时，将会重新复制图像，而不是继续前面的复制工作。

在选择了“样本”单选项后，使用“修复画笔工具”复制图像的方法和“仿制图章工具”的使用方法相同，都是先按住 Alt 键，同时用鼠标选择一个采样点，然后选择合适的笔刷，通过拖曳鼠标在要修补的部分涂抹。

4. 修补工具

“修补工具”可将图像的一部分复制到同一幅图像的其他位置，且可以只复制采样区域像素，保留区域的颜色和亮度值不变，并尽量将区域的边缘与周围的像素融合。它的选项栏如图 5.151 所示，其中各选项的作用如下。

图 5.151 修补工具选项栏

(1)“修补”栏。该栏有两个单选项。选中“源”单选项后，则选区中的内容为要修改的内容；选中“目的”单选项后，则选区移到的区域中的内容为要修改的内容。

(2)“使用图案”按钮。在创建选区后，该按钮和其右边的图案选择列表将变为有效。选择要填充的图案后，单击该按钮，即可将选中的图案填充到选区当中。

“修补工具”的使用方法有些特殊，很像打补丁。使用时，首先使用“修补工具”或其他选区工具将需要修补的地方定义出一个选区，然后，使用“修补工具”，将它的选项栏中的“源”单选项选中，再将选区拖曳到希望采样的地方。如图 5.152 所示是定义选区，如图 5.153 所示是用修补工具将选区拖曳到采样区域。

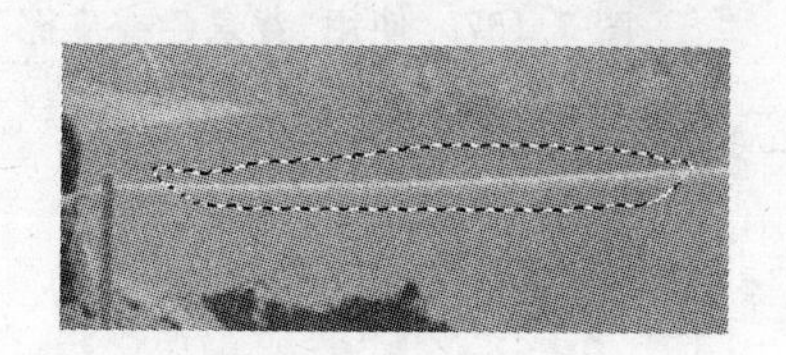

图 5.152 使用修补工具选择区域

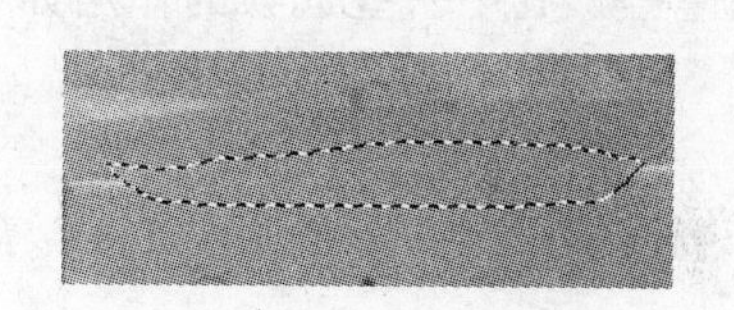

图 5.153 使用修补工具修复区域

5. 橡皮擦工具

“橡皮擦工具”的选项栏如图 5.154 所示。利用它可以设置橡皮的画笔模式、画笔形状和不透明度等。

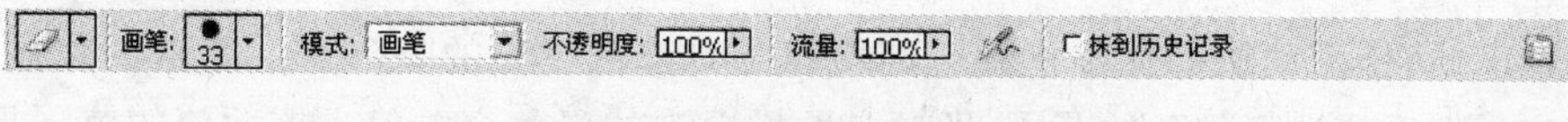

图 5.154 橡皮擦工具选项栏

按下“橡皮擦工具”按钮后，用鼠标在背景图层内拖曳，即可擦除背景图层中的图像，并用背景色填充擦除的部分，如图 5.155 所示。如果擦除的不是背景图层内的图像，则擦除的部分变为透明，如图 5.156 所示。如果图层中有选区，则只能擦除选区内的图像。

擦除图像可理解为用设定的画笔重新绘图(绘图色为背景色)。所以画笔绘图中采用的一些方法在擦除图像时也可使用，例如，如果按住 Shift 键，同时拖曳鼠标进行擦除，可沿水平或垂直方向擦除图像；如果按住 Ctrl 键，可将擦除工具暂时切换到移动工具。

图 5.155 背景层使用“橡皮擦工具”

图 5.156 普通层使用“背景橡皮工具”

6. 背景色橡皮擦工具

使用“背景色橡皮擦工具”擦除图像的方法与使用“橡皮擦工具”擦除图像的方法基本一样，只是擦除背景图层的图像时，擦除部分呈透明状，不填充任何颜色，如图 5.157 所示。

图 5.157 使用“背景色橡皮擦工具”

“背景色橡皮擦工具”的选项栏如图 5.158 所示。利用它可以设置橡皮的画笔形状、不透明度和动态画笔等。其中一些选项的作用如下。

图 5.158 “背景色橡皮擦工具”选项栏

(1)“限制”下拉列表框。它用来设定画笔擦除当前图层图像时的方式。它有如下三个选项。

- 不连续。只擦除当前图层中与取样颜色(成为当前背景色)相似的颜色。
- 临近。擦除当前图层中与取样颜色相邻的颜色。
- 查找边缘。擦除当前图层中包含取样颜色的相邻区域，显示清晰的擦除区域边缘。

(2)“容差”带滑动块的文本框。它与魔棒工具选项栏中的“容差”文本框的作用基本一样，它用来设置系统选择颜色的范围，即颜色取样允许的彩色容差值。该数值的范围是 1%～100%。容差值越大，取样和擦除的选区也越大；容差值越小，取样和擦除的选区也越小。

(3)“保护前景色”复选框。选择该复选框后，将保护与前景色匹配的区域。

(4)“取样”下拉列表框。用来设置取样模式。它有如下三个选项。

- 连续。在拖曳鼠标时，取样颜色会随之变化，背景色也随之变化。
- 一次。在单击时进行颜色取样，以后拖曳鼠标不再进行颜色取样。
- 背景色板。取样的颜色为原来设置的背景色，所以只擦除与背景色一样的颜色。

7. 魔术橡皮擦工具

使用“魔术橡皮擦工具”可智能擦除图像。按下该按钮后，只需在要擦除的图像处单击鼠标左键，即可擦除单击点和相邻区域内或整个图像中与单击点颜色相近的所有颜色，如图 5.159 所示。该工具的选项栏如图 5.160 所示。前面没有介绍过的选项的作用如下。

(1) "容差"文本框。用来设置系统选择颜色的范围，即颜色取样允许彩色范围。该数值的范围是 0～255。该值越大，取样和擦除的选区也越大；该值越小，取样和擦除的选区也越小。

图 5.159　使用"魔术橡皮擦工具"

图 5.160　"魔术橡皮擦工具"选项栏

(2) "临近"复选框。选中该复选框后，擦除的是整个图像中与单击点颜色相近的所有颜色，否则擦除的区域是与单击点相邻的区域。

5.6.3　实训操作步骤

1. 去掉风景图中多余物

操作步骤如下。

(1) 单击"文件"→"打开"菜单命令，调出要修改的"天池"风景图像文件，如图 5.161 所示。单击"图像"→"图像旋转"→"任意旋转"菜单命令，将图像调整。使用工具箱中的"缩放工具"按钮 将图像放大。

(2) 按下工具箱内的"修补工具"按钮，在修补选项栏内选中"源"。再在风景图中绳子处拖曳鼠标，画出一个稍大一点的选区，如图 5.152 所示。

(3) 用鼠标拖曳选区到天池水的区域，可多次覆盖，如图 5.162 所示。使用同样的方法可以将图像中的绳索全部覆盖掉。

图 5.161　池面的处理

图 5.162　山脉的处理

(4) 风景中有的地方也可使用“仿制图章工具”。按下工具箱内的“仿制图章工具”按钮，在其选项栏内设置画笔为50像素，模式为正常，不透明度为100%，流量为100%，不选择“对齐的”复选框。

(5) 按住Alt键，单击绳索背景部分，获取修复图像的样本。然后单击要修复的绳索部分，即可将绳索去掉。

(6) 按照上述方法，按下工具箱中的“修复画笔工具”按钮，修复风景图像中水面不同颜色，重复多次，显得更真实，如图5.161所示。

2. 修改风景画的山脉

操作步骤如下。

(1) 按下工具箱内的“魔棒工具”按钮，将右面的山脉选中后，复制并粘贴。

(2) 单击Ctrl+T键，调节粘贴山脉的大小和位置，使它覆盖“天池”风景图中的左面的山脉，如图5.162所示，单击“图层”→“合并可见图层”菜单命令，使山脉和背景成为一个整体。

3. 给风景画添加装饰

操作步骤如下。

(1) 打开“飞机”图像文件和“海豚”图像文件。

(2) 在“飞机”图像文件，按下工具箱内的“魔棒工具”按钮，将飞机选中，然后复制到“天池”图像中。

(3) 单击Ctrl+T键，调节粘贴的飞机的大小和位置，效果如图5.163所示。

图5.163 添加飞机

(4) 同样将“海豚”图像中的海豚复制粘贴到“天池”图像中。

(5) 在“天池”图像背景层，按工具箱的“矩形选框工具”按钮，复制一个池面放在海豚层的上面，按工具箱内的“橡皮工具”按钮，在复制的池面层上擦出海豚在戏耍的效果，如图 5.164 所示的效果。

图 5.164　添加海豚

(6) 选中“背景”层中的山脉,单击“图像”→“调整”→“色彩饱和度”菜单命令,适当调节使山脉更绿树丛生,如图 5.165 所示。最终修改成如图 5.139 所示的风景图像。

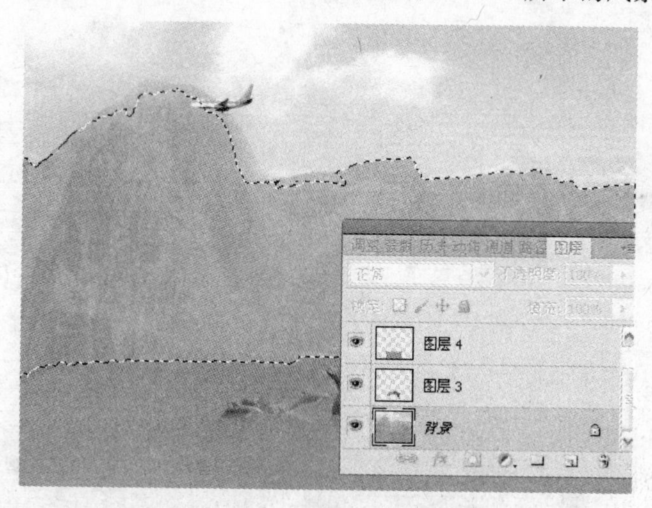

图 5.165　选中山脉

5.6.4　实训技术点评

使用“仿制图章工具”、“修复画笔工具”、“修补工具”和“橡皮擦工具”是一个不断试验和修正的过程。如果从一个区域选择进行修补的效果没有达到所期望的效果,可运用恢复功能并重新选择一个区域进行修补,一直到满意为止。有一点需要注意:使用“修复画笔工具”时并不是一个实时过程。当停止拖曳鼠标、停止修复工作时,Photoshop CS 才开始处理信息并完成修复。这两个工具的使用方法虽然简单,但是如果要达到得心应手的程度还需要多加练习。

另外,在“使用修补工具”时,在修补选项栏内选中“目标”,并在风景中选择一个区域,如图 5.166 所示。再将选中的区域用鼠标拖曳到绳子处,如图 5.167 所示,同样能达到湖水覆盖绳索的效果。

图 5.166 修补选区

图 5.167 修补目标

在修补中,几种方法可以互换使用。只要能达到效果图像,方法并不唯一,但这需要灵活掌握操作技巧,才能提高制作效率。

注意:修复印章效果时,大面积的图像可以用复制粘贴技术,然后合并图层,再用“修复画笔工具”将规则的边缘擦得渐变效果。

5.6.5 实训练习

将图 5.168(a)~(e)所示的千岛湖局部图片拼接在一起,并调节色彩,修改成如图 5.169 所示的千岛湖全景图。

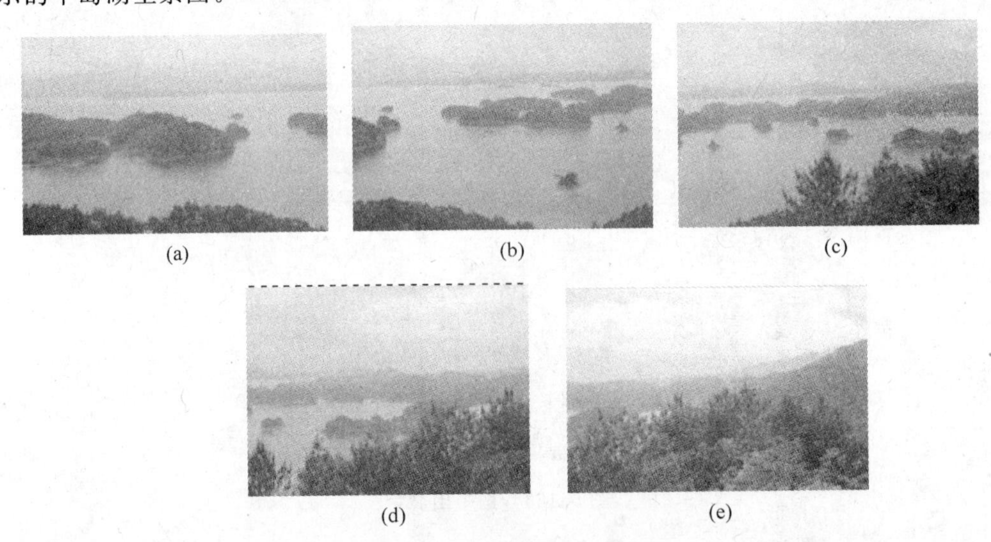

(a) (b) (c)

(d) (e)

图 5.168 千岛湖原图

(1) 分别使用“图案图章工具”、和“仿制图章工具”来复制图像。

(2) 分别使用“修补工具”选项栏中的修补栏中“源”和“目标”两种覆盖图像的不足地方。

图 5.169 千岛湖全景

5.7　实训　怀旧照片制作

5.7.1　实训目的

本实训目的如下。

(1) 通过实训初步培养综合实践能力，能够掌握照片的处理技巧。

(2) 学习利用滤镜、选框工具和图像调整来营造照片的怀旧气氛，制作具有海报效果的老照片。

(3) 通过如图 5.170 所示的源照片，制作出如图 5.171 所示的怀旧照片。

图 5.170　源照片

图 5.171　怀旧照片

5.7.2　实训理论基础

本实训的内容是综合性的练习，它的知识点涵盖在前面的章节中。通过这个实训要达到能够综合灵活运用所学的知识，完成高超的制作技巧，这是提高综合运用所学知识的过程。

本实训要应用到的技巧有如下几种。

(1) 使用快速蒙版选择复杂的图像。

(2) 使用"渐变工具"制作背景。

(3) 使用羽化效果修饰图像边缘。

(4) 使用色彩调整命令修改图像色彩效果。

(5) 使用"图层样式"面板添加阴影效果。

(6) 使用文字、选项栏和文字面板编辑文本。

5.7.3　实训操作步骤

1. 增加照片对比度

具体操作如下。

(1) 打开如图 5.170 所示的照片，将"照片"图层拖动到"图层"调板右下的"新建图层"按钮 上，复制出"背景"图层，命名为"怀旧照片"图层，选中此图层，在"图层"调板左上角将混合模式设置为“强光”,如图 5.172 所示。这样可以加强照片的光照对比度。

图 5.172 混合模式设置为“强光”

(2) 单击“图层”→“合并可见图层”菜单命令,将所有图层合并为一个图层。单击“图像”→“调整”→“色相/饱和度”菜单命令,在弹出的对话框中选中“着色”,设置“色相”为 50,“饱和度”为 24,“透明度”为 0,如图 5.173 所示。单击“确定”按钮,此时照片已经从彩色变为旧照片的灰黄色,如图 5.171 所示。

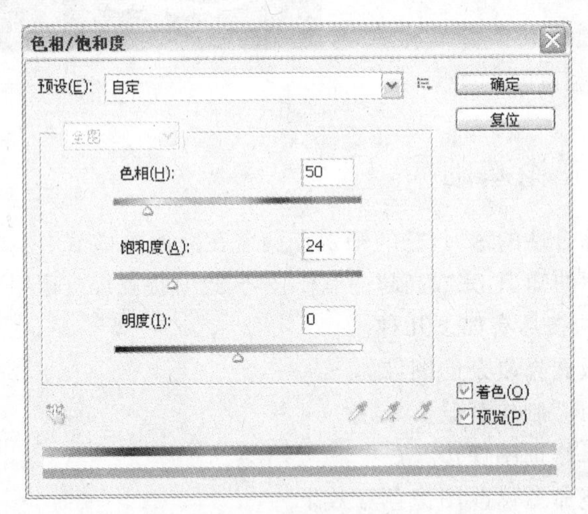

图 5.173 “色相/饱和度”对话框

2. 照片添加纹理

操作步骤如下。

(1) 单击“滤镜”→“纹理”→“颗粒”菜单命令,在弹出的对话框中设置“强度”为 10,“对比度”为 42,“颗粒类型”选择“强反差”,如图 5.174 所示。单击“确定”按钮。

(2) 再一次使用“滤镜”→“纹理”→“颗粒”菜单命令,在弹出的对话框中设置“强度”为 10,“对比度”为 15,“颗粒类型”选择“垂直”,如图 5.175 所示。单击“确定”按钮,效果如图 5.176 所示。

图 5.174　设置滤镜

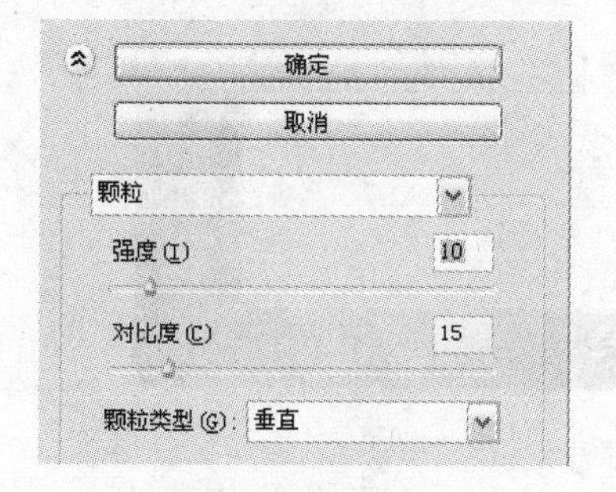

图 5.175　设置颗粒滤镜　　　　图 5.176　滤镜后效果图

(3) 单击“滤镜”→“杂色”→“添加杂色”菜单命令，在弹出的对话框中将“总量”调为15%，其余均为默认，如图 5.177 所示。单击“确定”按钮，应用杂色效果。

(4) 如果图片颜色太深，可通过“图像”→“调整”→“曲线”菜单命令调整，如图 5.178 所示。

图 5.177　设置添加杂色滤镜　　　　图 5.178　添加杂色后效果图

3. 制作照片边缘撕裂效果

具体操作如下。

（1）新建宽度为600像素、高度为450像素、模式为RGB颜色和背景为白色的画布，得到一幅长方形的“老照片壁纸”。

（2）拖动“背景”图层到调板最上层的 按钮上，复制一个“背景”图层。选中工具箱中的“矩形选框工具”按钮 ，如图5.179所示，在画布上框选一个长方形，按Alt+Delete键，将矩形填充为白色的前景色。

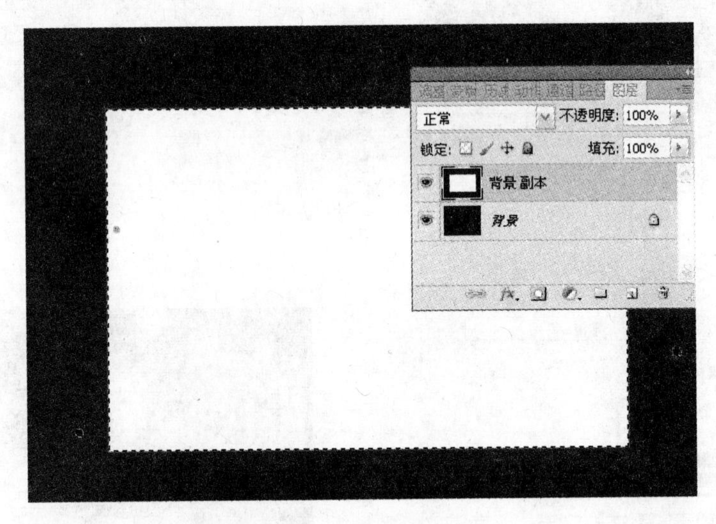

图5.179　老照片壁纸

（3）利用“滤镜”→“画笔描边”→“喷溅”菜单命令，在弹出的对话框中设置“喷色半径”为23，“平滑度”为10，如图5.180所示，单击“确定”按钮。

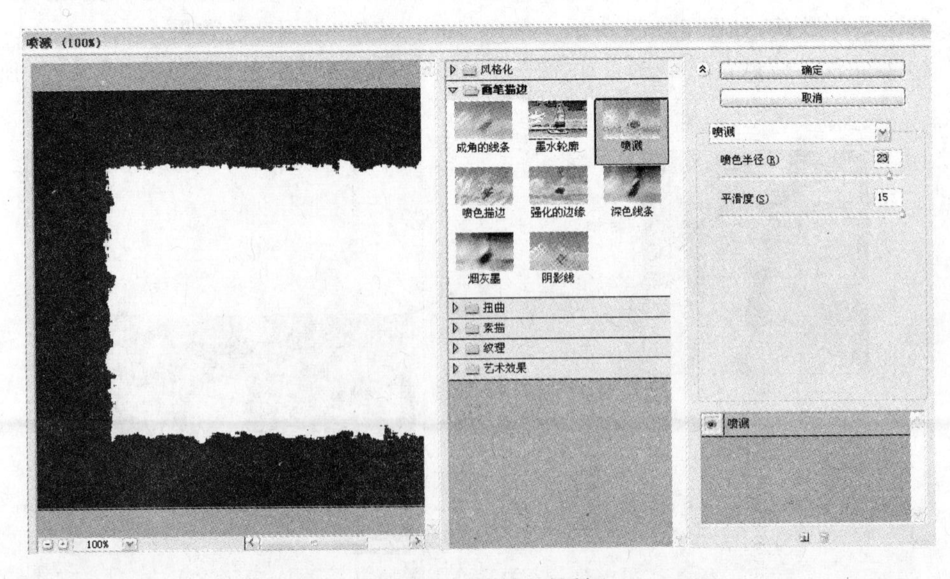

图5.180　“喷溅”对话框

(4) 为了加强撕裂效果，单击"滤镜"→"素描"→"撕边"菜单命令，在弹出的对话框中设置"图像平衡"为 25，"平滑度"为 12，"对比度"为 17，如图 5.181 所示，单击"确定"按钮。

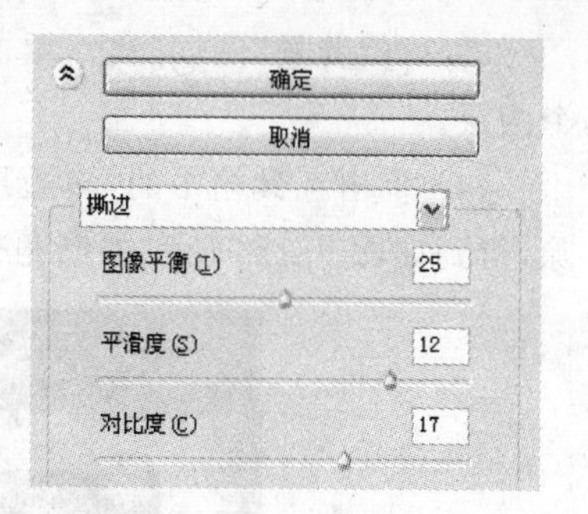

图 5.181 "撕边"对话框

注意：背景和撕边内的颜色相同，本例前景为黑色，背景色为白色。

(5) 将"撕边"层的黑框删掉，单击工具栏中的"魔棒工具"按钮，选中黑色框，按 Delete 快捷键删除黑外框，如图 5.182 所示。

图 5.182 删除黑边框

4. 合并照片

操作步骤如下。

(1) 回到刚才的"怀旧照片"图像文档，右击"怀旧照片"图层，选择"复制图层"命令，将其复制到"老照片壁纸"图像文档中。

(2) 单击"编辑"→"自由变换"菜单命令，将照片调整好放到白色框中，如图 5.183 所示。

图 5.183 放置图片

(3) 将“背景”图层隐含,单击“图像”→“合并可见层”菜单命令,将白边和照片合成为一个图层。

(4) 单击工具箱中的“多边形套索工具”按钮,将相纸的左上角选中,按 Delete 键删除,得到如图 5.184 所示的撕角效果,形状可根据各人喜好所定。

图 5.184 撕角效果

(5) 按 Ctrl+T 快捷键调出自由变换命令,右击,选择“变形”命令,适当地将图片卷曲些,如图 5.185 所示,按回车键结束命令。

图 5.185 图片卷曲

(6) 复制两个相片层,分别用自由变换命令调整各层的角度,效果如图 5.186 所示。

(7) 选择工具箱中的“文字工具”按钮 T,在画布上输入任意一段文字“1960 年留念”,“字体”可选择隶书字体,“字体大小”设置为 30 像素,“字体颜色”为白色,用图层样式红色描边,如图 5.187 所示。

最后对照片位置和文字进行一下修饰,最终效果如图 5.171 所示。至此,一幅怀旧照片制作完毕。

图 5.186　复制多张照片

图 5.187　设置文字图层

5.7.4　实训技术点评

本次实训内容是综合性的制作过程，它需要有一定的 Photoshop CS 的基本知识，并能灵活运用。制方法并不唯一，制作时可以尝试其他的方法，只要能达到最终的效果即可。尤其是在滤镜技术处理方面，可以多做几次直到达到满意的效果为止。

另外，在使用多个图层时，图层的命名尽量与实际内容相关，以方便操作。

5.7.5　实训练习

仿照本实训案例，自己设计制作一幅广告式的怀旧的照片。

本章小结

本章通过 7 个实训，学习掌握 Photoshop CS5 的各种文字工具的使用和各种文字装饰的方法。学习直线工具、矩形选框工具、圆角矩形选框工具、椭圆选框工具、多边形工具和自定义形状工具的使用。重点掌握仿制印章工具、修复画笔工具、修补工具和橡皮擦工具的灵活运用。灵活使用画笔工具及画笔样式设置。学会综合使用各种工具完成图像的处理。几个实训是综合性的，只有灵活运用所学知识，才能达到最终效果。

通过实训练习，可以将每个实训的内容深化、变通和提高。

第6章 通道和蒙版应用

本章学习要求

理论环节：

- 了解通道的基本概念和特点，掌握通道对选区的存储功能；
- 掌握通道对色彩的管理和编辑功能；
- 学会观察颜色通道，并掌握在单色通道中实现选择的技巧；
- 了解快速蒙版的基本概念和特点，掌握快速蒙版的抠像和融图技巧。

实践环节：

- 梦幻图案的制作；
- 打造雾芒晨光；
- 编织凤雕图案；
- 打造西塘夜景；
- 火焰效果的制作；
- 椰林落日的创意。

6.1 实训 梦幻图案的制作

6.1.1 实训目的

本实训目的如下。

(1) 了解通道的基本概念和特点。

(2) 利用单通道进行滤镜处理，达到神奇的图案效果。制作如图6.1所示的梦幻图案。

图6.1 梦幻图案

6.1.2 实训理论基础

1. 通道的基本概念与作用

Photoshop处理的图像都具有一定的色彩模式，不同的色彩模式图像中的像素点采用的描述方法不同。记录和表述图像中色彩描述方法的地方是通道，即通道的主要作用是管理图像的色彩，并且能够显示色彩的构成方式。例如，将色彩模式为RGB的图像导入Photoshop，打开通道调板就可以看到红(Red)、绿(Green)和蓝(Blue)3个颜色通道和一个RGB的复合通道，如图6.2所示。如果将色彩模式为CMYK的图像导入Photoshop，在通道调板中将看到黄(Yellow)、品红(Magenta)、青色(Cyan)、黑色(Black)4个颜色通道和一个CMYK的复合通道，如图6.3所示。

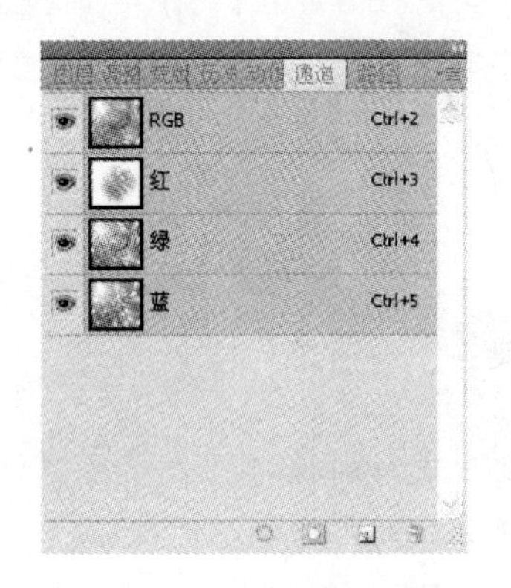

图6.2　RGB模式的通道

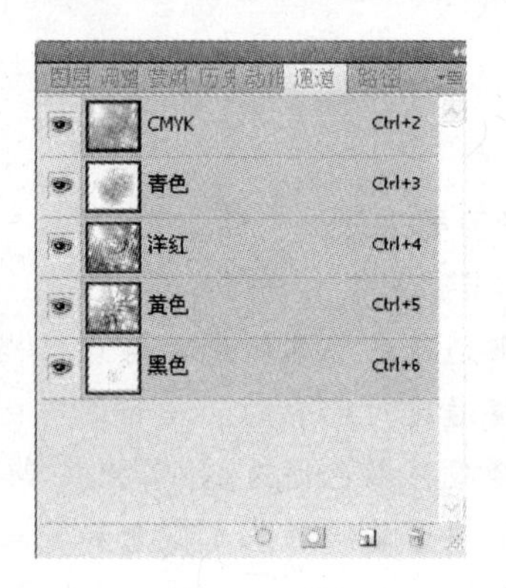

图6.3　CMYK模式的通道

RGB模式基于色光的原理，混合的颜色具有鲜艳和明亮的特性。RGB模式在通道中分解为红、绿和蓝三个单色通道，每个通道都以该色的256级亮度值显示。单击每个单色通道，会发现各个通道的亮度值都不同，观察各个单色通道的亮度值，可以分析出图像的色彩特点。

CMYK模式以打印和印刷的油墨特性为基础，包含青色、品红、黄色和黑色4种油墨色彩。此模式虽然包含的色彩成分较多，但是受到油墨特性的制约，实际混合出的色彩少于RGB模式，仅包含印刷油墨能够实际打印出的色彩。

CMYK模式在通道中分解为青色、品红、黄色和黑色四色通道，每个通道都以该色的透明度值显示。根据图像的色彩特征，每个通道中包含的色彩量是不同的。例如，将"Ducky"图像的模式转变为CMYK模式，图像的色彩就在四色通道中重新分配。其中黄色通道中的色彩接近黑色，这表明黄色的色彩量很大，是图像的主要色调。鸭子的嘴巴在品红通道中显示为黑色，说明嘴巴的色彩以红色为主。黑色通道中的色彩最少，只有一些阴影的暗部有少量黑色，而眼睛则以黑色居多。青色仅次于黑色，只在轮廓和阴影处含有少量的青色。

每个通道中的色彩有相对的独立性，可以删除一个或几个单色通道，图像的色彩中会减少该通道的色彩成分。如果要修改图像的色调，可以进入到某个单色通道中进行修改。如果图像有偏色现象，也可以进入该色的通道中纠正它。一些特殊的色彩效果也可以通过各个单色通道组合出来。

6.1.3　实训操作步骤

操作步骤如下。

(1) 单击"文件"→"新建"菜单命令，弹出"新建"对话框。新建宽度为500像素、高度为500像素、模式为RGB颜色和文档背景为黑色的画布。

（2）单击工具栏中的"画笔工具"按钮，分别在画布上绘制大小不等的白色实球(尽量布满画布)，如图 6.4 所示。

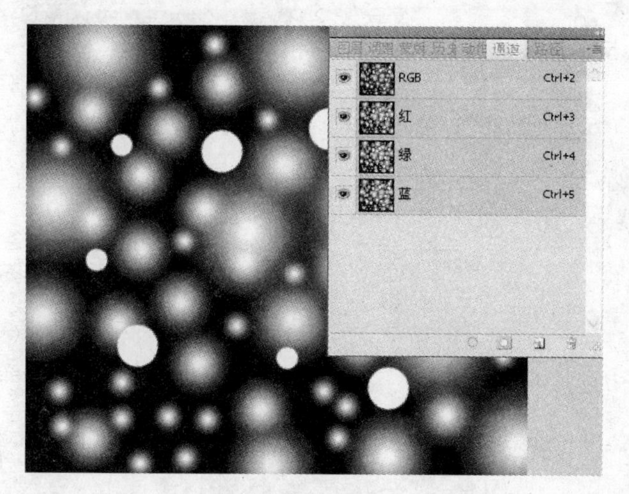

图 6.4　画图案

（3）单击"通道"调板，使当前为"红"通道，单击"滤镜"→"扭曲"→"水波"菜单命令，在弹出的对话框中设置"数量"为 50，"起伏"为 10，如图 6.5 所示。

（4）当前为"绿"通道，单击"滤镜"→"扭曲"→"旋转扭曲"菜单命令，在弹出的对话框中设置"角度"为 600，如图 6.6 所示。

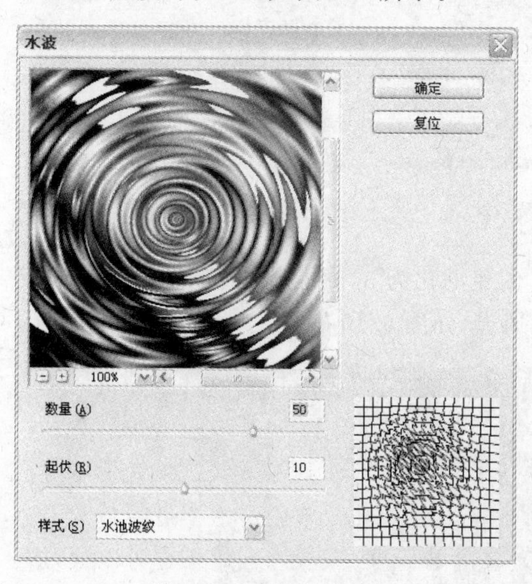

图 6.5　"水波"对话框

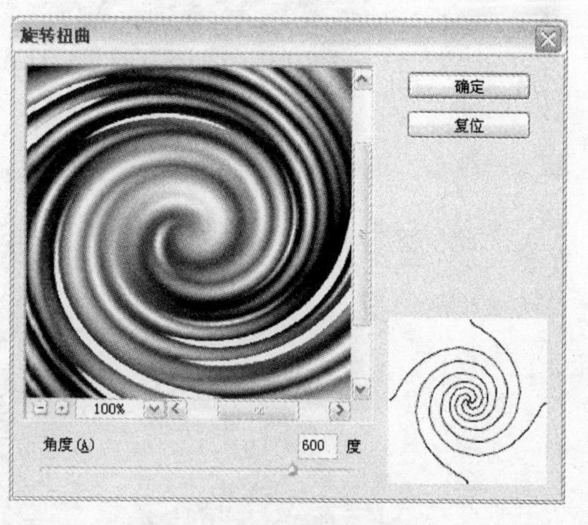

图 6.6　"旋转扭曲"对话框

（5）当前为"蓝"通道，单击"滤镜"→"扭曲"→"挤压扭曲"菜单命令，在弹出的对话框中设置"数量"为 100，如图 6.7 所示。

（6）当前为"RGB"通道，单击"滤镜"→"渲染"→"镜头光晕"菜单命令，在弹出的对话框中选择"35 毫米聚焦"，设置"数量"为 100，如图 6.8 所示。再选择"电影镜头"，在画布不同地方设置不同大小的光晕效果，如图 6.9 所示。

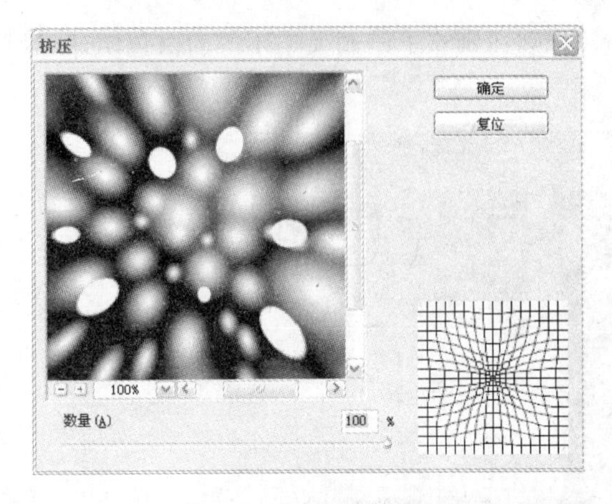

图 6.7 “挤压”对话框

图 6.8 “镜头光晕”对话框

图 6.9 滤镜效果

(7) 单击工具箱中“椭圆选框工具”按钮，创建羽化为 30 的椭圆选区，在“通道”调板中单击“将选区存储为通道”按钮，并产生 Alpha 通道，如图 6.10 所示。

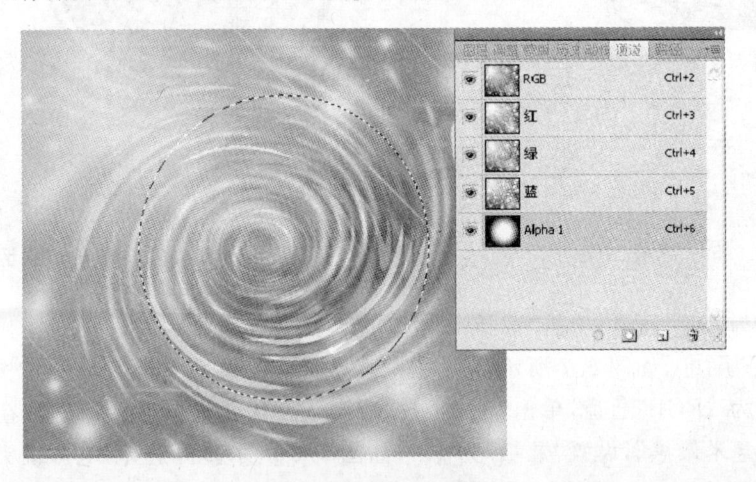

图 6.10 建立新通道

（8）回到图层，创建一个新的图层，按 Shift＋Ctrl＋I 快捷键，反选选区设置前景色为红色，并填充红色，将图层混合模式改为“滤色”，如图 6.11 所示。

图 6.11　图层混合模式效果

6.1.4　实训技术点评

1. 通道调板按钮

通道调板下方有 4 个选项按钮。

（1）“将通道作为选区载入”按钮。如果选中颜色通道，单击此按钮可以将通道中灰度为 50％以上的颜色作为选择区域显示在图像中。如果选中 Alpha 通道，此按钮的功能相当于单击“选择”→“载入选区”菜单命令，弹出对话框设置，它能够把存储在 Alpha 通道中的选区显示在图像中。

（2）“将选区存储为通道”按钮。使用此按钮前，图像中要有浮动的选区，否则无法激活按钮。单击此按钮，可以将当前的选区存储到通道调板中。按下 Alt 键单击此按钮，可以打开“新通道”对话框设置参数。

（3）“创建新通道”按钮。单击此按钮可以在通道调板中建立新通道，新通道以黑色显示，允许输入文字、修改选区和制作滤镜。按下 Alt 键并单击此按钮，可以打开“新通道”对话框设置参数。按下 Ctrl 键并单击此按钮，可以打开“新专色通道”对话框创建专色通道。单击某个通道拖动到“创建新通道”按钮上，可建立一个该通道的副本。

（4）“删除当前通道”按钮。选中单色通道或 Alpha 通道，单击此按钮可以删除通道。需注意的是，复合通道无法删除，否则图像中就没有色彩信息了。

可根据图案要求，分别在不同的通道做滤镜效果，达到梦幻的效果。

2. Alpha 通道的使用

当新建一个通道时默认名为 Alpha 通道，画布成红色蒙版形式，可以用 Alpha 通道进行操作，使用十分方便。

6.1.5 实训练习

利用色彩通道的相对独立性编辑图像，利用 Alpha 通道保留选区和通道对选区的存储功能及扭曲滤镜组的部分功能，将如图 6.12 所示的音符原图素材在通道中制作滤镜效果，得到如图 6.13 所示的色彩音符背景。

图 6.12　色彩音符素材图

图 6.13　色彩音符背景效果

6.2 实训　打造雾芒晨光

6.2.1 实训目的

本实训目的如下。

(1) 了解通道的种类，掌握通道调板的基本功能和使用方法。

(2) 利用单通道选择高光区域，利用滤镜中的径向模糊功的技巧，将图 6.14 所示的图片做出雾芒的效果，如图 6.15 所示。

图 6.14　晨光原图

图 6.15　雾芒晨光效果图

6.2.2 实训理论基础

1. 通道的种类

按照通道的不同属性，可以将通道分为 5 个类型，如图 6.16 所示。

(1) 颜色通道。“通道”调板是放置和显示图像色彩信息的调板，打开“通道”调板，可以看到图像包含的色彩都归类放置在不同的通道中，这就是颜色通道。

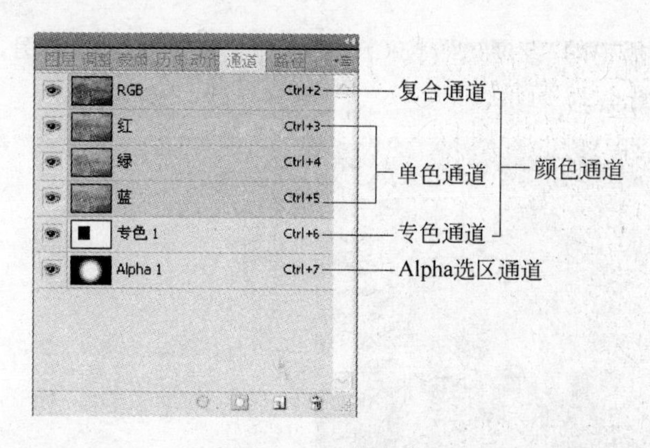

图 6.16 通道的类型

(2) 复合通道。复合通道在“通道”调板的顶部，它其实不包含任何信息，只是同时预览并编辑所有单色通道的快捷方式。通常在编辑完成单色通道或 Alpha 通道后，单击复合通道返回到调板的默认状态。

(3) 单色通道。在 Photoshop CS 中，相同的色彩像素被放置在一起。例如，一幅图像中的红色像素都放置在红色通道中。记录和显示一种色彩信息的通道就是单色通道。如果删除一个单色通道，就会发现复合通道消失了，图像中所有的该色都将消失。

(4) Alpha 选区通道。Alpha 选区通道是“非颜色”通道，只有黑色、白色和 256 级灰色。它最基本的功能是保存选择范围，白色表示选择区域，黑色表示未选区域，各级灰色表示不同的透明度。在 Photoshop CS 中制作各种特殊效果都离不开 Alpha 选区通道。

(5) 专色通道。专色通道是一种特殊的颜色通道，它是为了保存彩色印刷的专色版而设置的。在某些高档印刷品中，人们往往不通过 4 色混合印制纯色，而是直接加印纯色，这就是所谓的“专色”。

2. 通道的色彩对比度

“通道”调板中储存着图像的色彩信息，一个通道中只能包含一种颜色信息。例如，RGB 图像中红通道是由图像中所有的红色像素点组成，同样，绿通道或蓝通道则是由绿色像素点或蓝色像素点组成，不同的色彩信息组合在一起构成了不同的色彩变化。由于每个通道中的颜色相对独立，可以利用通道的颜色差别建立选区。

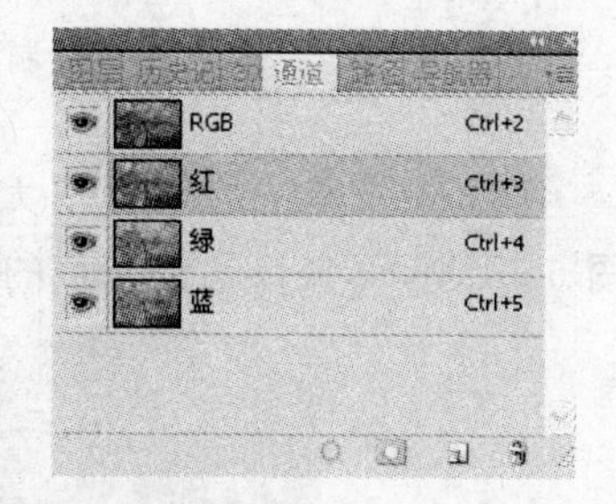

图 6.17 通道的色彩对比度

利用 Alpha 通道选中如图 6.14 所示的晨光。打开“通道”调板，每个通道中呈现的色彩不同，其中红通道中的形象最为清晰，如图 6.17 所示。

6.2.3 实训操作步骤

在 Alpha 通道中制作选区

操作步骤如下。

(1) 打开如图 6.14 所示的图像。

(2) 单击通道调板中的“红通道”，按 Ctrl 键再单击红通道的缩略图，将红通道的区域选中，高亮度的区域如图 6.18 所示。

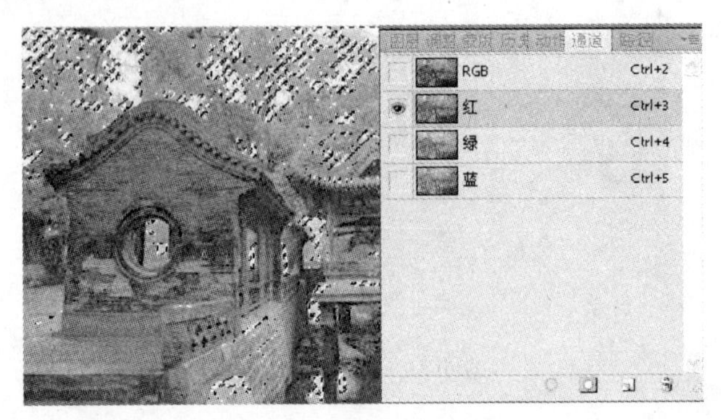

图 6.18　选择高光区域

(3) 复制高亮度的区域，按 Ctrl＋C 快捷键将高亮度的区域粘贴到剪贴板中。

(4) 回到“图层”调板中，新建一个图层，在新的图层中按 Ctrl＋V 快捷键，将高亮度的区域粘贴到图层中，如图 6.19 所示。

(5) 在此图层中单击“滤镜”→“模糊”→“径向模糊”菜单命令，在弹出的对话框中设置数量为 100，模糊方式为缩放，调节中心模糊，如图 6.20 所示。

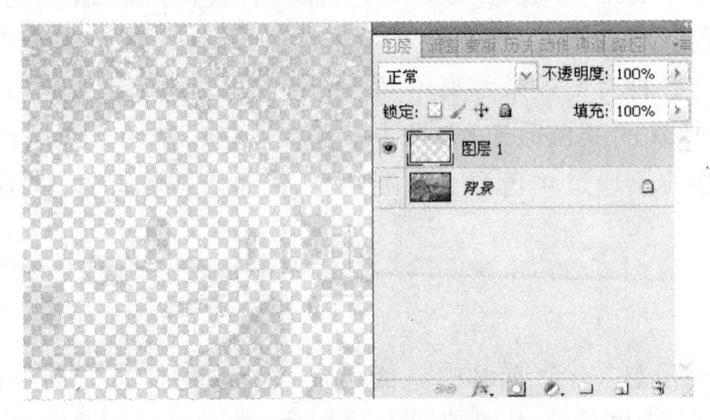

图 6.19　复制高光区域

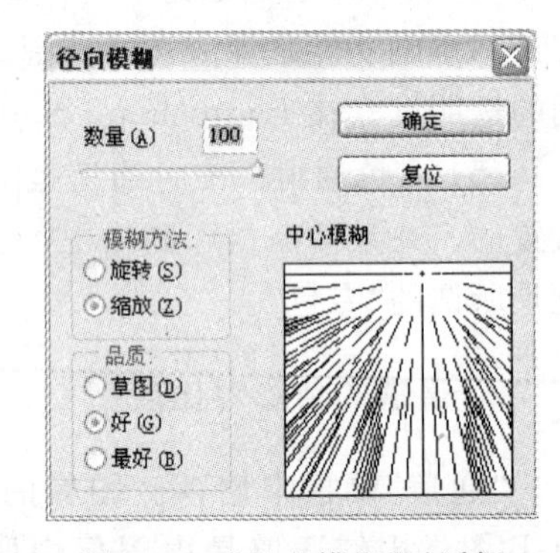

图 6.20　“径向模糊”对话框

(6) 如果雾芒的效果不太明显，可再复制“图层 1”，移动图形使雾芒效果更明显，如图 6.21 所示，最终达到雾芒的效果，如图 6.15 所示。

图 6.21　复制图层

6.2.4 实训技术点评

在单通道选择高光区域

在实训中，选择雾芒时选择的是红通道，也可以使用蓝通道或绿通道，效果是一样的。因此，在选择颜色不同的图像中，可以多次尝试一下每个单通道的制作，达到最佳的效果。

6.2.5 实训练习

本实训练习如下。

打开如图 6.22 所示的图片，仿照本例利用单通道选区和滤镜技巧，制作如图 6.23 所示的雾蒙蒙的夜晚效果。

图 6.22 夜晚

图 6.23 雾蒙蒙夜晚

6.3 实训 编织凤雕图案

6.3.1 实训目的

本实训目的如下。

(1) 学习通道的存储选区功能，掌握在 Alpha 通道中创建选区、编辑选区、存储选区和制作滤镜效果的技巧。

(2) 学习使用通道功能制作浮雕效果，使用 Alpha 通道制作交叉选区，达到如图 6.24(a)、图 6.24(b)所示的浮雕效果。

(a)

(b)

图 6.24 浮雕效果

6.3.2 实训理论基础

通道调板和按钮功能

单击“窗口”→“通道”菜单命令，在弹出的对话框中可以打开“通道”调板，如图6.25所示。“通道”调板与“图层”调板有相似之处，各个通道按照顺序平行放置在通道“调板”中。下面分别介绍通道中的按钮及其主要功能。

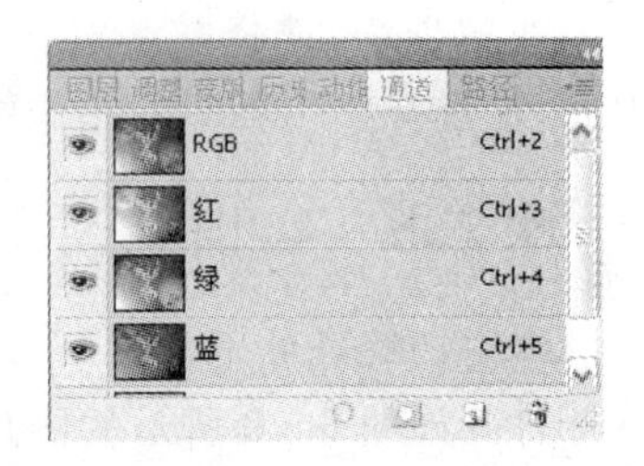

图6.25 通道面板

(1)“可视性”按钮。单击“可视性”按钮，通道可以在显示和隐藏之间变换。按钮显示表示显示当前通道，按钮消失表示此通道隐藏。需要注意的是，由于复合通道是由各个单色组成的，当隐藏调板中的某一个单色通道时，复合通道将无法显示。当显示复合通道时，组成它的各个单色通道将会自动显示。

(2)“通道缩略图”。用以观察通道的状态，可以通过通道菜单中的选项改变它的显示大小。

(3)“通道名称”红。显示通道名称，通过此处可以判断通道的属性。如果选中Alpha通道，双击通道名称，可以激活名称重新给通道命名。

(4)“通道快捷键”Ctrl+1。根据显示的各个通道的快捷键，可以很快地选中各个通道。

6.3.3 实训操作步骤

1. 背景图制作

操作步骤如下。

(1) 单击“文件”→“新建”菜单命令，弹出“新建”对话框。新建宽度为500像素、高度为500像素、模式为RGB颜色和文档背景为白色的画布。然后，单击“确定”按钮。设置前景为橘黄色，背景为黑色，按Alt+Delete快捷键，填充橘黄色画布背景。

(2) 单击“滤镜”→“纹理”→“颗粒”菜单命令，在弹出的对话框中设定强度为20，对比度为20，类型为垂直，如图6.26所示。

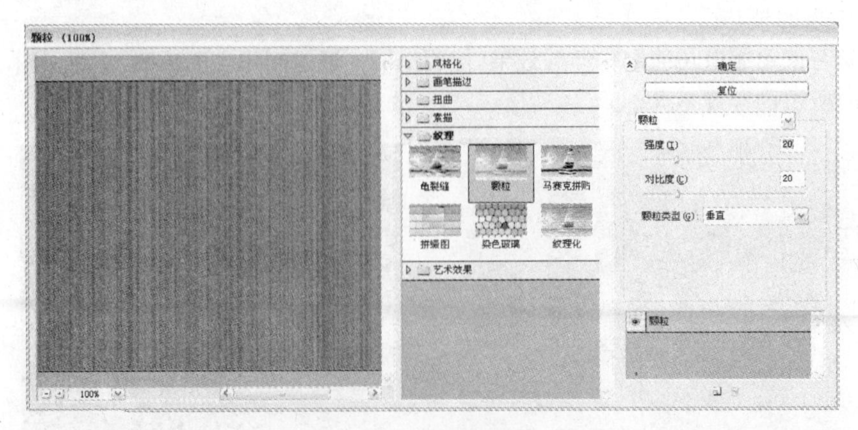

图6.26 “颗粒”滤镜

背景的图案就做好了。

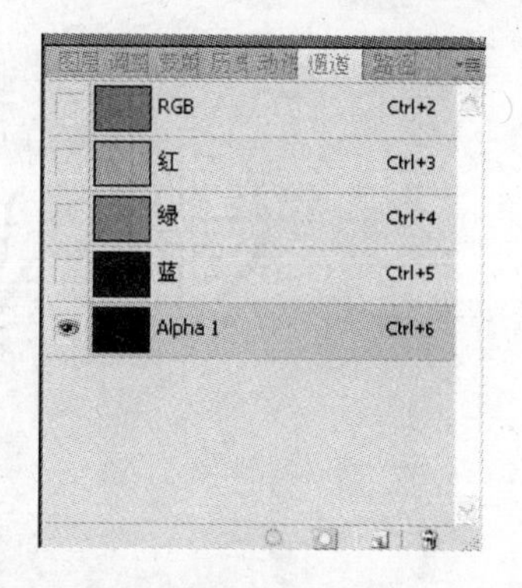

图 6.27　Alpha 1 通道

2. 在 Alpha 通道中制作选区

(1) 单击“通道”调板中的“创建新通道”按钮，“通道”调板中出现一个新建的 Alpha 1 通道，如图 6.27 所示。

(2) 单击工具箱中的“画笔工具”按钮，设置前景色为白色，单击选择画笔图案，调节画笔大小，在新建的 Alpha1 通道中单击，画出如图 6.28 所示的图案。

(3) 单击工具箱中的“移动工具”按钮，将图案移动到合适的位置，按下 Ctrl+D 键，取消选区。

图 6.28　Alpha1 图案

(4) 在 Alpha 1 通道，单击“滤镜”→“模糊”→“高斯模糊”菜单命令，在弹出的对话框中设定模糊的数值为 1.0，如图 6.29 所示。

(5) 单击“滤镜”→“风格化”→“浮雕效果”菜单命令，在弹出的对话框中设定浮雕的“角度”为−140，“高度”为 6，“数量”为 105，如图 6.30 所示。图案效果如图 6.31 所示。

图 6.29　高斯模糊效果

图 6.30　浮雕效果

图 6.31　图案效果

3. 制作浮雕效果

(1) 在“通道”调板中单击 RGB 通道，单击“图像”→“应用图像”菜单命令，在弹出的对话框中设置参数并选中“蒙版”复选框，如图 6.32 所示，得到如图 6.33 所示的效果。

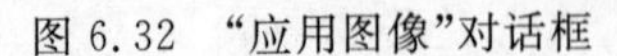

图 6.32　“应用图像”对话框

图 6.33　效果图案

到此凤雕图案就制作好了，如图 6.24(a)所示，为了使图案更加清楚和绚丽，可使用滤镜中的光照效果。

(2) 单击“滤镜”→“渲染”→“光照效果”菜单命令，在弹出的对话框中设置光照大小和颜色，如图 6.34 所示。

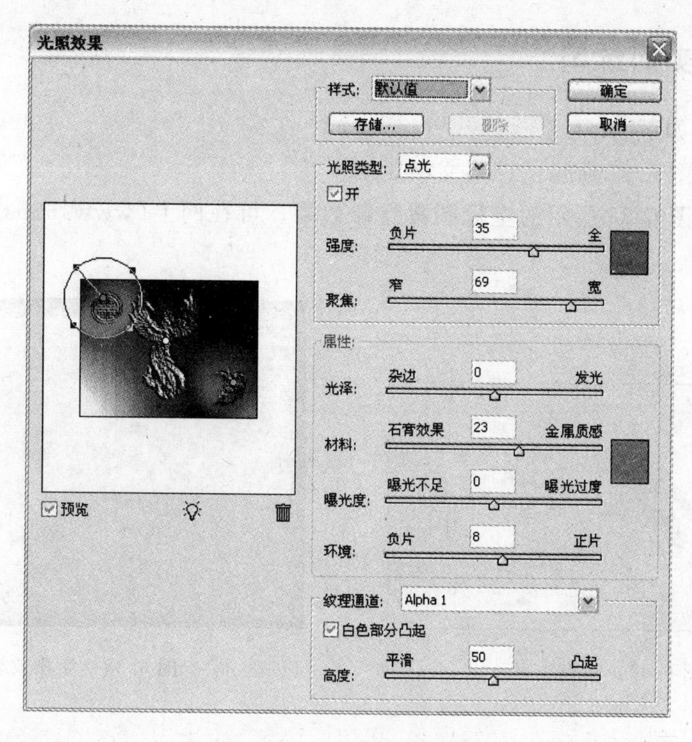

图 6.34　“光照效果”滤镜

6.3.4　实训技术点评

1. “模糊”滤镜对浮雕效果的影响

在实训中，“模糊”滤镜的使用是为了制作浮雕效果，模糊的数值越大，浮雕效果越明显；模糊的数值越小，浮雕的边缘越锐利。如图 6.35 所示为模糊数值为 0.8 时形成的浮雕效果。如图 6.36 所示为模糊数值为 2.5 时形成的浮雕效果。

图 6.35　数值为 0.8 的浮雕效果

图 6.36　数值为 2.5 的浮雕效果

2. “光照效果”滤镜的作用

单击“滤镜”→“渲染”→“光照效果”菜单命令，在弹出的对话框中分别设置光照大小和颜色，如图 6.34 所示。在“光照效果”对话框中，按 Alt 键，用鼠标拖动光中心的小灯泡，添加有一个光照点。纹理通道应选择 Alpha 1 通道。

6.3.5 实训练习

本实训练习如下。

(1) 制作如图 6.37 所示的凹陷文字效果。

(2) 制作如图 6.38 所示的皇冠图案浮雕效果。可在网上(www.68ps.com)下载画笔图案工具。

图 6.37 凹陷文字

图 6.38 浮雕效果

6.4 打造西塘夜影

6.4.1 实训目的

本实训目的如下。

(1) 学习通道制作文字。

(2) 使用滤镜中高斯模糊。

(3) 通过计算通道的设置制作文字。

(4) 将图 6.39 所示的西塘夜景,在“颜色”模式下用彩色渐变制作出霓虹灯的效果,如图 6.40 所示。

图 6.39 西塘夜景原图

图 6.40 西塘夜景彩字

6.4.2 实训理论基础

Alpha通道实质是存储起来的选择区域。选区之间可以有相加、相减和相交等变化，在通道中也可以实现这些效果，得到新的选区形状，这就是通道的计算功能。

（1）通道的计算功能通过“图像”→“计算”菜单命令来实现。

（2）单击“图像”→“计算”菜单命令，弹出“计算”对话框，如图6.41所示，对话框中包括“源1”、“源2”、“混合”和“结果”四个部分，下面分别介绍。

① “源1”和“源2”是计算的主要依据，“源1”和“源2”的选框用来选择计算的图像。如果在Photoshop CS中只打开一幅图像，“源1”和“源2”的显示是相同的图像名称。如果打开了两幅图像，则在“源1”和“源2”的选框内可以选择不同的图像名称，同时会将两幅不同的图像混合起来。“图层”选项用来选择参加计算的不同图层。“通道”选项用来选择参加计算的不同通道，它可以是颜色通道，可以是Alpha通道，还可以选择“灰色”，即图像中所有像素点折算的灰度值。选中“反相”复选框可以得到上述选择的相反区域。

② “混合”选项中包含20种图像混合的模式，如图6.42所示，即“源1”和“源2”可以以20种不同的计算方法混合在一起。“不透明度”选项可以设置混合后的透明效果。选中“蒙版”复选框可以打开蒙版的选项，这一选项用来设置计算发生的范围，即计算以“源1”的图像为主，还是以“源2”的图像为主，或以哪个“图层”或“通道”的效果为主。

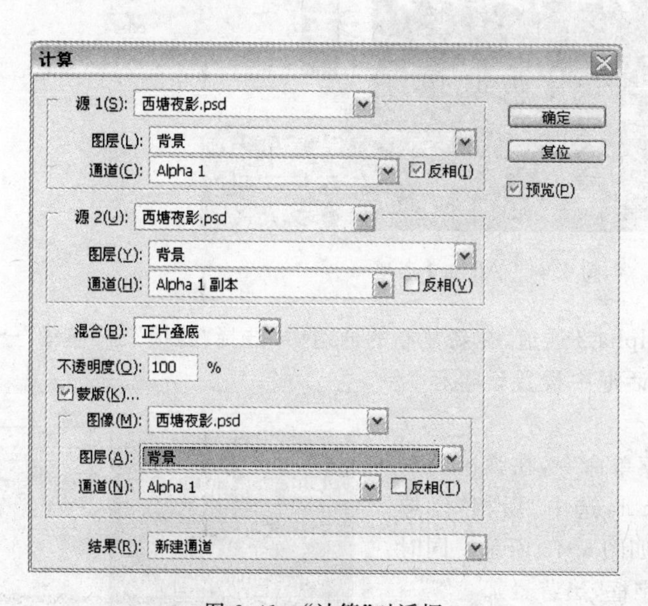

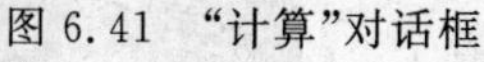
图6.41 “计算”对话框

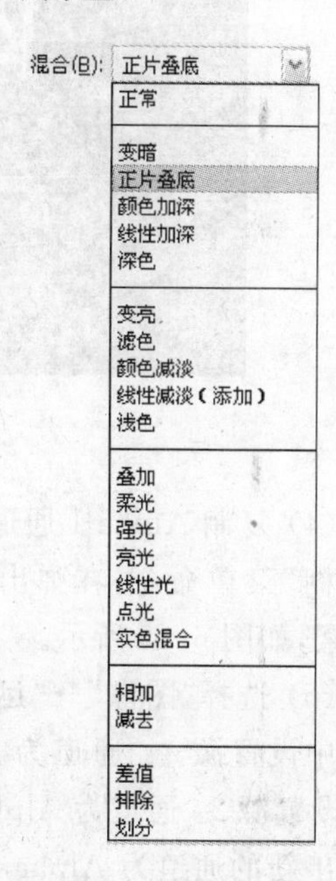

图6.42 混合模式

③ “结果”选项用来设置计算结果保存的方式，一共有“新文档”、“新通道”和“选区”三个选择，如图6.43所示。如果选择“新文档”，计算后生成的新图像会成为一个独立的文档；如果选择“新通道”，计算后生成的新图像会在“蒙版”选项选择的文件中生成一个新通道；如果选择“选区”，则会将计算后生成的新图像粘入到选区中。

图6.43 结果选项

综上所述，通道的计算可以产生许多复杂的变化，不同的计算源、不同的计算方法和不同的蒙版产生的结果会千差万别，这需要在对话框中多尝试几次才能找到满意的效果。为了便于记忆，现将通道的计算方法用一个简单的公式表述：(源 1＋源 2)×混合×蒙版＝结果。

6.4.3 实训操作步骤

1. 制作 Alpha 1 通道

操作步骤如下。

(1) 打开如图 6.39 所示的图像。

(2) 在通道调板中，单击调板下方的“创建新通道”按钮 ，系统自动建立 Alpha 1 通道。

(3) 设前景色为白色，背景色为黑色。单击工具栏中“文字工具”按钮 T，在文字选择框中设置字体为黑体，字号为 70，输入“西塘夜景”，单击“编辑”→“自由变换”菜单命令，调节字的大小和位置，按下 Ctrl＋D 键，执行取消选区命令，如图 6.44 所示。

图 6.44 Alpha 1 通道

(4) 复制 Alpha 1 通道为 Alpha 2 通道，在新复制的通道中，选择“滤镜”→“模糊”→“高斯模糊”菜单命令，在弹出的对话框中设置设半径为 3 像素，如图 6.45 所示。

图 6.45 “高斯模糊”滤镜

(5) 选择“图像”→“运算”菜单命令，在弹出的对话框中设置源 1：通道为 Alpha 1，选中“反相”复选框；设置源 2：通道为 Alpha 2，如图 6.46 所示。同时计算出新的通道为 Alpha 3(白字框，黑背景)。

(6) 在 Alpha 3 通道，单击工具栏中“矩形选框工具”按钮 ，选中文字部分，按 Alt＋C 快捷键，复制选中文字选区通道，如图 6.47 所示。

(7) 回到“图层”调板，在“背景”层上新建一个图层，按 Alt＋V 快捷键，将复制的文字粘贴到图层中的上方。

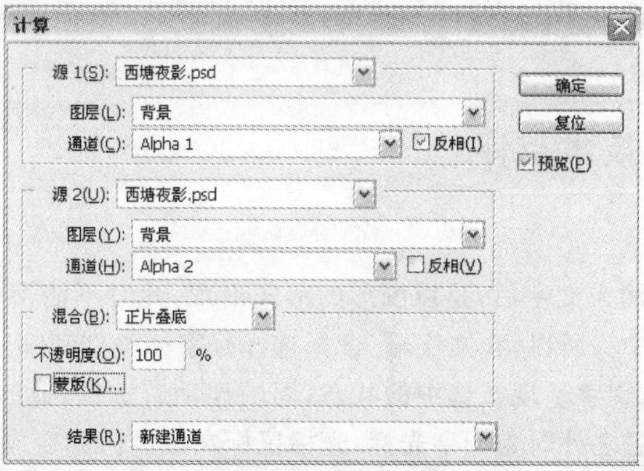

图 6.46　“计算”对话框

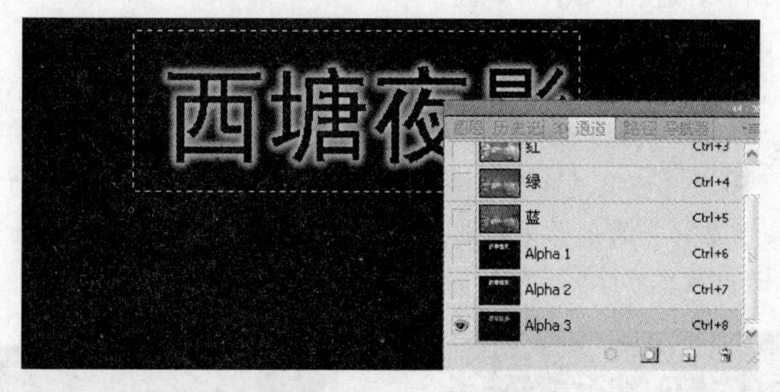

图 6.47　Alpha 3 通道文字

(8) 在选框中进行渐变。在“图层 1”,单击工具栏中“矩形选框工具”按钮 ,框住文字选区,单击工具栏中“渐变工具”按钮 ,在“渐变工具”选项框,选择“彩色”渐变,模式为“颜色”,如图 6.48 所示,在字体上横拉。做出霓虹灯的效果如图 6.49 所示。

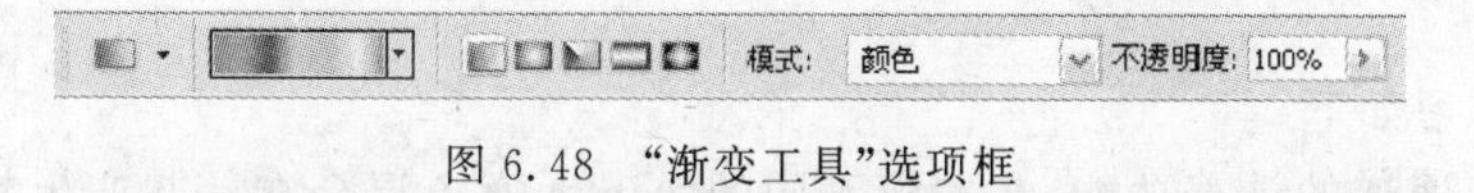

图 6.48　“渐变工具”选项框

图 6.49　银光灯字

(9) 按 Ctrl+D 快捷键去掉选区,此时西塘夜景的文字添加到画面中,效果如图 6.40 所示。

6.4.4 实训技术点评

通道文字的编辑

在 Alpha 通道中输入文字后,是以图形的形式出现,此时不能再修改文字的字体,也无法使用“文字工具”选中。所以,在文字输入时,选择好字体类型和字号大小。

确认文字输入后,文字呈现被选中的状态,周围浮动着选区,此时可以使用“选框工具”移动文字。鼠标在选区之外时为十字光标,光标鼠标在选区内部变成黑色的箭头时,就可以移动文字的位置。如果要改变文字的大小,需要使用“编辑”→“自由变换”菜单命令,在弹出的对话框中进行调节,或按下 Ctrl+T 键。

如果按下 Ctrl+D 键去掉文字周围的浮动选区,文字呈现蒙版状态。如果还要变动文字的位置和大小,必须单击“通道”调板下方的“将通道作为选区载入”按钮,重新回到选区状态才能再次修改。

注意:制作霓虹灯文字是选字体很重要,一定要选择粗狂些的,这样的选择的字体框会粗,霓虹灯效果会明显。如果制作方法相同,但选择字体不同,霓虹灯的效果会有很大的区别,如图 6.50 所示为黑体字体,如图 6.51 所示为隶书字体。

图 6.50 黑体字体

图 6.51 隶书字体

6.4.5 实训练习

本实训练习如下。

通过学习通道的计算功能,掌握将不同的 Alpha 通道混合在一起产生梦幻效果技能。如图 6.52 所示是原图效果,通过 Alpha 1 通道和 Alpha 2 通道的混合计算产生如图 6.53 所示的文字效果。

图 6.52 原图

图 6.53 练习

制作步骤简述：

1. 创建 Alpha 1 通道

输入文字“黄昏”，加入参考线，如图 6.54 所示。

2. 创建 Alpha 2 通道

(1) 给选区填充白色，如图 6.55～图 6.58 所示。

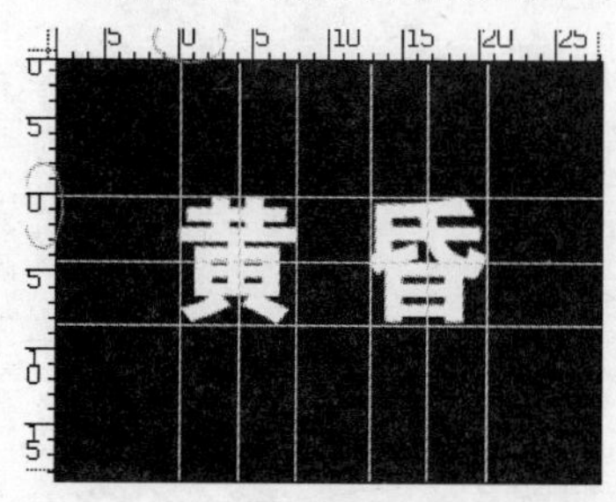

图 6.54 添加参考线

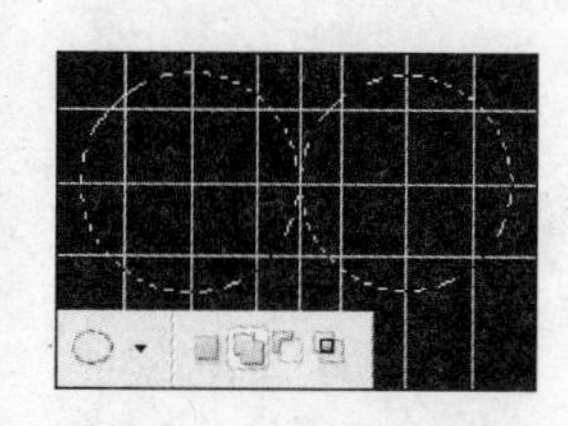

图 6.55 正圆选区

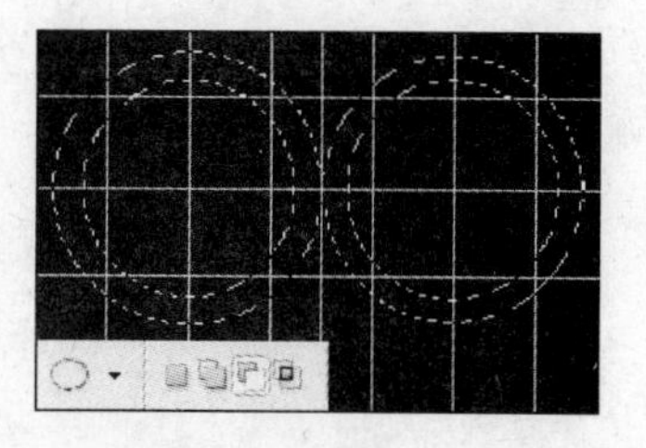

图 6.56 环形选区

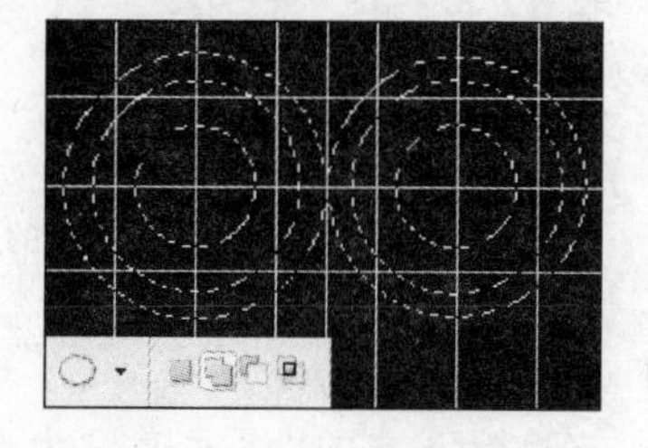

图 6.57 小圆选区

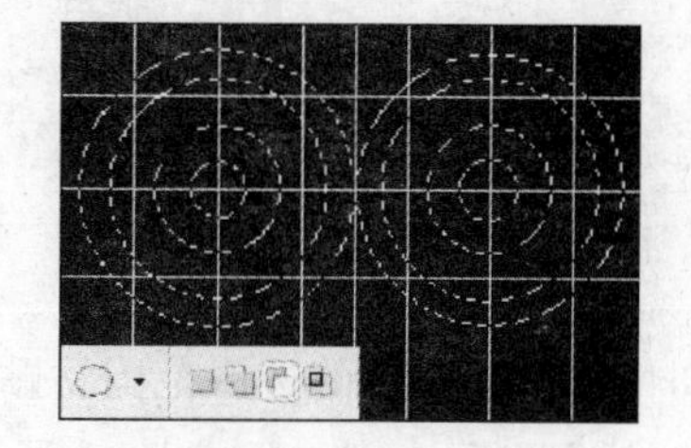

图 6.58 小环形选区

(2) 单击“滤镜”→“扭曲”→“海洋波纹”菜单命令，如图 6.59 所示。
(3) 单击“滤镜”→“模糊”→“径向模糊”菜单命令，如图 6.60 所示。

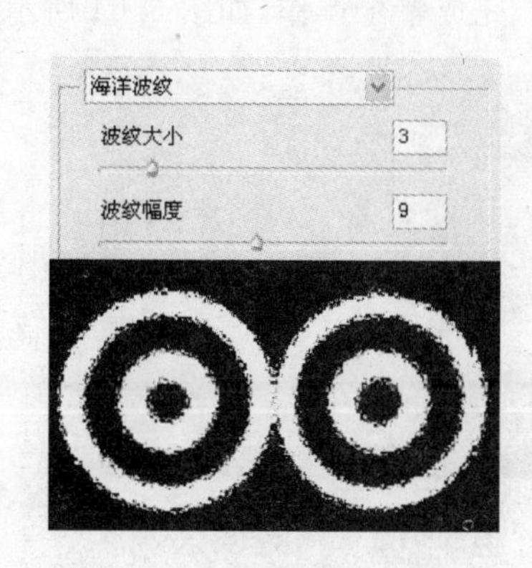

图 6.59 “海洋波纹”效果

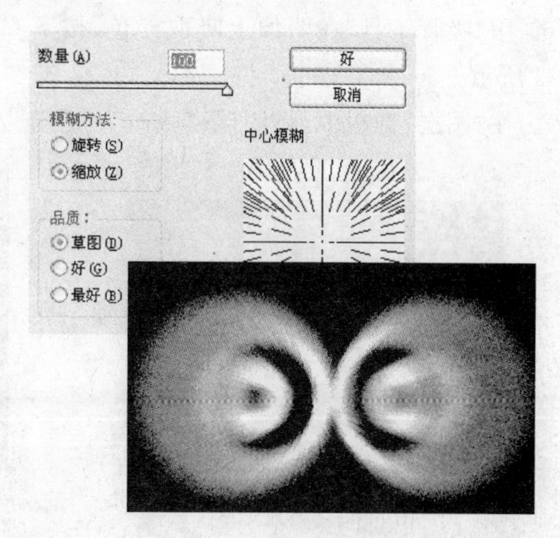

图 6.60 “径向模糊”效果

3. 计算 Alpha 1 与 Alpha 2 通道

(1) 回到综合通道中,将整个图像作为选区选中。将整个图像剪切到剪贴板上。

(2) 单击“图像”→“计算”菜单命令,弹出“计算”对话框,如图 6.61 所示。完成通道的计算,图像中显示出计算后的选区范围,如图 6.62 所示。

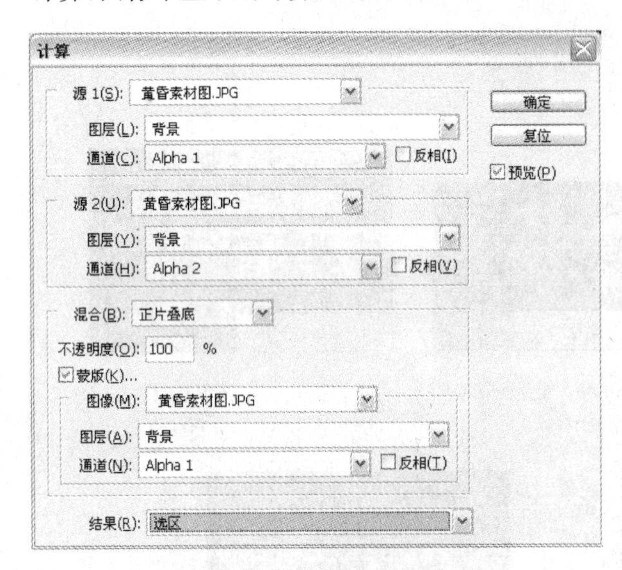

图 6.61 “计算”对话框

图 6.62 计算后的选区

(3) 将图像按照计算后的选区范围粘贴到画面中。

(4) 在“通道”调板中,选中 Alpha 1 通道,单击调板下方的“将通道作为选区载入”按钮,白色的文字变为选区。单击 RGB 通道,回到综合通道中,选区浮动在图像上。

(5) 在“图层”调板中,单击调板下方的“创建新的图层”按钮,给图像添加一个透明图层。

(6) 用“吸管工具”在图像上吸取橙色,按下 Ctrl+Back Space 键,给选区填充橙色,如图 6.63 所示。

(7) 在“图层”调板中,将图层模式改为“强光”模式。完成整个操作,如图 6.64 所示。

图 6.63 填充选区

图 6.64 完成效果

6.5　实训　火焰效果的制作

6.5.1　实训目的

本实训目的如下。

(1) 了解通道的基本概念和特点，掌握通道对选区的存储功能。

(2) 能够运用通道对选区存储和提取的特性，制作如图 6.65 和图 6.66 所示的两种火焰。

(3) 进一步深化对“色彩调整”命令的理解，掌握“索引色彩”和“颜色表”的特点。

图 6.65　火焰效果之一

图 6.66　火焰效果之二

6.5.2　实训理论基础

1. 使用 Alpha 通道存储选区

在本实训中将学习通道对选区的存储功能，并在下面的实训中进一步应用。通道中的选区可以随时提取，而且不会影响其他的操作，也不会影响图像的效果。

(1) 使用工具箱中的“魔棒工具”按钮，单击图像的黑色背景区域，图像中的白色被选中，如图 6.67 所示。

(2) 单击“选择”→“存储选区”菜单命令，弹出“存储选区”对话框。在“通道”一栏中有“新建”字样，这表明将把选区新建为一个通道。“名称”一栏后可以输入通道名称，也可以忽略，系统将默认该通道的名称为“Alpha 1”。此时，忽略“名称”一栏，单击“确定”按钮完成操作。

(3) 打开“通道”调板，在调板底部可以看到生成的“Alpha 1”通道，如图 6.68 所示，它的缩略图显示出一个黑色的火焰符号剪影。将火焰符号的选区存储在“通道”调板中。

Alpha 通道中的选区可以随时调用，下面是调出已经存储的选区的操作步骤。

(1) 如果图像中还浮动着选区，按下 Ctrl＋D 快捷键，执行“取消选择”命令。

图 6.67　选区

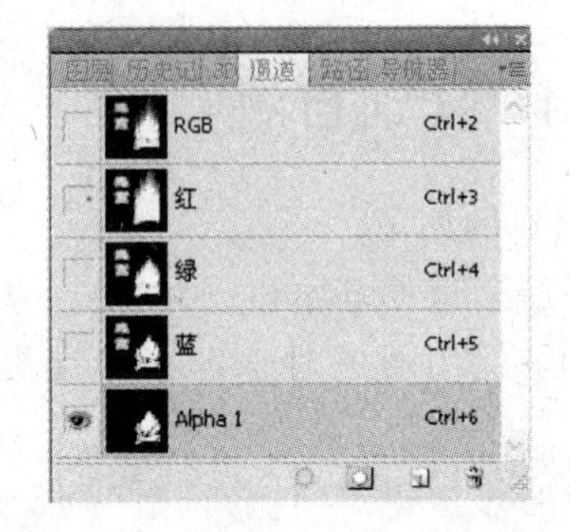

图 6.68　选区生成 Alpha 1 通道

(2) 单击“选择”→“载入选区”菜单命令,弹出“载入选区”对话框,如图 6.69 所示,“通道”一栏中显示“Alpha 1”字样,这正是刚才存储的选区,单击“确定”按钮结束操作。图像中浮动出选区。

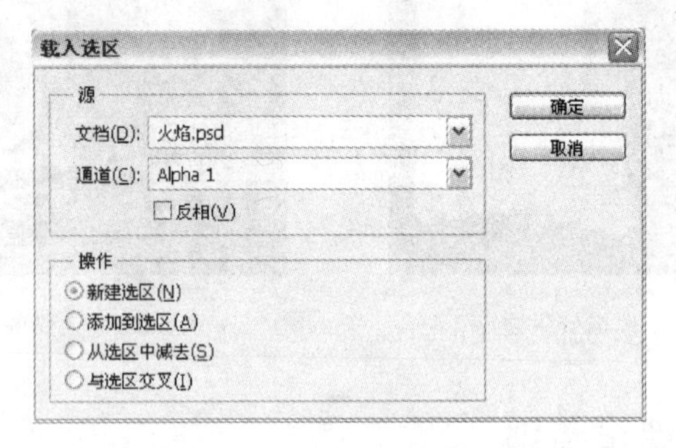

图 6.69　“载入选区”对话框

6.5.3　实训操作步骤

1. 制作火焰符号效果

操作步骤如下。

(1) 单击“文件”→“新建”菜单命令,弹出“新建”对话框。新建宽度为 600 像素、高度为 450 像素、模式为“灰度”和文档背景为黑色的画布。然后,单击“确定”按钮。

(2) 单击工具箱中“自定义形状工具”按钮,在“自定义形状工具”选项栏中的形状中选择“符号”中的火焰的符号,如图 6.70 所示。

图 6.70　“自定义形状工具”选项栏

(3) 在“背景”图层中,将“火焰”符号拖到画布中,如图 6.71 所示。单击右上角的图标,打开图层的菜单命令,单击“拼合图层”命令,将“形状”图层合并到“背景”图层中,如

图 6.72 所示。

图 6.71 输入"火焰"符号

图 6.72 拼合图层

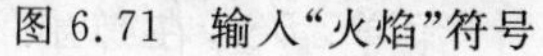

(4) 单击"选择"→"色彩范围"菜单命令,在弹出的对话框中设置"选择"为"高光",如图 6.73 所示。选中图像中的白色符号。

(5) 单击"选择"→"存储选区"菜单命令,在弹出的对话框中输入新通道的名称为"＃1",如图 6.74 所示,将火焰符号选区保存在"通道"调板中。打开"通道"调板,可以看到在灰色通道的下方新添一个"＃1"通道,如图 6.75 所示。

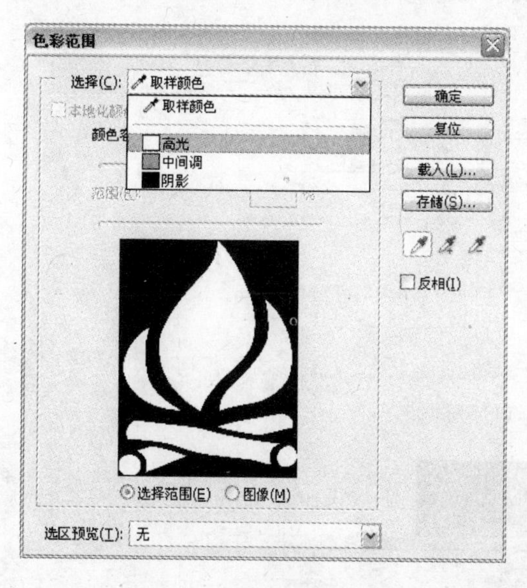

图 6.73 "色彩范围"对话框

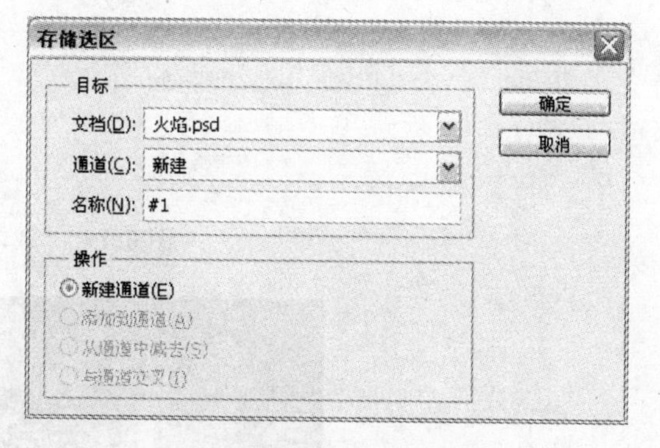

图 6.74 "存储选区"对话框

(6) 按下 Ctrl＋D 键,执行"取消选择"命令。

(7) 单击"图像"→"旋转画布"→"90 度逆时针"菜单命令,在弹出的对话框设置,将图像旋转为竖向。

(8) 单击"滤镜"→"风格化"→"风"菜单命令,在弹出的对话框中设置"方法"为"风","方向"为"从右",单击"确定"按钮。如图 6.76 所示为执行了两次"风"滤镜的效果。

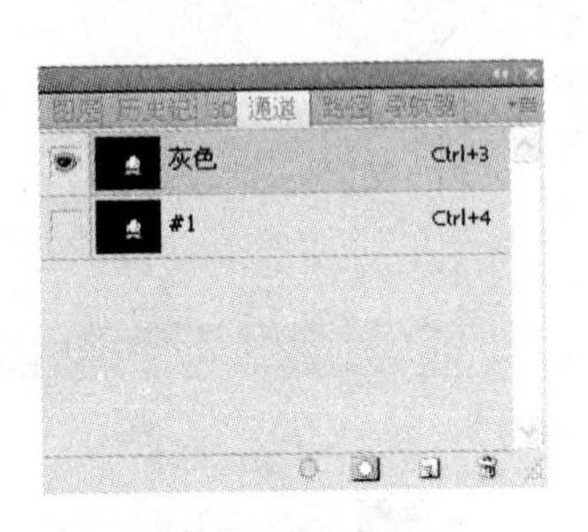

图 6.75 新添＃1 通道

图 6.76 “风”滤镜效果

注意：图像中的符号添加了风吹效果。若想得到较大的火焰效果，可以多次按下 Ctrl＋F 键，重复执行上一次的滤镜效果，直到满意为止。

(9) 单击“图像”→“旋转画布”→“90 度顺时针”菜单命令，在弹出的对话框中，将图像还原为正常的横向方式。

(10) 单击“滤镜”→“模糊”→“高斯模糊”菜单命令，在弹出的对话框中设置“半径”数值为 1.5。

注意：模糊数值不要过大，否则火焰的效果会不清晰。

(11) 单击“选择”→“载入选区”菜单命令，在弹出的如图 6.77 所示的“载入选区”对话框中选择通道“＃1”，单击“确定”按钮，白色的符号上出现浮动的选区，这样就调出刚才步骤(6)保存的符号选区，如图 6.78 所示。

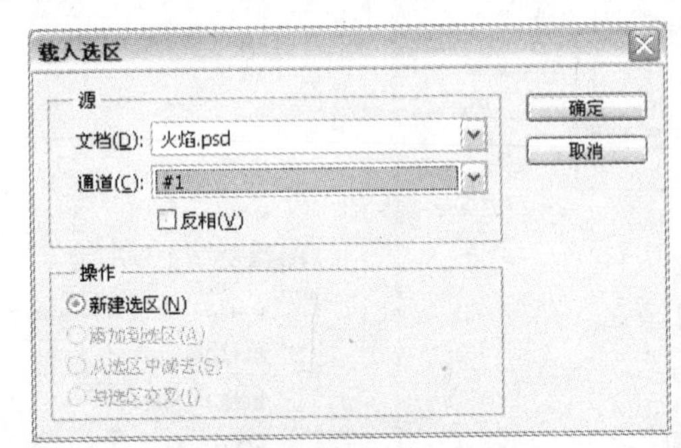

图 6.77 “载入选区”对话框

图 6.78 调出符号选区

(12) 按 Ctrl＋Shift＋I 键执行“反选”命令，选择图像中符号以外的区域，如图 6.79 所示。

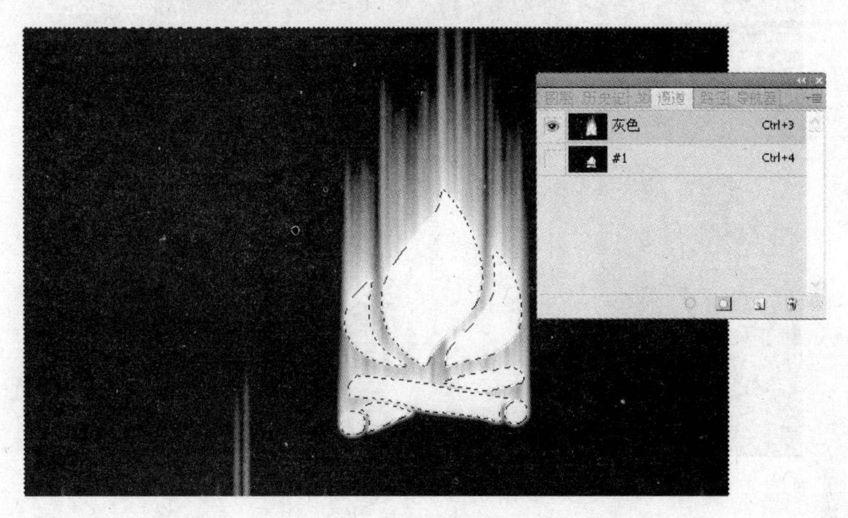

图 6.79　反选命令

(13) 单击“滤镜”→“扭曲”→“波纹”菜单命令，在弹出的如图 6.80 所示的“波纹”对话框中设置“大小”为“中”，可多按几次 Ctrl＋F 键。

(14) 按 Ctrl＋D 键，执行“取消选择”命令。

2. 给“火焰”符号添加色彩效果

操作步骤如下。

(1) 在“背景”层中，单击“图像”→“模式”→“索引颜色”菜单命令，将图像的“灰度”模式改为“索引颜色”模式。索引颜色的模式中包含一个颜色表。

(2) 单击“图像”→“模式”→“颜色表”菜单命令，如图 6.81 所示，在弹出的对话框中设置“颜色表”为“黑体”，单击“确定”按钮。此时文字变成火焰的色彩效果，如图 6.82 所示。

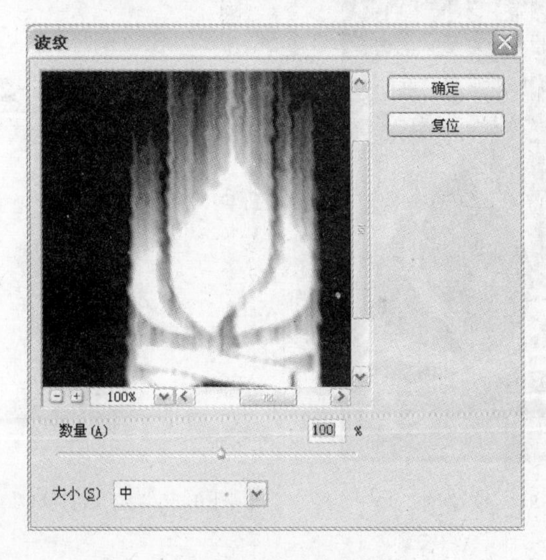

图 6.80　“波纹”对话框

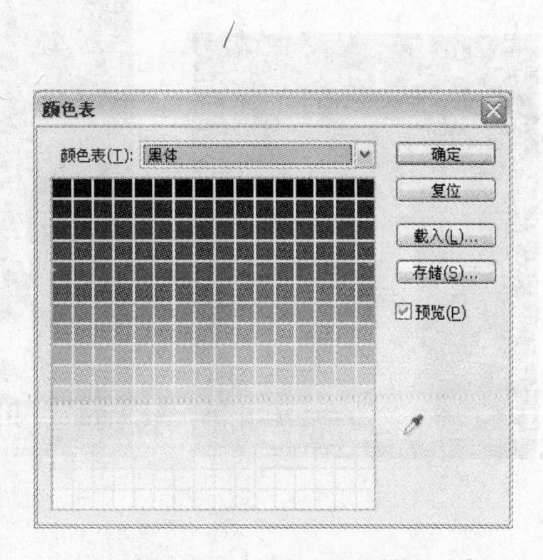

图 6.81　“颜色表”对话框

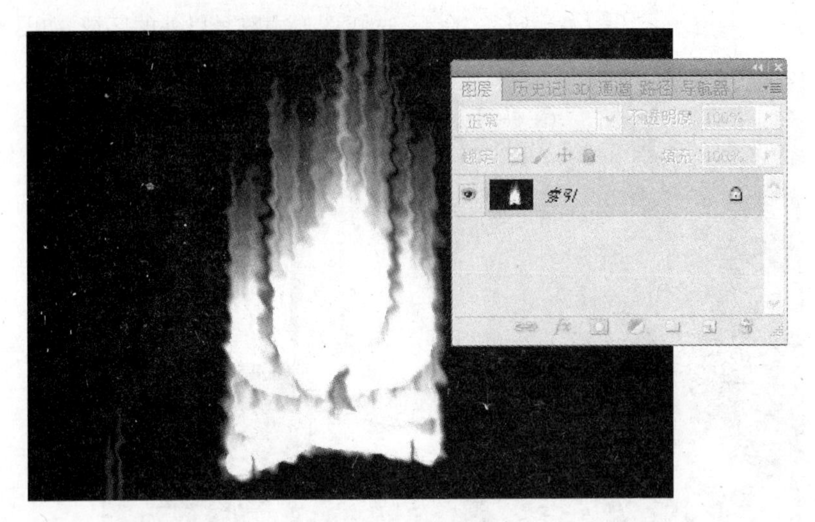

图 6.82 火焰效果

(3) 为了使文字效果更加清晰，再一次调出通道中存储的符号信息。单击“选择”→“载入选区”菜单命令，在弹出的对话框中设置通道为“♯1”，如图 6.83 所示，图像中出现浮动的选区，填充黑色，形成逆光效果，如图 6.84 所示。

(4) 当前图像的模式是索引颜色模式。单击“图像”→“模式”→“RGB 颜色”菜单命令，将图像“索引颜色”的模式转变为“RGB 颜色”。

(5) 新建一个图层，单击工具箱中“文字工具”按钮 T，写入“远离”两个字。在文字选项栏中单击“定义字符”按钮，在弹出的对话框中设置行距为 100 点，如图 6.85 所示。调节文字的位置和大小到合适位置，如图 6.86 所示。适当对文字加入图层样式，最终效果如图 6.55 和图 6.56 所示。

图 6.83 载入符号选区

图 6.84 火焰图

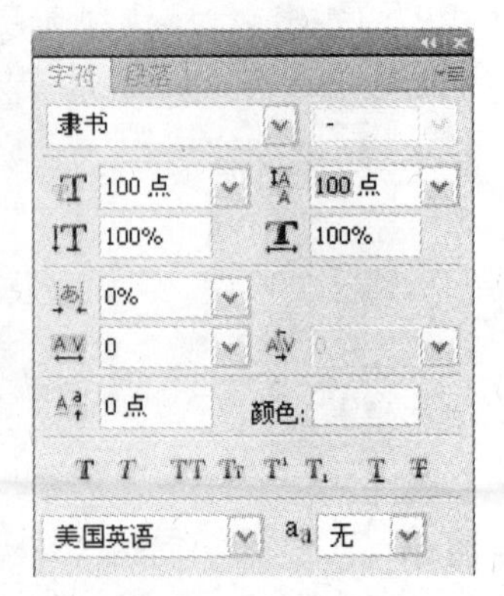

图 6.85 定义字符

图 6.86 添加文字火焰图

6.5.4 实训技术点评

1."风"滤镜

在本实训中,用"风"滤镜制作火焰向上升腾的效果,用"波纹"滤镜制作火焰燃烧波动的效果,用"高斯模糊"滤镜制作火焰热浪的模糊效果,三种滤镜相互配合,各尽特点。其中"风"滤镜的使用较为复杂。

如果制作火焰向上升腾的效果,须留出上方的空间,在第 4 步中,符号要向下移动到图像下方。"风"滤镜的风吹方向只有"从左"和"从右"两种,没有向上吹,此时须事先将图像进行旋转,使"从右"吹变为向上吹,所以在步骤(8)中要"90 度逆时针"旋转画布,在步骤(10)中将画布恢复横向。旋转画布时不能只旋转符号,否则图像上方的预留空间将不够用,这样就需要将文字和背景一起旋转,因此在步骤(4)中要执行"拼合图层"的命令,将文字图层与背景层合并。所以,操作中的步骤(4)、(8)和(10)都是为执行"风"滤镜做准备的。

2. 索引颜色模式和颜色表

网页和动画制作中常用索引颜色图像,因为它携带的色彩量较少,接近 256 种颜色,这样可以减小文件的大小。索引模式将自身携带的颜色放在"颜色表"中,并按照一定的顺序排列,建立颜色索引。如果原图中的色彩超出索引颜色的范围,系统会在颜色表中找一个最相近的颜色来替代该颜色。

因为索引模式的颜色排列有序,又能一一对应,所以在本实训中制作出灰度模式的火焰效果,然后转为索引模式,打开颜色表的"黑体"。"黑体"是颜色表的一个索引,里面的颜色按照黑色、红色、黄色和白色的顺序排列,最接近火焰的颜色。选择黑体之后,系统自动用"黑体"中的颜色替换灰度模式,按照明度顺序一一对应,即最深的颜色(黑)对应明度最低的颜色(黑),最浅的颜色(白)对应明度最高的颜色(白),中灰色对应中明度色(红),浅灰色对应高明度颜色(黄),最终达到火焰效果。

注意:索引颜色模式在许多软件和浏览器中以黑色显示,不能建立图层,因此要将图像模式转化为可供屏幕浏览的 RGB 颜色模式,才可正常操作。

6.5.5 实训练习

本实训练习如下。

(1) 根据如图 6.87 所示的效果,制作空心字的火焰效果。

(2) 根据如图 6.88 所示的效果,制作一根火柴。

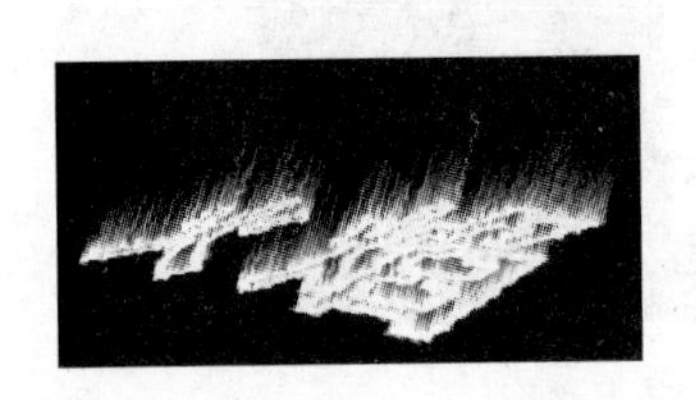

图 6.87 制作空心字火焰效果

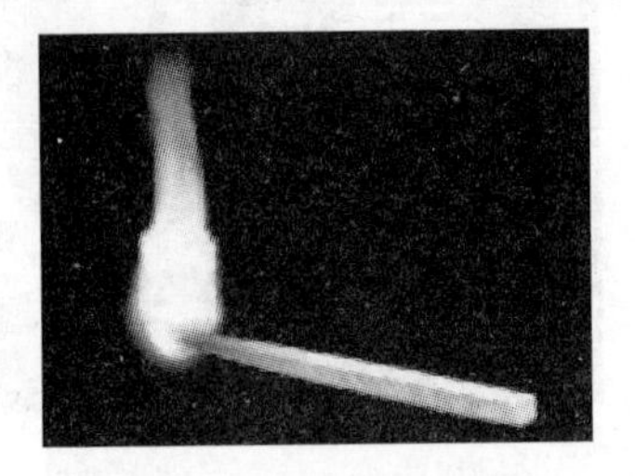

图 6.88 制作火柴

6.6 实训 沙漠枯树的创意

6.6.1 实训目的

本实训目的如下。

(1) 学习使用蒙版精确抠像和使用蒙版选区融合图像的技术。如图 6.89 和图 6.90 所示是原图效果,通过快速蒙版的制作得到如图 6.91 所示的效果。

(2) 掌握使用图层样式调板制作透明文字的技术。

图 6.89 素材图(1)

图 6.90 素材图(2)

图 6.91 融图效果

6.6.2 实训理论基础

1. 快速蒙版的基本概念

快速蒙版位于工具栏下方,如图 6.92 所示,它由“标准模式”和“快速蒙版模式”两个按钮组成,其主要功能是快速、精确地编辑不规则形状的选区。所谓“快速”是指该蒙版有临时的特点,它的实质是选区,且只能以选区的形式存在。单击“快速蒙版模式”按钮,可以将浮动的选择范围转变为一个临时的蒙版,单击“标准模式”按钮可将快速蒙版转变为选区,临时的蒙版就被删除掉了。

如果在进入快速蒙版模式之前，图像中没有建立浮动的选区，进入快速蒙版模式之后，图像中不会覆盖半透明的蒙版，但是图像的标题栏中会有“快速蒙版”字样，表明当前处于快速蒙版的编辑状态。打开通道调板可以看到有“快速蒙版”字样的临时通道产生，如图 6.93 所示。设置前景色为黑色，使用“画笔工具”在图像中涂抹会出现半透明的蒙版颜色。此时，可以根据需要添加任何形状的快速蒙版。

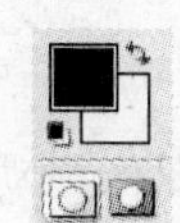

图 6.92　快速蒙版的位置

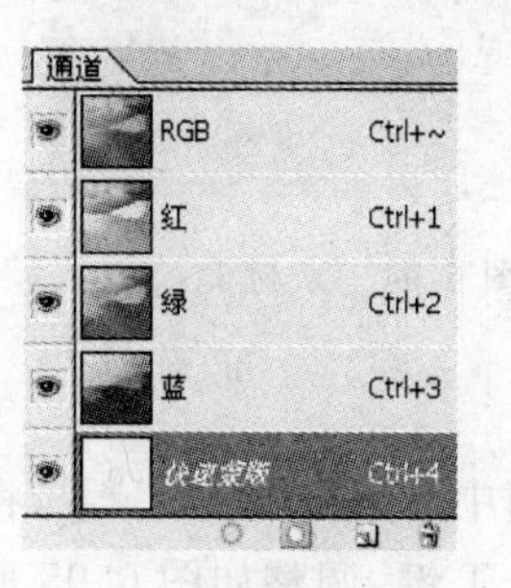

图 6.93　通道对快速蒙版的记录

快速蒙版虽然以半透明的颜色显示，但蒙版的实质是灰度模式，所以，当工具栏中的前景色或背景色是彩色时，单击“快速蒙版模式”按钮，前景色和背景色都会自动转变为黑白两色，单击“标准模式”按钮，又会恢复彩色状态。因此，使用“快速蒙版”时应遵循以下原则。

(1) 使用白色在快速蒙版中绘制可以擦除半透明的蒙版颜色，相当于擦除蒙版。

(2) 使用黑色在快速蒙版中绘制可以添加半透明的蒙版颜色，相当于增加蒙版的面积。

(3) 白色与黑色的切换可以控制蒙版的面积和形状，实质是控制选区的面积和形状。

2. 存储快速蒙版

快速蒙版具有临时性，它制作的选区也是一个临时选区，如果单击选区之外的地方，就会导致选区丢失。制作好的选区要在以后的步骤中应用，须将选区存储起来。

(1) 单击“标准模式”按钮，将蒙版区域转化为选区。

(2) 单击“选择”→“存储选区”菜单命令，在弹出的对话框中不做任何修改，单击”确定”按钮。

(3) 打开通道调板，在复合通道和单色通道的下面新添一个 Alpha 1 通道。

通过以上步骤将快速蒙版的选区存储到通道中，Alpha 通道可以随时删除，可以编辑修改，且对图像没有任何影响。

如果要提取选区，可以单击“选择”→“载入选区”菜单命令，在弹出的对话框中选择“通道”一栏里的通道名称，单击“确定”按钮。刚才的蒙版选区就出现在图像中。

6.6.3　实训操作步骤

1. 蒙版抠像

操作步骤如下。

(1) 打开如图 6.94 和图 6.95 所示的图像。

图 6.94　素材 1

图 6.95　素材 2

(2) 单击工具箱中的“移动工具”，将如图 6.95 所示的图像拖动到如图 6.94 所示的图像中。按下 Ctrl+T 键，调整如图 6.95 所示的大小。

(3) 单击工具箱中的“魔棒工具”按钮，在魔棒工具的工具栏中设置“容差”数值为 32 像素，单击“添加到选区”按钮。在如图 6.95 所示的天空和地面上连续单击，粗略选中天空和地面，如图 6.96 所示。

(4) 单击工具箱中的“快速蒙版模式”按钮，选区上覆盖红色半透明的蒙版，如图 6.97 所示。

图 6.96　选中天空和地面

图 6.97　使用快速蒙版

(5) 单击工具箱中的“画笔工具”按钮，在画笔工具的工具栏设置合适的画笔“主直径”的数值，设置“硬度”数值为 100%。

(6) 按下 Ctrl++键放大视图，设置前景色为黑色，用画笔修改树干的轮廓边缘，如图 6.98 所示。

(7) 设置前景色为白色，调整画笔的“主直径”数值，将树根处没有选择的部分擦除，如图 6.99 所示。

图 6.98　修改树干的轮廓

图 6.99　修改树根

(8) 根据轮廓线的特点变换画笔的大小，根据选区的加减设置前景色，最终得到精确选定的选区，如图 6.100 所示。

(9) 单击工具箱中的“标准模式”按钮 ，将蒙版变为选区。

(10) 按下 Delete 键执行“清除”命令，删除天空与地面。按下 Ctrl＋D 键执行“取消选区”命令，如图 6.101 所示。

2. 融合图像

操作步骤如下。

(1) 在“图层”调板中，选中“大树”图层，单击“图层”调板下方的“添加图层蒙版”按钮 ，给图层添加图层蒙版。

图 6.100 修改后的选区

图 6.101 删除后的效果

(2) 单击工具箱中的“渐变工具”按钮 ，设置前景色为白色，背景色为黑色，在工具栏中单击“线性渐变”按钮。在图像中从大树树顶向下做直线渐变。

注意：渐变的结束点要超过大树的树根部分，使大树的树根部分变为透明，达成隐没在沙漠中的视觉效果，如图 6.102 所示。

(3) 单击“图像”→“调整”→“亮度/对比度”菜单命令，调整大树的光照效果，符合沙漠较为强烈的光照效果，最后得到如图 6.103 所示的效果。

图 6.102 树根的效果

图 6.103 调整后的光照效果

3. 制作透明文字

操作方法如下。

(1) 单击工具箱中的“文字工具”按钮 T，在工具栏中设置字体样式和字体大小。单击“更改文本方向”按钮 ，将系统默认的水平文字改为垂直文字。在图像中单击，光标闪动后输入文字内容。

(2) 单击文字工具栏的“设置文本颜色”按钮，打开“拾色器”对话框，如图 6.104 所示，输入色彩数值 R 为 128，G 为 128，B 为 128，文字成为灰色，效果为如图 6.105 所示。

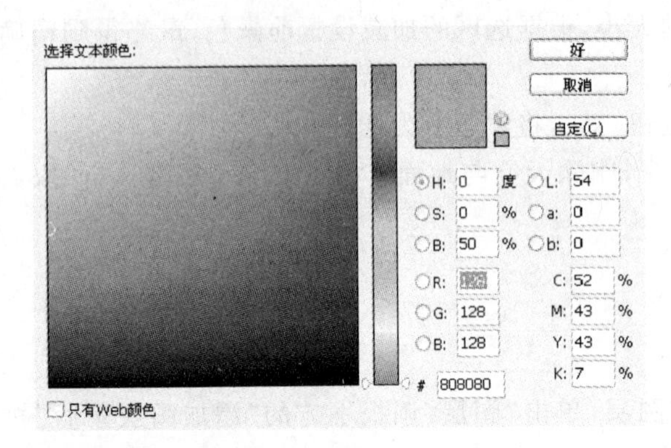

图 6.104 “拾色器”对话框

图 6.105 灰色文字

(3) 在“图层”调板中双击文字图层，打开“图层样式”对话框，单击左侧“样式”一栏中的“斜面和浮雕”选项，切换到“斜面和浮雕”调板。设置“样式”为“内斜面”，“方法”为“平滑”，“深度”为 120%，“大小”为 3 像素，“软化”为 0 像素，“角度”为 160 度，“高光模式”为“颜色减淡”，“高光颜色”为白色，“不透明度”为 50%，“暗调模式”为“颜色加深”，“暗调颜色”为黑色，“不透明度”为 50%，如图 6.107 所示。

(4) 在“图层”调板中，将“文字”图层的模式改为“叠加”，文字变成透明效果。单击工具箱中的“移动工具”移动文字到图像的其他位置，文字可以透出下面的图像，效果如图 6.108 所示。

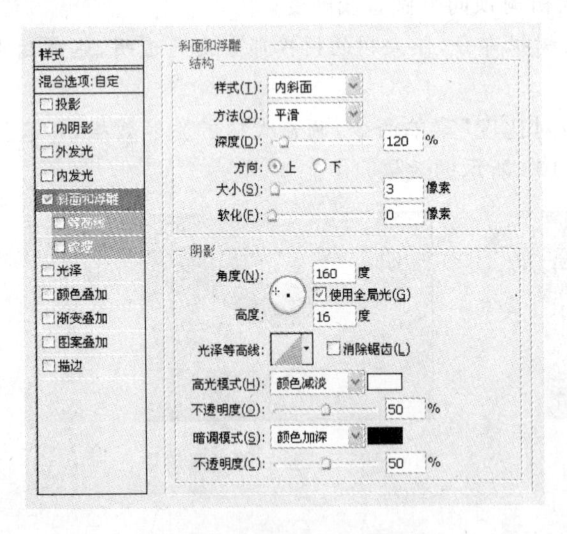

图 6.106 “图层样式”对话框

图 6.107 完成效果

6.6.4 实训技术点评

1. 编辑快速蒙版

快速蒙版的最大优势在于 Photoshop CS 中的众多工具都可以对蒙版进行灵活的编辑，使蒙版产生的选择范围更加准确。

(1) 添加蒙版。进入快速蒙版状态中,使用"画笔工具"或"铅笔工具",设置前景色为黑色,在画面中单击并拖动鼠标,会出现半透明的蒙版色彩,此时可以给当前蒙版添加覆盖区域。

(2) 擦除蒙版。在快速蒙版状态中,使用"画笔工具"或"铅笔工具",设置前景色为白色,在画面中单击并拖动鼠标,擦除半透明的蒙版色彩,此时可以消除蒙版区域及修改蒙版。使用"橡皮擦工具"在画面中单击并拖动鼠标也可以达到擦除蒙版的目的。

(3) 描绘细部。选择"画笔工具"、"铅笔工具"或"橡皮擦工具",在工具栏中可以打开"画笔"调板,设置画笔的"主直径"。"主直径"的单位为像素,最小可以设定为1像素,这对于修改图像的细节提供了方便。

(4) 设置羽化。"画笔工具"和"橡皮擦工具"在调板中都能够设定"硬度"数值,"硬度"可以控制所绘线条边缘的柔化程度。数值为0时,硬度最小,笔画边缘的虚化效果从笔画的中心开始。数值为100%时,硬度最大,笔画边缘没有虚化效果。在蒙版中应用笔画的虚化,能够给选区带来羽化效果,使选区的边缘过渡自然。"铅笔工具"没有硬度设置,虽然在铅笔工具的工具栏中可以看到"硬度"选项,但这一选项无效,铅笔工具所绘制的是边缘清晰、带有明显锯齿的线条,如图6.108所示。

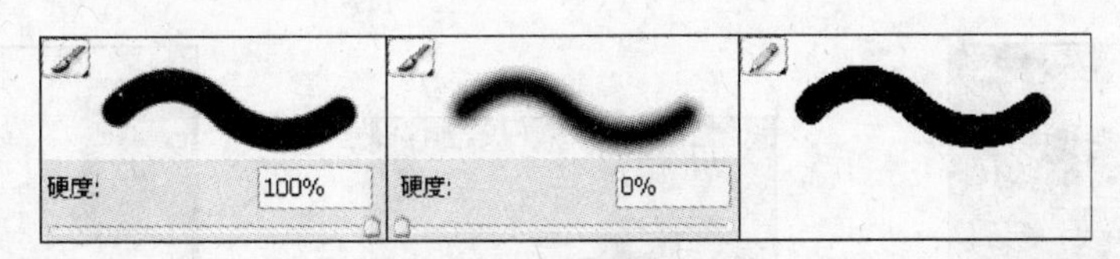

图6.108 硬度值不同的画笔效果

2. 透明效果

在本实训中,利用图层样式中的功能制作透明文字效果,其中有如下几个关键的模式要在制作中把握。

(1) "叠加"模式。文字的透明效果主要通过图层模式得到,文字图层是"正常"模式时,文字呈现灰色,把图层模式改为"叠加"后文字变透明。本章实训4中曾经介绍过"叠加"模式,此模式能够将绘图色叠加到底色上,但是底色的颜色不会被取代,而是和绘图色混合体现原图的亮部和暗部。所以,将绘图色调成50%的灰色时(即R为128,G为128,B为128),叠加模式会使颜色透出底色变为透明。叠加模式的另一个特点是能够保持绘图色的亮光和阴影部分,所以文字的高光的白色和阴影的黑色都会保持在图像中,形成文字的立体感。

(2) "颜色减淡"模式。在图层样式调板中,给浮雕文字的高光设置为白色,并且将高光模式设置为"颜色减淡"。"颜色减淡"模式与底色混合时会使颜色变亮,和黑色混合时能够保持原有的绘图色。这样就确保文字的高光部分能保持应有的亮度。

(3) "颜色加深"模式。浮雕文字的阴影设置为黑色,并且将暗调模式设置为"颜色加深"模式。"颜色加深"模式能够通过增加对比色使底色的颜色变暗,和白色混合时能保持绘图色不变。这样就确保文字的阴影部分既透明又有深色调的特性。

6.6.5 实训练习

本实训练习如下。

(1) 根据如图 6.109 和图 6.110 所示的图像,使用快速蒙版的基本功能制作出如图 6.111 所示的效果。

图 6.109 素材图(1)

图 6.110 素材图(2)

图 6.111 最终效果

(2) 根据如图 6.112 和图 6.113 所示的图像,使用快速蒙版的基本功能制作出如图 6.114 所示的效果。

图 6.112 素材图(1)

图 6.113 素材图(2)

图 6.114 最终效果

本章小结

本章通过对 6 个实训的学习,初步掌握通道使用方法和快速蒙版的基本操作方法;掌握灵活运用通道功能创建选区、存储选区、编辑选区、修改色调和通道运算的各种方法。掌握运用快速蒙版创建选区、存储选区和编辑选区的各种方法。

通过实训后的练习,可以将每个实训的基础理论和基本操作方法深化、强化和提高。

第7章 路径与动作应用

本章学习要求

理论环节：

- 基本掌握路径的概念和路径使用方法；
- 基本掌握动作的使用和录制方法。

实践环节：

- 打造牙膏效果文字；
- 编织漂亮的丝绸；
- 绘制绚丽发散文字；
- 信封和邮票的制作。

7.1 实训 打造牙膏效果文字

7.1.1 实训目的

本实训目的如下。

(1) 学习路径的使用。

(2) 学习选区和路径的转换。

(3) 完成如图 7.1 所示的效果图。

图 7.1 牙膏文字效果图

7.1.2 实训理论基础

路径是由具有多个结点的矢量线条构成的图形，形状是较规则的路径。通过使用钢笔工具或形状工具，可以创建各种形状的路径。

单击工具箱内钢笔工具组中的工具按钮，弹出钢笔工具组中的所有工具，如图 7.2 所示。单击工具箱内的选择路径工具组中的工具按钮，弹出选择路径工具组中的所有工具，如图 7.3 所示。使用矩形工具等绘图工具时，其选项栏中也有钢笔工具组中的钢笔工具和自由钢笔工具按钮。绘制手写立体文字图像要用到绘制路径、调整路径、填充渐变色和使用涂抹工具对路径描边等操作。

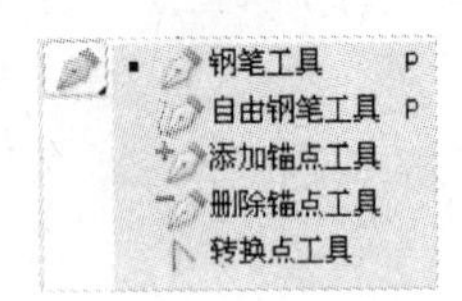

图 7.2 钢笔工具

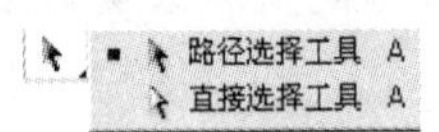

图 7.3 路径选择工具

1. 钢笔工具

工具箱中的“钢笔工具”按钮用于绘制连接多个锚点的线段或曲线路径。在单击“钢笔工具”按钮后，其选项栏如图 7.4 所示，画出的形状如图 7.5(a)所示（单击“形状图层”按钮时，画出的图形也如此）。在如图 7.6 所示的选项栏中单击“路径”按钮时，画出的形状为如图 7.5(b)所示。在画布内单击，建立一个锚点，3 个选项栏内各选项的作用和钢笔工具的使用方法如下。

自动添加/删除

图 7.4 钢笔工具显示菜单(1)

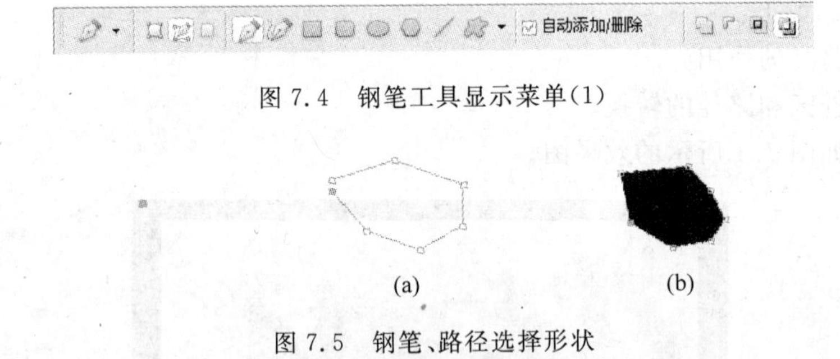

图 7.5 钢笔、路径选择形状

(1)“形状图层”按钮。按下该按钮后，选项栏如图 7.4 所示。此时，在绘制路径中会自动填充前景色或一种选定的图层样式图案。每绘制一个图像就创建一个图层，绘制后的图像不可以再用油漆桶工具填充颜色和图案。

(2)“路径”按钮。按下该按钮后，选项栏为如图 7.6 所示。此时，绘制的路径不会自动进行填充。

自动添加/删除 样式: 颜色:

图 7.6 钢笔工具显示菜单(2)

(3)“图层样式”按钮 。单击该箭头按钮,可弹出“图层样式”面板。单击选择 图案并按回车键后,填充的是前景色;单击选择其他图案并按回车键后,填充的是相应的图案。双击“图层样式”面板中的一种填充样式图案,也可完成填充样式的设置。

(4)“自动添加/删除”复选框。如果选中了该复选框,则钢笔工具不但可以绘制路径,而且还可以在原路径上删除锚点或增加锚点。当鼠标指针移到路径线上时,鼠标指针会在原指针 的右下方增加一个“+”号,单击路径线后,即可在单击处增加一个锚点。当鼠标指针移到路径的锚点上时,鼠标指针会在原指针 的右下方增加一个“-”号,单击锚点后,即可删除该锚点。

钢笔选项
橡皮带

图 7.7 “钢笔选项”

(5)“几何选项”按钮 。它位于“自定形状工具”按钮 的右边。单击它可弹出一个“钢笔选项”面板,如图 7.7 所示。该面板内有一个“橡皮带”复选框,如果选中了该复选框,则在钢笔工具创建一个锚点后,会随着鼠标指针的移动,在上一个锚点与鼠标指针之间产生一条像拉长了一个橡皮筋似的直线。

(6)多路径设置按钮组 。它有 5 个按钮,用于决定用钢笔工具绘制路径且路径重叠时,应采取何种处理方式。各按钮的作用与选择区域的作用基本相同。

2. 自由钢笔工具

自由钢笔工具 用于绘制任意形状曲线路径。在单击“自由钢笔工具” 按钮后,选项栏如图 7.8 所示。3 个选项栏内各选项的作用和自由钢笔工具的使用方法如下。

图 7.8 自由钢笔工具显示菜单

(1)“磁性的”复选框。如果选中了该复选框,则自由钢笔工具 就变为“磁性钢笔工具”,鼠标指针会变为 形状。它的磁性特点与磁性套索工具基本一样,在使用“磁性钢笔工具”绘图时,系统会自动将鼠标指针移动的路径定位在图像的边缘上。

(2)“几何选项”按钮 。它位于“自定形状工具”按钮 的右边。单击它可弹出一个“自由钢笔选项”面板,如图 7.9 所示。该面板内各选项的作用如下。

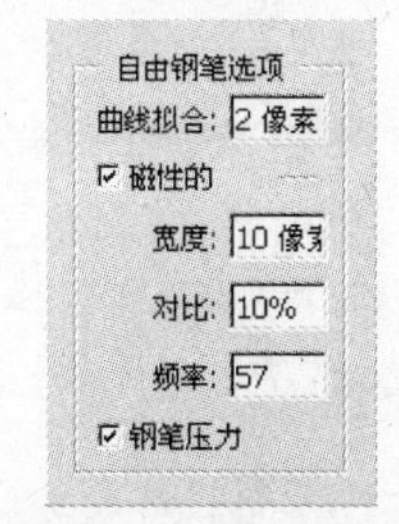

图 7.9 自由钢笔工具显示菜单

- “曲线拟合”文本框。它用于输入控制自由钢笔创建路径的锚点的个数。该数值越大,锚点的个数就越少,曲线就越简单。
- “磁性的”复选框。作用同上。
- “光笔压力”复选框。在安装光笔后,该复选框有效,选中后可以使用光笔压力。

3. 添加锚点工具

单击“添加锚点工具”按钮 ,当鼠标指针移到路径线上时,鼠标指针会在原指针 的右下方增加一个“+”号,在路径线上单击要添加锚点的地方,即可在此处增加一个锚点。

4. 删除锚点工具

单击“删除锚点工具”按钮，当鼠标指针移到路径线上的锚点或控制点处时，鼠标指针会在原指针的右下方增加一个“－”号，在路径锚点上单击，即可将该锚点删除。

5. 转换点工具

单击“转换点工具”按钮，当鼠标指针移到路径线上的锚点处时，鼠标指针会由原指针形状变为形状，拖曳鼠标，即可使这段曲线变得平滑。

单击“转换点工具”按钮，用鼠标拖曳直线锚点，可以显示出该锚点的切线，将直线锚点转换为曲线锚点。用鼠标拖曳切线两端的控制点，可改变路径的形状。单击“转换点工具”按钮，用鼠标单击曲线锚点，可以将曲线锚点转换为直线锚点。

6. 路径选择工具

路径选择工具可以显示路径锚点、改变路径的位置和形状。

(1) 改变路径的位置。单击“路径选择工具”按钮，将鼠标指针移到画布窗口内，此时鼠标指针呈状。单击路径线或拖曳鼠标围住一部分路径，即可将路径中的所有锚点(实心黑色小正方形)显示出来，如图 7.10 所示，此时已选中整个路径。再用鼠标拖曳路径，即可在不改变路径形状和大小的情况下，整体移动路径。单击路径线外部画布窗口内的任一点，即可隐藏路径上的锚点。

(2) 改变路径的形状。单击“编辑”→“变换路径”菜单命令，弹出其子菜单，如图 7.11 所示，再单击子菜单中的某个菜单命令，即可进行路径的相应调整(缩放、旋转、斜切、扭曲和透视)。调整方法与选区的调整方法一样。例如，单击“编辑”→“变换路径”→“旋转”菜单命令，再拖曳鼠标，即可旋转路径。此时的路径如图 7.12 所示。

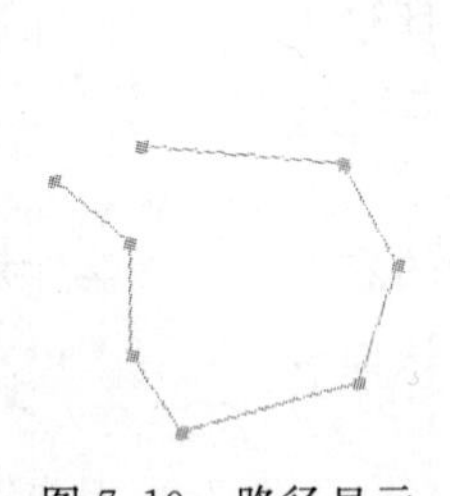

图 7.10　路径显示

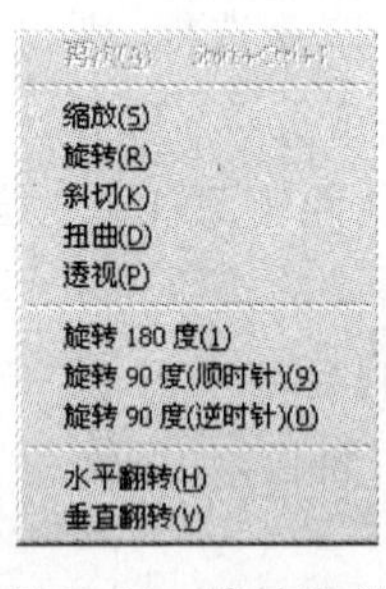

图 7.11　旋转选项

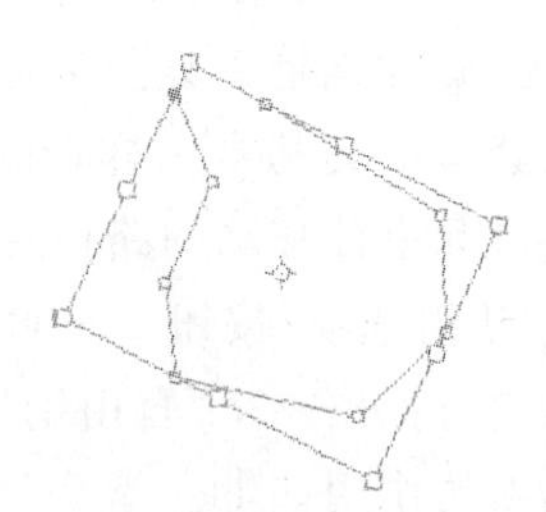

图 7.12　旋转路径

7. 直接选择工具

直接选择工具可以显示路径锚点、改变路径的形状和大小。单击“直接选择工具”按钮，将鼠标指针移到画布窗口内，此时鼠标指针呈状。拖曳鼠标围住一部分路径，即可将路径中的所有锚点显示出来，围住的路径中的所有锚点为实心黑色小正方形，没有围住的路径中的所有锚点为空心小正方形，如图 7.13(a) 所示。

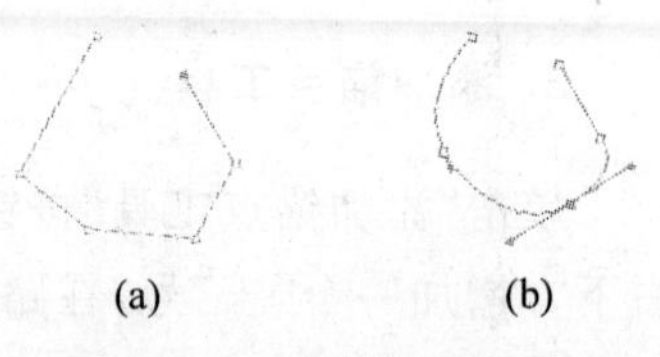

图 7.13　直线路径效果

用鼠标单击选中锚点，拖曳鼠标，即可改变锚点在路径上的位置和形状。用鼠标拖曳曲线锚点或曲线锚点的切线两端的控制点，可改变路径的曲线形状，如图 7.13(b) 所示。用鼠标拖曳直线锚点，可改变路径的直线形状。单击路径线外画布窗口内任一点，即可隐藏路径上的锚点。按住 Shift 键，同时拖曳鼠标，可以在 45°的整数倍方向上移动控制点或锚点。

7.1.3　实训操作步骤

操作步骤如下。

(1) 单击“文件”→“新建”菜单命令，弹出“新建”对话框。新建宽度为 500 像素、高度为 500 像素、模式为 RGB 颜色和文档背景为黑色的画布。然后，单击“确定”按钮。

(2) 单击图层调板下端的“创建新图层”按钮，生成新图层，命名为“图层 1”。

(3) 使用工具箱中的“钢笔工具”按钮，在其选项栏中选择“路径”方式(单击“路径”按钮)，在画布中手写“yes”路径，如图 7.14 所示。在钢笔工具中选择拐点，将拐点调节成弧度，此时“路径”调板中添加一个“工作路径”图层，如图 7.15 所示。

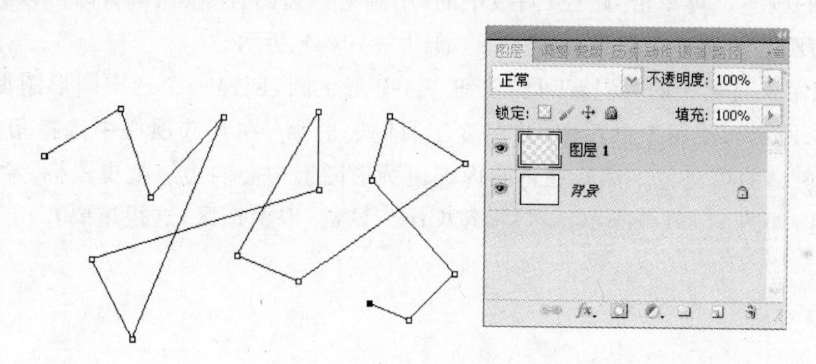

图 7.14　手写路径

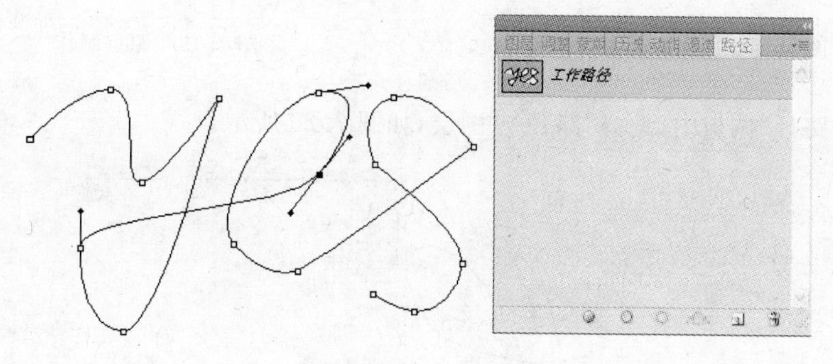

图 7.15　路径调板

(4) 在“路径”调板中，用鼠标拖曳“工作路径”图层到“创建新路径”按钮之上，松开鼠标左键后，“工作路径”图层变为“路径 1”，如图 7.16 所示。再将“路径 1”图层拖曳到“创建新路径”按钮之上，“路径”调板中会增加“路径 1 副本”，如图 7.17 所示。

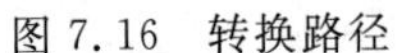
图 7.16　转换路径

图 7.17　复制路径层

(5) 单击选中“路径 1 副本”。使用工具箱中的“直接选择工具”按钮，拖曳出一个矩形，将除了起始结点外的所有“yes”路径全部选中，如图 7.18 所示。再按 Delete 键，删除“yes”路径，只剩下一个起始结点。

(6) 设置前景色为黑色。使用工具箱中的“画笔工具”按钮，选择一个 52 像素的圆形、无柔化的画笔。再单击“路径”调板中的“用画笔描边路径”按钮，即可以“yes”路径的起始结点为圆心绘制一个黑色圆形图形，如图 7.19(a) 所示。

(7) 使用工具箱中的“魔棒工具”按钮，单击正圆，创建一个选中圆形图形的选区，如图 7.19(b) 所示。使用工具箱中的“渐变工具”按钮，在其选项栏中选择角度渐变填充方式，选择色谱的填充色。然后在正圆内部由圆形图形中心向边缘拖曳鼠标，给正圆填充渐变的七彩色，如图 7.19(c)所示。然后，按 Ctrl+D 键，取消选区(这很重要)。

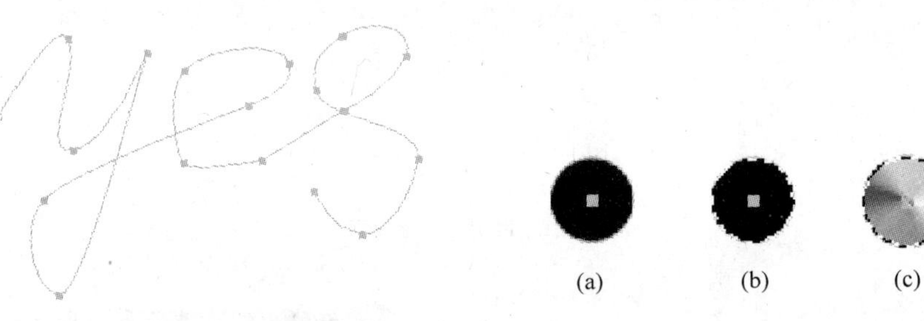

图 7.18　选择除源点外的选区　　　　图 7.19　源点制作

(8) 在“路径”调板中，选择“路径 1”图层，如图 7.20 所示。

图 7.20　回到“路径 1”

(9) 单击工具箱中的“涂抹工具”按钮，在其选项栏内选中刚刚使用过的画笔，选择一个52像素的圆形，设置“强度”为100%。然后，单击“路径”调板中的“描边路径”菜单命令，即可给路径涂抹描边渐变色的七彩颜色，如图7.21所示。

(10) 单击“路径”调板菜单中的“删除路径”菜单命令，即可完成手写立体文字制作。

图7.21 使用描边路径

7.1.4 实训技术点评

1. 路径调整

众所周知，路径是由具有多个结点的矢量线条构成的图形，也称为贝塞尔曲线图形，形状是较规则的路径。贝塞尔曲线是一种以三角函数为基础的曲线，它的两个端点称为结点，也称为锚点，如图7.22所示。多条贝塞尔曲线可以连在一起，构成路径。贝塞尔曲线构成的路径没有被锁定在背景图像像素上，很容易编辑修改，它可以与图像一起输出，也可以单独输出。

贝塞尔曲线的每一个锚点都有一个控制柄，它是一条直线，直线的方向与曲线锚点处的切线方向一致，控制柄直线两端的端点称为控制点，如图7.23所示。用鼠标拖曳控制柄的控制点，可以很方便地调整贝塞尔曲线的形状(方向和曲率)。

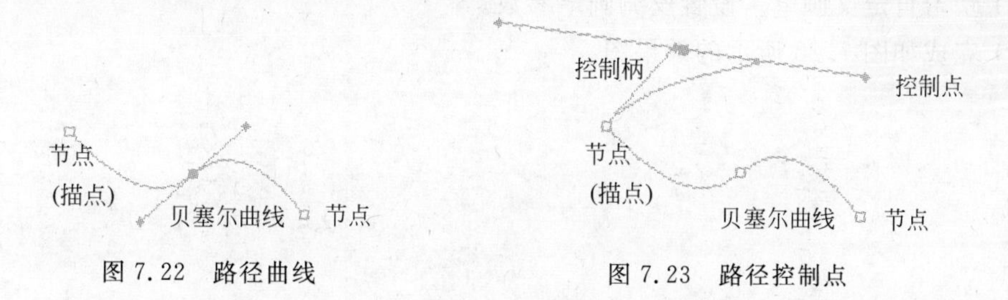

图7.22 路径曲线　　图7.23 路径控制点

路径可以是一个点、直线或曲线，它通常是指有起点和终点的一条直线或曲线。创建路径后，可以通过工具箱内的一些工具将路径的形状、位置和大小进行修改，还可以将路径和选区进行相互转换、描绘路径及给路径围成的区域填充内容等。

2. 描边粗细

描边时，可以使用画笔工具，然后徒手沿边画出。徒手画轮廓可能出现粗细不均的情况，使用本实训的路径描边，可以解决这样的问题。但要注意的是，在使用画笔时，选择笔的粗细，是决定描边粗细的关键。

3. 阴影描边

选择“将路径栽入选区”工具，然后再单击“选择”→“反选”菜单命令，在选区内使用画笔工具，沿边制作出阴影的效果。

7.1.5 实训练习

本实训练习如下。

(1) 本实训中,为什么要复制一个"路径 1 副本"图层? 如果不复制一个"路径 1 副本"图层是否可以? 为什么在填充光谱色后要取消选区?

(2) 在使用涂抹工具后,为什么要在其选项栏内设置"强度"为 100%?

(3) 制作一个"龙"手写立体文字。

(4) 制作一个用图案描绘的"happy"文字,如图 7.24 所示。

图 7.24 "happy"效果图

7.2 实训 编织漂亮的丝绸

7.2.1 实训目的

本实训目的如下。

(1) 学习自由钢笔的使用。

(2) 学习选区和路径的转换。

(3) 学习自定义画笔。设置丝绸画笔参数。

(4) 完成如图 7.25 所示的效果图。

图 7.25 漂亮的丝绸效果图

7.2.2 实训理论基础

1. 路径调板的使用

操作步骤如下。

(1) 单击选中"路径"调板中要转换为选区的路径,如图 7.26 所示。"路径"调板下方按钮功能如下。

第 1 个按钮 ：用前景色填充路径。

第 2 个按钮 ：用画笔描边路径。

第 3 个按钮 ：将路径作为选区载入，即可将选中的路径转换为选区。

第 4 个按钮 ：选区转换成路径。

第 5 个按钮 ：新建一个路径。

第 6 个按钮 ：删除当前路径。

(2) 单击“路径”调板菜单上方的 按钮或选中“路径 1 副本”并右击，弹出“建立选区”对话框，如图 7.27 所示。利用该对话框进行设置后，单击“确定”按钮，也可将路径转换为选区。

图 7.26　“路径”调板

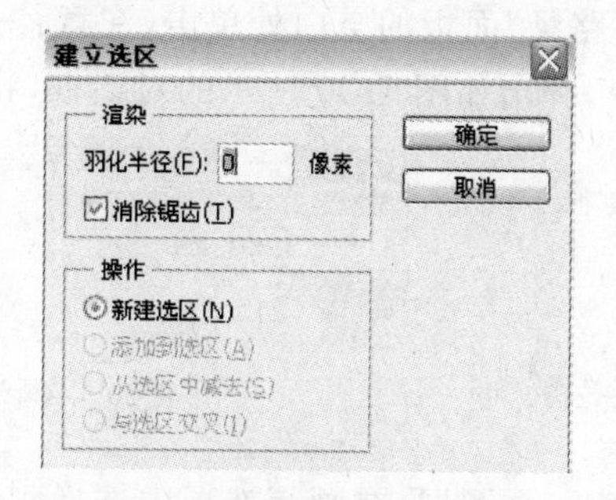

图 7.27　“建立选区”对话框

7.2.3　实训操作步骤

1. 背景的制作

操作步骤如下。

(1) 单击“文件”→“新建”菜单命令，弹出“新建”对话框。新建宽度为 600 像素、高度为 450 像素、模式为 RGB 颜色和文档背景为白色的画布。然后，单击“确定”按钮。

(2) 单击“图层”调板下端的“创建新图层”按钮 ，生成新图层，命名为“图层 1”。

(3) 单击工具箱中的“钢笔工具”按钮 ，选择钢笔工具或使用“自由钢笔工具”按钮 画一条波浪线，再用“拐点工具”按钮 调节弧度，如图 7.28 所示。

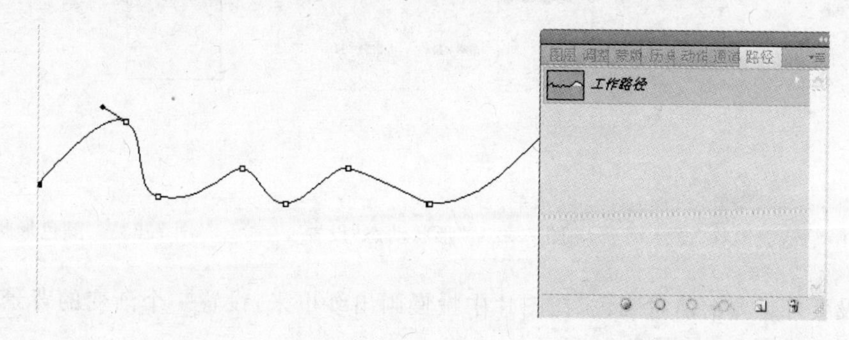

图 7.28　路径

(4) 单击工具箱内的“画笔工具”按钮，像素为 1。在“路径”调板中单击 “描边路径”按钮，如图 7.29 所示。

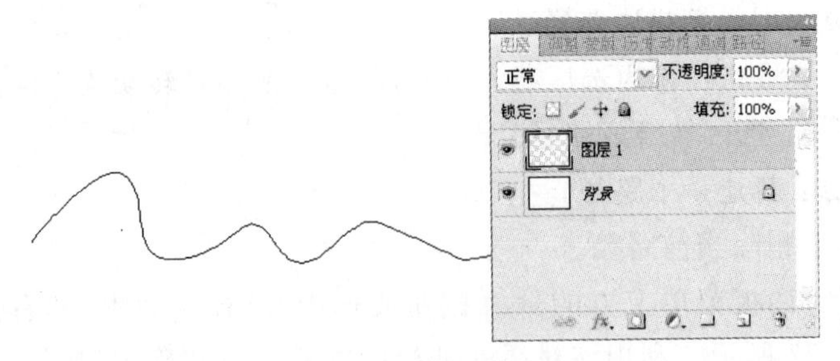

图 7.29 路径描边

(5) 在“路径”面板的空白处单击(注意：一定要单击一下)，单击“编辑”→“定义画笔预设”菜单命令，弹出如图 7.30 所示的对话框，将画笔名称命令为“丝带”。

图 7.30 “画笔名称”对话框

(6) 新建一个图层，在画笔选项中选择刚刚设置好的“丝带”画笔，单击“切换画笔面板”图标，设置“画笔笔尖形状”的大小为 100，间距为 1，如图 7.31 所示。设置“形状动态”的角度控制为“渐隐”，值为 1600，如图 7.32 所示。设置“颜色动态”的色相抖动为 45%，饱和抖动为 16%，亮度抖动为 50%，如图 7.33 所示。

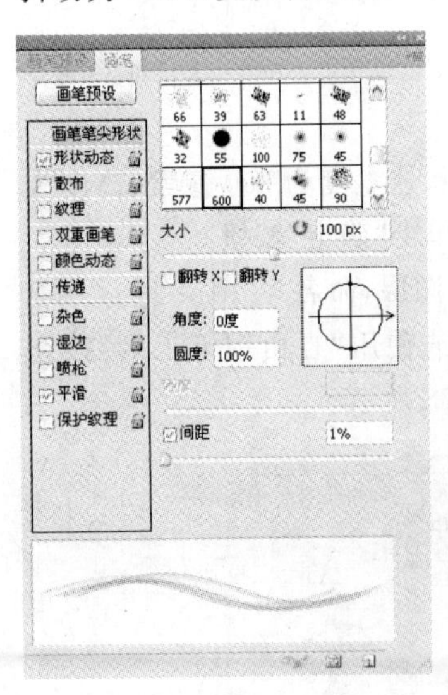

图 7.31 “画笔笔尖形状”设置

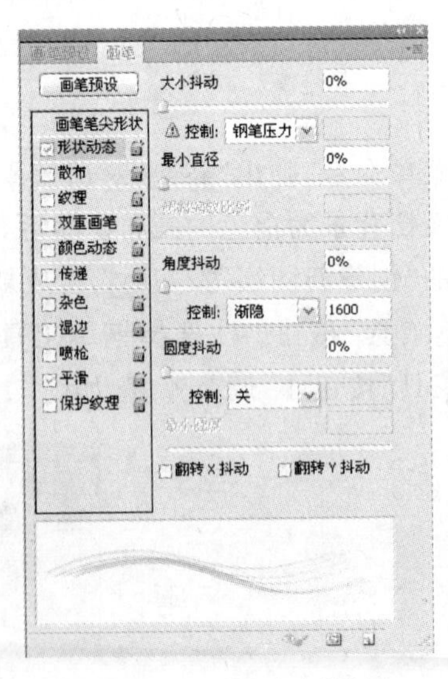

图 7.32 “形状动态”设置

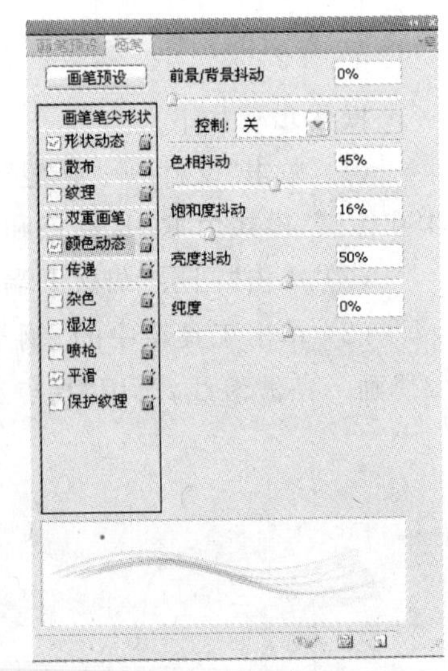

图 7.33 “颜色形状”设置

(7) 设置好想要的前景颜色，在图片中慢慢画出纱巾来，设置一个渐变的背景色，分别调整前景色和背景色，如图 7.34 所示。

(8) 为了使纱巾更加细腻，可单击 “滤镜”→“杂色”→“蒙尘与划痕”菜单命令，参数设置如图 7.35 所示。

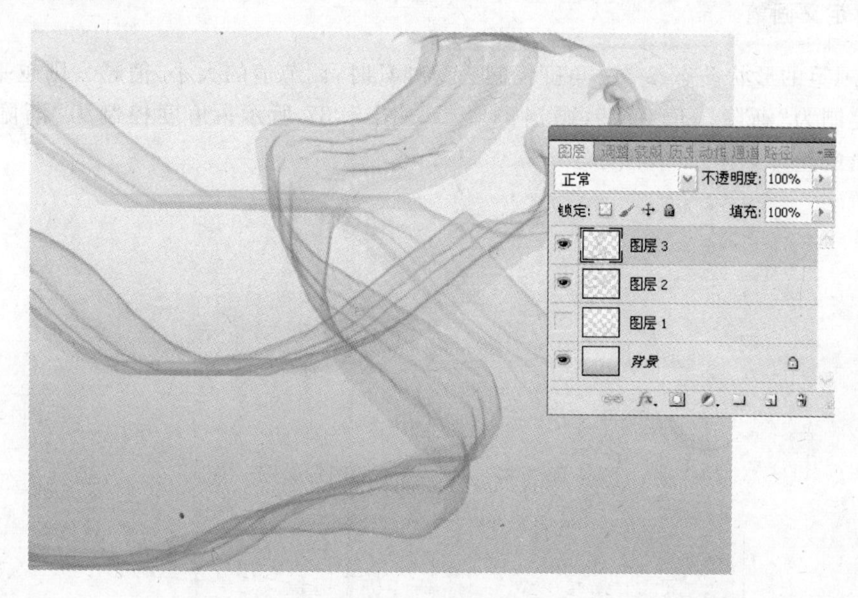

图 7.34 画出纱巾

(9) 可将“图层 1”删掉(此层是路径的描边层),除背景层外,合并图层后,单击“图像”→“调整”→“色相和饱和度”菜单命令,在弹出的对话框中设置参数,如图 7.36 所示,使纱巾更加靓丽。一个十分漂亮的丝绸纱巾如图 7.25 所示。

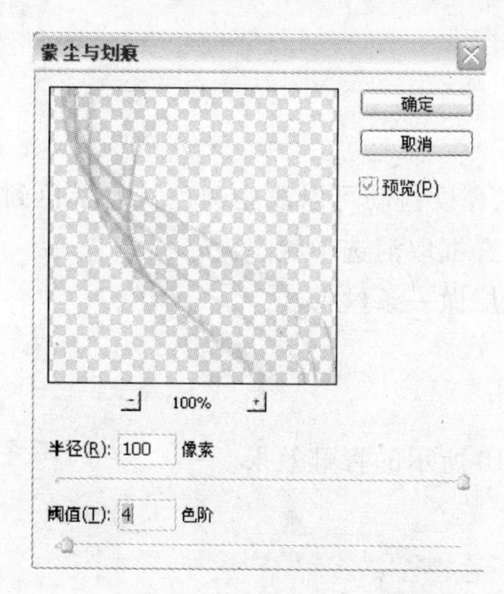

图 7.35 “蒙尘与划痕”设置

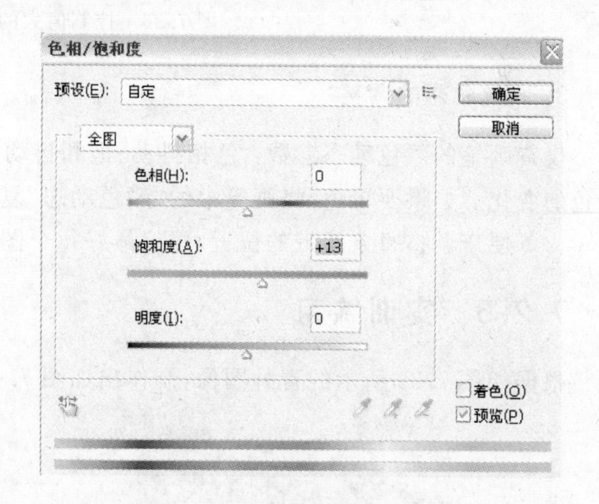

图 7.36 “色相/饱和度”设置

7.2.4 实训技术点评

1. 路径的使用

当用钢笔工具创建一个形状后,在“路径”调板中就会自动建立一个路径,通过一系列的操作,最终路径是要删掉的,它只起到中间的转换功能。

2. 自定义画笔

设置画笔的形状动态参数：角度控制为"渐隐"时，调节值的大小，值越大则越平滑。例如，角度控制为"渐隐"，值为 29，画出的丝带如图 7.37 所示；角度控制为"渐隐"，值为 2900，画出的丝带如图 7.38 所示。

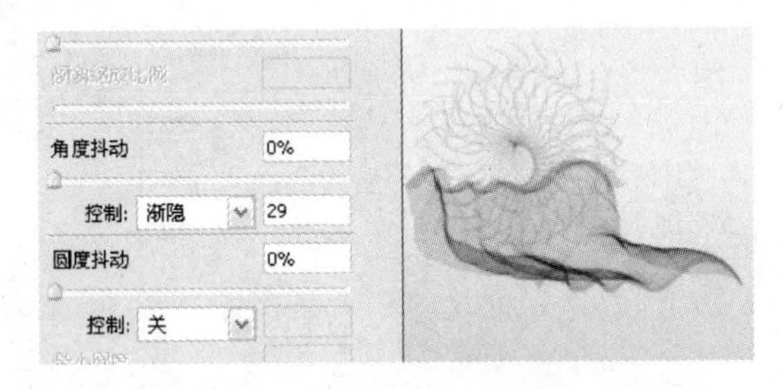

图 7.37　控制值小的图形

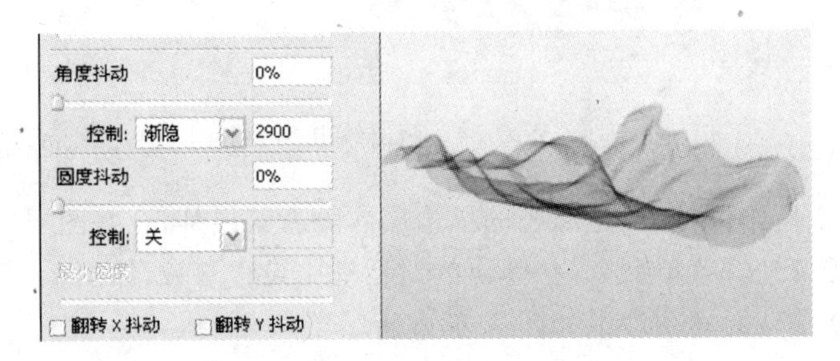

图 7.38　控制值大的图形

3. 画笔色彩的调整

设置画笔的颜色动态参数：色相抖动、饱和抖动、亮度抖动可以改变颜色从前景色到背景色的变化。如果要单色，将画笔中的"颜色动态"复选框取消选中状态。

为了便于调整每条丝带的位置，建议最好每个图层做一条丝带。

7.2.5 实训练习

根据如图 7.39 所示的青蛙图像，制作出如图 7.40 所示的青蛙效果。

图 7.39　青蛙

图 7.40　青蛙效果图

7.3　实训　绘制绚丽发散文字

7.3.1　实训目的

本实训目的如下。

(1) 学习路径的使用。

(2) 学习选区和路径的转换及路径描边。

(3) 学习蒙版文字的使用。

(4) 学习滤镜功能的使用。

(5) 完成如图7.41所示的效果图。

图7.41　发散字体效果图

7.3.2　实训理论基础

1. 利用文字蒙版工具创建路径

操作步骤如下。

(1) 单击工具箱内的"横排文字蒙版工具"按钮，在画布窗口内输入"CS5"文字，如图7.42所示。

(2) 单击"图层"→"文字"→"建立工作路径"菜单命令，即可将文字的轮廓线转换为路径，再使用路径选择工具，双击对象，将路径的锚点显示出来，如图7.43所示。

(3) 单击"图层"→"文字"→"转换为形状"菜单命令，即可将文字的轮廓线转换为形状路径。

图7.42　输入文字

图7.43　将文字转换路径

2. 创建一个空路径层的两种方法

具体方法如下。

(1) 单击“路径”调板中的“创建新路径”按钮 ，即可在当前路径层之上创建一个新的路径层，该路径层是空的，没有任何路径存在。以后可在该路径层绘制路径。

图 7.44 “新建路径”对话框

(2) 也可以单击“路径”调板菜单中的“新建路径”菜单命令，弹出“新建路径”对话框，如图 7.44 所示。在“名称”文本框内输入路径层的名称，再单击“确定”按钮，即可在当前路径层之下创建一个新的路径层。

3. 删除与复制路径

操作方法如下。

(1) 删除锚点和路径。按 Delete 键或 BackSpace 键可以删除选中的锚点。选中的锚点呈实心小正方形状。如果锚点都呈空心小正方形状，则删除的是最后绘制的一段路径；如果锚点都呈实心小正方形状，则删除整个路径。

(2) 使用“路径”调板删除路径。单击选中“路径”调板中要删除的路径，将它拖曳到“路径”调板内“删除当前路径”按钮 之上，松开鼠标左键后，即可删除选中的路径。

单击“路径”调板菜单中的“删除路径”菜单命令，也可以删除选中的路径。

(3) 复制路径。

① 单击“路径选择工具”按钮 或“直接选择工具”按钮 。

② 拖曳鼠标围住一部分路径或单击路径线(只适用于路径选择工具)，即可将路径中的所有锚点(实心小正方形)显示出来，此时表示整个路径被选中。

③ 按住 Alt 键，同时用鼠标拖曳路径，即可复制一个路径。

(4) 复制路径层。

① 单击选中“路径”调板中要复制的路径层。再单击“路径”调板菜单中的“复制路径”菜单命令，弹出“复制路径”对话框，如图 7.45 所示。

② 在“名称”文本框内输入新路径层的名称，再单击“确定”按钮，即可在当前路径层上创建一个复制的路径层。

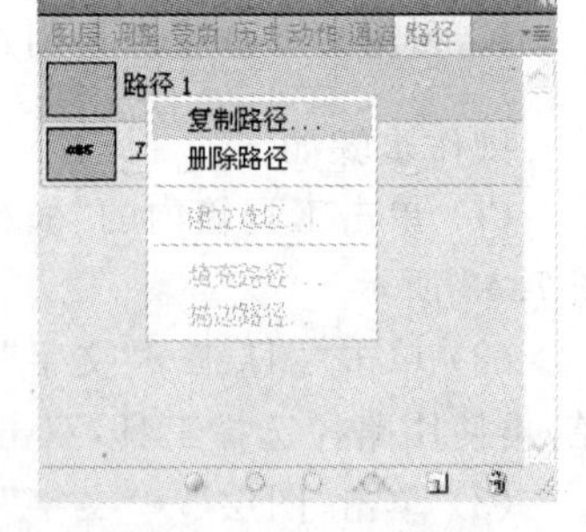

图 7.45 复制路径

7.3.3 实训操作步骤

1. 利用文字工具制作字样

具体操作步骤如下。

(1) 单击“文件”→“新建”菜单命令，弹出“新建”对话框。新建宽度为 600 像素、高度为 450 像素、模式为 RGB 颜色和文档背景为黑色的画布。然后，单击“确定”按钮。

(2) 单击“图层”调板下端的“创建新图层”按钮 ，生成新图层，命名为“图层 1”。

(3) 单击工具箱中的“横排文字蒙版工具”按钮 ，创建字体为“黑体”和大小为 60 点的“CS5”选区。

(4) 把文字改为路径，在“路径”调板下面单击“从选区生成工作路径按钮” ，如图 7.46 所示。

图 7.46 文字改为路径

(5) 设置画笔属性，对路径进行描边。使用工具箱中的“画笔工具”按钮 ，单击选项栏右边的“画笔”标签项 ，调出“切换画笔面板”，利用该面板可以设计各种各样的画笔，设置大小为 12，硬度为 50%，间距为 120，如图 7.47 所示。

(6) 单击“路径”调板菜单中的“描边路径”按钮 ，此时的画布如图 7.59 所示。

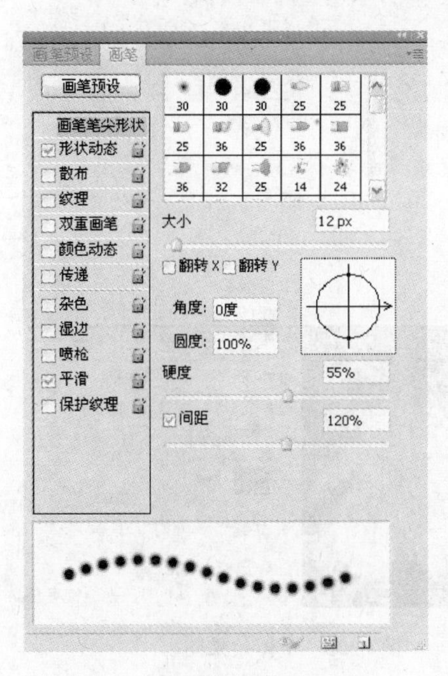

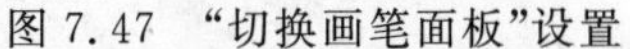

图 7.47 “切换画笔面板”设置

图 7.48 描边路径

(7) 在“图层 1”中画一个矩形选区，如图 7.49 所示。单击 “滤镜”→“扭曲”→“极坐标”菜单命令，在弹出的对话框中选择“极坐标到平面坐标”选项，如图 7.50 所示。

(8) 选择“图层 1”，按 CTRL＋T 快捷键，旋转 90°，即顺时针旋转 90°。

图 7.49　选中滤镜区域

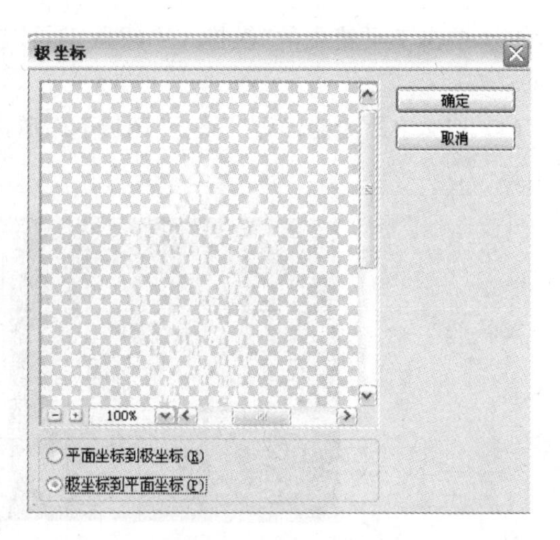

图 7.50　“极坐标”设置

(9) 单击“滤镜”→“风格化”→“风”菜单命令，在弹出的对话框中设置方向为“从左”，如图 7.51 所示，再按两次 Ctrl＋F 快捷键，按 Ctrl＋T 快捷键，旋转－90°，即逆时针旋转 90°。

(10) 单击“滤镜”→“扭曲”→“极坐标”菜单命令，在弹出的对话框中选择“平面到极坐标坐标”选项，单击“确定”按钮后，如图 7.52 所示。

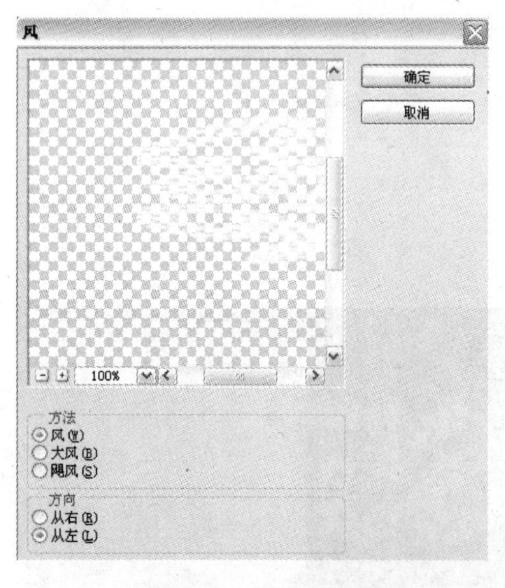

图 7.51　“风”设置

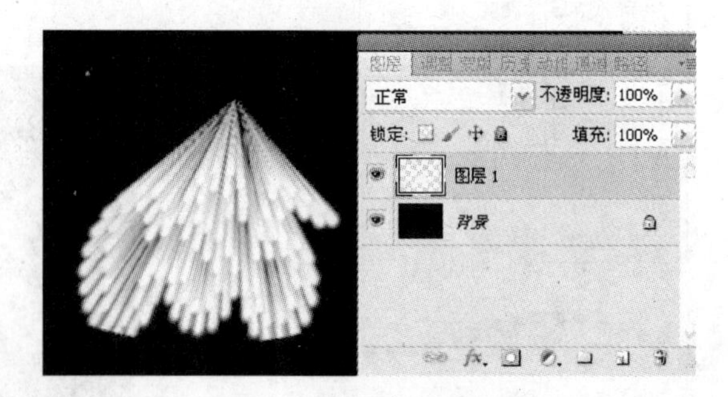

图 7.52　字体效果图

(11) 用同样的方法制作“photoshop”字样，字体设置为 Bauhaus 93，字写好最后放到画布下部，以方便使用极坐标命令。

2. 制作花瓣

(1) 新建一个“图层 4”，用画笔工具绘出如图 7.53 所示的效果。

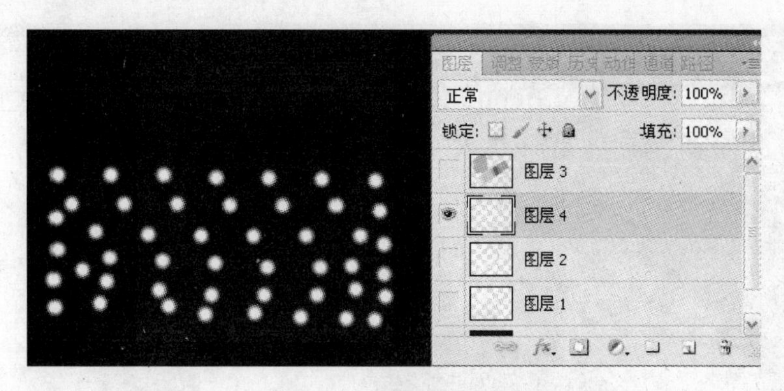

图 7.53　画笔设置

(2) 按 Ctrl+T 快捷键，旋转 90°，即顺时针旋转 90°。

(3) 单击"滤镜"→"风格化"→"风"菜单命令，在弹出的对话框中设置方向为"从左"，如图 7.51 所示，再按一次 Ctrl+F 快捷键，按 Ctrl+T 快捷键，旋转 −90°，即逆时针旋转 90°。

(4) 单击"滤镜"→"扭曲"→"极坐标"菜单命令，在弹出的对话框中选择"平面到极坐标"选项，单击"确定"按钮后，如图 7.54 所示。

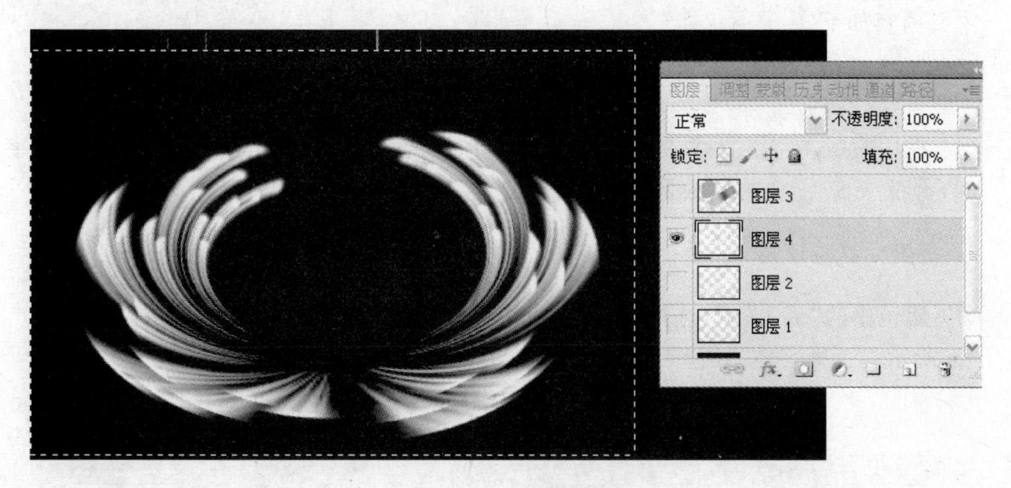

图 7.54　花瓣制作

(5) 按 Ctrl+T 快捷键，调节花瓣大小。复制花瓣图层，将花瓣调节小些，使花瓣多些层次，合并两个花瓣，调节大小放到合适地方。

3. 图像上色

在图层上面新建一图层，在 CS5 上面用画笔涂上品红色，在"photoshop"字样上面创建矩形框，用彩色渐变 填充，花瓣随便选个颜色，再把图层的图层模式改为"颜色"，如图 7.55 所示。最终完成如图 7.41 所示的效果图。

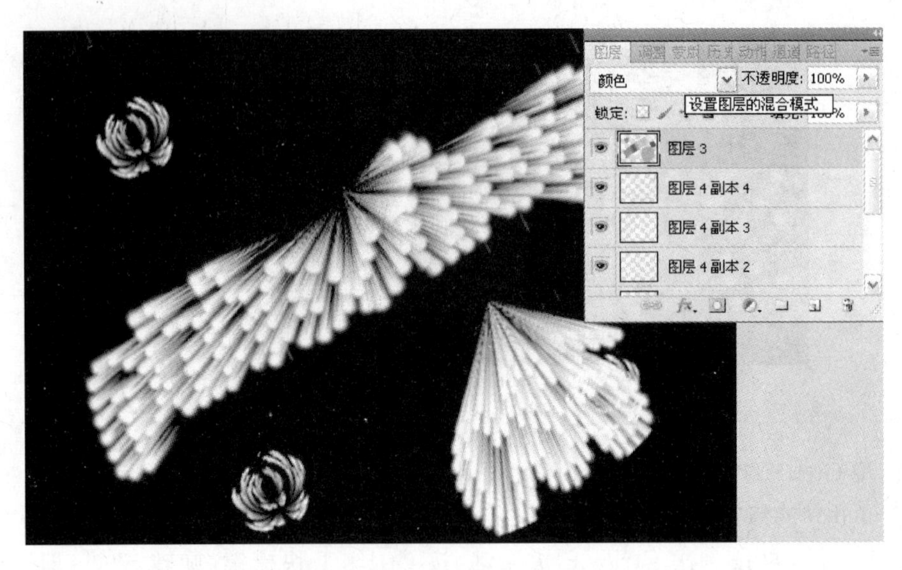

图 7.55 上色图层设置

7.3.4 实训技术点评

主要内容如下。

1. 文字输入

(1) 在用蒙版文字工具输入文字时,在图层中要先建立一个新的图层,然后输入文字。

(2) 绘制 CS5 图像的方法是:创建 CS5 选区,将选区转换为路径。

2. 极坐标滤镜使用

(1) 滤镜中的"极坐标",选择"平面到极坐标"选项时,图像应满宽度,才能旋转 360°,如图 7.56 所示。否则字体不能环绕一圈。

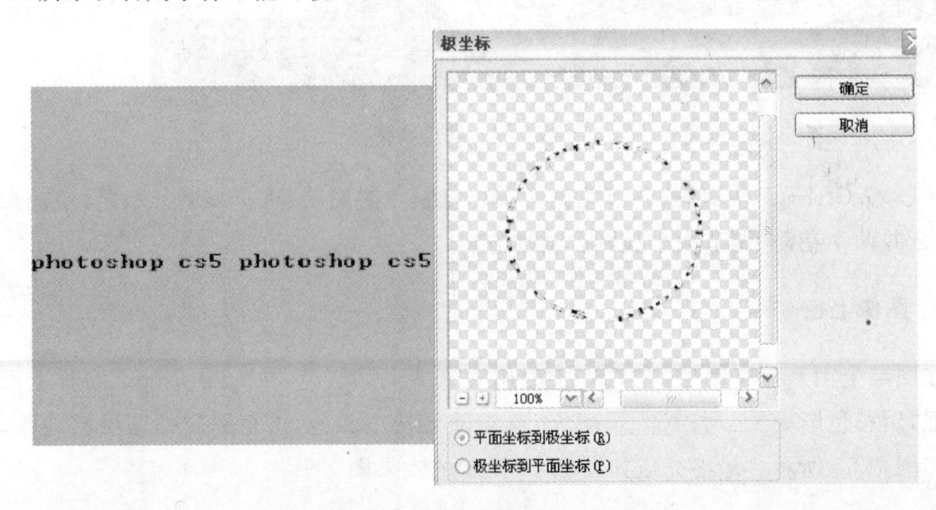

图 7.56 极坐标字体的位置

（2）本例 CS5 字体运用旋转时，单击“滤镜”→“扭曲”→“极坐标”菜单命令，弹出对话框设置选择“极坐标到平面坐标”选项时，在图层中，画一个矩形选区(字放到底部，上面留有空间)，否则字会以整个画布旋转 360°，字就会出界，如图 7.57 所示。

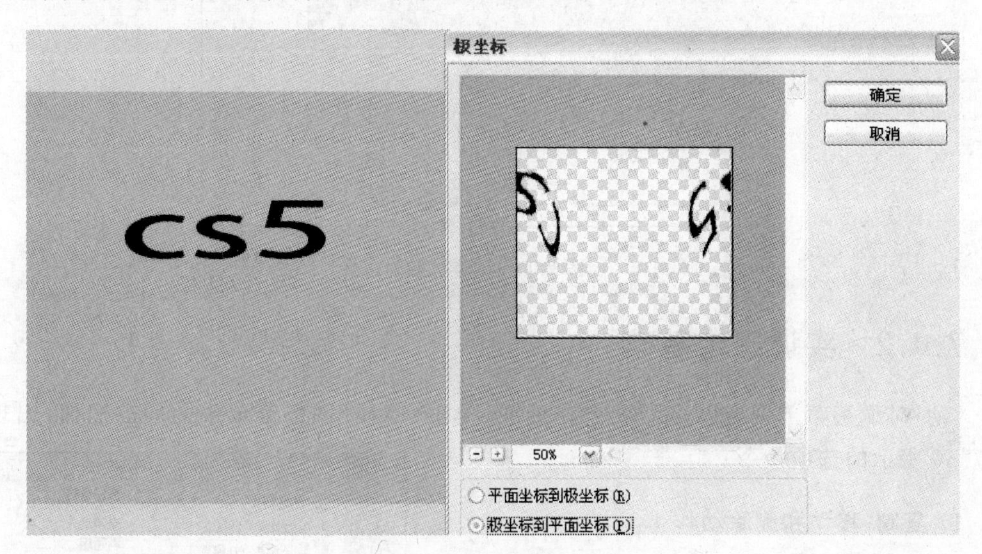

图 7.57　极坐标到平面坐标

7.3.5　实训练习

仿照该实训，制作如图 7.60 所示的“毛刺文字”，文字的色彩自定，毛刺的形状选择枫叶形状。

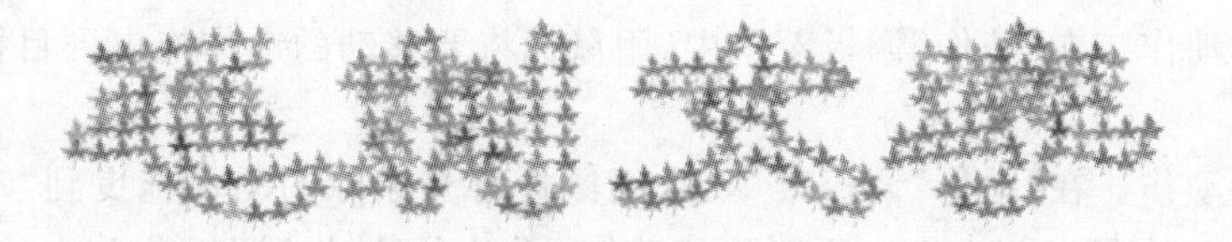

图 7.58　毛刺文字效果

7.4　实训　信封和邮票制作

7.4.1　实训目的

本实训目的如下。

（1）学习 Photoshop CS 提供的“动作”功能，可以自动完成重复性的工作。

（2）用“动作”功能，先录制一遍制作过程，然后使该过程自动重复，即可快速完成一组具有同样特点的效果。

（3）邮票信封的制作，如图 7.59 所示。

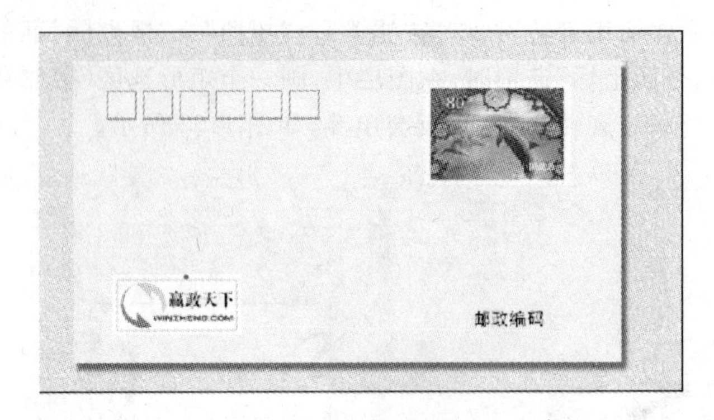

图 7.59　邮票信封

7.4.2　实训理论基础

"动作"调板菜单中有许多命令操作选项，单击"动作"调板菜单中的按钮，出现如图 7.60 所示的选项命令。

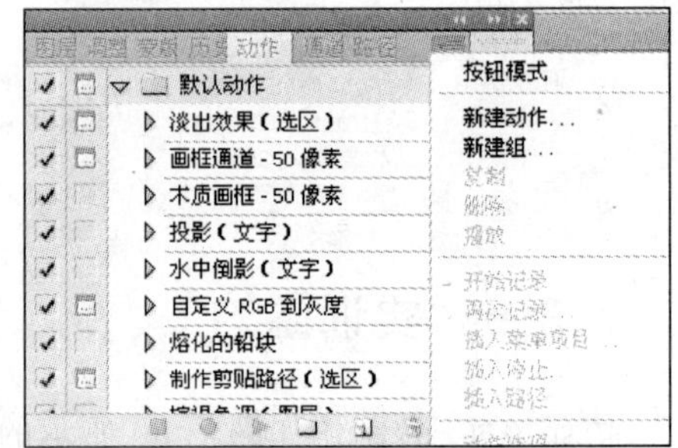

图 7.60　"动作"调板菜单

1. 复制、移动和删除动作

具体内容如下。

(1) 复制动作。在"动作"调板菜单中，用鼠标将要复制的动作拖曳到"动作"调板内的"创建新动作"按钮上，或单击选中要复制的动作，再单击"动作"调板菜单中的"复制"菜单命令，即可将选中的动作复制。

(2) 移动动作。在"动作"调板菜单中，用鼠标将要移动的动作拖曳到目标位置，即可将动作移动。

(3) 删除动作。在"动作"调板菜单中，用鼠标将要删除的动作拖曳到"动作"调板内的"删除"按钮上。也可以单击选中要删除的动作，再单击"动作"调板菜单中的"删除"菜单命令或单击"动作"调板内的"删除"按钮，此时系统将弹出一个提示框。单击提示框内的"确定"按钮，即可删除选中的动作。

2. 更改动作和动作文件夹的名称

更改动作名称的操作方法如下。

双击"动作"调板中要更改名称的动作，输入修改后的名字即可。

3. 插入路径

插入路径是指在动作中插入路径操作。具体方法如下。

(1) 在"路径"调板中选定要插入的路径名称。

(2) 单击选中"动作"调板中的动作名称或操作名称。

(3) 单击"动作"调板菜单中的"插入路径"菜单命令，即可在当前操作的下面插入"设置工作路径"操作。

注意：如果选中的是“动作”调板中的动作名称，则增加的“设置工作路径”操作会自动增加在当前动作的最后面。

4. 载入动作

操作方法如下。

(1) 单击“动作”调板菜单的“载入动作”菜单命令，弹出“载入”对话框，如图 7.61 所示。

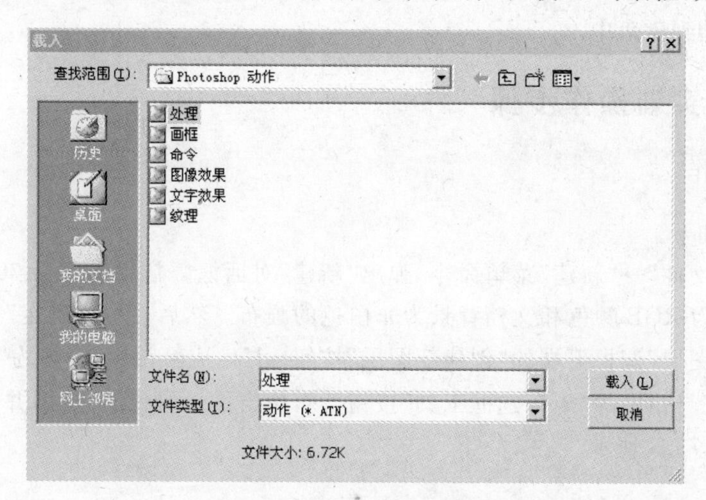

图 7.61 “载入对话框”窗口

(2) 单击选中“载入”对话框中的文件名称，如单击选中“画框”文件名(文件的扩展名是ATN)，再单击“载入”按钮，即可将“画框”动作载入“动作”调板中。也可以直接单击“动作”调板菜单中第六栏中的动作名称，直接载入“画框”动作。

5. 替换动作

操作步骤如下。

(1) 单击“动作”调板菜单的“替换动作”菜单命令，弹出“载入”对话框，如图 7.61 所示。

(2) 单击选中“载入”对话框中的文件名称，如单击选中“命令”文件名，再单击“载入”按钮，即可将“命令”动作载入“动作”调板中，并取代原来的所有动作。

6. 复位动作

具体操作如下。

(1) 单击“动作”调板菜单的“复位动作”菜单命令，弹出提示框，如图 7.62 所示。

(2) 单击提示框中的“追加”按钮，即可将“默认动作”动作追加到“动作”调板中原有动作的后面。

(3) 单击提示框中的“确定”按钮，即可将“默认动作”动作替代“动作”调板中原有的所有动作。

图 7.62 复位动作命令

7. 存储动作

操作方法如下。

(1) 单击选中“动作”调板中要存储动作的文件夹序列名称。

(2) 单击“动作”调板菜单的“存储动作”菜单命令，弹出对话框，选择 Program Files\Adobe\Presets\Photoshop Actions 文件夹。输入文件的名字，再单击“存储”按钮，即可将选中的动作存储到磁盘中。

7.4.3 实训操作步骤

1. 录制动作

操作步骤如下。

(1) 单击“文件”→“新建”菜单命令，弹出“新建”对话框。新建宽度为 700 像素、高度为 400 像素、模式为 RGB 颜色和文档背景为非白色的画布。然后，单击“确定”按钮。

(2) 单击“图层”调板下端的“创建新图层”按钮，生成新图层，命名为“信封”图层，

(3) 单击工具箱中的“矩形选框工具”按钮，拉出信封形状的选区，并填充白色，加入投影效果，如图 7.63 所示。

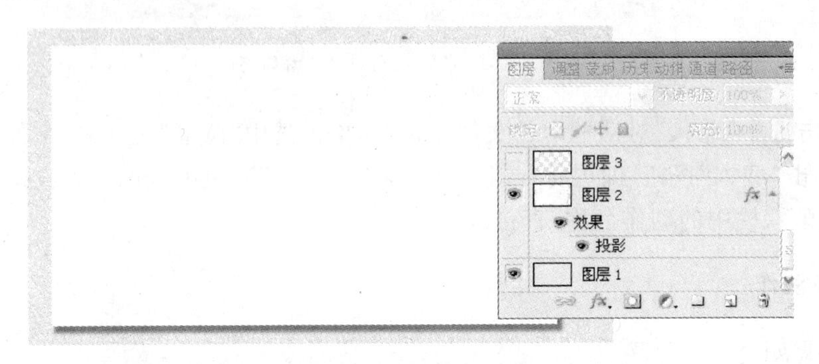

图 7.63 建立信封图层

(4) 建立一个邮编图层，单击工具箱中的“矩形选框工具”按钮，拉出一个大约 25×25 像素的正方形。并单击“编辑”→“描边”菜单命令，得到 2 像素宽度的红色框，如图 7.64 所示。

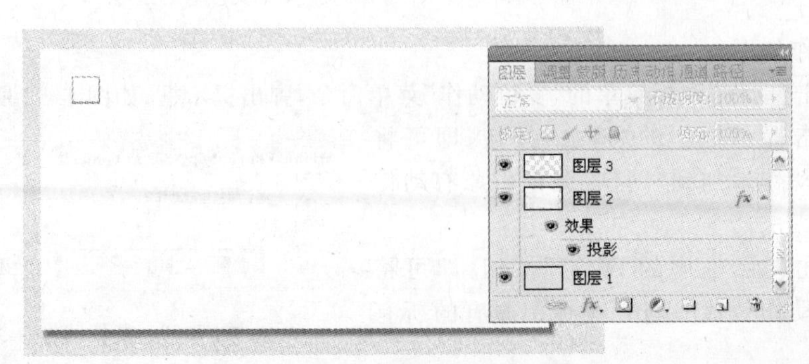

图 7.64 创建方框

(5) 单击“动作”调板菜单中的“新动作”菜单命令，弹出对话框，在“名称”文本框中输入“方框”，如图 7.65 所示。

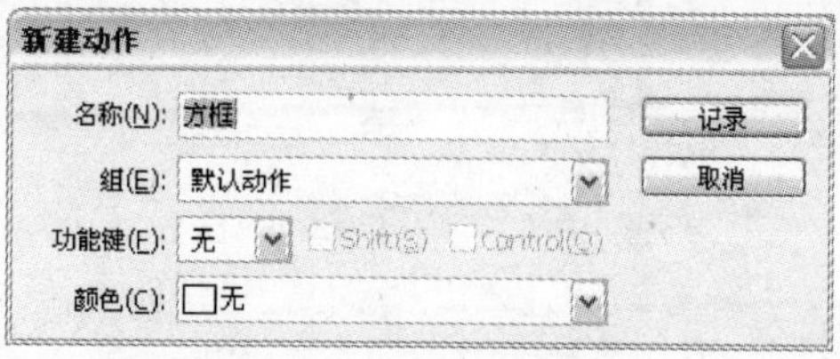

图 7.65 “新建动作”对话框

(6) 设置完后，单击“新建动作”对话框内的“记录”按钮，即可开始录制以后的操作。也可以单击“动作”调板菜单中的“开始记录”按钮，开始录制以后的操作。采用这种方法，对于动作的名称等只能够使用默认设置。

(7) 回到“图层”调板中，使“邮编”图层为当前层，按住 Alt+Shift 键将方框向右移动一小段距离，此时产生一个新的图层，返回“动作”调板，单击“停止”按钮，停止动作记录，如图 7.66 所示。

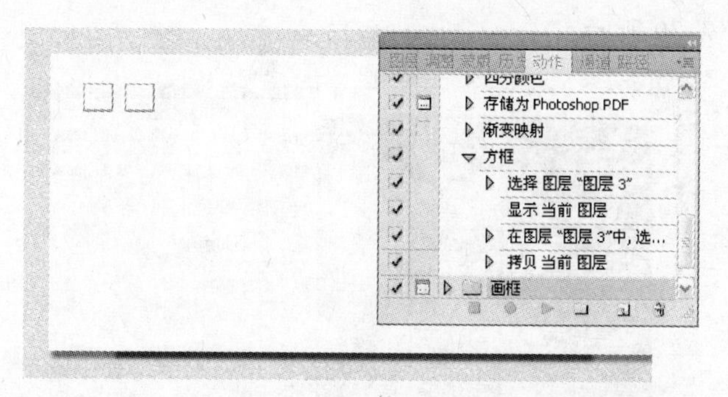

图 7.66 录制过程

(8) 回到“动作”调板中的动作“名称”方框。单击“动作”调板中的“播放选区”按钮 4 次，即可执行当前的动作，将邮编的方框复制 4 次，如图 7.67 所示。

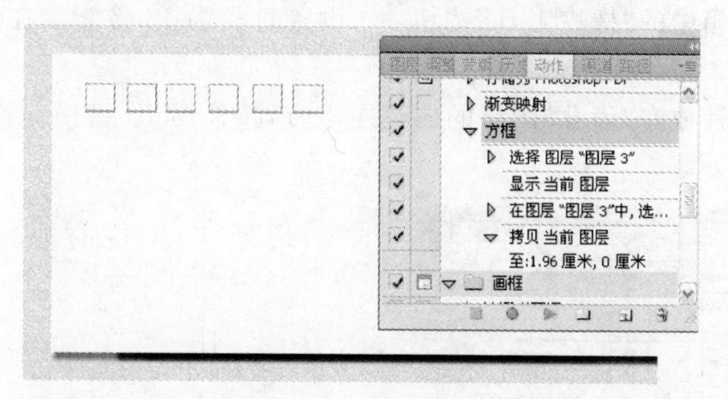

图 7.67 播放动作

(9) 加入文字。单击工具箱中的“文字工具”按钮，用 15 号黑体文字在信封的右下角写入“邮政编码”，并将小图标粘贴在信封的左下角处，如图 7.68 所示。

2. 邮票制作

操作步骤如下。

(1) 新建背景为非白色的画布，将做邮票的图像复制到画布中并调整邮票大小及放置在画布中间的位置，如图 7.69 所示。

图 7.68 信封完成图

图 7.69 邮票图像

(2) 单击“创建新图层”按钮，建立一个名为“齿孔”的新图层，并将其拖曳到图像图层的下方。

(3) 单击“选择”→“修改”→“扩展”菜单命令，在弹出的对话框中设置扩展量为 25 像素，填充白色，如图 7.70 所示。

图 7.70 建立“齿孔”图层

(4) 单击工具箱中的“橡皮工具”按钮，设置直径为 13 像素。在画笔设置对话框中设置笔的间距为 150%，如图 7.71 所示。

(5) 把鼠标指针放在“齿孔”图层的白色左上方，按住 Shift 键横向拖动鼠标，擦出一行圆孔，如图 7.72 所示。

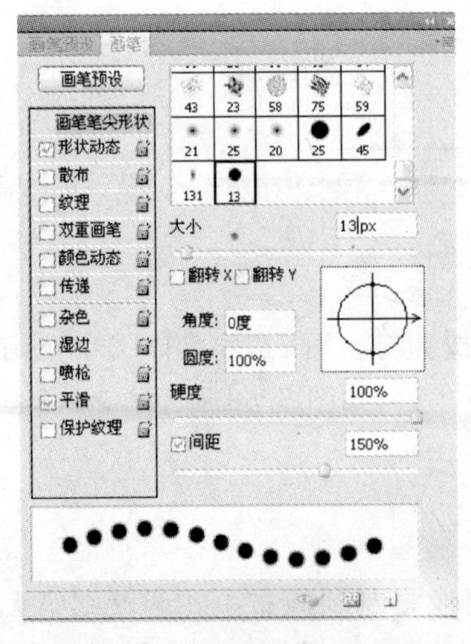

图 7.71 “画笔设置”对话框

图 7.72 邮票边缘

(6) 将鼠标指针准确放在第 1 行最后一个孔中，按住 Shift 键向下拖动鼠标，擦出第 2 行圆孔，用同样的方法擦出其他两行圆孔(四角的孔要严格对齐)，如图 7.73 所示。

(7) 单击工具箱中的"矩形选框工具"按钮 ，以左上角齿孔圆心为起点，至右下角齿孔圆心为终点，建立选区，如图 7.74 所示。

图 7.73　制作邮票边缘

图 7.74　选择邮票选区

(8) 反选，按 Delete 键清除选区，调整图像位置。

(9) 单击工具箱中的"文字工具"按钮 T，用宋体 40 号字输入"80"，用宋体 15 号字输入"分"，用黑体 20 号字输入"中国邮政"，并调整位置，将除背景层外的图层合并，邮票制作完成，如图 7.75 所示。

图 7.75　邮票制作完成

最后将邮票复制到信封上，由于邮票的边缘是白色，应将信封变为淡蓝层，最后的效果如图 7.59 所示。

7.4.4　实训技术点评

1. 动作功能

在实际工作中，有些文字和图像效果的处理方法一样，比如带阴影的文字效果，重复相同的操作会让人觉得单调、枯燥，Photoshop CS 提供的"动作"功能可以自动完成重复性的工作。

本实训的特点是用"动作"功能，先录制一遍制作过程，然后将该过程自动重复，即快速完成一组同样特点的效果。

2. 邮票边缘制作时注意的问题

对于邮票的边缘,可以把橡皮擦放在邮票左上角的位置,按住 Shift 键,横向到底或者竖向到底拖动鼠标,做出第一排齿孔。然后把鼠标的圆圈准确地放在第一个圆圈末点的那个圆圈,此刻一定要严格地对齐,否则会把最后一个齿孔给搞坏。同样按住 Shift 键,做出第二条边,然后依次作出第三条、第四条。当然,如果这些步骤的齿孔都是严格对齐,第四个齿孔恰好能重合。这里要注意的事情就是要使得齿孔严格对齐。

7.4.5 实训练习

本实训练习如下。

(1) 制作一个如图 7.76 所示的"文字效果"动作,它放在"文字"动作文件夹中。执行该动作可以使选中的文字进行变形,要求其中有暂停和菜单选项。

图 7.76 动作制作

(2) 制作一个"棋子"动作,使用该动作可以制作不同颜色的棋子。棋子的制作方法可参看本实训的操作步骤。

本章小结

本章通过 4 个实训,学习掌握 Photoshop CS 的路径和动作基本操作方法。对路径的学习之前须理解路径的概念。在处理图像中充分利用路径的方法,达到图像的最终效果。重点学会从工作选区转换到路径,通过路径填充颜色和路径的描边等技能。同时本章还介绍了 Photoshop CS 的"动作"功能,利用"动作"功能,录制一些有相同特点步骤的图像,提高制作效率。

通过实训后的练习,可以将每个实训的内容深化、变通和提高。

第8章 Photoshop CS5新增功能应用

本章学习要求

理论环节：

- 认识 CS5 新功能；
- 学习内容识别工具；
- 学习 3D 工具；
- 学习动画的制作及生成的文件格式。

实践环节：

- 小猫消失；
- 大鹏展翅；
- 逼真 3D 文字；
- 喷泉动画。

8.1 实训 小猫消失

8.1.1 实训目的

实训目的如下。

(1) 学习“内容识别”功能，选中图像对象，利用“区域删除”瞬间将对象消失。

(2) 将如图 8.1 所示的“小猫”消失一只，如图 8.2 所示。

图 8.1 原始图

图 8.2 完成图

8.1.2 实训理论基础

1. Photoshop CS5 的新增功能

Adobe 公司 2011 年推出了最新版的 Photoshop CS5，较之前的 CS4 版本有了很大的突破，实现了内容识别、操控变形、3D 渲染、制作动画等全新功能。为了更直观地认识这些新功能，让我们直接切换到“新增功能界面”。

打开 Photoshop CS5 后，单击应用程序栏中的“功能扩展”按钮 ，在展开的菜单选择“CS5 新功能”选项，即可以淡蓝色显示新增功能菜单，如图 8.3 所示，更加方便用户查看。

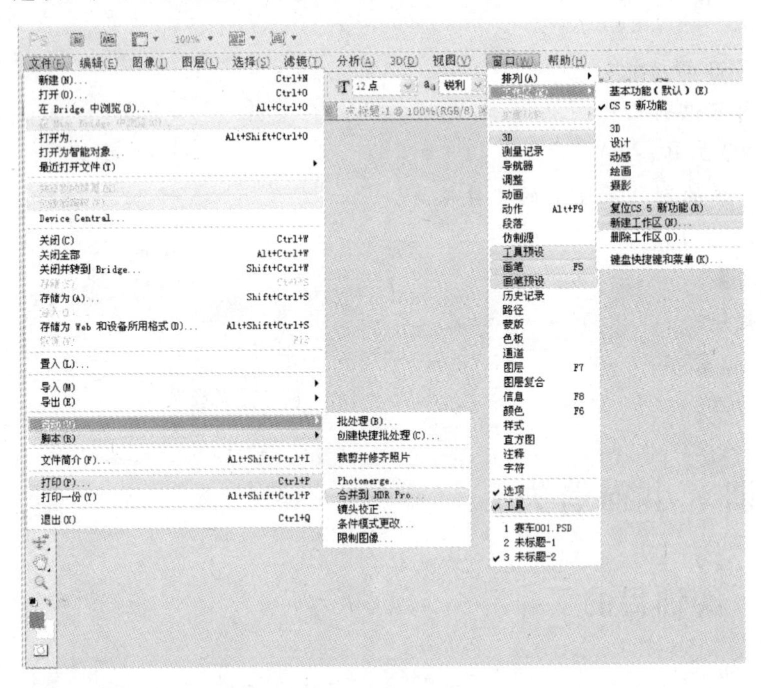

图 8.3 Photoshop CS5 新功能界面

2. “区域删除”功能

在处理照片时往往需要清除画面上多余的对象。早期的 Photoshop 版本中一般通过路径、蒙版、魔棒等工具先将多余对象选取后删除，再利用“仿制图章工具” 修复，过程烦琐复杂。而 Photoshop CS5 新增的“区域删除”功能可自动实现画面修复，用户仅仅需要按照规则填充区域即可自然清除区域中物体。特别注意的是，使用内容识别填充的时候，不需要做一个精确的选区，只要大致将对象勾画出来即可。

3. “区域删除”应用

用“钢笔工具”或“套索工具”选中要删除的图形对象，如图 8.4 所示，选择“编辑”→“填充”菜单命令。弹出如图 8.5 所示的“填充”对话框，在“使用”

图 8.4 建立选区

中选择“内容识别”,“模式”为正常,“不透明度”为100%,单击“确定”按钮,效果如图8.6所示。

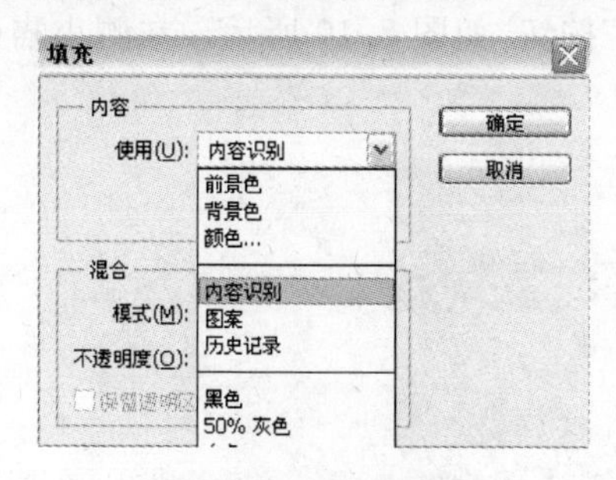

图8.5 “填充”设置

图8.6 区域删除

8.1.3 实训操作步骤

1. 用钢笔建立选区

(1) 打开如图8.7所示的“两只小猫”图片。单击工具箱中的“钢笔工具”按钮,将左侧小猫选区绘制出来,如图8.8所示。注意绘制的路径与选取对象之间要保持一点距离。

图8.7 打开“8.4小猫”图片

图8.8 钢笔工具勾选左侧小猫

(2) 右击路径,在弹出的菜单中选择"建立选区"命令,如图 8.9 所示。在弹出的对话框中将羽化半径设置为 0 像素,其余默认,单击"确定"按钮,如图 8.10 所示。左侧小猫已被选中,如图 8.11 所示。

图 8.9 钢笔建立选区

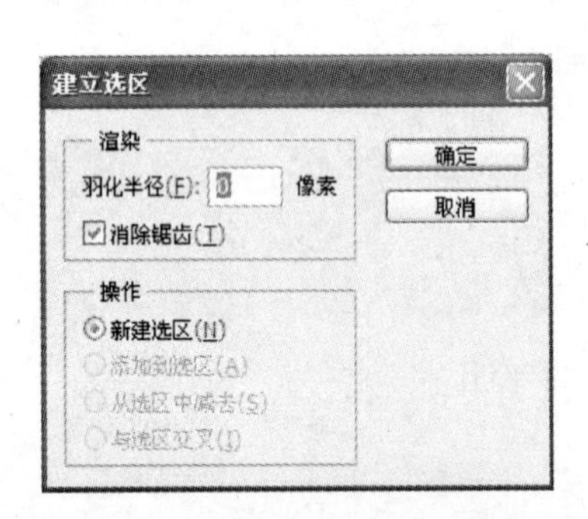

图 8.10 羽化半径选择 0 像素

图 8.11 小猫选区

(3) 单击"编辑"→"填充"菜单命令,弹出如图 8.12 所示的"填充"对话框,确认正在使用的功能是"内容识别","模式"为正常,"不透明度"为 100%。单击"确定"按钮,得到如图 8.13 所示的效果。

(4) 单击工具箱中的"仿制图章工具"按钮 ,按住 Alt 键,如图 8.14 所示,用鼠标在小猫消失的草坪进行精确修整。最后效果如图 8.15 所示。

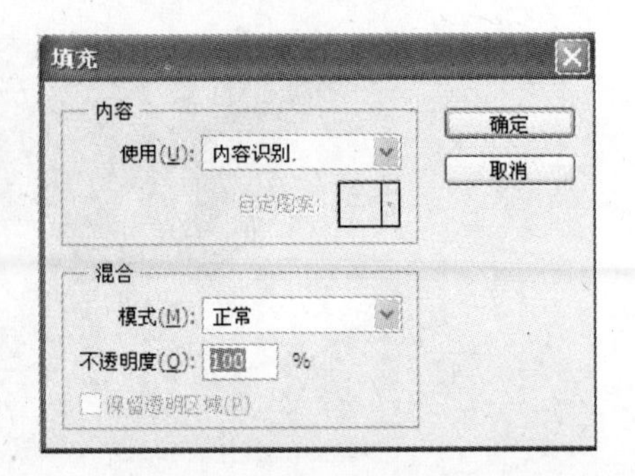

图 8.12 "填充"对话框

图 8.13　填充后的效果

图 8.14　用“仿制图章”修复

图 8.15　完成图

8.1.4 实训技术点评

1. 建立删除对象选取的多种方法

(1) 单击"工具箱"→"钢笔工具"按钮：使用"钢笔"描绘出删除对象路径，右单击路径，在弹出的菜单中选择"建立选区"命令，如图 8.16 所示。

图 8.16 钢笔绘制选区

(2) 单击"工具箱"→"多边形套索"工具：由于使用"内容变换"填充时不需要精确选取所删除对象，使用"多边形套索"可以直接建立选区，更加快捷方便，如图 8.17 所示。

图 8.17 多边形套索绘制选区

(3) 单击“工具箱”→“魔棒”工具组中的“快速选取工具”，如图 8.18 所示(这是 Photoshop CS5 新增功能之一)。进行快速选取区域时，最好使用较大的笔刷，并选中“添加到选区”按钮，如图 8.19 所示。

图 8.18 快速选取工具绘制选区

2. “内容识别”工具的使用

当建立好选区后，如果需要对填充选区进行范围修改，可使用菜单栏“编辑”→“内容识别比例”进行调整，所选区域比例越大，“内容识别”填充的内容范围越大，越容易把旁边的物体也填充进来，如图 8.20 和图 8.21 所示。所选区域比例越小，“内容识别”填充的内容范围越小，则填充的内容不足。所以需要在建立选区时考虑，如图 8.22 和图 8.23 所示。

图 8.19 “快速选取工具”选项栏

图 8.20 扩大比例

图 8.21 填充后效果

图 8.22 缩小比例

图 8.23 填充后效果

8.1.5 实训练习

具体练习如下。

利用“内容识别”以及“仿制图章工具”，将如图 8.24 所示的六只小鸟全部删除，如图 8.25 所示。

图 8.24 小鸟原图

图 8.25 六只小鸟消失

8.2 实训 大鹏展翅

8.2.1 实训目的

实训目的如下。

(1) 学习“操控变形”功能，改变图像中对象的造型。

(2) 将如图 8.26 所示的“雄鹰”变形为如图 8.27 所示的“雄鹰完成图”。

图 8.26 雄鹰原图

图 8.27 雄鹰完成图

8.2.2 实训理论基础

1. “操控变形”命令

使用新增的“操控变形”命令,可以在一张图像上建立网格,然后使用“图钉”固定特定的位置后,拖动需要变形的部位。例如,轻松伸直一个弯曲角度不舒服的手臂。

操控对象应该是扣取好图像的图层,不包括背景。运动部分之间最好不能相连,并离开一定距离。本实训将利用飞翔的雄鹰图片,详细讲解如何使用“操控变形”命令。由于雄鹰的翅膀相对舒展,更加容易执行操控变形的动作。

2. “操控变形”命令的使用

(1) 选中“雄鹰”图像后,单击“编辑”→“操控变形”菜单命令。单击雄鹰翅膀上的运动关节,添加图钉,如图 8.28 所示。用鼠标拖动翅膀上的图钉,使雄鹰变形为如图 8.29 所示。

图 8.28 “操控变形”命令

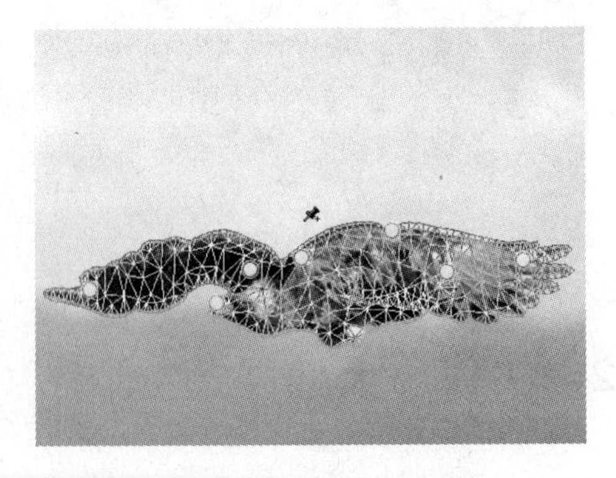

图 8.29 变形应用

(2) 单击工具箱的“移动工具”按钮 ,弹出“应用变形”对话框,单击“应用”按钮进行变形。

2.2.3　实训操作步骤

1. 将运动对象抠图

（1）打开如图 8.30 所示的“雄鹰.JPG”图片。单击工具箱中的“钢笔工具”按钮，细致地将雄鹰勾画出来，如图 8.31 所示，不断使用“转换点工具”调整转换点，使路径平滑精确。

图 8.30　雄鹰原图

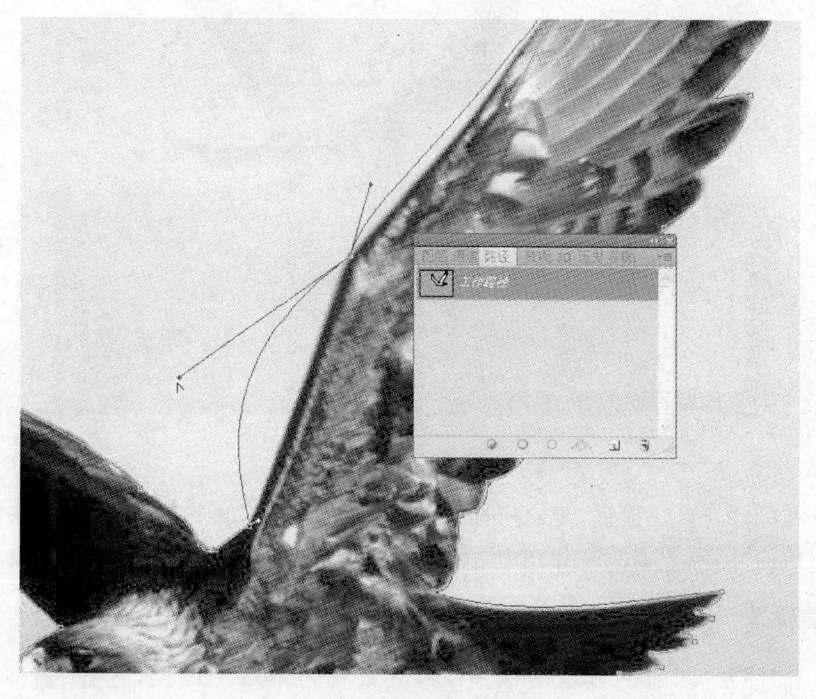

图 8.31　钢笔选区

(2) 右击路径，在弹出的菜单中选择“建立选区”命令，如图 8.32 所示。在弹出的对话框中将羽化半径设置为 0 像素，其余默认，如图 8.33 所示。单击“确定”按钮，如图 8.34 所示，雄鹰已被选中。

图 8.32　建立选区

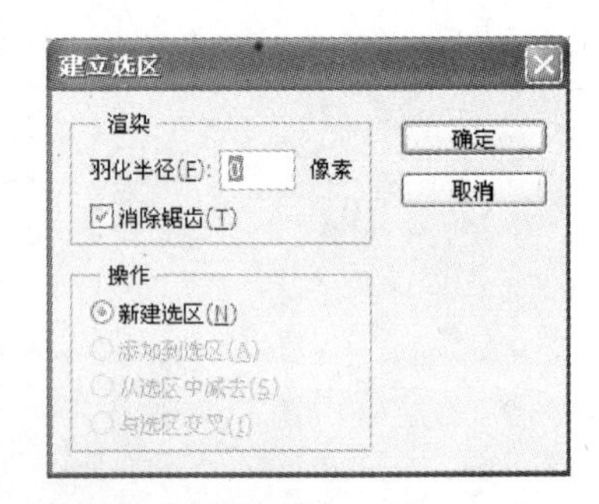

图 8.33　“建立选区”对话框

图 8.34　图像选区

(3) 按住 Ctrl +C 快捷键，复制所选区域内的雄鹰图像，再按住 Ctrl +V 快捷键，建立仅有雄鹰图像的“图层 1”，如图 8.35 所示。

2. 完善背景

(1) 单击“图层 1”前的显示图标，将其设置为不可见图层，选择“背景”图层，如图 8.36 所示。转到“路径”调板，选中刚才用钢笔绘制的“工作路径”图层，如图 8.37 所示。

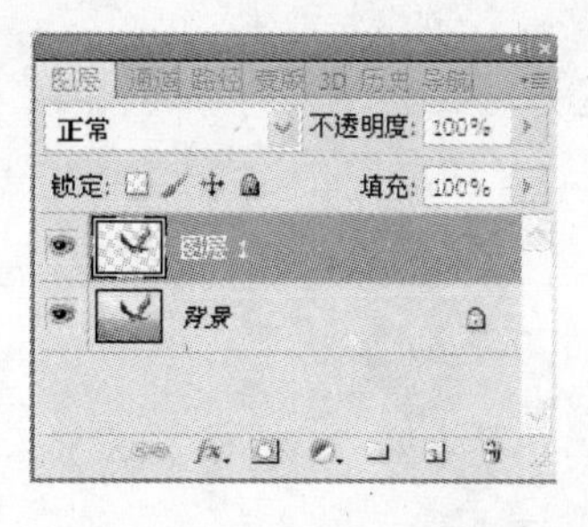

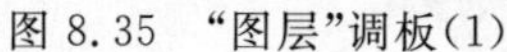

图 8.35　“图层”调板(1)

图 8.36　“图层”调板(2)

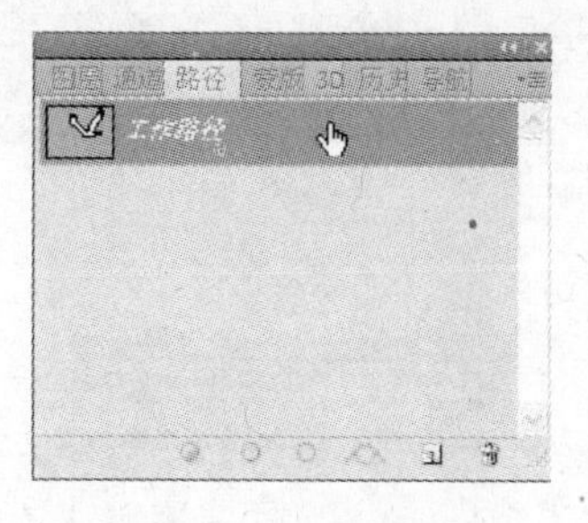

图 8.37　“路径”调板

(2) 单击“编辑”→“变换路径”→“变形”菜单命令，如图 8.38 所示。通过拉伸将原来的雄鹰路径扩大，如图 8.39 所示，双击确认变形。

图 8.38　“变形”菜单命令

(3) 在“路径”调板下方按下“将路径作为选区载入”按钮 ，将刚才完成的雄鹰路径载入选区，如图 8.40 所示。

(4) 单击“编辑”→“填充”菜单命令，弹出“填充”对话框。在“使用”中选择“内容识别”，“模式”为正常，“不透明度”为 100%，单击“确定”按钮。根据机器的性能等待数秒后，雄鹰从画面消失，如图 8.41 所示。

(5) 单击工具箱中的“仿制图章工具”按钮 ，对雄鹰消失的区域进行精确修整。

3. 对雄鹰动作进行变形

(1) 在“图层”调板中单击“图层 1”前的显示图标 ，将其设置为可见图层，如图 8.42 所示。

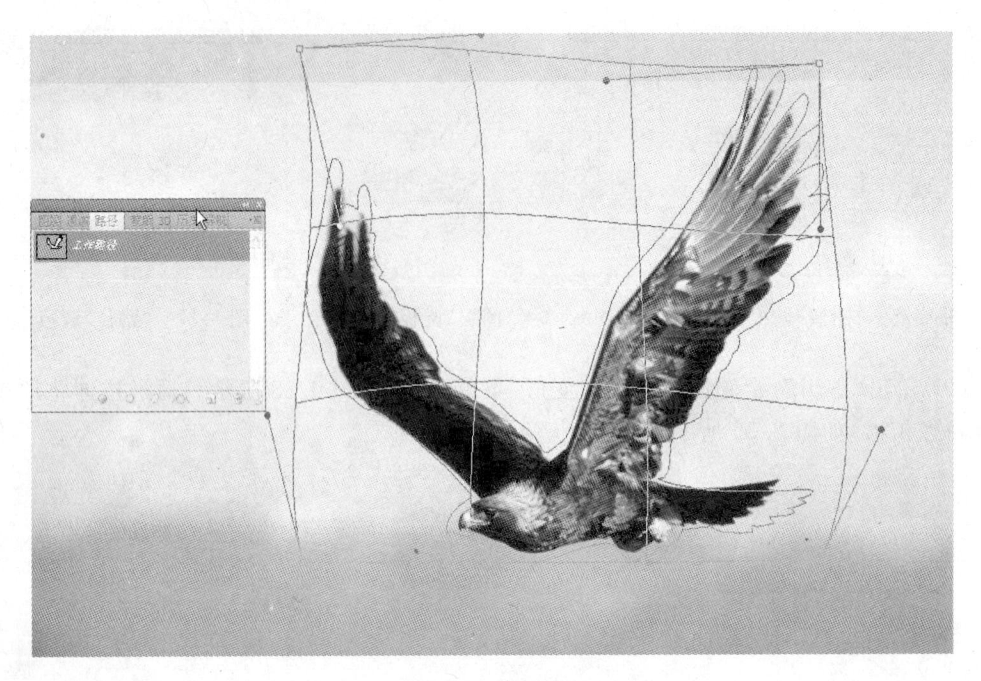

图 8.39　路径扩大

图 8.40　载入选区

图 8.41 区域删除

图 8.42 显示“图层 1”

(2) 单击“编辑”→“操控变形”菜单命令，如图 8.43 所示。单击雄鹰翅膀上的运动关节，如图 8.44 所示，添加图钉。尽可能选择固定点及运动关节处设置图钉。

图 8.43 “操控变形”命令

(3) 用鼠标拖动翅膀上的图钉,使雄鹰变形,如图 8.45 所示。单击左侧工具箱的“移动工具”钮 ,弹出“应用变形”对话框,如图 8.46 所示。单击“应用”进行变形,效果如图 8.47 所示。

图 8.44 图钉的设置

图 8.45 拖动图钉

图 8.46 应用变形对话框

图 8.47 应用“操控变形”

8.2.4 实训技术点评

1. 智能对象

可以用“操控变形”对对象进行任意的动作调整。但如果动作比较复杂,可先将图层设定为智能对象,反复进行“操控变形”,避免由于变形次数过多造成画质损失。

打开“8.2 操控变形练习. PSD”,如图 8.48 所示,在“图层”调板中选择“人物”图层,单击“图层”→“智能对象”→“切换为智能对象”菜单命令,如图 8.49 所示,把该图层切换为智能对象图层。在“图层”调板中,“人物”图层会显示智能对象小图标。

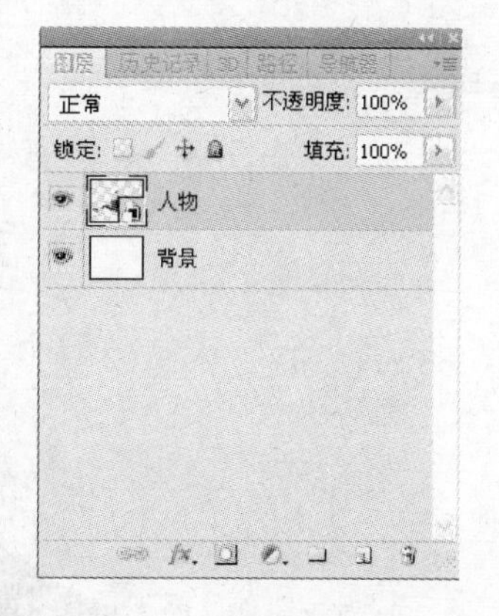

图 8.48 “图层”调板

2. 操控变形

(1) 在“图层”调板中选择“人物”图层,如图 8.50 所示,单击“编辑”→“操控变形”菜单命令,如图 8.51 所示。人物身体出现网格,如同 3ds Max 等 3D 动画软件建模一样,把对象分割成了小块,如图 8.52 所示。

(2) 此时鼠标指针显示为“添加图钉”样式。在人物身上单击,即可添加图钉,运用它来定义变形关节。“图层”调板中的“人物”图层右侧会出现“显示滤镜效果”图标,表示正在对这个图层应用操控变形,如图 8.53 所示。

图 8.49 “切换为智能对象”命令

图 8.50 “图层”调板

(3)“操纵变形”菜单中的“浓度”选项可调整分割网格的密度。默认为“正常”。选择“较少点”可快速摆出想要的动作，如图 8.54 所示；选择“较多点”可增大密度进行细处的处理，如图 8.55 所示。取消选中“显示网格”复选框，即可让网格不可见。

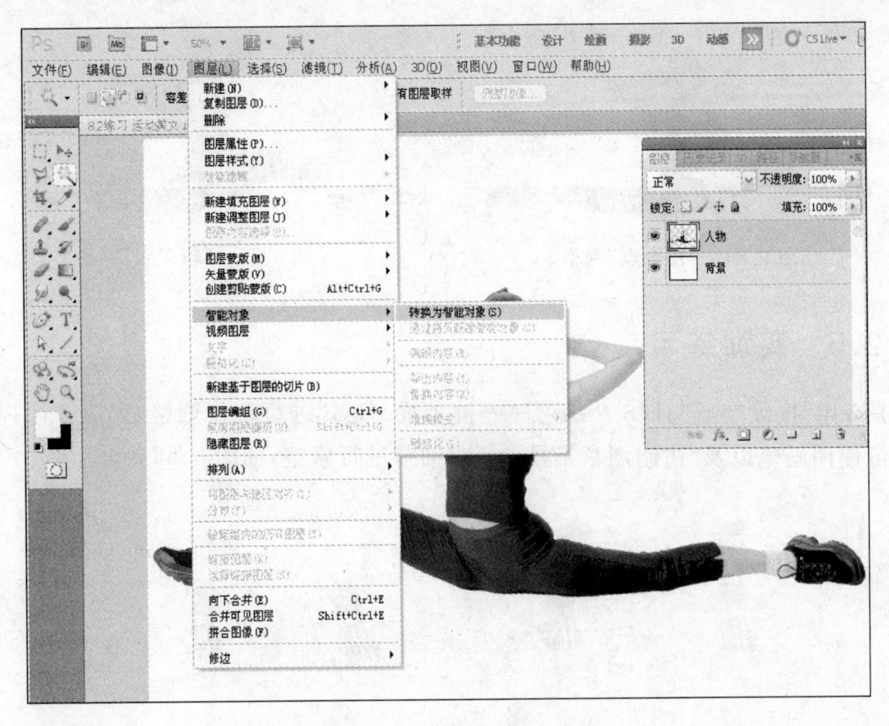

图 8.51 “操控变形”命令

图 8.52 网格

图 8.53 添加图钉

图 8.54 “较少点”网格

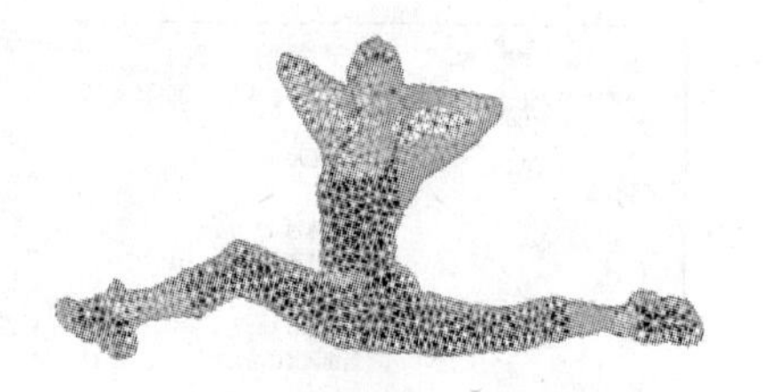
图 8.55 “较多点”网格

8.2.5 实训练习

(1) 运用“操纵变形”对“8.2 练习——健美操.JPG”进行动作调整，完成 3 个以上的新动作。可使用画笔以及“仿制图章工具”对细节进行修整，如图 8.56 所示。

图 8.56 健美操练习

(2) 找一张自己或同学的照片，如图 8.57 所示，运用“操纵变形”等工具改变人物的动作。

图 8.57 操纵变形

8.3 实训 逼真 3D 文字

8.3.1 实训目的

实训目的如下。

(1) 学习 3D 工具，对已建好模型的对象进行贴图及光照渲染。

(2) 通过学习文字，完成 3D 效果。

(3) 将如图 8.58 所示的背景添加文字，最终达到如图 8.59 所示的 3D 效果。

图 8.58 背景

图 8.59 3D 效果

8.3.2 实训理论基础

1. 3D 工具

Photoshop CS5 里的 3D 工具主要是用来处理 3ds Max、sketchUp 等 3D 软件生成的 3D 图像，它可以直接打开 *.3ds 文件，对已建好模型的对象进行贴图及光照渲染。这个功能是 Extended 版本里独有的，而且对硬件要求较高。Photoshop CS5 利用图形显卡的 GPU 而不是计算机的主处理器（CPU）来加速屏幕重绘，所以显卡必须支持 OpenGL 的 GPU，计算机至少 1GB 内存(推荐 2GB)以及支持 OpenGL 2.0 及 Shader Model 3.0 的显示器驱动程序才能运行 3D 工具。

2. 3D 工具的使用

单击 3D→“从图层新建形状”菜单命令创建 3D 图形，如图 8.60 所示，具体材质、形状、大小等参数在如图 8.61 所示的 3D 调板中设置。

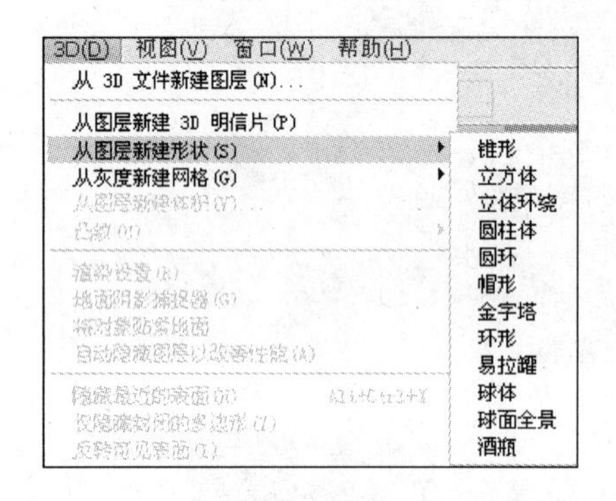

图 8.60　3D 菜单

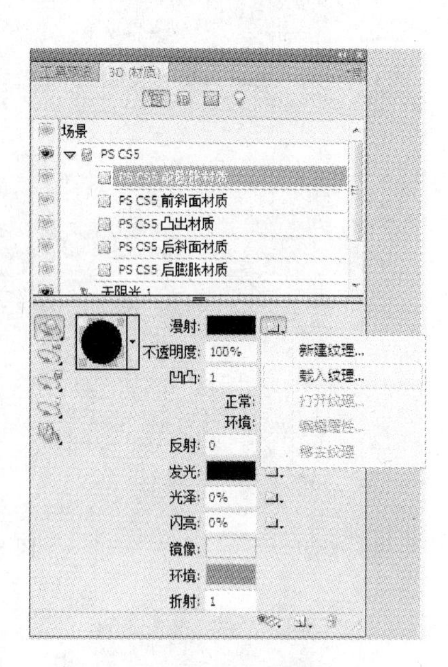

图 8.61　3D 调板

8.3.3　实训操作步骤

1. 制作 3D 文字

(1) 打开“8.2 大海.JPG”图像文件，如图 8.62 所示。单击工具箱“文字工具”按钮 T，在沙滩上写入“PS CS5”，字体选择 Arial，大小为 48，颜色为“黑色”，如图 8.63 所示。

图 8.62　大海原图

图 8.63 输入文字

(2) 单击 3D→“凸纹”→“文本图层”菜单命令，如图 8.64 所示，弹出栅格化对话框，单击“是”按钮，确认栅格化文本，如图 8.65 所示。

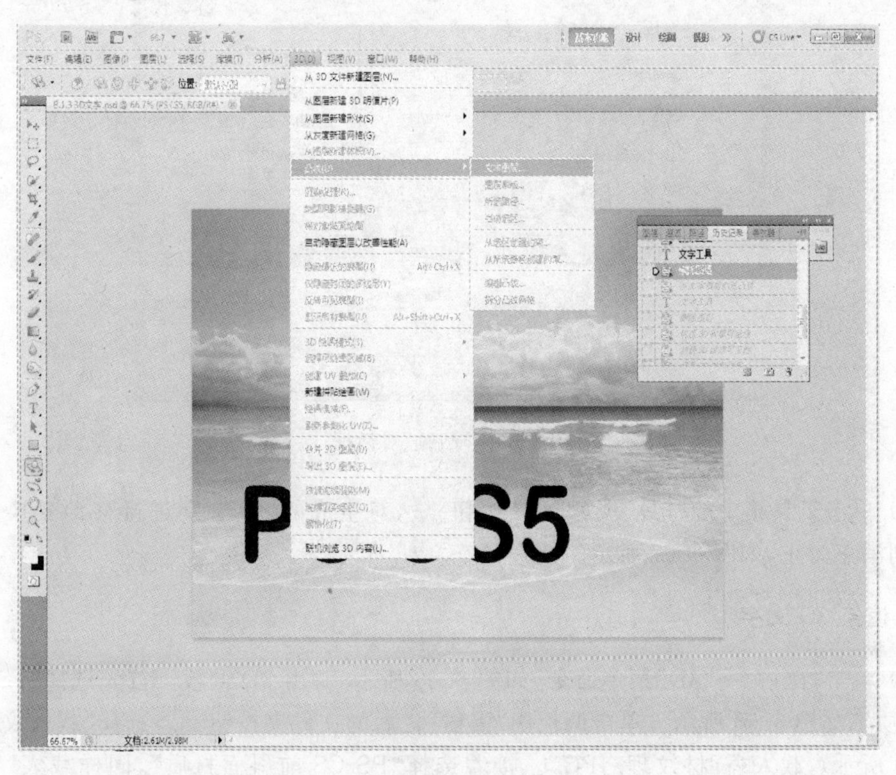

图 8.64 3D 命令

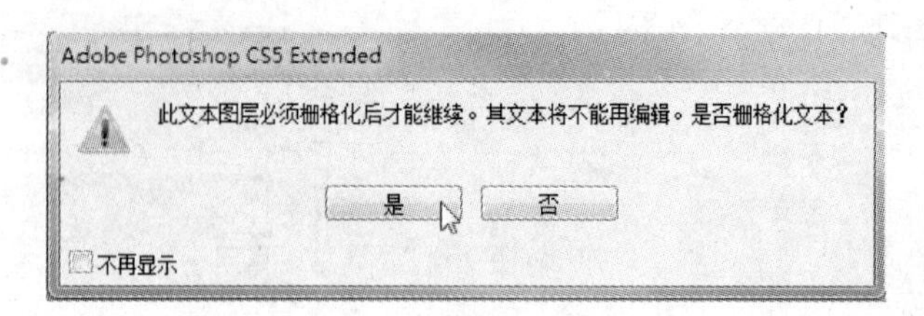

图 8.65 栅格化对话框

(3) 等待数秒后,弹出"凸纹"对话框,可以在里面设置"凸纹形状预设",选择第一个正方体,下面"凸出"深度设为1,"材质"选择第一个"全部",然后单击"确定"按钮进行渲染,如图 8.66 所示。

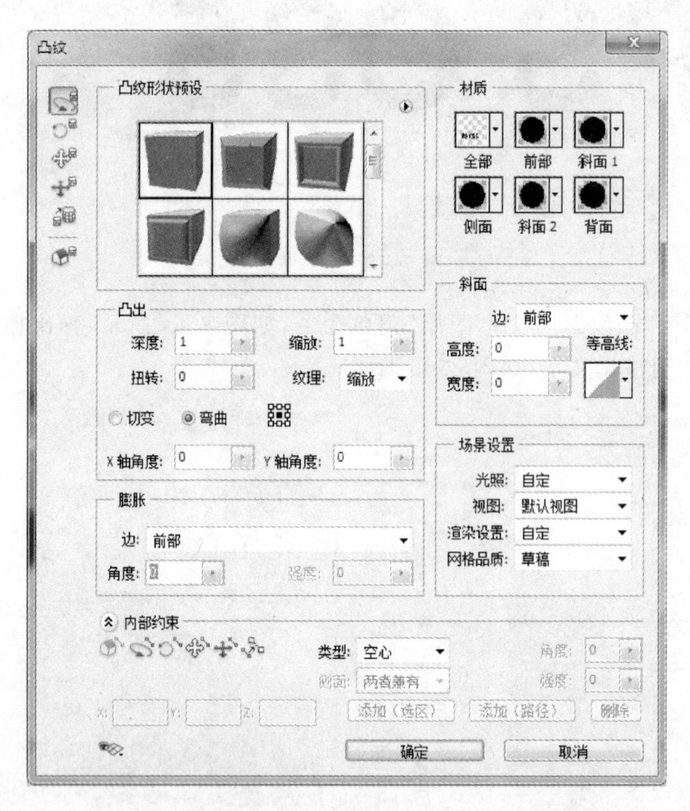

图 8.66 "凸纹"对话框

(4) 单击工具箱中的"3D 变换工具"按钮 ,对生成的 3D 文字进行移动变换以及旋转,直到满意为止,如图 8.67 所示。

2. 渲染 3D 文字

(1) 单击"窗口"→"3D"菜单命令,如图 8.68 所示,调出 3D 调板。首先选择"PS CS 前膨胀材质",如图 8.68 所示。单击调板中"漫射"栏后的文件夹按钮 ,选择"载入纹理"(如图 8.69 所示),载入"石材纹理. JPG"。接着选择"PS CS 前斜面材质",同样载入"石材纹理. JPG"。

图 8.67 “3D 变换”转换

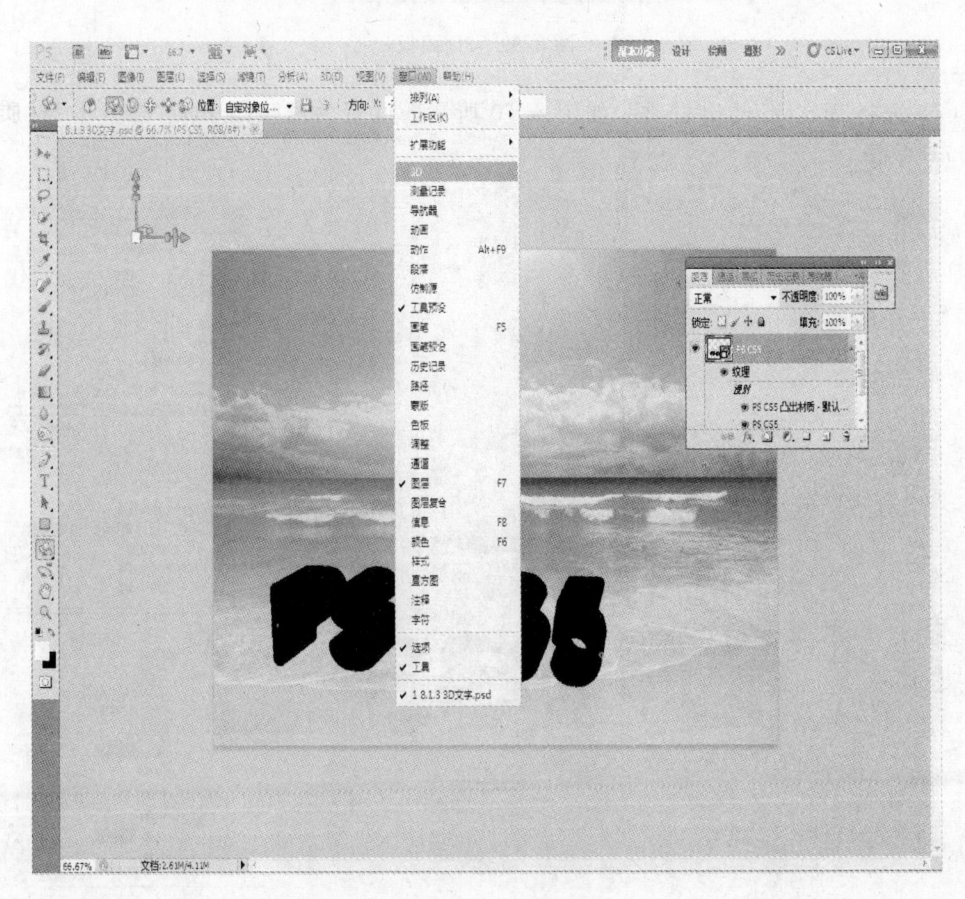

图 8.68 3D 菜单命令

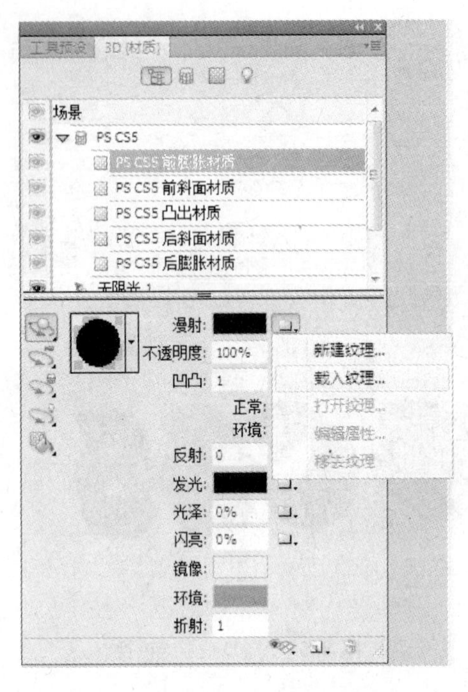

图 8.69　3D 调板

(2) 选择"PS CS 凸出材质",如图 8.70 所示。设置为缩略图中的"巴沙木"材质,如图 8.71 所示。

图 8.70　凸出材质

图 8.71　“巴沙木”材质

(3) 单击“3D 调板”中的“光源”按钮 ，切换到“光源”调板，选择“无限光 1”，“预设”选择“日光”，如图 8.72 所示。

(4) 回到“图层”调板，右击“PS CS5”图层，选择“混合选项”命令。在弹出的“图层样式”对话框中选中“斜面和浮雕”及“投影”。其中“投影”角度为“180 度”，距离为“26 像素”，扩展为“15%”，大小为“20 像素”，如图 8.73 所示，得到的效果如图 8.74 所示。

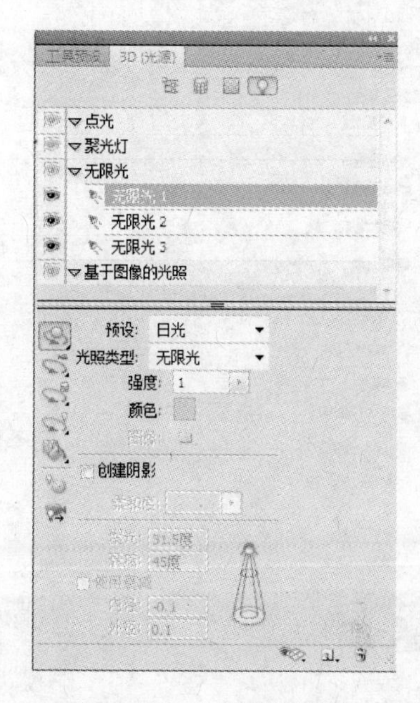

图 8.72　3D“光源”调板

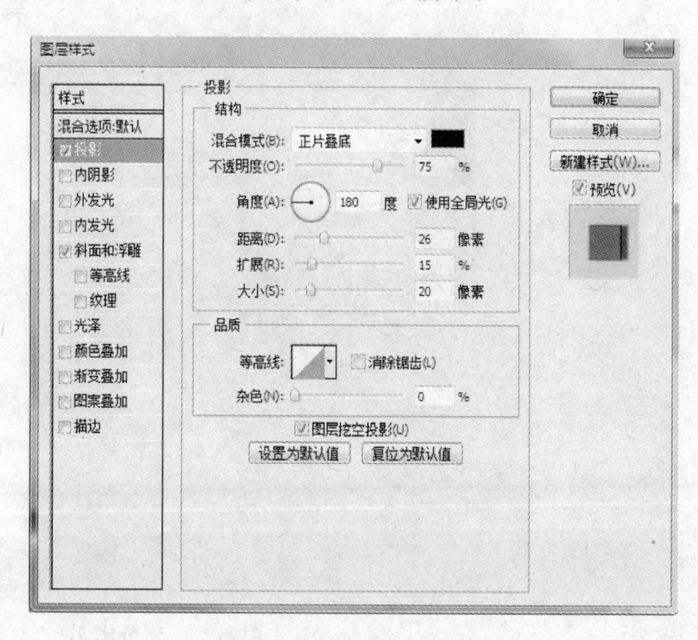

图 8.73　“图层样式”对话框

图 8.74 效果图

3. 将 3D 文字与背景融合

(1) 在“图层”调板中,右击 PS CS5 图层,选择“栅格化 3D”命令,将 3D 图层转换为普通图层,如图 8.75 所示。

图 8.75 栅格化 3D

(2) 利用工具箱中的“移动工具”将“PS CS5”移到海浪中。最后使用“橡皮工具”，不透明度设为50%，将文字下方擦除，营造被海浪淹没的效果，完成效果如图8.76所示。

图8.76 完成图

8.3.4 实训技术点评

3D工具除了可以创建3D文字外，也可直接创建3D图形，并对其进行旋转及渲染，打造拥有质感的立体图形，具体步骤如下：

(1) 创建3D图形。新建“3D”图层，单击3D→“从图层新建形状”→“金字塔”菜单命令，如图8.77所示，创建金字塔图形、也可选择锥形、立方体等其他图形，如图8.78所示。

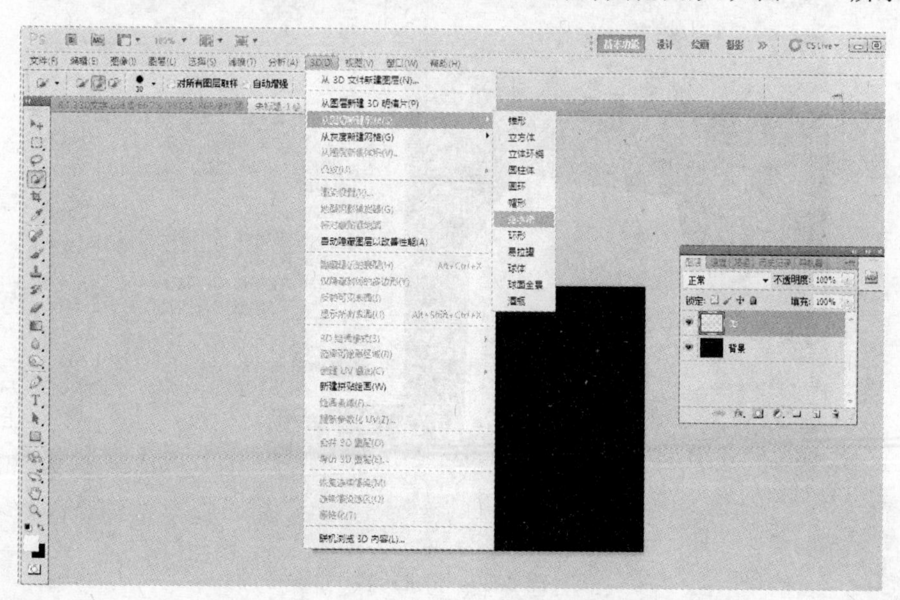

图8.77 3D图层

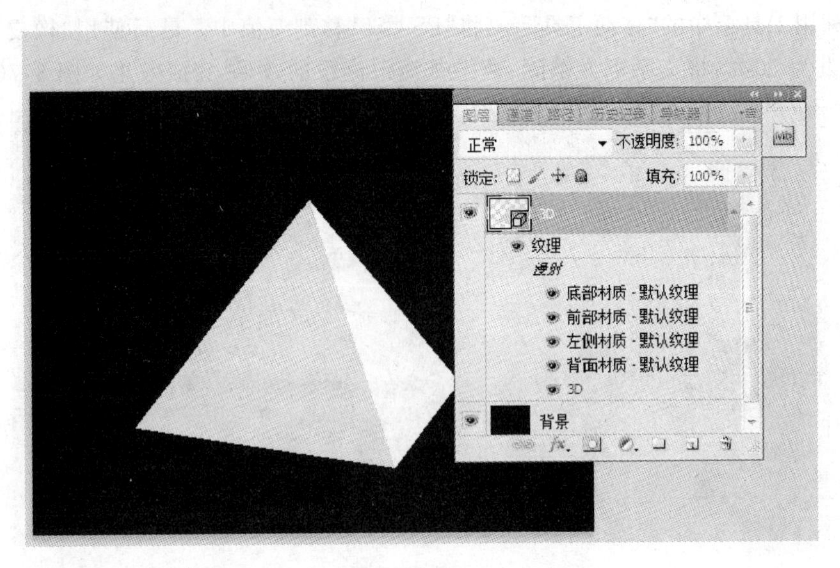

图 8.78 创建金字塔图形

(2) 旋转及移动 3D 图形。利用工具箱中的“对象旋转工具”按钮 以及“相机旋转工具”按钮 (如图 8.79 所示),通过鼠标的拉伸可轻松实现 3D 图形的旋转、移动、缩放,如图 8.80 所示,其中 X 轴和 Y 轴分别控制横向和纵向长度,Z 轴是控制高度的,效果如图 8.81 所示。

图 8.79 “3D”选项栏

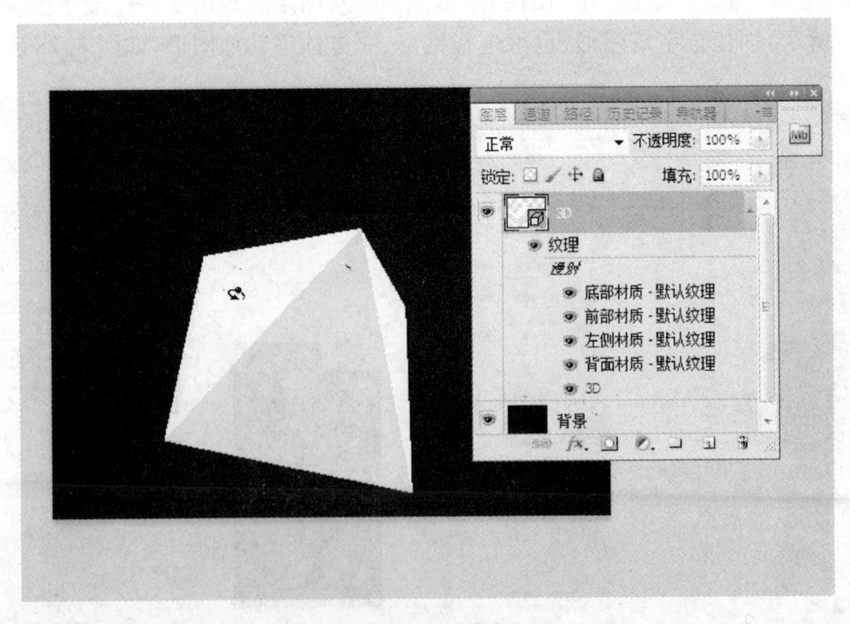

图 8.80 相机旋转

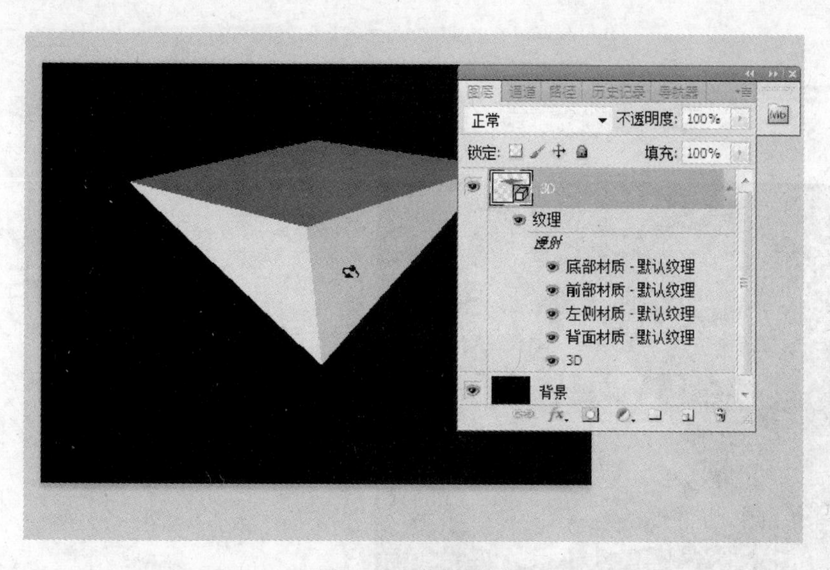

图 8.81 旋转效果

(3) 渲染 3D 图形。单击“窗口”→3D 菜单命令，调出“3D 调板”。Photoshop CS5 自带 18 种材质，可单击“材质缩略图”进行选择，如图 8.82 所示。也可以单击调板中“漫射”栏后的文件夹按钮 ，选择“载入纹理”载入其他图形作为纹理，如图 8.83 所示为载入向日葵图片作为材质。

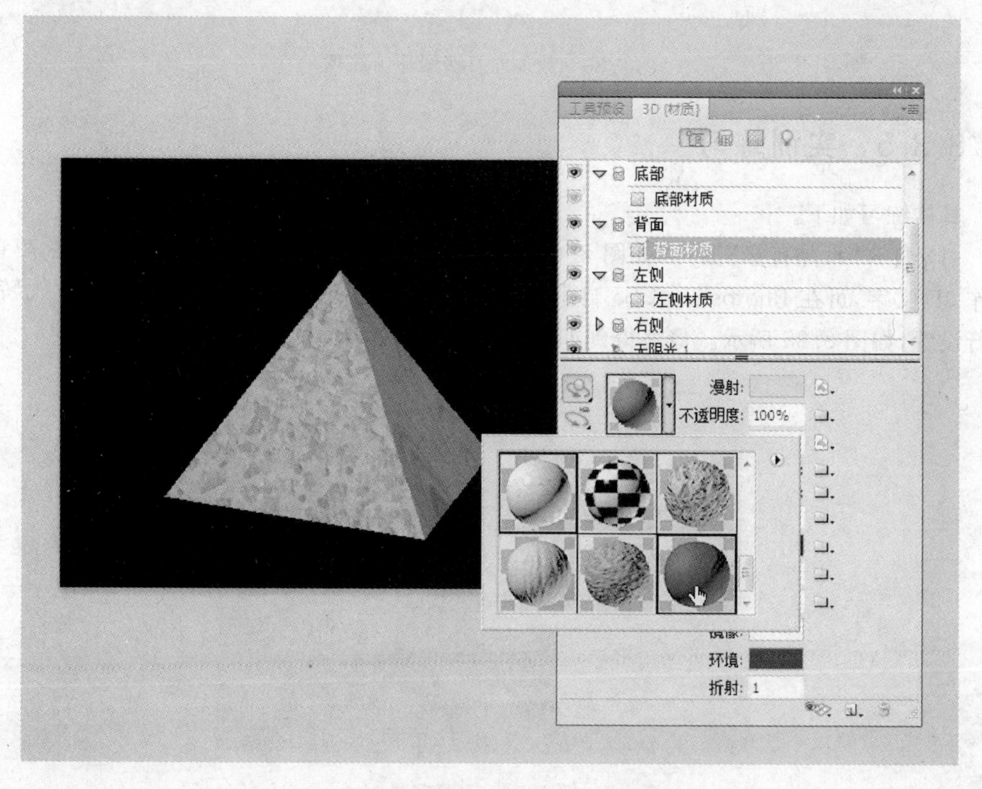

图 8.82 Photoshop CS5 自带材质

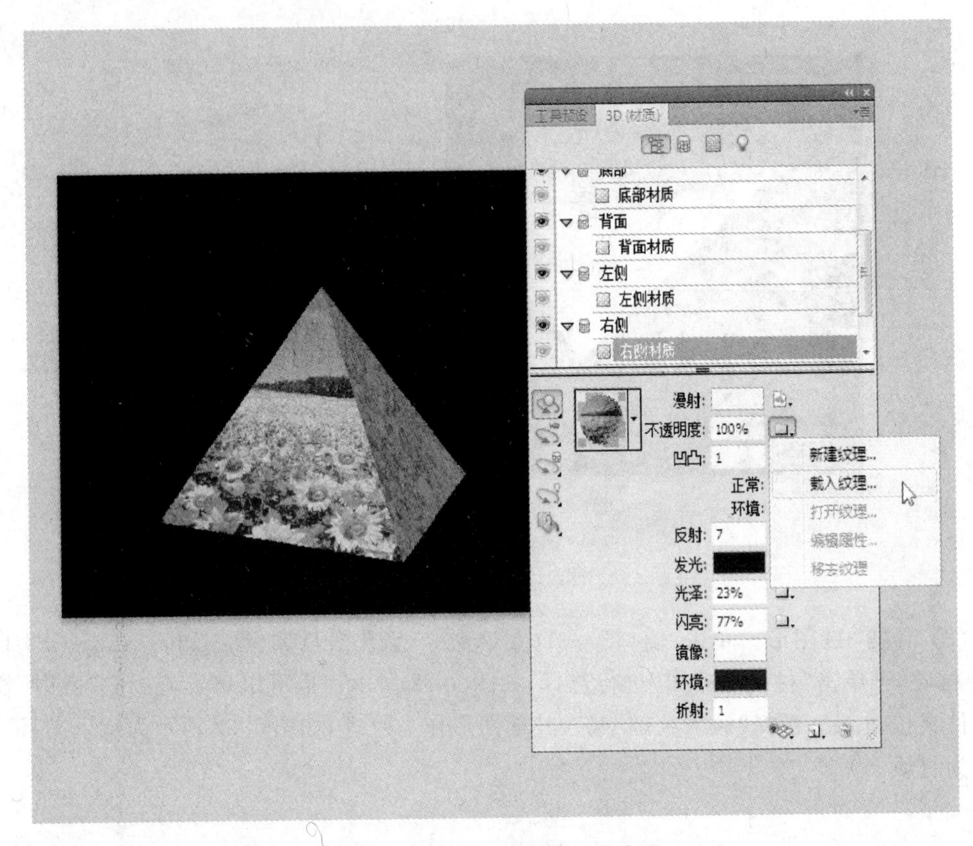

图 8.83 载入向日葵图片为纹理

8.3.5 实训练习

具体练习如下。

(1) 打开"水晶背景"图片,如图 8.84 所示。利用 3D→"凸纹"→"文本图层"菜单命令制作 3D 文字,可在 Photoshop CS5 自带库中选择材质,注意对"凸纹"对话框中的"旋转"栏进行设置,如图 8.85 所示。最终得到如图 8.86 所示的"水晶文字"效果。

图 8.84 水晶背景

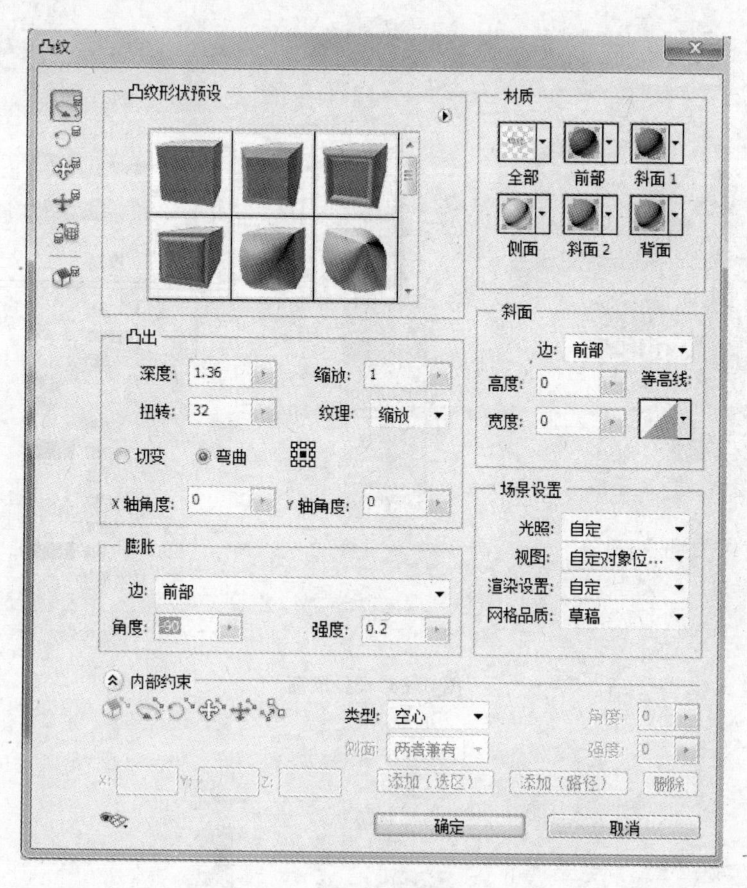

图 8.85　“旋转”设置

（2）打开“果汁背景.jpg”图片，如图 8.87 所示，新建空白图层，单击 3D→“从图层新建形状”→“酒瓶”菜单命令创建 3D 酒瓶，如图 8.88 所示。在“3D 调板”中为酒瓶添加材质，其中“标签材质”可以使用自己的照片或者其他素材图片。最后添加 3D 文字，完成一幅果汁的平面海报，如图 8.89 所示。

图 8.86　“水晶文字”效果图

图 8.87　原图

图 8.88 3D 酒瓶

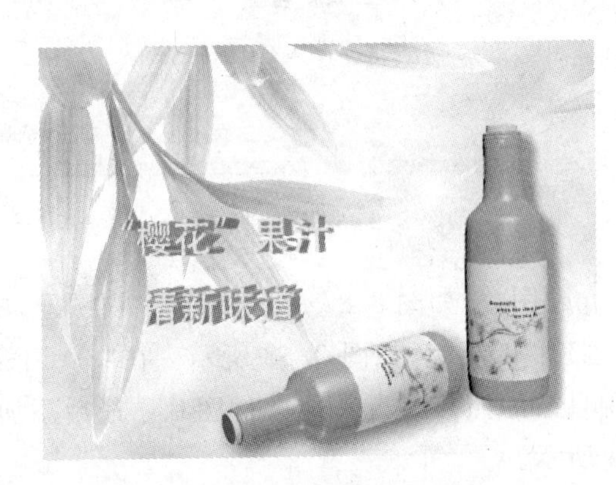

图 8.89 效果图

8.4 实训 喷泉动画

8.4.1 实训目的

本实训目的如下。

(1) 了解 Photoshop 动画的概念通道的种类,掌握通道调板的基本功能和使用方法。

(2) 用扭曲滤镜中的海洋波纹滤镜对各图层进行波纹处理,把原图中的水花扭曲一点位置。

(3) 利用动画选项,设置关键帧和时间,将单一的图像连贯起来,呈现动画效果如图 8.90 所示。

图 8.90　原图

8.4.2　实训理论基础

1. 动画的基本概念

动画是一门幻想艺术，更容易直观表现和抒发人们的感情，可以把现实人们不可能看到的情节展现出来，扩展了人类的想象力和创造力。

广义而言，把单幅照片或图片经过影片的制作与放映，变成会活动的影像，即为动画。

Photoshop 动画制作，是将每个图层的图像转化成为关键帧，通过设置关键帧的时间，将图像贯穿一起，呆现动画效果。

2. 动画应用

(1)“动画”菜单命令

单击“窗口”→“动画”菜单命令，弹出“动画”调板，如图 8.91 所示。

图 8.91　“动画”调板

在“动画”调板中设置时间、播放类型和预览效果。

：缩略图，第 1 关键帧。

0.1：选择帧延迟时间。

：选择循环选项。

：选择第 1 帧。

：选择上一帧。

：播放动画。

：停止动画。

：选择下一帧。

：过渡动画帧，弹出的对话框如图 8.92 所示。

：复制所选帧。

：删除所选帧

单击“动画”调板上方的图标，弹出如图 8.93 所示的菜单命令。选择“从图层建立帧”，将 8 个图层分别复制到“动画”调板中，如图 8.94 所示。

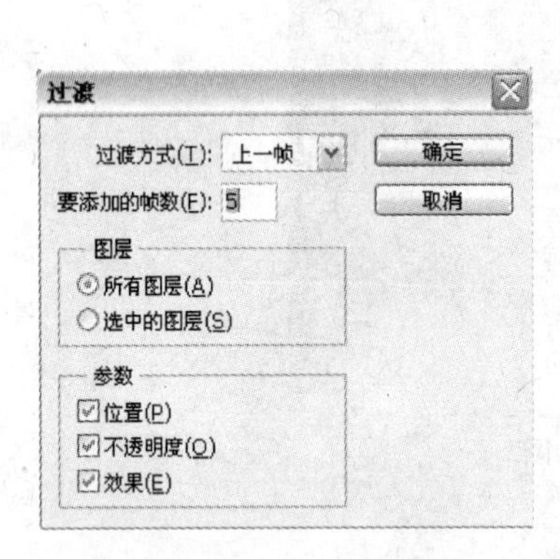

图 8.92 “过渡”设置

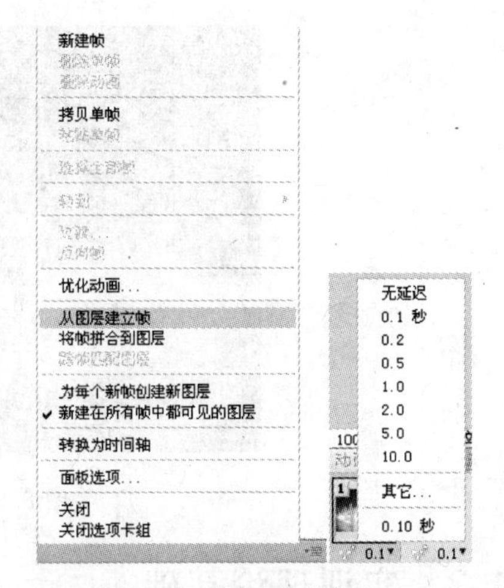

图 8.93 “动画”菜单命令

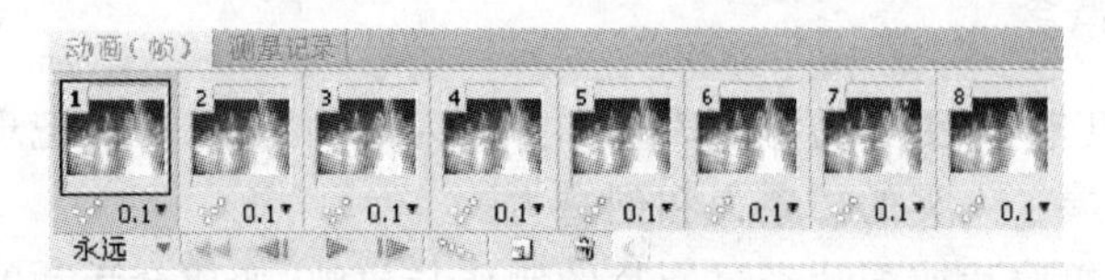

图 8.94 “动画”调板

(2) 生成动画 GIF 文件

单击“文件”→“存储为 Web 和设备所用格式”菜单命令，弹出的对话框如图 8.95 所示。该对话框有“原稿”、“优化”、“二联”和“四联”选项卡，一般在“优化”选项卡中设置，最后单击“存储”按钮，将文件存成 GIF 格式的文件。

图 8.95 “存储为 Web 和设备所用格式”设置

8.4.3 实训操作步骤

操作步骤如下。

(1) 打开原图素材，按 Ctrl+J 快捷键 7 次，总共建有 8 个图层，如图 8.96 所示。

图 8.96 建立图层

(2) 选中最上面的图层("图层 1 副本 6")，单击工具箱中的"快速蒙版模式"按钮，进入快速蒙版。单击工具箱中的"画笔工具"按钮，调节笔的大小，涂抹水面和喷泉，如图 8.97 所示。

图 8.97 建立选区

(3) 单击工具箱中的"标准模式"按钮，退出快速蒙版。单击"选择"→"反向"菜单命令，如图 8.98 所示。

(4) 单击"选择"→"修改"→"羽化"菜单命令，在弹出的对话框中设置羽化为 2 像素。不要取消选区。

(5) 选中"图层 1 副本 6"，单击"滤镜"→"扭曲"→"海洋波纹"菜单命令，在弹出的对话框中设置大小为 2，幅度为 2，如图 8.99 所示。

选中"图层 1 副本 5"，单击"滤镜"→"扭曲"→"海洋波纹"菜单命令，在弹出的对话框中设置大小为 3，幅度为 2。

图 8.98 选区反选

图 8.99 “海洋波纹”设置

选中“图层 1 副本 4”,单击“滤镜”→“扭曲”→“海洋波纹”菜单命令,在弹出的对话框中设置大小为 4,幅度为 2。

选中“图层 1 副本 3”,单击“滤镜”→“扭曲”→“海洋波纹”菜单命令,在弹出的对话框中设置大小为 5,幅度为 2。

选中“图层 1 副本 2”,单击“滤镜”→“扭曲”→“海洋波纹”菜单命令,在弹出的对话框中设置大小为 6,幅度为 2。

选中“图层 1 副本 1”,单击“滤镜”→“扭曲”→“海洋波纹”菜单命令,在弹出的对话框中设置大小为 7,幅度为 2。

选中“图层 1”,单击“滤镜”→“扭曲”→“海洋波纹”菜单命令,在弹出的对话框中设置大小为 2,幅度为 2。

选中“背景”,单击“滤镜”→“扭曲”→“海洋波纹”菜单命令,在弹出的对话框中设置大小为 2,幅度为 2。

(6) 单击“窗口”→“动画”菜单命令,单击“动画”调板上方的图标 ,弹出如图 8.100 所示的菜单命令。选中“从图层建立帧”,将 8 个图层分别复制到“动画”调板中,如图 8.101 所示。

(7) 按 Shift 键,选中所有帧,右击,弹出的快捷菜单如图 8.102 所示,选择的时间为 0.1 秒。在第 1 帧下方右击,选择播放时间,如选择“永远”,如图 8.103 所示。

(8) 单击“播放”按钮 预览动画效果,满意后,单击“文件”→“存储为 Web 和设备所用格式”菜单命令,弹出的对话框如图 8.104 所示。

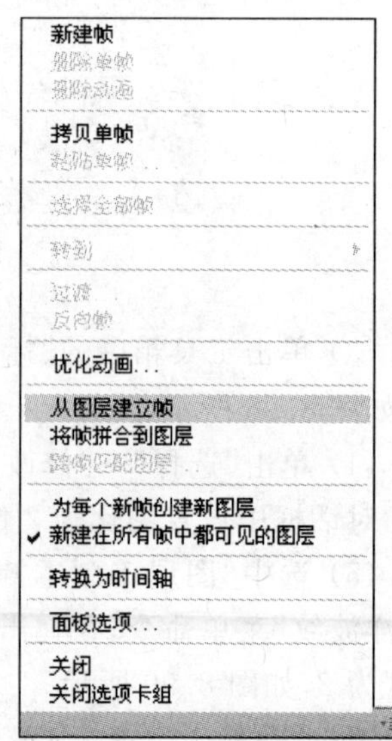

图 8.100 “动画”菜单

图 8.101　“动画”调板

图 8.102　“时间”设置

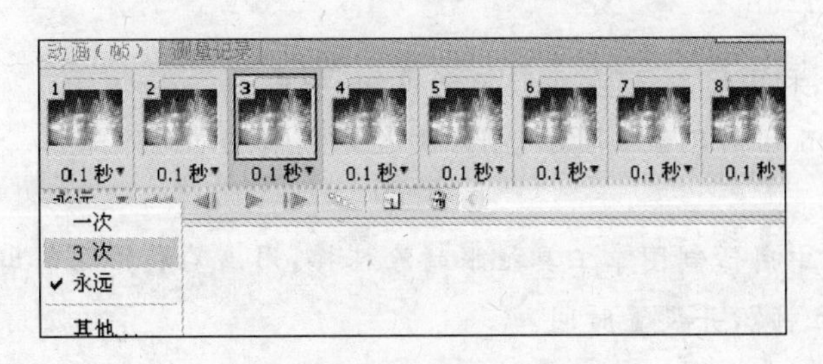

图 8.103　“播放时间”设置

图 8.104 “存储为 Web 和设备所用格式”设置

（9）调整图像大小（方便上传），选择“优化”选项，单击“存储”按钮，设置为 GIF 格式，完成最终效果。

8.4.4 实训技术点评

动画是通过图层转换成关键帧，每帧设置时间，然后将图层中的图像连贯起来达到动画效果。在动画制作中，每个图层滤镜的参数常常有所不同，本例中使用了扭曲中的“海洋波纹”滤镜，每层改变了大小参数，制作出动画效果。其实制作动画效果的方法很多，如将每层图像移动位置、改变幅度等都能达到目的，需要同学们反复实践。

8.4.5 实训练习

本实训练习如下。

（1）仿照本例，利用复制 7 层，制作彩色文字动画。

（2）如图 8.105 和图 8.106 所示，制作美女眨眼睛的动画效果。

提示：

在复制的图层中用仿制图章工具把眼睛涂抹掉，用画笔和铅笔画出眼睫毛，然后选中动画中的“从图层建立帧”，并设置时间。

图 8.105 原图

图 8.106 动画图

本章小结

本章通过 4 个案例的学习，初步掌握 Photoshop CS5 的新增加的功能和工具箱的使用。同时掌握灵活的“内容识别”功能，利用“区域删除”瞬间将对象消失。学习“操控变形”功能，改变图像中对象的造型。学习 3D 工具，对已建好模型的对象进行贴图及光照渲染，完成 3D 效果。利用动画选项，设置关键帧和时间，将单一的图像连贯起来，呈现动画效果。

通过实训后的练习，可以将每个实训的内容深化、变通和提高。

第9章 精彩范例荟萃

本章学习要求

理论环节：

- 深化理论知识；
- 强化综合运用能力；
- 强化设计能力；
- 熟练综合技能。

实践环节：

- 打造靓女照片；
- 书籍封面——绚丽花纹；
- CD封面——金属光环；
- 纪念长征展板；
- 校园歌手大赛海报。

9.1 实训 打造靓女照片

9.1.1 实训目的

本实训目的如下。

(1) 对家用数码相机拍摄的日常生活照片进行处理，如图9.1所示，使之成为如图9.2所示的人像作品。处理日常照片时不需要进行太夸张的修饰，主要是根据光照将色彩还原。

图9.1 原图

图9.2 完成图

(2) 图层调整工具使阴天拍摄的照片更明亮,色彩更丰富;使用裁减工具改变照片构图,突出主题人物;使用操控变形对人物身材进行修饰。

9.1.2　实训理论基础

本实训要应用到如下技巧。

(1) 使用色阶、曲线对照片进行调整。

(2) 使用羽化效果修饰图像边缘。

(3) 使用操控变形对人物身材进行修饰。

9.1.3　实训操作步骤

1. 对照片进行裁剪

打开"人物照片",首先对照片的构图进行处理,原图中人物比例较小,不够突出,单击工具箱中的"裁剪工具"按钮 ,将照片左边及下半部多余部分裁掉,使人物看起来更修长,并保留更多的墙壁背景使得照片显得有纵深感,如图 9.3 所示。

图 9.3　剪裁照片

2. 对照片进行色彩修正

观察照片，整体色调发黄，人物肤色黯淡，衣服颜色发灰，天空颜色发暗，需要对以上几部分进行局部修正。

(1) 单击"图层"→"新建调整图层"→"色阶"菜单命令，弹出"色阶"对话框，设置数值为0,1.4,235，如图9.4所示，将照片整体提亮。

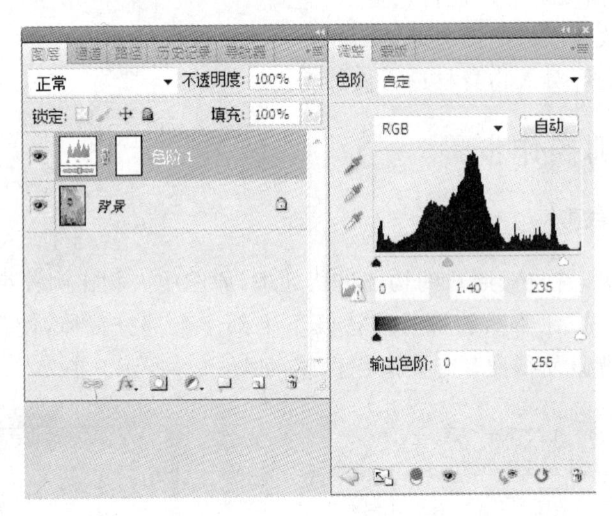

图9.4 "色阶"对话框

(2) 单击"图层"→"新建调整图层"→"曲线"菜单命令，如图9.5所示，在"曲线"对话框中设置输出为180，输入为145，也可根据自己要求拉伸曲线，得到如图9.6所示的照片。

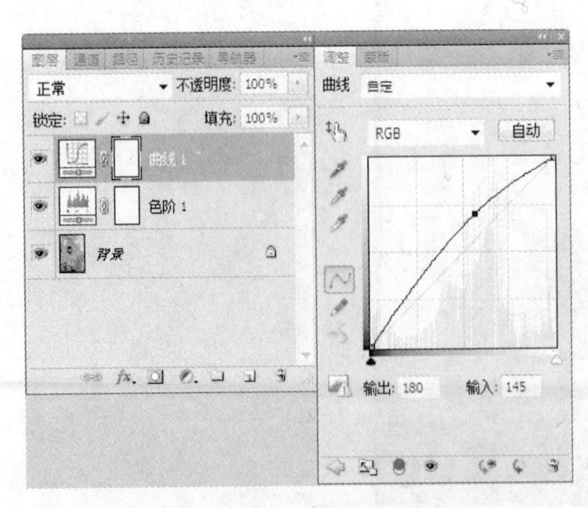

图9.5 "曲线"设置

图9.6 调整曲线后的照片

(3) 双击"背景"图层,改名为"图层 0",单击工具箱中的"多变形套索工具"按钮,羽化值设为 10,如图 9.7 所示,将天空的部分勾选出来。按 Ctrl+C 快捷键复制,按 Ctrl+V 快捷键,粘贴为 "天空"图层,如图 9.8 所示。

图 9.7 勾选天空

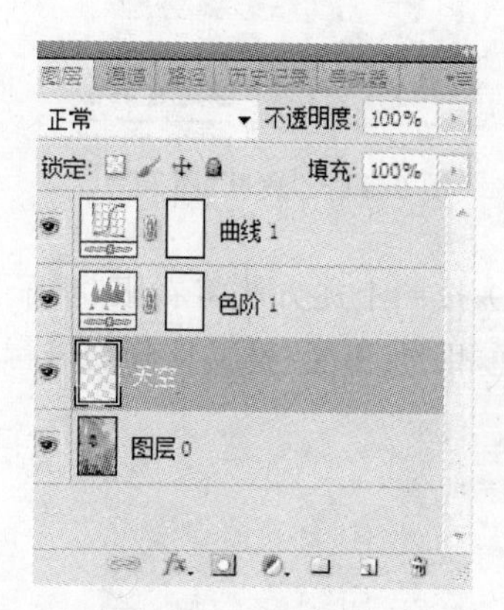

图 9.8 "天空"图层

(4) 按 Ctrl+U 快捷键,弹出"色相/饱和度"对话框,设置色相为 3,饱和度为 40,明度为 12,如图 9.9 所示。将天空调整为淡蓝色。

(5) 接下来需要给人物添加红润的肤色。同样用"变形套索工具"按钮,如图 9.10 所示,将人物皮肤部分勾选出来,复制为"皮肤"图层,如图 9.11 所示。

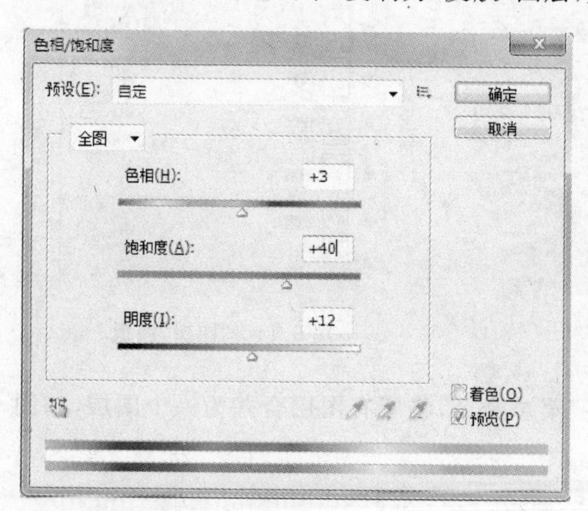

图 9.9 "色相/饱和度"对话框

图 9.10 勾选皮肤

(6) 按 Ctrl+M 快捷键,在弹出的"曲线"对话框中进行调整。再按 Ctrl+B 快捷键,弹出"色彩平衡"对话框,如图 9.12 所示,设置青色为+4,洋红为-3 黄色为+10",将肤色调整得更为红润。

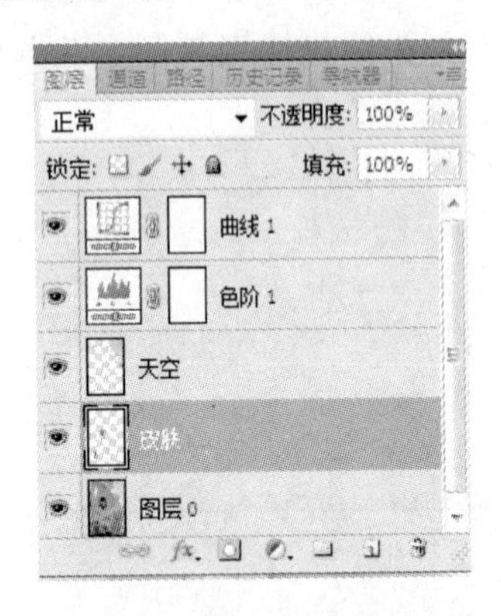

图 9.11 “皮肤”图层

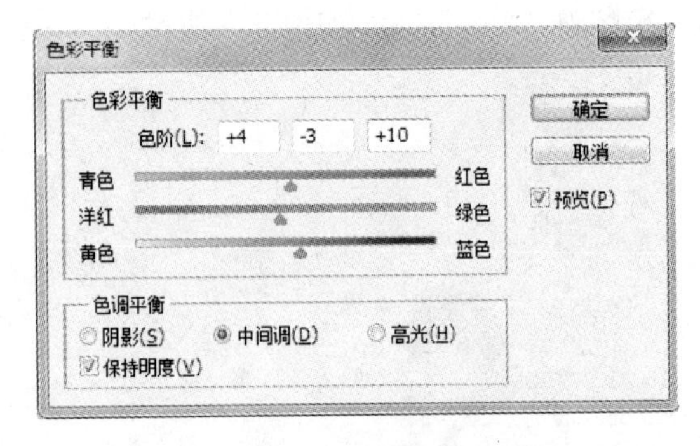

图 9.12 “色彩平衡”对话框

(7) 按照上述方法将衣服、裙子、墙柱勾选出并建立图层，运用“曲线”、“色阶”、“色彩平衡”、“色相/饱和度”等工具分别进行色彩调整，得到如图 9.13 和图 9.14 所示的效果。

图 9.13 调整后照片

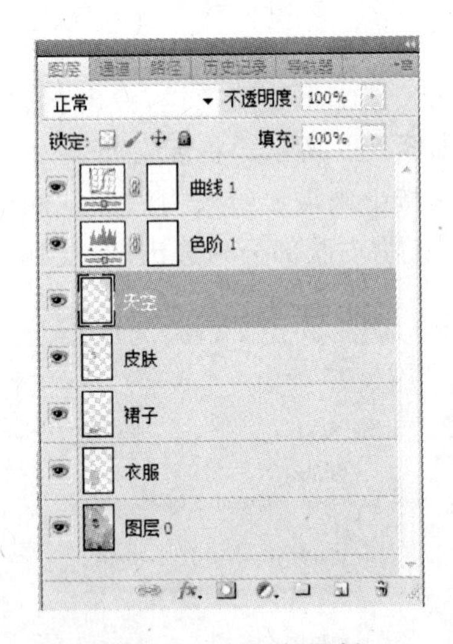

图 9.14 “图层”调板

(8) 单击“图层”→“合并可见图层”菜单命令，将所有图层合并为一个图层，如图 9.15 所示，命名为“照片”。

3. 修饰人物

(1) 照片中人物身材过胖，需要对腰身及腿部进行修饰。首先将“照片图层”复制为“照片 副本”图层，单击工具箱中的“变形套索工具”按钮 ，羽化值设为“2”，将人物左半身勾选出来，如图 9.16 和图 9.17 所示。

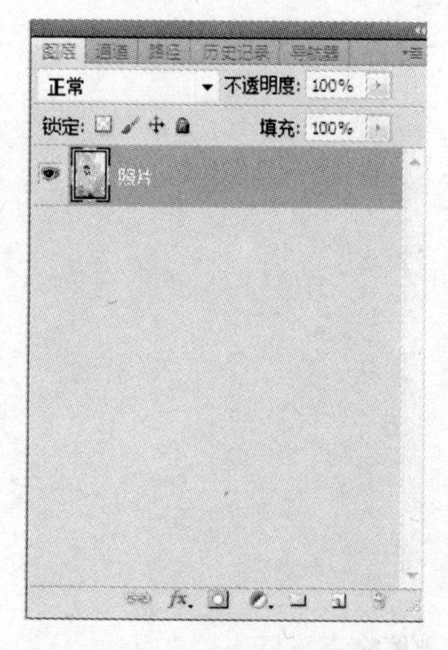

图 9.15　合并为“照片”图层

图 9.16　选中左半身

(2) 单击“编辑”→“填充”菜单命令，弹出“填充”对话框，如图 9.18 所示，确认正在使用的功能是“内容识别”后单击“确定”按钮。得到如图 9.19 所示的效果，人物的左侧被擦除了。

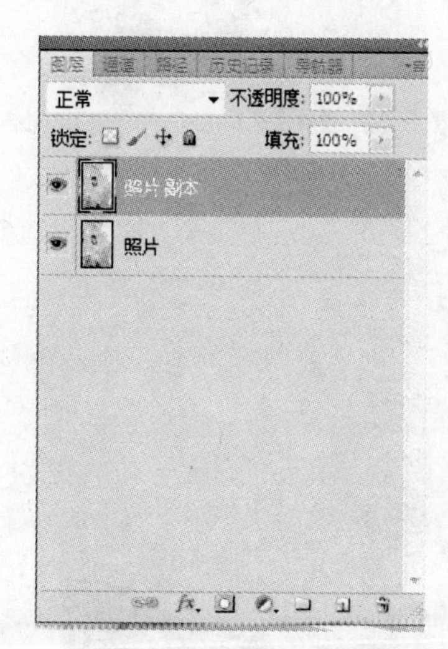

图 9.17　“图层”调板

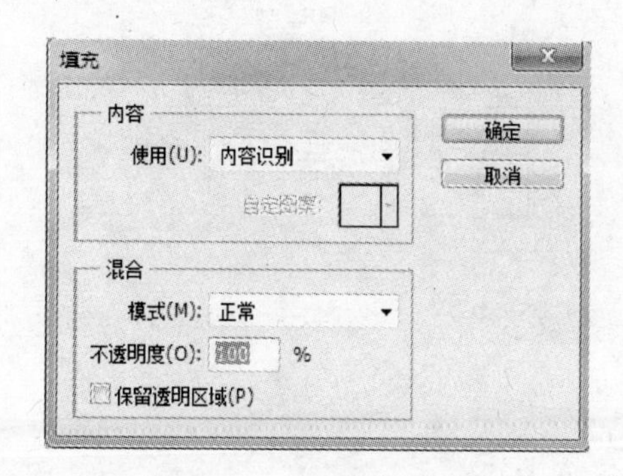

图 9.18　“填充”对话框

(3) 选择“照片”图层，运用“变形套索工具”按钮 重新将人物左半侧勾选，并按住 Ctrl+C 键复制，再按住 Ctrl+V 快捷键粘贴为新图层，命名为“左侧”，如图 9.20 所示。

图 9.19　人物左半身被擦除

(4) 单击“编辑”→“操控变形”菜单命令，单击人物左侧的活动关节添加图钉，如图 9.21 所示。通过拉伸图钉将人物腰部及大腿变细。

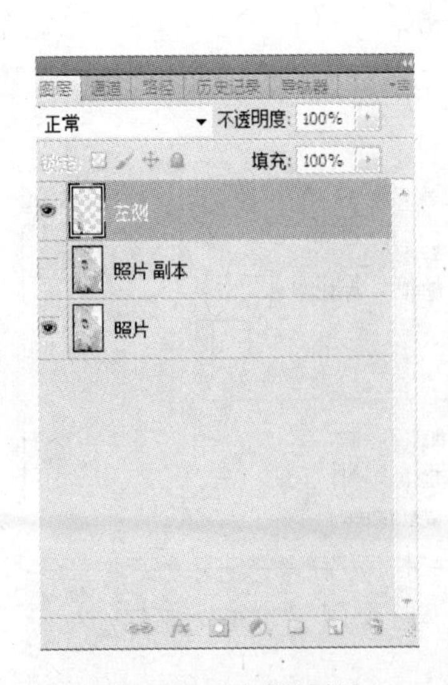

图 9.20　“左侧”图层

图 9.21　操控变形

(5) 再利用“编辑”→“变换”→“变形”菜单命令，将缝隙完美对接，最后使用工具箱中的“仿制图章工具”按钮 ，对边缘部分进行修复，得到的效果如图 9.22 所示。

图 9.22 “变形”命令

(6) 同样运用“操控变形”菜单命令，对人物的头发及脸部进行微调，使得脸部与身体结合得更自然，如图 9.23 所示。并使用工具箱中的“加深工具”按钮 将人物的眼睛加重，使得双目看起来更有神。最后合并所有可见图层，命名为“人物照片”图层。

4. 制作背景

这是一张普通数码相机拍摄的照片，为了使照片更有纵深感，达到单反相机拍摄的效果，需要锐化前景，虚化背景，从而加强照片的景深。

(1) 单击工具箱中的“变形套索工具”按钮 ，在“人物照片”图层中勾出整个人物，复制建立新图层，命名为“人物前景”，如图 9.24 所示。

(2) 单击“滤镜”→“锐化””→“智能锐化”菜单命令，在弹出的对话框单击“确定”按钮，人物明显变得清晰锐利，如图 9.25 所示。

(3) 在“图层调板”中将“人物照片”图层复制一层，命名为“背景”图层，如图 9.26 所示。

图 9.23 对头部进行“操控变形”

图 9.24 勾选人物

(4) 单击“滤镜”→“模糊”→“镜头模糊”菜单命令。在弹出的对话框中设置半径为 12，单击“确定”按钮，如图 9.27 所示，除“人物前景”之外的图像部分变得虚化模糊。

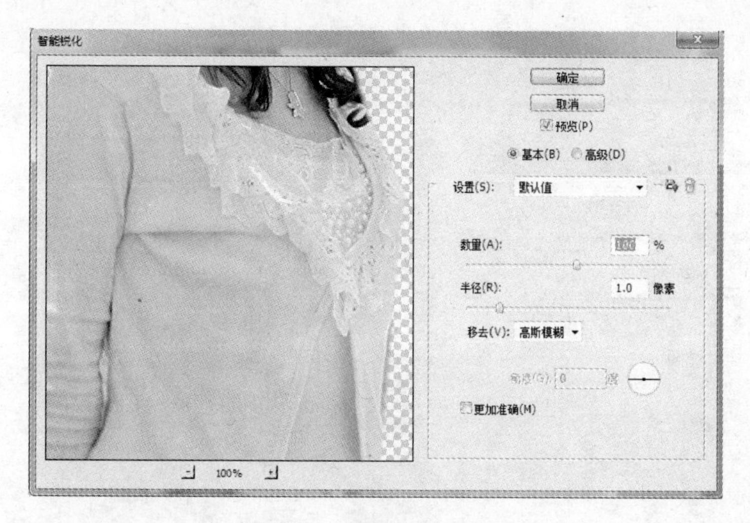

图 9.25 “智能锐化”设置

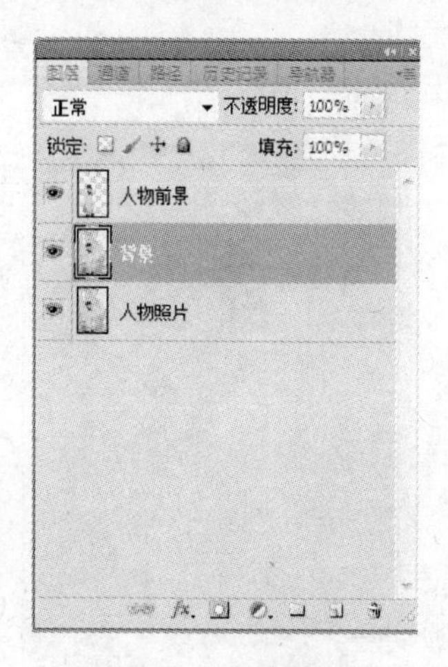

图 9.26 复制图层

图 9.27 “镜头模糊”设置

(5) 选择工具箱中的“橡皮工具”按钮，选择较大的直径，不透明度设为 60%，如图 9.28 所示，将照片左前方的图像擦除，目的是为了使得照片的前后景对比强烈，最终得到如图 9.29 所示的效果，一张阳光清新的人像照片处理完成。

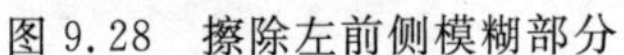

图 9.28 擦除左前侧模糊部分

图 9.29 完成图

9.1.4 实训技术点评

主要内容如下。

(1) 对人像进行调整的时候注意不可修饰过头。尤其是脸部,可以先利用“仿制图章工具”按钮对皮肤上的斑点进行擦除,再调整曲线及色彩平衡使得面部肌肤更红润有光泽。通过减淡工具令双眸明亮,加深工具让脸部轮廓更清晰,效果要比常用的磨皮方法更加自然、真实。因为利用蒙版、通道和模糊滤镜完成的磨皮更容易损失细节,导致被磨的地方不自然。图 9.30～图 9.32 对比了以上两种人像调整方法的效果。

图 9.30 原图

图 9.31 运用色彩平衡等调整

图 9.32 传统磨皮方式

(2) 在勾选人物或背景的时候，往往应用“羽化工具”按钮，使得选区部分具有虚化的效果，能更好地与背景融合。如图 9.33 所示的落叶原图，羽化设为 0，利用选框工具去掉背景会如图 9.34 所示比较生硬，可调整羽化大小产生柔化效果，如图 9.35、图 9.36 和图 9.37 所示。

图 9.33 落叶文件

图 9.34 未用羽化

图 9.35 羽化 5 像素

图 9.36 羽化 15 像素

图 9.37 羽化 30 像素

9.2 实训 书籍封面——绚丽花纹

9.2.1 实训目的

本实训目的如下。

(1) 学习使用变换复制制作丰富多变的图案。

(2) 制作富有创意的书籍封面，如图 9.38 所示。

图 9.38 书籍封面完成图

9.2.2 实训理论基础

本实训要应用到如下技巧。

(1) 使用椭圆工具绘制图形。

(2) 使用变换复制快速制作花形。

(3) 使用色相/饱和度改变花瓣颜色。

(4) 使用图层样式修饰文字。

9.2.3 实训操作步骤

1. 创意思路

书籍的封面不仅要体现书中的内容和精神，更要能引起读者的兴趣，即商业价值与艺术价值的统一。本实训是为《PS CS5 应用案例教程》制作封面，颜色方面选择了暖色调大色块，并且绘制了具有抽象设计性的图案，以便让书籍整体充满时尚感与艺术性。在设计封面时要先了解书籍的内容、用途和观众，做到“量体裁衣”。

2. 图像模式：RGB 与 CMYK

R、G、B 就是 Red、Green、Blue（红，绿，蓝）三种颜色，RGB 模式就是由这三种颜色为基色进行叠加而模拟出大自然色彩的色彩组合模式。我们日常用的彩色电脑显示器、彩色电视机等的色彩都使用这种模式，在 Photoshop CS5 使用 RGB 模式编辑图像时的通道窗口中我们可以看到组成这幅画面的三种通道。

C、M、Y、K 则是 Cyan（青）、Magenta（品）、Yellow（黄）、Black（黑），这是印刷上使用比较普遍的色彩模式。理想状态下，由 100%的青，100%的品和 100%的黄混合可以形成全黑色，但由于油墨有杂质等原因，实际应用效果不太理想，不是全黑，而是深棕色，所以又增加了一个黑色通道 K 来代替三种颜色，当 K=100%时，其他三色就不起作用了，这样效果又好又能省油墨。RGB 是通过自身发光来呈现色彩，而 CMYK 则是通过墨点反射光来呈现色彩。可以这么说，由于计算机显示的特性，从 CMYK 可以很方便地转换到 RGB，而从 RGB 转换到 CMYK 由于某些颜色不能表现（特别是鲜亮的色彩），因此会发现图像画面已经变得黯淡。如果一张图片需要出版和印刷，必须选择 CMYK 模式，所以如何控制印前的 CMYK 转换是一门很高深的学问。使用 Photoshop 编辑 RGB 图像时，选择 View 菜单中的 CMYK Preview 命令，这样就可以用 RGB 方式编辑，而以 CMYK 方式显示，在不损失效率的情况下看到图像出版印刷后的效果。在下面的几个案例中，我们都要用到 CMYK 模式。

3. 通过圆形工具绘制花瓣

（1）单击“文件”→“新建”菜单命令，在弹出的对话框中单击“预制”→“A4”，此时“宽度”自动变为 210 像素，“高度”为 290 像素，“分辨率”为 300 像素/英寸，“模式”为 CMYK，“背景内容”为白色。单击“确定”按钮，得到一幅 A4 大小的空白封面。

（2）单击工具箱中的“椭圆选框工具”按钮，注意在上方的椭圆工具选项栏中选择“填充像素”按钮，前景色选择棕红色（#A03713），如图 9.39 所示。

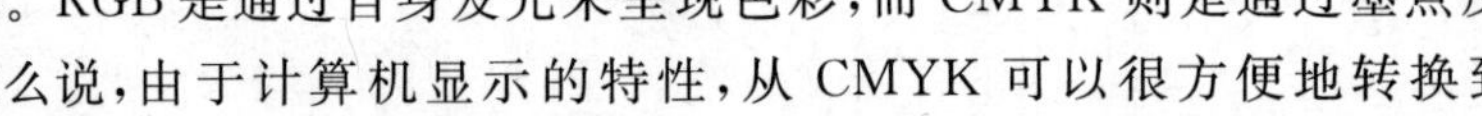

图 9.39 矩形工具箱

（3）单击“图层”调板下方的“新建图层”按钮，建立“花瓣 01”图层，在图层中上方单击，向右下拉伸，如图 9.40 所示可以看到一个椭圆的路径随着鼠标的移动而放大或缩小，椭圆大小基本占画面的三分之一即可，放开鼠标左键即得到一个棕红色的椭圆，如图 9.41 所示。

(4) 在"图层"调板中的"花瓣 01"图层上右击，选择复制图层，得到"花瓣 01 副本"图层，如图 9.42 所示。将对话框中的复制图层名称改为"花瓣 02"，如图 9.43 所示，此时得到了一个和刚才画的椭圆一模一样的新椭圆。

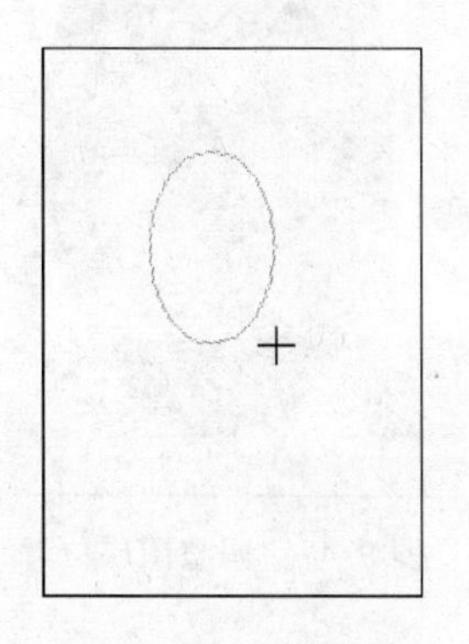

图 9.40　绘制椭圆

图 9.41　棕红色椭圆

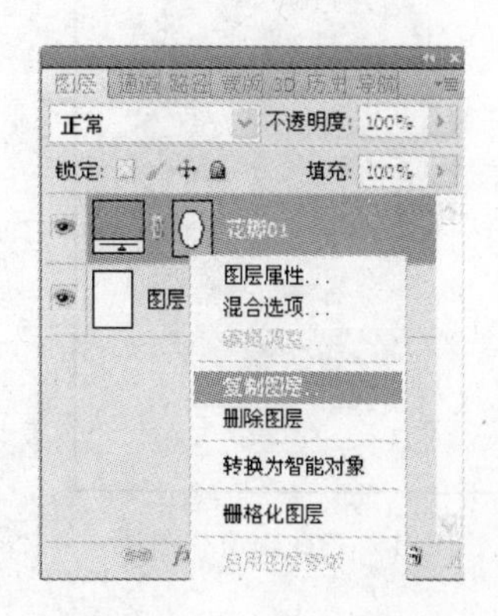

图 9.42　复制图层

(5) 在"图层"调板中双击"花瓣 02"的棕红色颜色图标，在弹出的"拾取实色"对话框中选择桃红色(＃D41049)，此时可以预览到刚才棕红的(＃A03713)椭圆已经变成了桃红椭圆(＃D41049)，如图 9.44 所示。

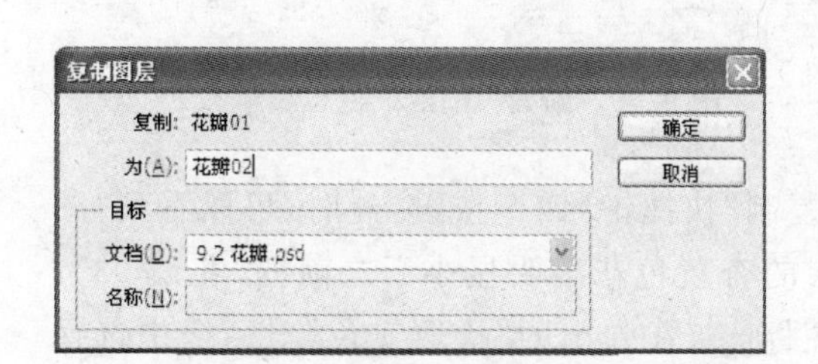

图 9.43　复制为"花瓣 02"

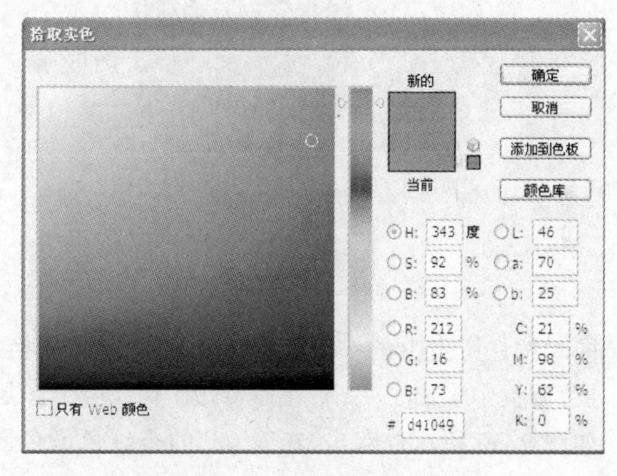

图 9.44　"拾取实色"对话框

(6) 选择"花瓣 02"图层，如图 9.45 所示，单击菜单栏的"编辑"→"自由变换"菜单命令，可以看到椭圆周围出现了 9 个转换点，将鼠标指针移到上面，然后按住鼠标左键不放即可自由变换椭圆大小，如图 9.46 所示。将花瓣缩小，使底部中心点和后面的棕色花瓣对齐，大小调整为如图 9.47 所示，双击应用变换。

(7) 右击"花瓣 02"图层，复制命名为"花瓣 03"。双击"花瓣 02"的桃红色颜色图标，在弹出的"拾取实色"对话框中选择杏黄色(＃E46900)，接着按 Ctrl＋T 键执行自由变换命令，如图 9.48 所示。将新的椭圆底部中点与其后面的椭圆对齐缩小，双击应用变换。

(8) 现在我们已经掌握了"自由变换"的基本技巧。但是，如果要绘制出一个色彩丰富、层次分明的花瓣，则需要重复很多次这种"复制缩小"的烦琐动作，因此，现在我们学习"自由变换"的另一个技巧来简化这个过程。如图 9.49 所示，新建空白"图层 2"，选中"花瓣 03"图层，

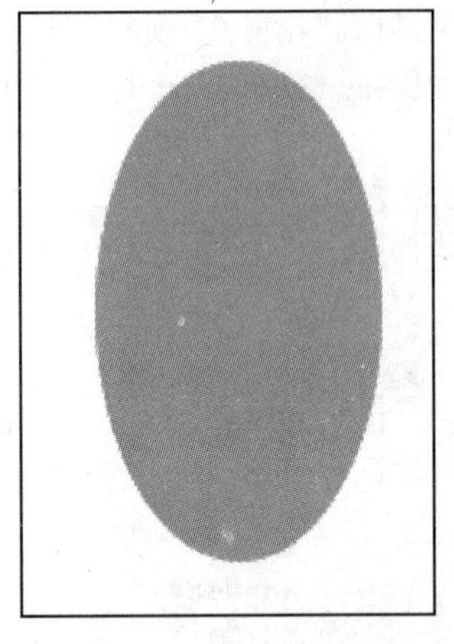

图 9.45 “花瓣 02”图层

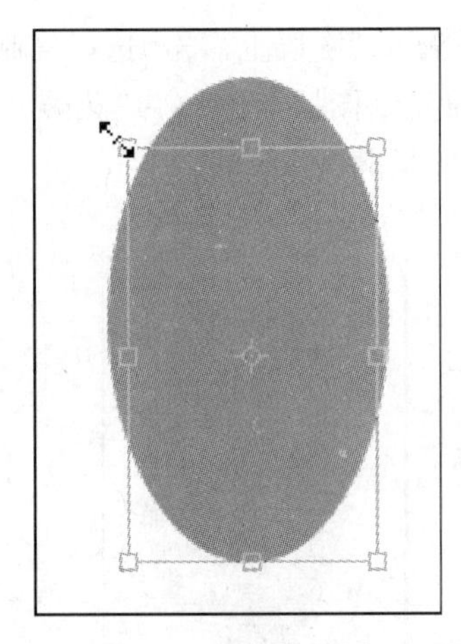

图 9.46 变换图层

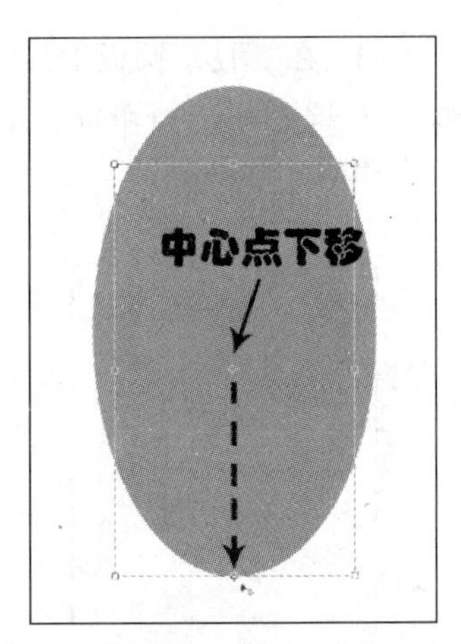

图 9.47 调整图层位置

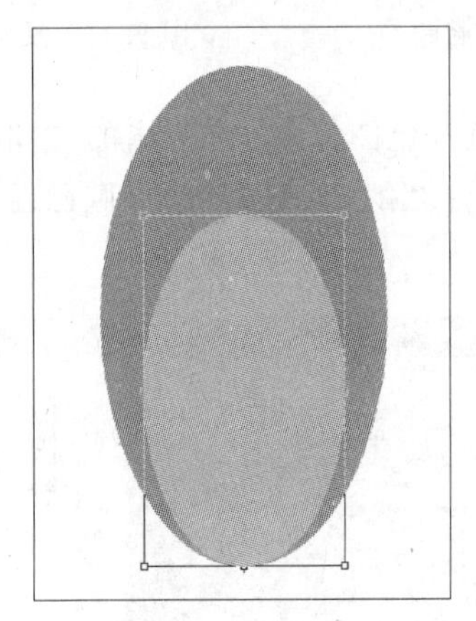

图 9.48 变换“花瓣 03”

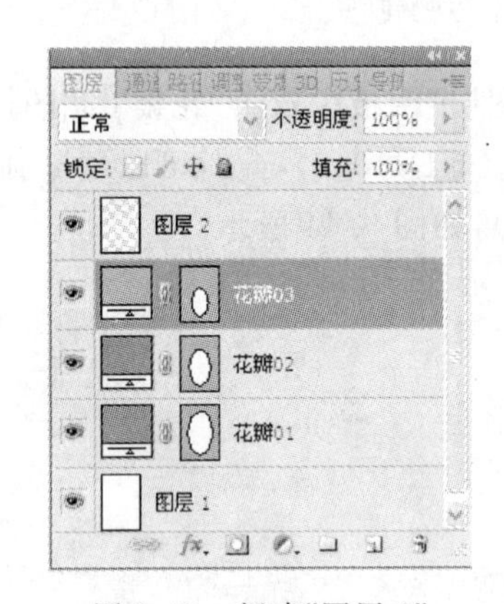

图 9.49 新建“图层 2”

同时按住键盘上的 Ctrl＋Shift＋Alt＋T(“变换复制”快捷键)四个按键，此时，可以看到“图层”调板中多出了一个“花瓣 03 副本”，这个图层的杏黄色花瓣明显小于之前的“花瓣 03”，如图 9.50 所示。双击“花瓣 02”的杏红色颜色图标▭，在弹出的“拾取实色”对话框中选择

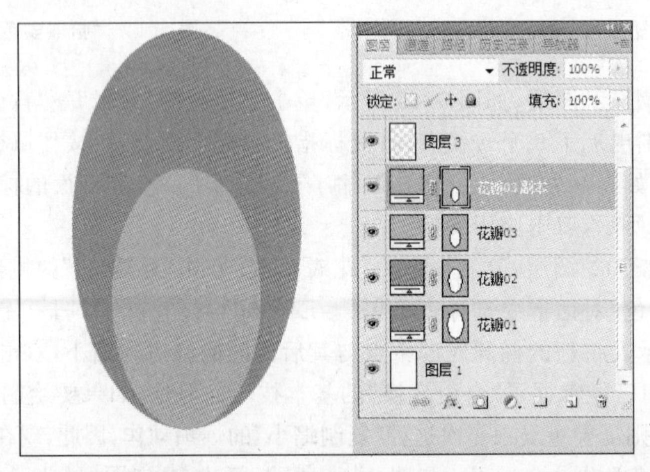

图 9.50 变化复制增加图层

土黄色(＃CF5014),刚才杏黄色(＃E46900)椭圆前面又多出了一个已经缩小了的土黄色椭圆(＃CF5014),如图 9.51 所示。

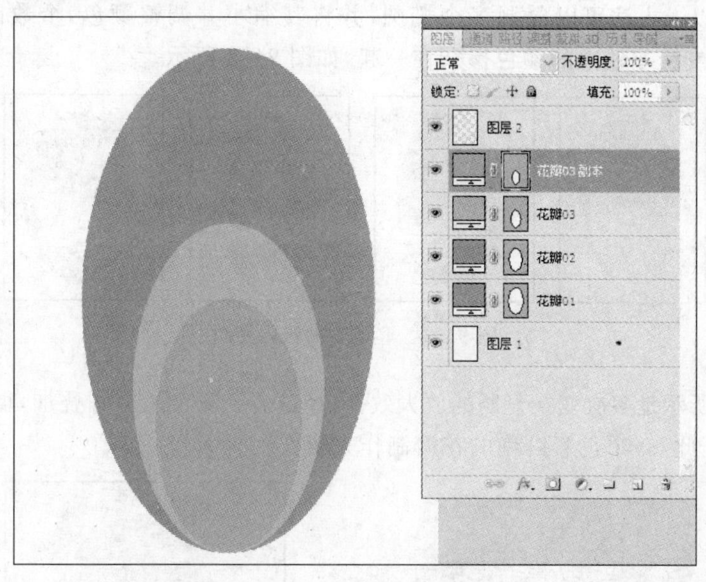

图 9.51 再次变化复制

(9) 再新建空白图层"图层 3",选中"花瓣 03 副本"图层,再一次按住 Ctrl＋Shift＋Alt＋T("变换复制"快捷键)四个按键,如图 9.51 所示,此时可以看到"图层"调板中又多出了一个"花瓣 03 副本 2",这次将颜色修改为明黄色(＃FFF814),如图 9.52 所示。但是由于"变换复制"动作只能重复上一次变换大小的比例,即第一个桃红椭圆缩小到 90%,应用"变换复制"后,第二个杏黄椭圆则在原有桃红椭圆基础上缩小到 90%。以后每一次应用"变换复制",新的椭圆都会缩小到 90%。由于初始建立的为路径图层,之后每次应用新的"变换复制"前都需要新建图层,如果建立的是普通图层,可以直接应用"变换复制"不需要建立新图层。

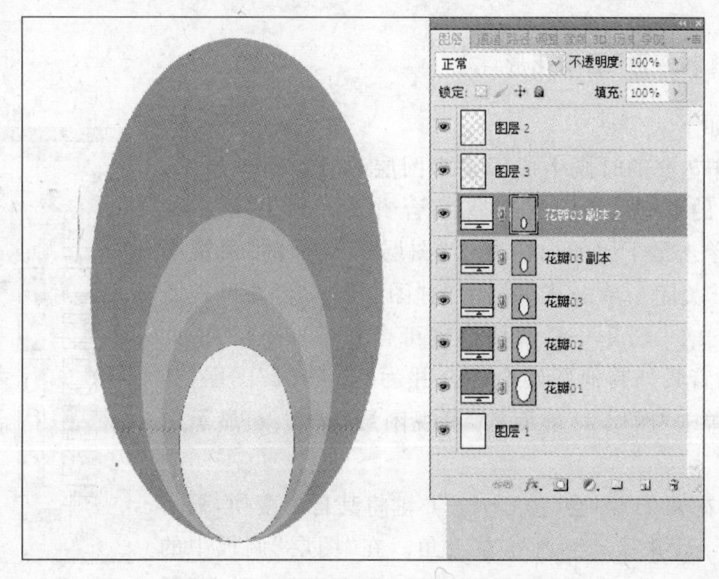

图 9.52 变化复制后增加明黄色椭圆

(10) 椭圆的间距变换不大给人生硬的感觉。为了让花瓣更有层次感，此时可以选中“花瓣 03 副本 2”，按 Ctrl+Shift+T 键，即可进一步缩小明黄色椭圆。

(11) 按照以上方法可以复制多个椭圆，并将其缩小并调整颜色，个数以 10～20 个为宜，可以用相近或反差较大的颜色掺杂在一起，如图 9.53 所示。

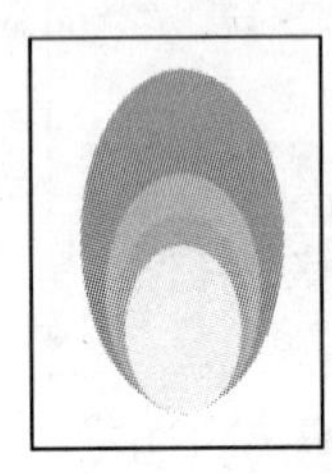
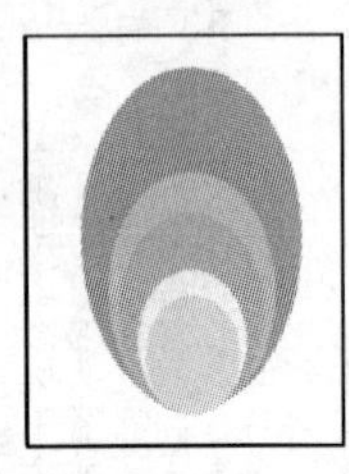
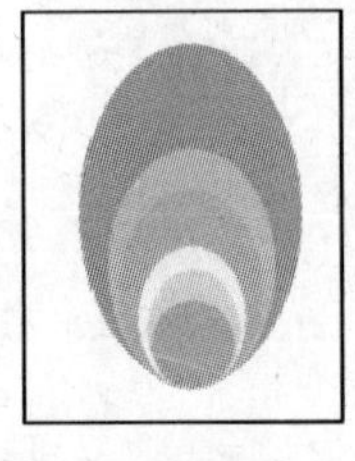
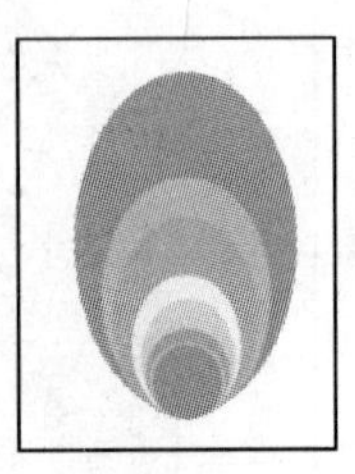

图 9.53　重复多次变化复制

如图 9.54 所示是多次变换复制的放大效果，经过多个颜色的椭圆叠加，得到了如图 9.55 所示的效果。至此，一个色彩鲜艳的花瓣制作完毕。

图 9.54　放大图像

图 9.55　完成图

3. 通过“复制变形”组成花形

操作步骤如下。

(1) 在制作花瓣的时候生成了很多图层，如图 9.56 所示，为了方便以后的移动变形，需要将其合并为一个图层。如图 9.57 所示，单击最下层的白色背景“图层 1”前面的“可视图层”按钮将其关闭。单击菜单栏中的“图层”→“合并可视图层”菜单命令(Ctrl+Shift+E 快捷键也可合并可视图层)。此时，除了白色的背景外其他图层全部合并为“花瓣 01”图层，如图 9.56 所示，单击“图层 1”前面的“可视图层”按钮显示白色背景。

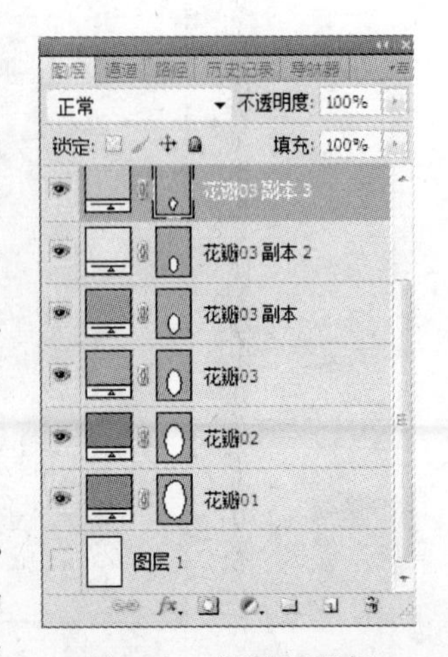

图 9.56　“图层”调板

(2) 选择“花瓣 01”图层，按 Ctrl+T 键将其自由变换，缩小到如图 9.58 所示，并移动到画布左上角。在“图层”调板中的“花瓣 01”图层上右击，选择复制图层，得到“花瓣 01 副本”图

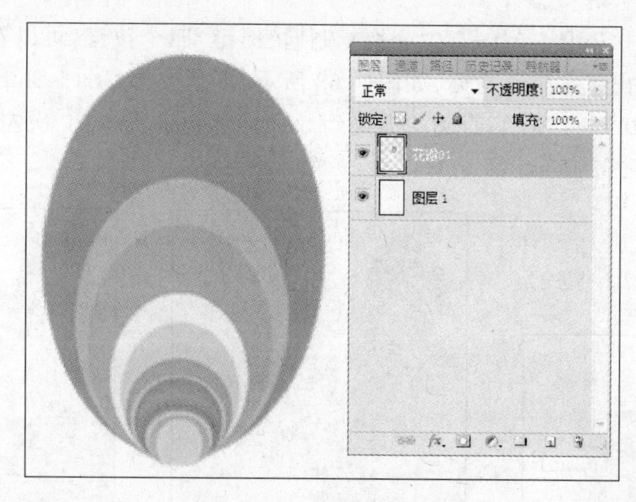

图 9.57 关闭可视图层

层，如图 9.59 所示。按 Ctrl+T 键将花瓣中间的“中心点”(如图 9.60 和图 9.61 所示)移到花瓣底部正中，大概为画布中间左右，如图 9.62 所示。然后在上方的“变形”对话框上将宽 W 和高 H 都设置为 90%，角度为 35°，此时可以看到复制的花瓣出现在原花瓣右边并缩小到 90%，双击应用变换。

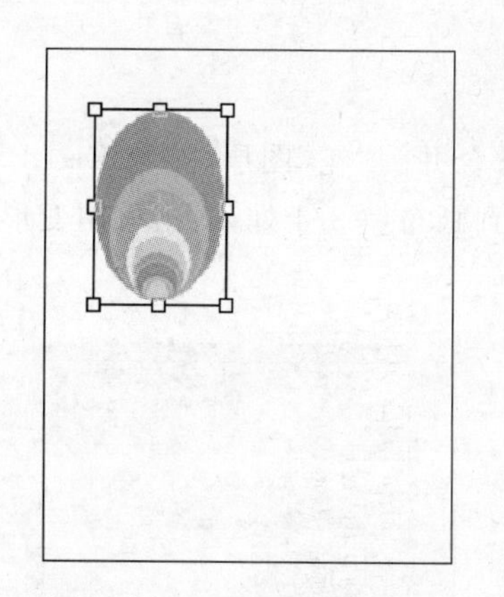

图 9.58 移动花瓣到左上角

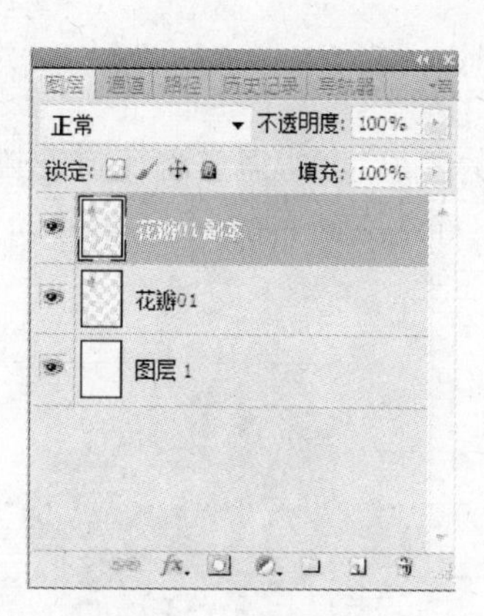

图 9.59 复制图层

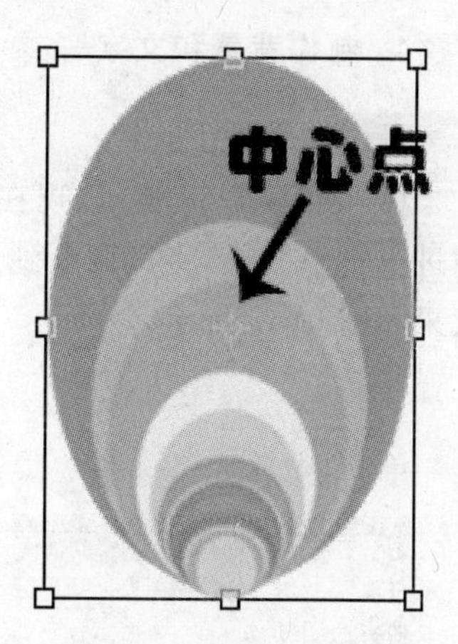

图 9.60 移动中心点

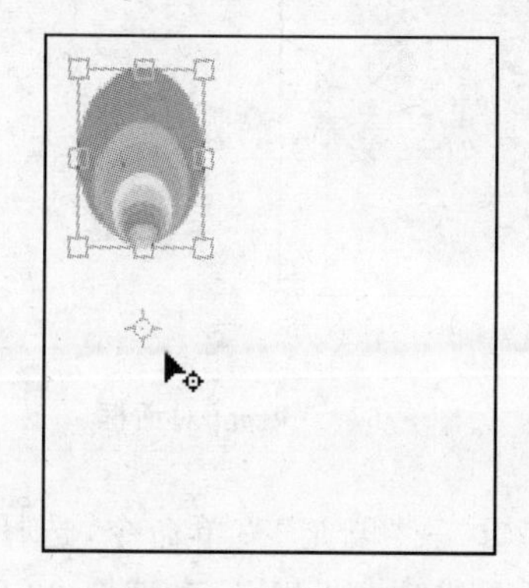

图 9.61 中心点下移

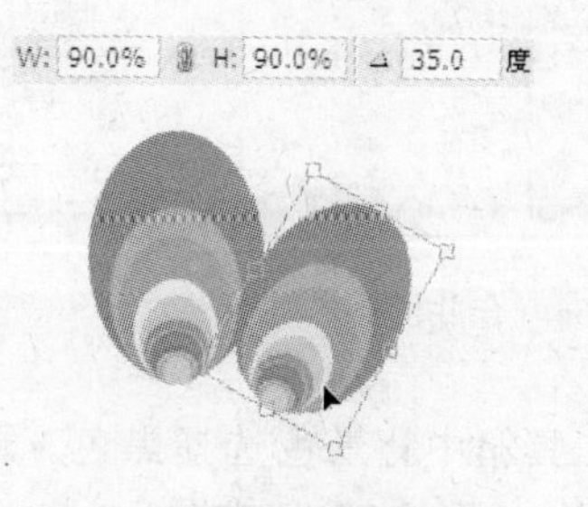

图 9.62 变化花瓣角度

(3) 按住 Ctrl+Shift+Alt+T(“变换复制”快捷键)四个按键,可以看到“图层”调板中两片花瓣右边又多出了一个小花瓣,如图 9.63 所示,不断按住 Ctrl+Shift+Alt+T 键复制出更多的花瓣,如图 9.64 所示,直到花瓣绕到 3～4 圈为止(大概 30 次左右)。此时花的部分制作完毕,如图 9.65 所示。

图 9.63 复制变换 1 次

图 9.64 复制变换 5 次

图 9.65 复制变换 34 次

4. 制作背景和文字

操作步骤如下。

(1) 如图 9.66 所示,现在的图层过多,需要将所有花瓣合并为“花”图层,按住 Ctrl+T 键进行自由变换,将其调整到正好填充画布的大小,再移动到画布左 3/4 处,双击应用变形,效果如图 9.67 所示。

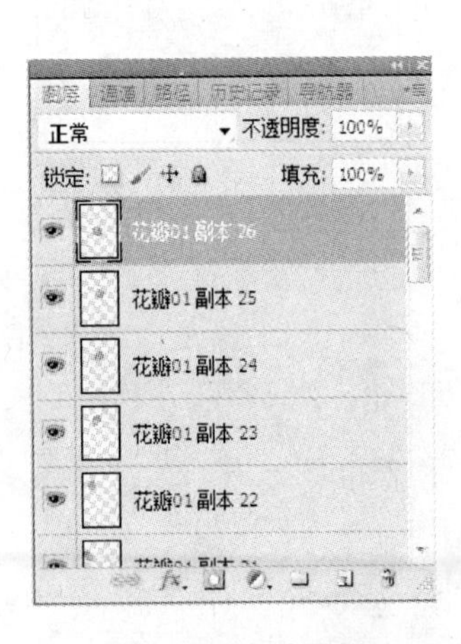

图 9.66 合并图层

图 9.67 “填充”对话框

(2) 在工具箱中背景色选择黑色。单击“编辑”→“填充”菜单命令,选择“背景色”(按 Ctrl+Delete 快捷键也可进行背景色填充),背景全部填充为黑色,如图 9.68 所示。

(3) 单击“图层”调板下方的“新建图层”按钮，建立“图层 2”图层，并将其拖到“花”图层下方，单击前景色，选择橘黄色(#F99E1B)，选择矩形工具，在画布的左 1/5 处绘制一个橘黄色的长方形，如图 9.69 所示。

(4) 前景色选择白色，单击文字工具，字体设为“琥珀”，大小设为 62，格式选择“浑厚”，设置文字“PS CS5 应用案例教程”。单击上方的“切换字符和段落调板”按钮，弹出“文字工具”调板，设置“字体横距”选项为－25，如图 9.70 所示。可以看到刚刚设置的文字变得更加紧凑。

图 9.68 填充黑色

图 9.69 填充橘黄色

图 9.70 字符和段落调板

(5) 右击刚刚完成的“PS CS5 应用案例教程”文字图层，选择“混合选项”命令，在弹出的“图层样式”对话框选中最后一项“描边”，如图 9.71 所示，大小为 3 像素，得到如图 9.72 所示的文字效果。

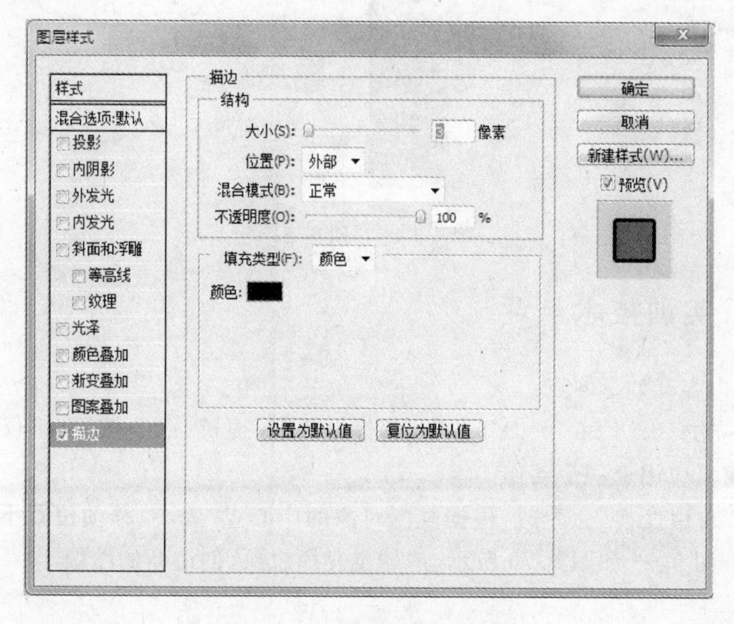

图 9.71 “图层样式”对话框

图 9.72 文字效果

图 9.73 素材：清华大学出版社

(6) 最后用同样的方法为封面加上“作者：史秀璋”，打开素材“9.2 清华大学出版社.GIF”，复制到封面的左下角。一个漂亮的书籍封面就完成了，最终效果如图 9.74 所示。

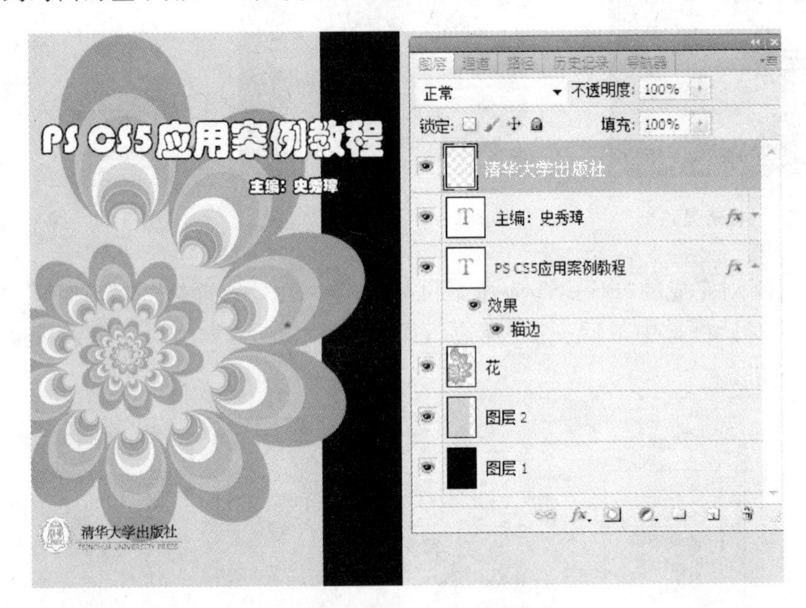

图 9.74 封面完成图

9.2.4 实训技术点评

主要点评内容有如下两点：

(1) 同时按住 Ctrl+Shift+Alt+T(“变换复制”快捷键)四个按键，不仅可以复制当前图层，还可以重复应用上一个动作。

(2) 应用“自由变换”命令时，根据复制对象的中心点、大小、移动位置不同会出现不同的变换效果，如图 9.75 和图 9.76 所示，请尽量发挥想象，创造新的图像。

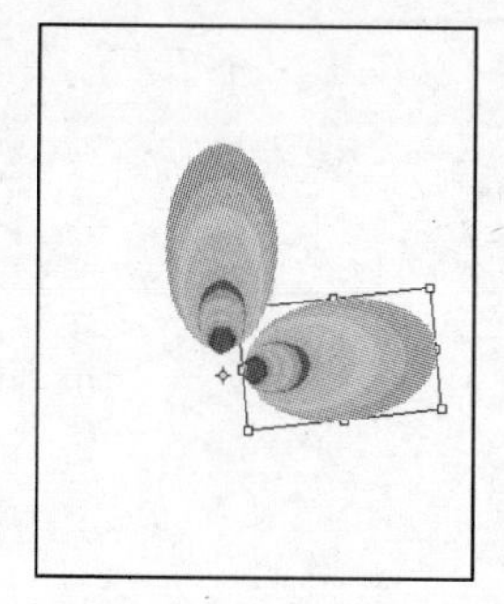

图 9.75 花瓣大小不变,复制变换 30 次

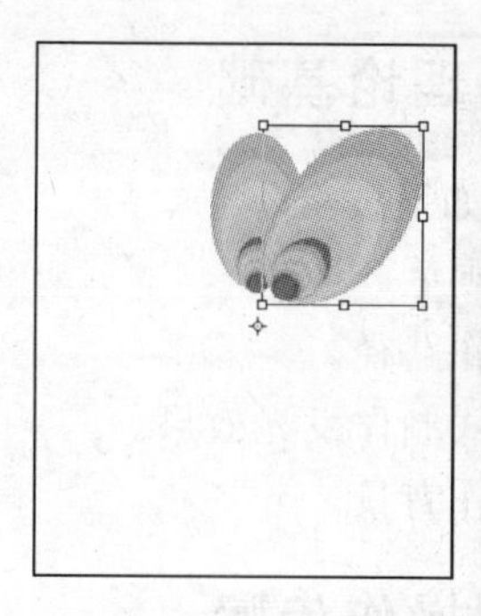

图 9.76 花瓣变大,复制变换 17 次

9.3 实训 CD封面——金属光环

9.3.1 实训目的

本实训目的如下。

(1) 学习如何使用自定义画笔,并绘制如图 9.77 所示的有立体感的图形。

(2) 灵活应用图层样式,完成光环的效果。

(3) 用滤镜制作抽象背景图案。

图 9.77 金属光环 CD 封面

9.3.2 实训理论基础

本实训要应用到如下技巧。

(1) 使用自定义画笔。

(2) 使用钢笔制作路径。

(3) 使用图层样式制作发光效果。

(4) 使用滤镜制作背景。

9.3.3 实训操作步骤

1. 创意思路

CD封面表达了专辑音乐的灵魂，是音乐的视觉体现。一般在设计CD封面时要了解歌手或作曲家的想法和意见，以便创作出适合音乐风格的封面包装。如市场上常见的以歌手的照片或风景绘画作为封面，再如本实训中制作抽象富艺术性的图案。充满创意与视觉感的CD封面会令听众对音乐具有更感性的认识。

2. 自定义画笔

操作步骤如下。

(1) 单击"文件"→"新建"菜单命令，弹出"新建"对话框。新建宽度为900像素、高度为900像素、分辨率为300像素/英寸、模式为CMYK和文档背景为白色的画布。将白色背景命名为"背景"图层。

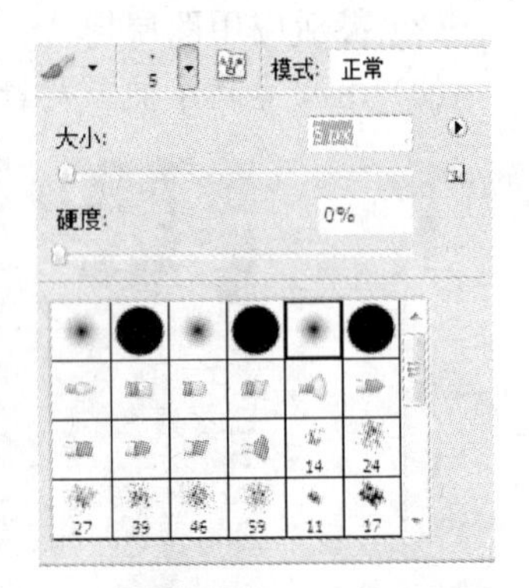

图 9.78 选择笔刷

(2) 单击工具箱中的"画笔工具"按钮，如图9.78所示，在上方的笔刷对话框中选择大小为5像素、周围带虚边的笔刷。单击"图层"调板下方的"新建图层"按钮，建立"圆"图层。

(3) 在画布正中点一个黑点，如图9.79所示，单击"编辑"→"自由变换"菜单命令(Ctrl+T快捷键也可实现自由变换)，将黑点拉长至画布两端，得到一条水平线，如图9.80所示。再利用"移动工具"，把此线移到如图9.81所示的位置，水平线越靠下，形成的圆半径就越大。

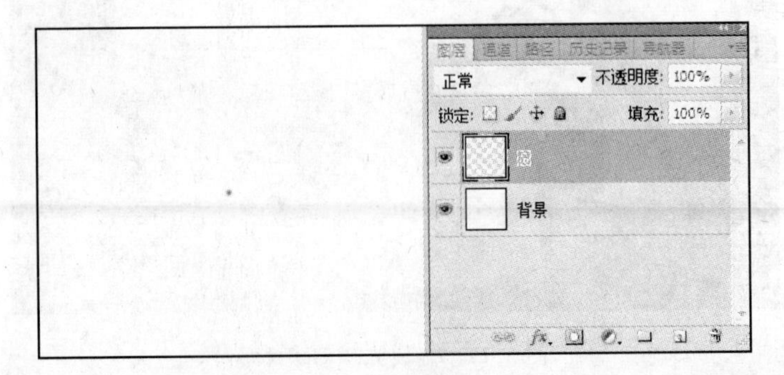

图 9.79 绘制黑点

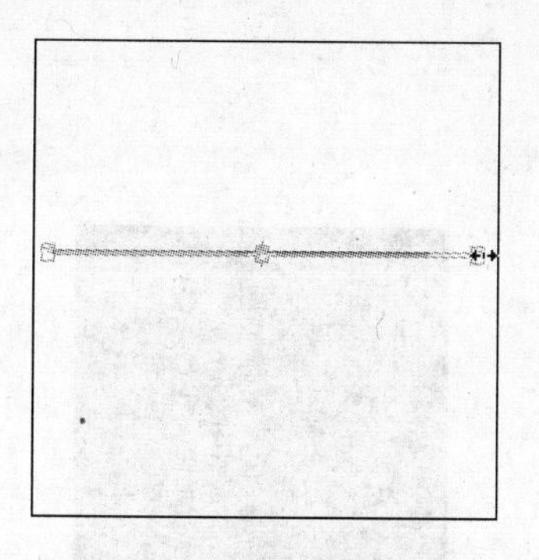

图 9.80 拉伸黑点

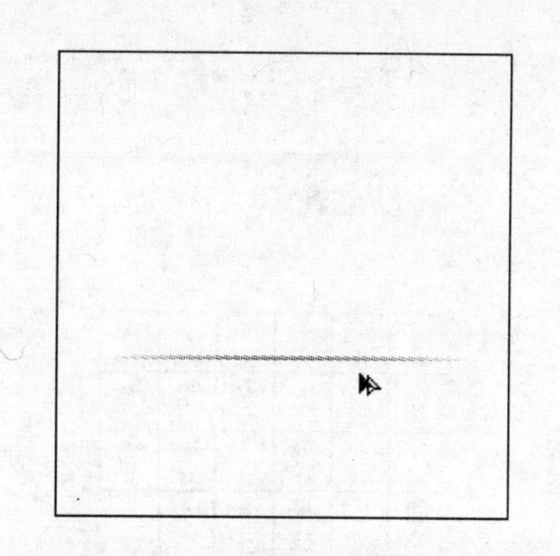

图 9.81 将直线移至画布 2/3 处

(4) 单击"滤镜"→"扭曲"→"极坐标"菜单命令，在弹出的对话框中设置"平面坐标到极坐标"选项(默认选项)，如图 9.82 所示。单击"确定"按钮，刚才的水平线变形为半圆形，如图 9.83 所示。

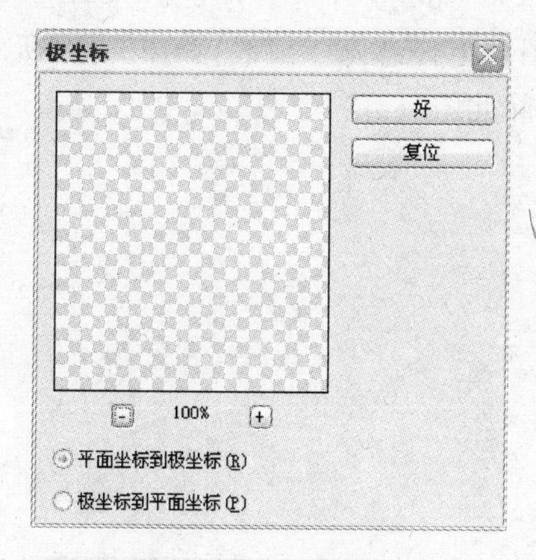

图 9.82 "极坐标"设置

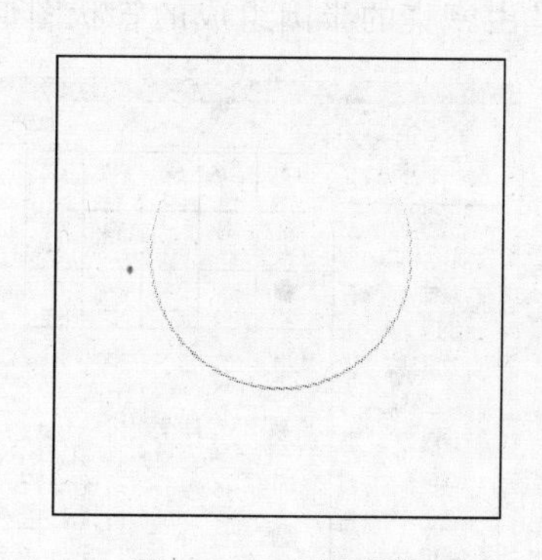

图 9.83 半圆形线

(5) 单击"编辑"→"自定义画笔"菜单命令，在"名称"文本框中输入"金属环"后，单击"确定"按钮，如图 9.84 所示。

图 9.84 自定义画笔

(6) 回到刚才的"画笔"调板，如图 9.85 所示，发现调板最后多了一个新画笔"金属环"，它就是我们刚刚绘制的半圆图形。选择它并单击画面空白处关闭调板。

(7) 将"背景"图层填充为黑色，其余图层删去。然后新建一个图层，选择画笔工具，颜色为白色，用我们刚才做好的"金属环"笔刷随意单击几下，如图 9.86 所示，每一点都是一个半圆。将此图层删去，或者在"历史记录"撤除画笔工具的动作。

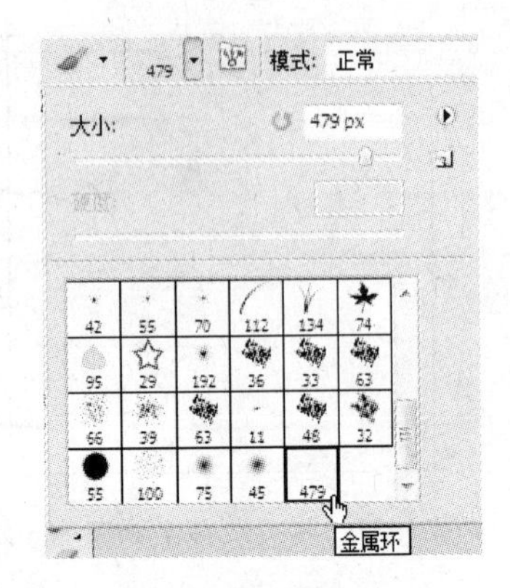

图 9.85 选择画笔“金属环”

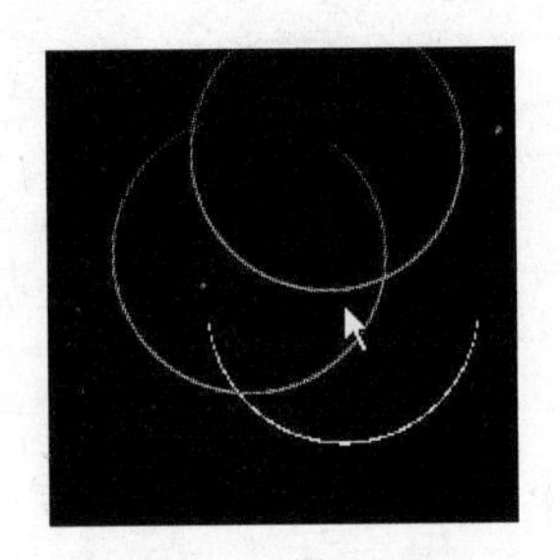

图 9.86 随意绘制

(8) 新建一个“金属环”图层,单击“画笔工具箱”中的“画笔选项栏”,打开“画笔预设”对话框,如图 9.87 所示,在其中设置“角度”为“180 度”,间距为 2%,并勾选“动态形状”和“平滑度”复选框。此时,新建一个图层,在图层上任意画一道线,如图 9.88 所示,可以看到出现的是由密集的半圆组成的管状图形,删除此图层。

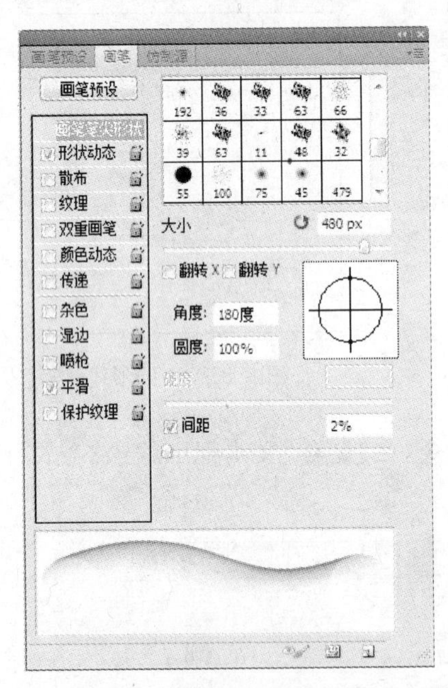

图 9.87 “画笔预设”对话框

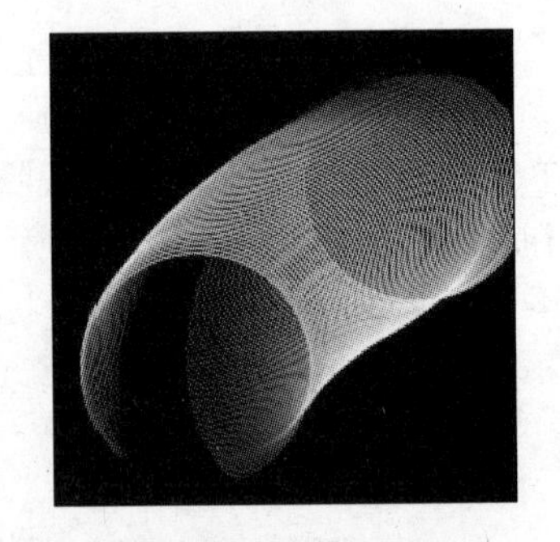

图 9.88 随意绘制

3. 利用路径绘制图形

操作步骤如下。

(1) 单击工具箱中“钢笔工具”按钮,在画布上点四个描点,如图 9.89 所示。然后利用“转换点工具”按钮将其调整为螺旋形,以前两个点为例,单击第一个描点按住鼠标左键不放可以拉伸出两个左右曲线点,如图 9.90 所示。松开鼠标左键单击右边的曲线点向右上拉伸,即可在描点 01 与描点 02 间形成曲线。最后完成如图 9.91 所示的路径。

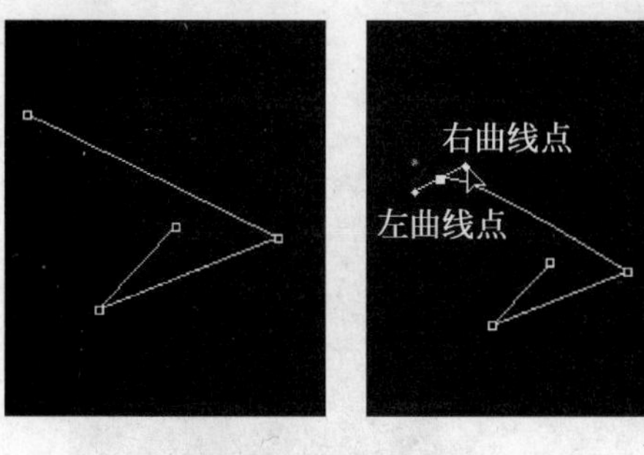

图 9.89 四个描点

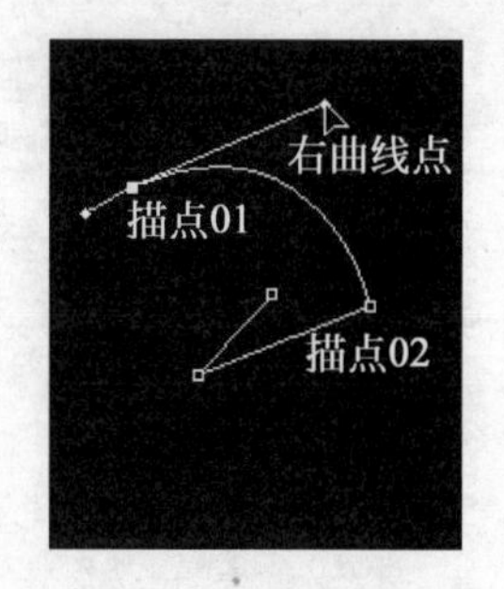

图 9.90 调整左右曲线点

(2) 单击工具箱中“画笔工具”按钮，选中刚才自定义的半圆画笔，大小设为 300 像素，单击按钮，新建一个“螺旋”图层，如图 9.92 所示。单击“窗口”→“路径”菜单命令，打开“路径”调板，可以看到刚才绘制的路径已经作为“路径 1”出现在调板中，如图 9.93 所示，单击下方第二个“画笔描边路径”按钮，立刻得到如图 9.94 所示的立体效果。

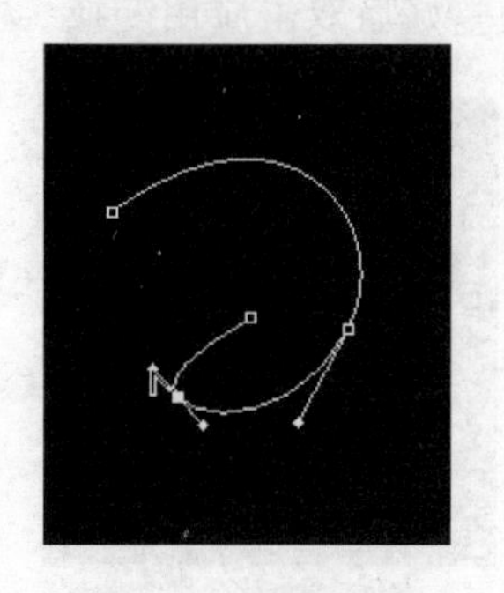

图 9.91 调整曲线

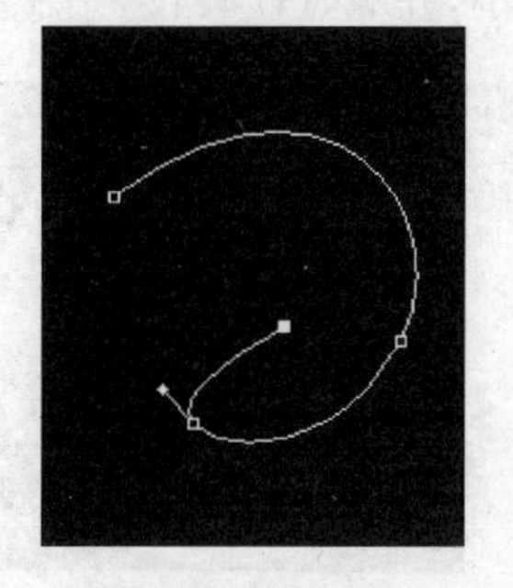

图 9.92 螺旋路径

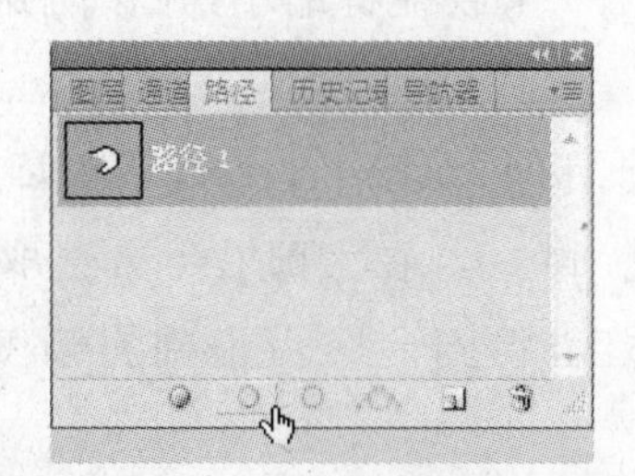

图 9.93 单击“画笔描边路径”按钮

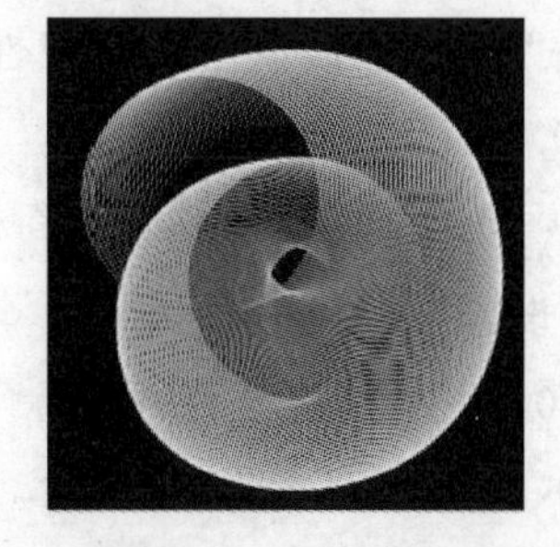

图 9.94 螺旋立体效果

(3) 新建一个“圆形”图层，单击“螺旋”图层前的“指示图层可视性”按钮让图层暂时不可见，如图 9.95 所示。单击工具箱中“椭圆工具”按钮，在上方椭圆调板中单击“路径”按钮。在画布上画一个正圆(可按住 Shift 键保持正圆)，如图 9.96 所示。

(4) 单击工具箱中“画笔工具”按钮，选中刚才自定义的半圆画笔，大小设为 450 像素，在“路径”调板选中刚绘制的圆形路径“路径 2”，单击“画笔描边路径”按钮，得到圆形的立体效果图，如图 9.97 所示。

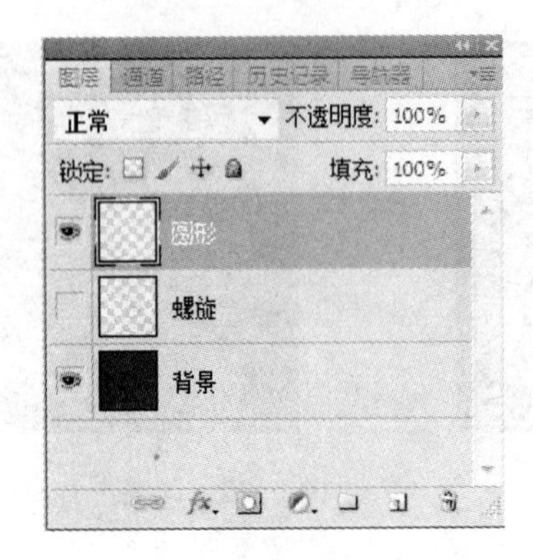

图 9.95 关闭图层可视性

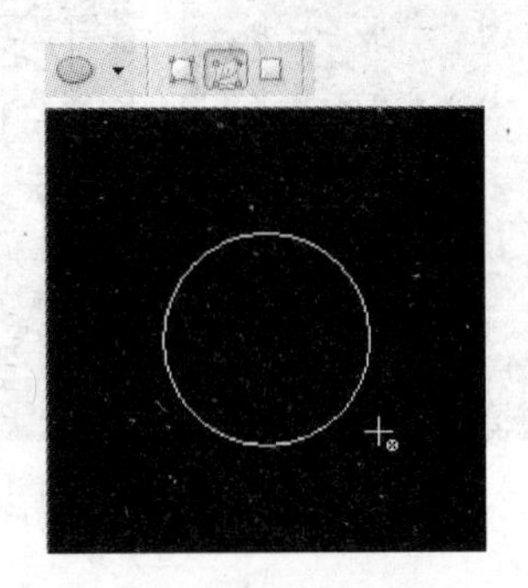

图 9.96 绘制正圆路径

(5) 回到“圆形”图层,单击“编辑”→“自由变换”菜单命令,可以看到圆周围出现了9个转换点。将鼠标指针移到上面,然后按住鼠标左键不放即可自由变换圆大小,如图 9.98 所示。将圆形缩小,并顺时针旋转 90°左右,大小调整好后双击应用变换。

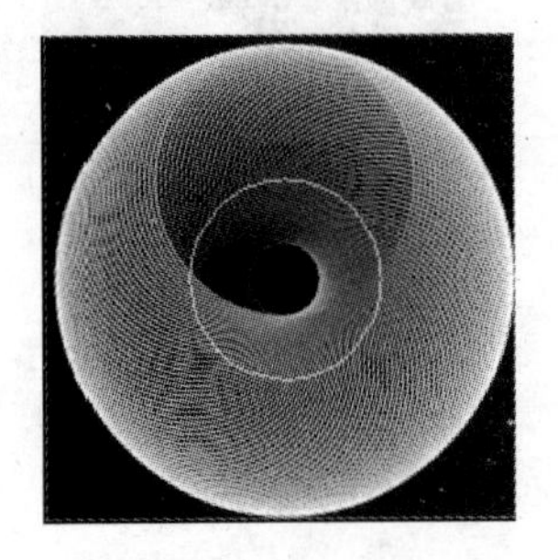

图 9.97 圆形立体效果

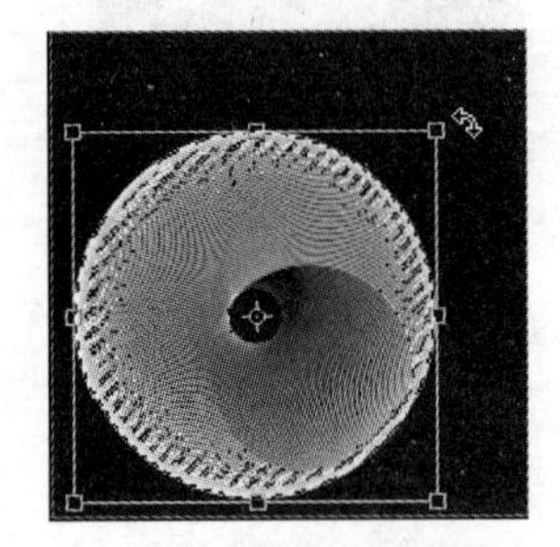

图 9.98 自由变换(1)

(6) 单击“螺旋”图层恢复其可视性,按住 Ctrl+T 快捷键缩小,并移动到大圆的右上角,如图 9.99 和图 9.100 所示。

(7) 选中“圆形”图层,单击工具箱中“椭圆选框工具”按钮,在上方的选项栏中的“羽化”文本框中设置 100 像素 羽化: 100 px 。在大圆右下方选取一个椭圆选区,如图 9.101 所示。按三次 Delete 键删除选区,得到一个由虚到实渐变的圆形,如图 9.102 所示。

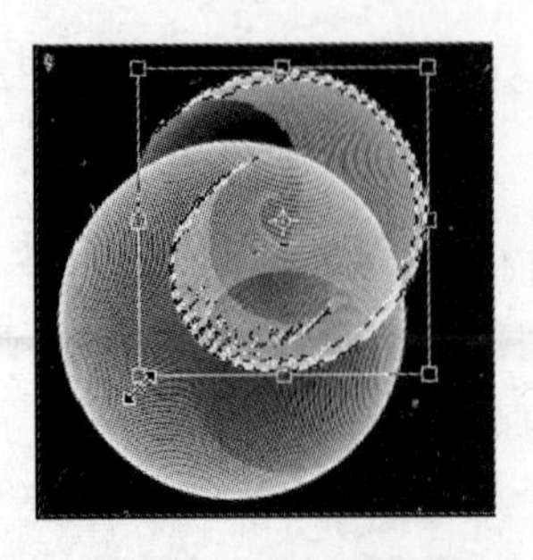

图 9.99 自由变换(2)

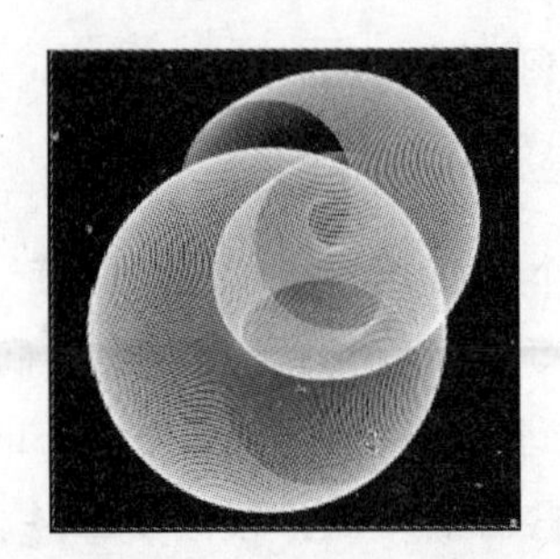

图 9.100 移至右上角

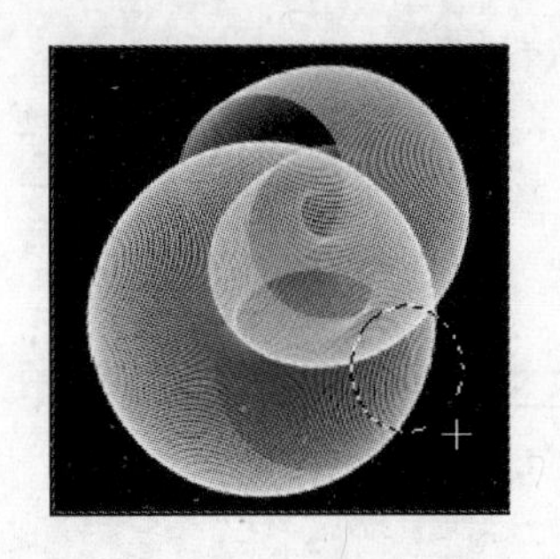
图 9.101 椭圆选区

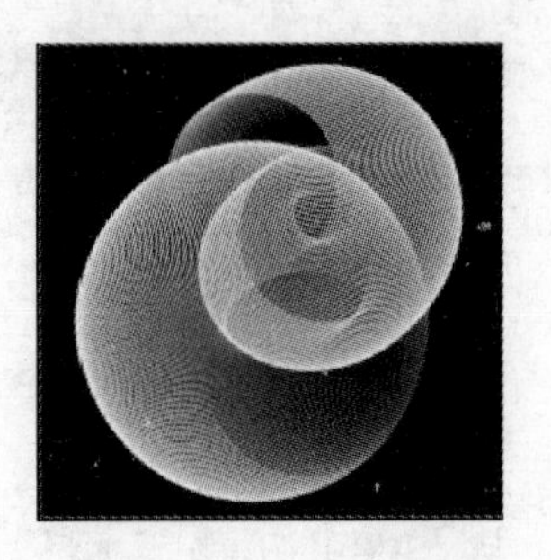
图 9.102 删除选区内图像

4. 为图形添加光晕效果

操作步骤如下。

(1) 在“图层”调板中，单击“圆形”图层下方第二个“添加图层样式”按钮 fx.（或者右击，选择“混合选项”命令），如图 9.103 所示。

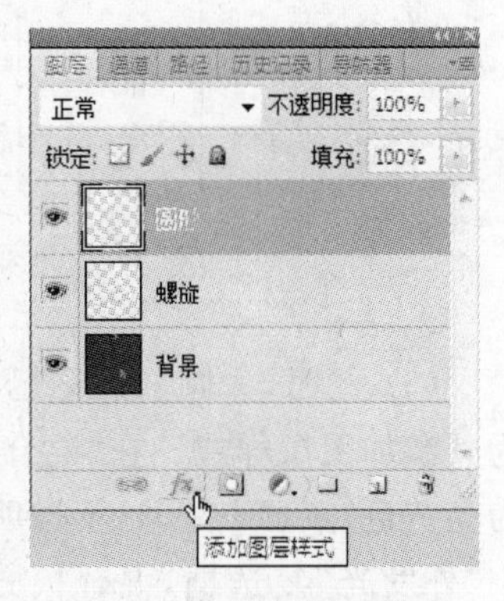

图 9.103 添加图层样式

(2) 在弹出的“图层样式”对话框（如图 9.103 所示）中选择“投影”复选框，设置混合模式为“线形减淡”，颜色选为黄色（#EFC70C），不透明度为 86%，角度为 120，距离为 0，扩展为 0，大小为 46，如图 9.104 所示。再选中“外发光”复选框，设置混合模式为线形减淡，透明度为 27%，杂色为 0，颜色选为淡黄色（#FFFFBE），扩展为 0，大小为 46，如图 9.105 所示。然后单击“确定”按钮。

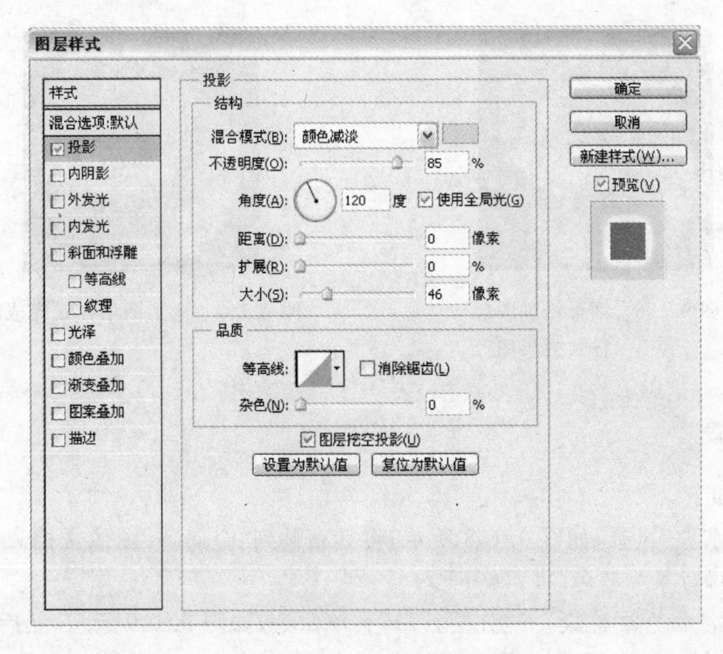

图 9.104 “投影”设置

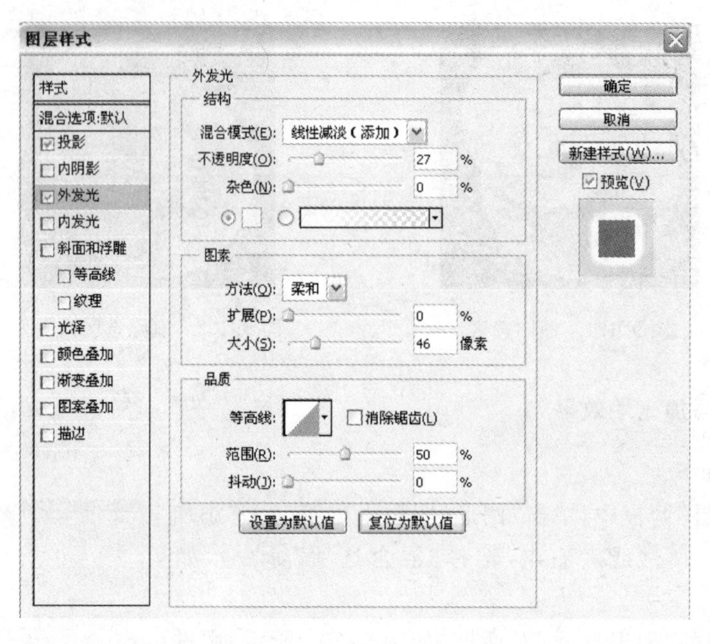

图 9.105 “外发光”设置

(3) 此时,大圆的周围已经有漂亮的黄色光晕,如图 9.106 所示,现在选中“螺旋”图层为其添加图层样式。在“混合选项”中选中“投影”复选框,混合模式设为“线形减淡”,颜色选为亮黄色(#FFF600),不透明度为 43%,角度为 120,距离为 5,扩展为 0,大小为 57。再选中“外发光”复选框,混合模式设为“线形减淡”,透明度为 75%,杂色为 0,颜色选为明黄色(#F9F947),扩展为 0,大小为 65。单击“确定”按钮,得到更加发光的螺旋,如图 9.107 所示。

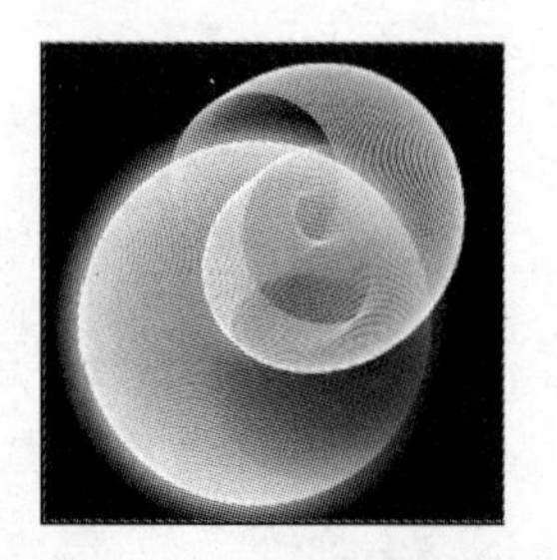

图 9.106 圆形添加图层样式效果图

图 9.107 添加图层样式完成图

5. 制作背景

操作步骤如下。

(1) 打开“水波”风景,如图 9.108 所示,将其粘贴到“金属环”图像文档。前景色选择紫红(#FF37AD),背景为蓝色(#2160FF)。

(2) 单击“滤镜”→“渲染”→“分层云彩”菜单命令,如图 9.109 所示,然后按 Ctrl+F 键重复上次滤镜 9～12 次,如图 9.110 所示,直到画面变为蓝紫色交错的图形为止,如图 9.111 所示。

图 9.108 水波

图 9.109 应用分层云彩

图 9.110 应用分层云彩 9 次

图 9.111 应用分层云彩 12 次

(3) 单击“滤镜”→“艺术效果”→“水彩”菜单命令，再应用两次“滤镜”→“艺术效果”→“干画笔”菜单命令，如图 9.112 所示，接着再应用一次“水彩”菜单命令，应用一次“干画笔”菜单命令，最终得到如图 9.113 所示的背景效果。

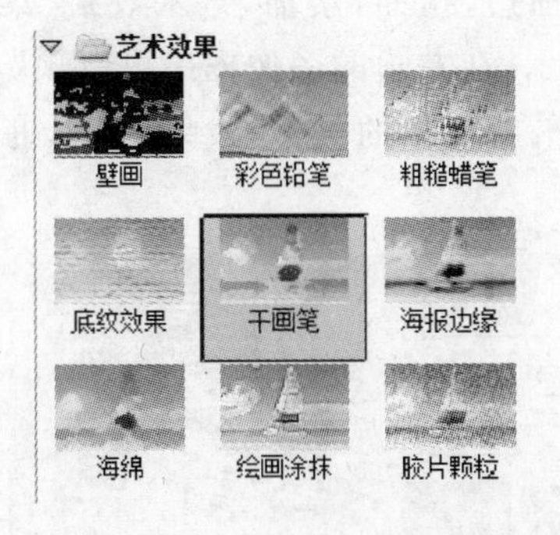

图 9.112 艺术效果

图 9.113 完成背景效果

(4) 单击工具箱中的“矩形选框工具”按钮，在画布右上方绘制一个黑条，单击“文字工具”按钮，字体设为 SG19，大小设为 49，格式选择“浑厚”，在黑条上设置文字“My Music”，如图 9.114 所示。再选择一个繁体字体，这里使用“迷你繁陆行”字体，大小设为 260，格式选择“强”，在左下方设置文字“声”，如图 9.115 所示。至此，一张 CD 封面制作完成，最终效果如图 9.90 所示。

图 9.114　设置文字

图 9.115　设置“声”字

9.3.4　实训技术点评

主要有如下内容。

(1)“自定义画笔”命令可以将任意图形保存成画笔，以方便使用。如图 9.116 所示的猫头鹰图像，可利用“编辑”→“自定义画笔”菜单命令，设置名称“猫头鹰”，单击“确定”按钮即可保存为画笔。可以利用新建的画笔轻松画出各种大小和颜色的猫头鹰，如图 9.117 所示。

图 9.116　自定义画笔

图 9.117　使用自定义画笔

(2) 通过“编辑”→“滤镜”→“风格化，画笔描边，扭曲，素描，艺术效果”菜单命令中的任意命令即可打开“滤镜”对话框，如图 9.118 所示，在左边的图像框中可以预览到各种滤镜的效果，右边则是滤镜样式的选择，还可通过单击右下方的“新建效果层”按钮 将各种滤镜叠加，以营造混合效果。

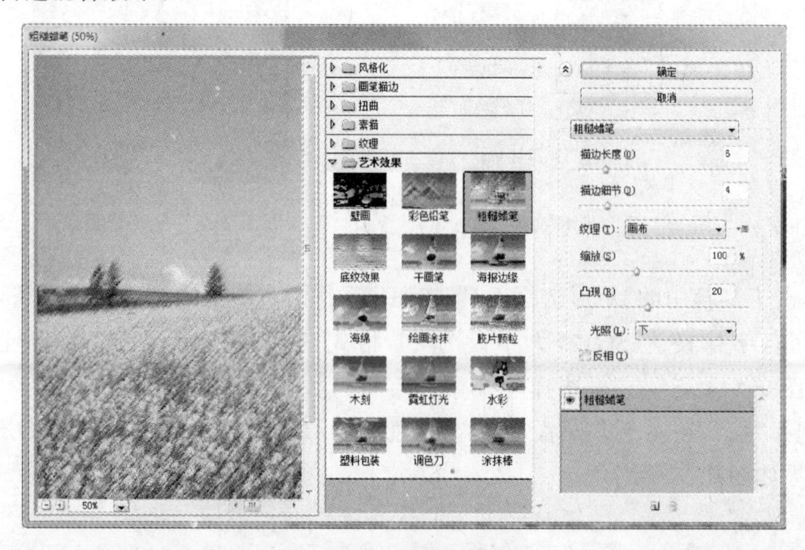

图 9.118　滤镜对话框

9.4 实训 纪念长征展板

9.4.1 实训目的

本实训目的如下。

(1) 通过实训初步培养综合实践能力,能够掌握图像和文字的编辑技巧。

(2) 熟练应用路径技术,能够将背景绘制出曲线。

(3) 根据内容设计展板版式,最终效果如图 9.119 所示。

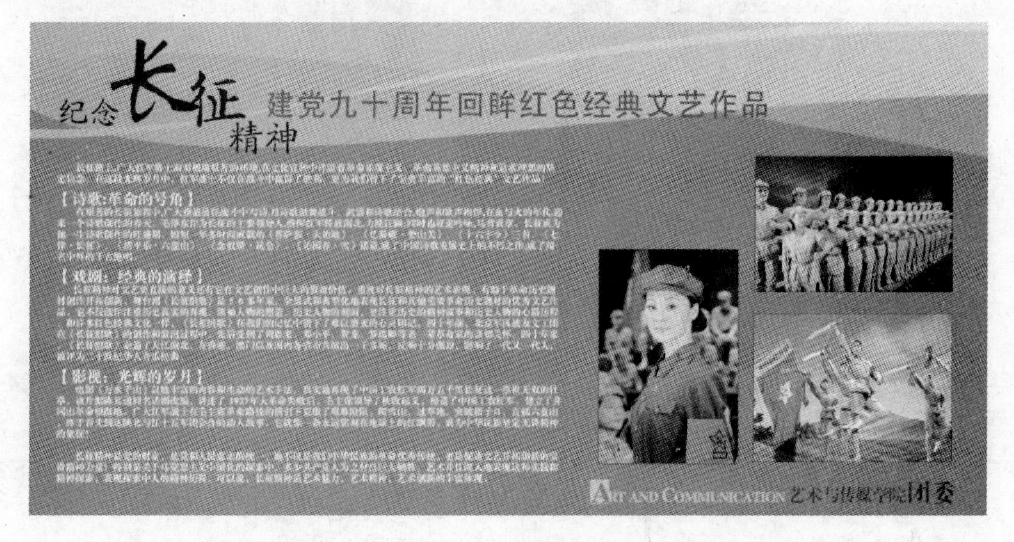

图 9.119 展板效果

9.4.2 实训理论基础

本节涉及如下基本理论和技巧。

(1) 使用快速蒙版选择复杂的图像。

(2) 使用渐变工具制作背景。

(3) 使用羽化效果修饰图像边缘。

(4) 使用色彩调整命令修改图像色彩效果。

(5) 使用图层样式对话框添加阴影效果。

(6) 使用文字、工具箱和文字对话框编辑文本。

9.4.3 实训操作步骤

1. 创意思路

展板在校园宣传中随处可见,一般以图片加上大量文字达到宣传教育的目的。与海报、封面不同,在设计展板时需要更多地考虑到文字的编排以及文字与图片更加自然地结合在一起。本实训以“回眸红色经典文艺作品”为主题,以党旗的色调——红色和黄色为主色,突出建党 90 周年的喜庆与欢乐。在设计上选择了简洁明快的排版方式，令读者一目了然，印象深刻。

另外，展板的尺寸也有很多选择。可根据自身需要定制。常见的易拉宝的尺寸是 80×200 厘米、85×200 厘米、100×200 厘米、120×200 厘米。学校要求的横式展板一般设置为宽 100 厘米，高 200 厘米。如图 9.120 所示。易拉宝和普通展板都是用写真机喷绘，一般写真机要求的分辨率最低为 75 点，如果想要更精细的效果，做到 120 也可以。制作的时候，注意选择 CMYK 模式，由于喷绘不需要裁剪，所以四边也不需要出界，如图 9.120 所示。

图 9.120　易拉宝

2. 绘制背景

操作方法如下。

(1) 单击"文件"→"新建"菜单命令，弹出"新建"对话框。新建名称为"建党展板"，宽度为 100 厘米，高度为 50 厘米，分辨率为 75 像素/英寸，模式为 CMYK，背景为白色的画布，单击"确认"按钮。

(2) 选择深红色(＃AAD1C19) 作为前景色，单击工具箱中的"油漆桶工具"按钮，将画布填充为深红色，如图 9.121 所示。

(3) 接下来制作背景上方的黄色缎带，切换到"路径"调板，新建"路径 1"，选择"钢笔工具"按钮，在画布上方点四个描点，如图 9.122 所示。然后利用"转换点工具"按钮将其调整为舒展的曲线，最后完成如图 9.123 所示的路径，按下"将路径作为选区载入"按钮后得到选区。回到"图层"调板，新建"图层 1"，选择"渐变工具"按钮，前景色设为橘黄色(＃D45E1)，背景色设为鹅黄色(＃EBBE00)，填充选区，得到如图 9.123 所示的渐变效果。

图 9.121　制作背景

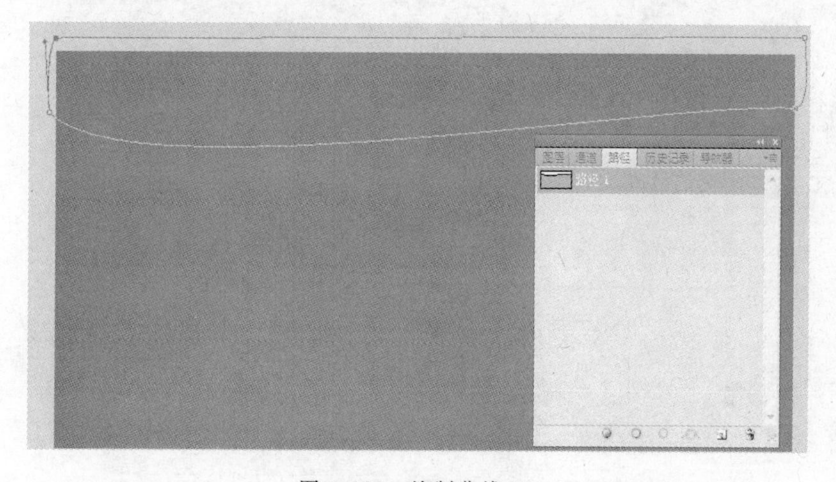

图 9.122　绘制曲线(1)

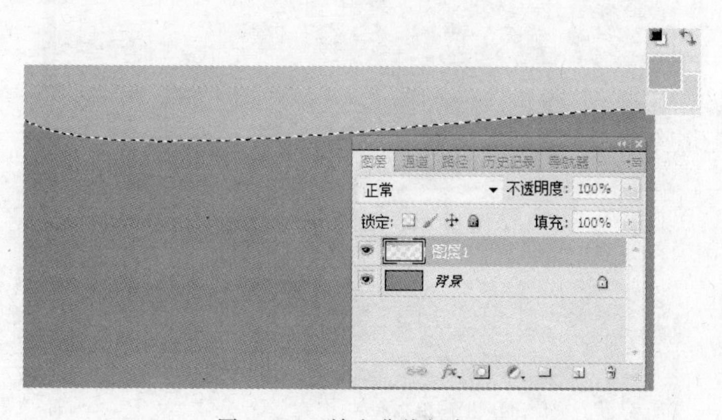

图 9.123　填充曲线颜色(1)

(4) 利用同样的方法绘制出“路径 2”,曲线弯曲方向与“路径 1”相反,如图 9.124 所示,将路径作为选区后,新建“图层 2”,填充为橘黄色(#D35F10),得到如图 9.125 所示的效果。

(5) 最后绘制“路径 3”,为一条横穿路径 1 和 2 较细的曲线,如图 9.126 所示。将路径作为选区后,新建“图层 3”,填充为明黄色(#D35F10),得到如图 9.127 所示的效果。

图 9.124　绘制曲线(2)

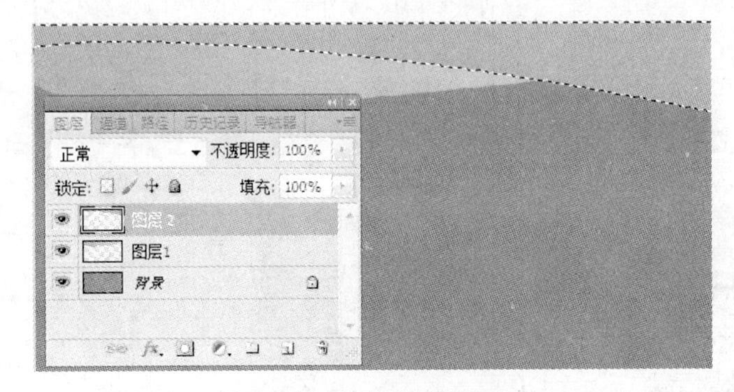

图 9.125　填充曲线颜色(2)

图 9. 126　绘制曲线(3)

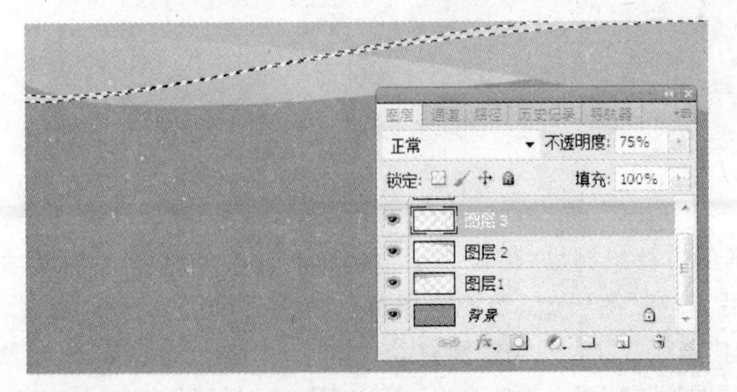

图 9.127　填充曲线颜色(3)

(6) 在“图层”调板中调整图层顺序，“图层 3”在最上面，不透明度为 70%；“图层 1”在中间，不透明度为 75%；“图层 2”在最下面，不透明度为 100%。如图 9.128 所示，最后将三个图层合并为“曲线”图层，背景制作完成，如图 9.129 所示。

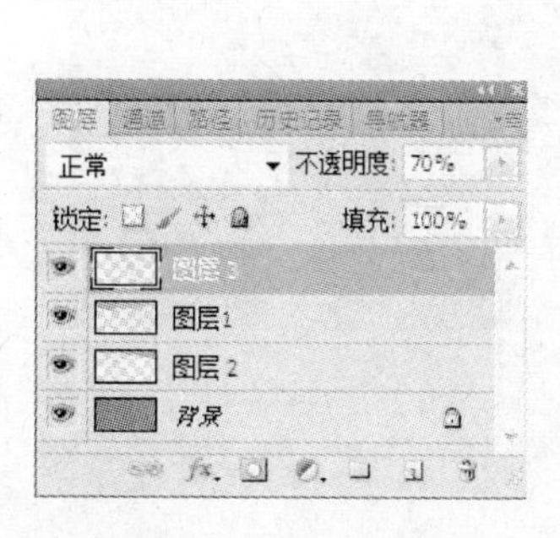

图 9.128　图层调板

图 9.129　背景曲线效果

3. 排版图片和文字

操作步骤如下。

(1) 为方便文字的管理，在“图层”调板中单击“新建图层文件夹”按钮，命名为“文字”文件夹。单击工具箱中“文字工具”按钮，字体设为方正隶书，分别建立“纪念”、“长”、“征”、“精神”四个文字图层，调整文字大小和位置，并用黑体、深红色(＃5E0C03)在右边添加“建党九十周年回眸红色经典文艺作品”文字，得到效果如图 9.130 所示的展板标题。

图 9.130　标题设计

(2) 下面要将大段的介绍粘贴到展板中。首先打开“展板文字.TXT”，全选后按住 Ctrl+C 复制文字，回到 Photoshop 中，利用“文字工具”按钮，字体为黑体，在展板左侧拉出文字选框，按 Ctrl+V 粘贴。将每一段的标题设为较大的字体，如图 9.131 所示。

(3) 最后为展板加入照片作为点缀。将素材文件夹中的三幅图粘贴到“长征展板.PSD”中。分别命名为“图片-女红军”、“图片-合唱”、“图片-红色娘子军”图层，如图 9.132、图 9.133 和图 9.134 所示。

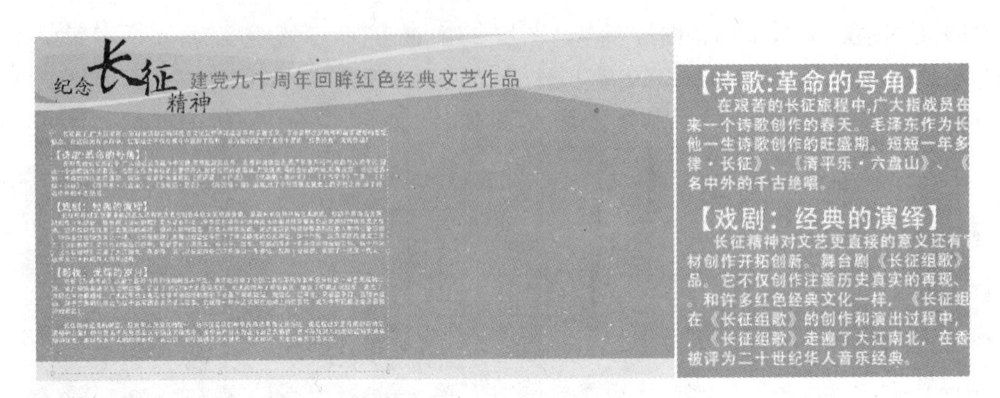

图 9.131　内容排版设计

图 9.132　女红军

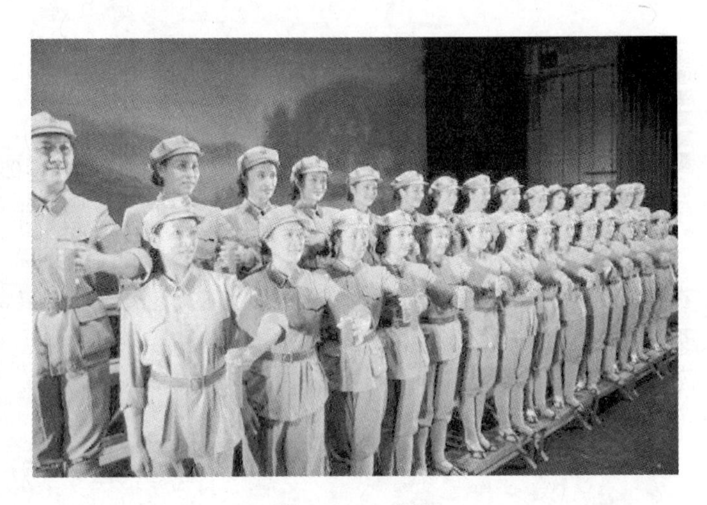

图 9.133　合唱

(4) 利用"移动工具"按钮将三幅图片移动到展板右侧,在"图层对话框"中右击"图片-女红军"图层,如图 9.135 所示。选择"混合选项"命令,在弹出的"图层样式"对话框中选择

图 9.134　红色娘子军

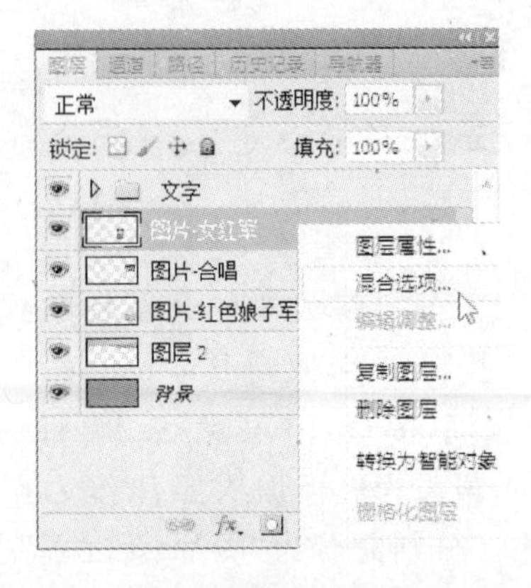

图 9.135　选择"混合选项"命令

“描边”,大小为 1,如图 9.136 所示。单击“确定”按钮。另外两幅图片也如法炮制,并安排好位置,如图 9.137 所示,最后效果如图 9.138 所示。

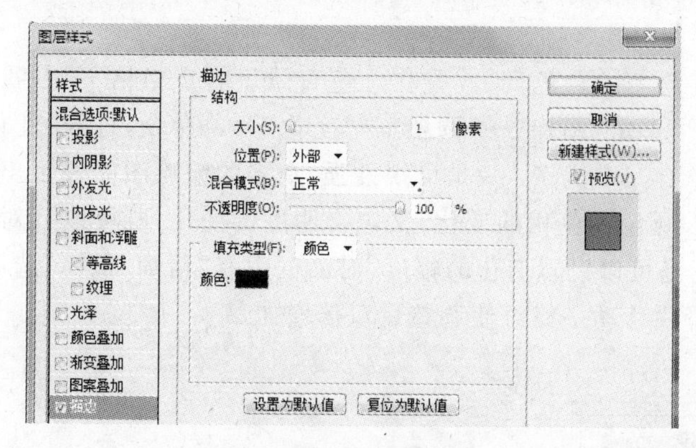

图 9.136 “描边”设置

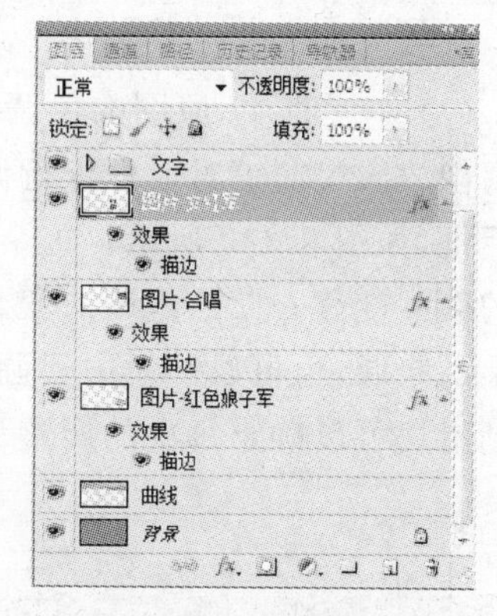

图 9.137 图层调板

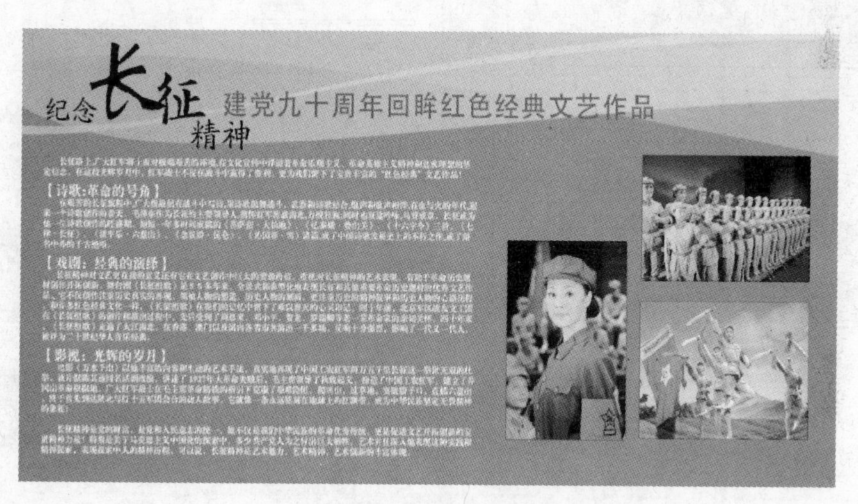

图 9.138 图片排版

(5) 最后单击“文字工具”按钮 T,在展板右下角加上“艺术与传媒学院团委”中英文字样,最终效果如图 9.139 所示。

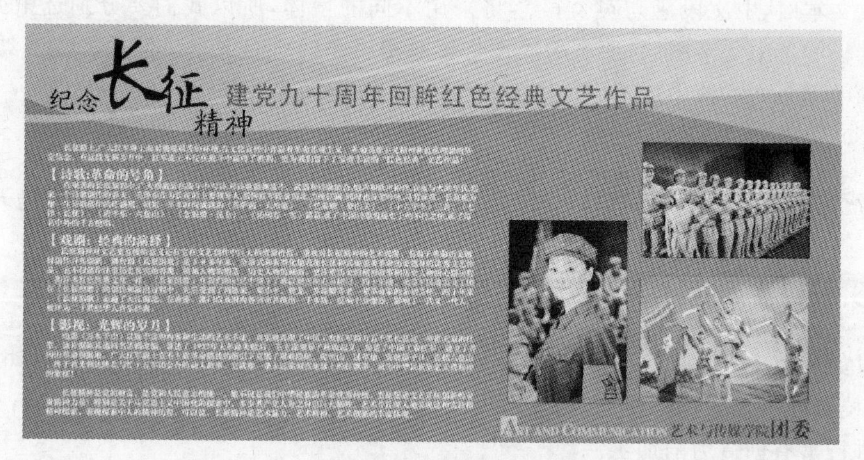

图 9.139 展板完成图

9.4.4 实训技术点评

具体内容如下。

(1) 本实训中,原图的色调是偏蓝色的冷色调,放置在红色背景里有点格格不入,我们将图像放入"变化"对话框进行调节。单击"图像"→"调整"→"变化"菜单命令,打开"变化"对话框,如图 9.140 所示。这个命令有三个优点:一是可视性强,众多的缩略图能表示出颜色的微妙变化;二是色调的变化多,既包含色相的变化,又包含明度的变化,既可以针对画面中的暗调,也可以针对中间调;三是可以设置变化的幅度,对话框中有"精细/粗糙"选项,移动滑块可以确定每次的调整量,滑块移动一格可使调整量双倍增加。

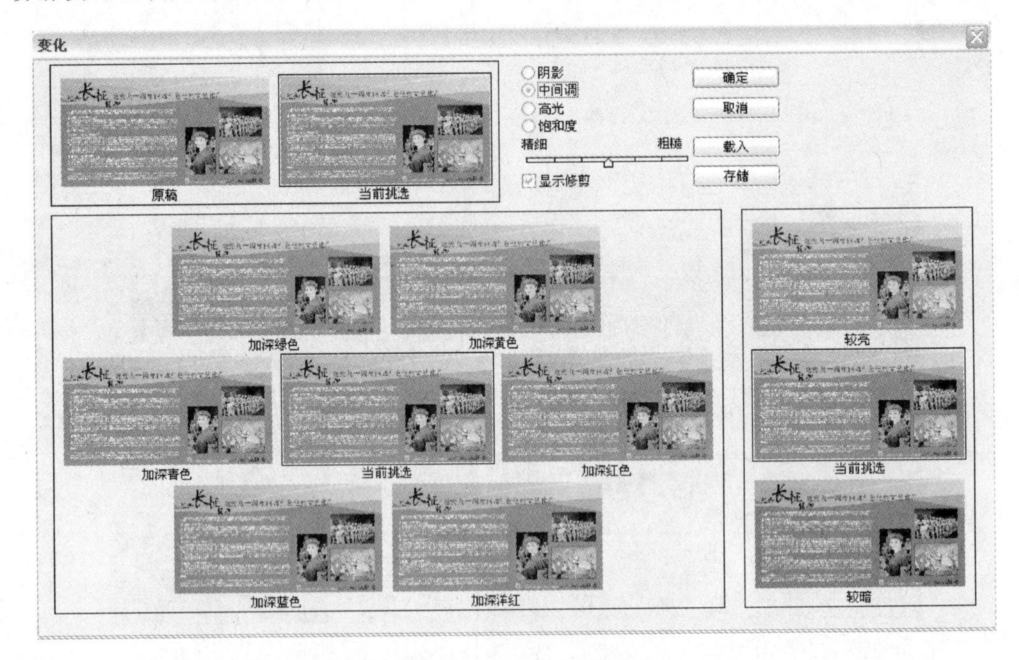

图 9.140 "变化"对话框

(2) 在本实训中,我们将中文和英文放置在同一文本框中,也就是在同一文字图层中。但在修改文本时,中文段落与英文段落将采用不同的字体,所以我们要分别选中文字。在"图层"调板中选中文字图层,所有的操作将针对图层中的所有文字。使用文字工具,单击拖动才能选中同一文本框中的不同内容。

9.5 实训 "校园歌手大赛"海报

9.5.1 实训目的

通过如图 9.141 和图 9.142 所示的"头像"和"背景"两幅图像,最终制作出如图 9.143 所示的"校园歌手大赛"海报。利用发散思维,巧妙地将一张图片局部放大、突出,并在原有图片上进行富有创造力的加工。

图 9.141 “头像”

图 9.142 “背景”

图 9.143 海报效果

9.5.2 实训理论基础

本实训要应用到如下技巧。

(1) 使用选框工具。

(2) 使用渐变工具制作彩虹效果。

(3) 使用图层样式制作发光效果。

(4) 使用滤镜制作扩散效果。

9.5.3 实训操作步骤

1. 创意思想

对照片的处理我们已经了解了不少，但是如何通过 Photoshop CS5 将照片更加艺术化进而产生前所未有的效果？这就需要对照片进行更大胆的加工。本实训选取了照片人物最有特点的眼睛作为特写，加以滤镜效果和缤纷多彩的颜色，让照片呈现一种震撼的海报效果。

另外在运用 Photoshop 制作海报时，必须考虑到印刷时的颜色及尺寸：一般的海报尺寸都是正度四开(57×42 厘米)。四边都要保留 3 毫米的出血(便于印刷后裁切)。如果海报印刷出图，那么分辨率必须为 300dpi；如果为喷绘出图，那么分辨率可以为 72～150dpi。图片模式必须选择印刷专用的 CMYK。

2. 制作彩虹部分

操作步骤如下。

(1) 单击“文件”→“新建”菜单命令，弹出“新建”对话框。在该对话框内的“名称”文本框中设置图形的名称“彩虹之眼”，设置画布宽度为 576 毫米，高度为 426 毫米，模式为 CMYK 颜色，分辨率为 75，背景为白色。

(2) 在“图层”调板中新建“彩虹”图层，单击工具箱中“渐变工具”按钮，单击上方的渐变工具箱，弹出如图 9.144 所示的渐变编辑器。选择预置中的彩虹渐变，在画布上绘制彩色渐变，如图 9.145 所示。

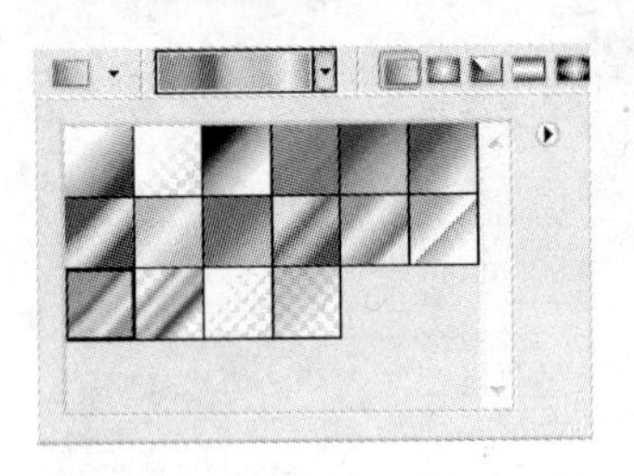

图 9.144 渐变编辑器

图 9.145 彩色

(3) 单击菜单中“滤镜”→“风格化”→“凸出”菜单命令，弹出“凸出”对话框，如图 9.146 所示，类型选择块，大小和深度均为 30，深度选择随机。单击“确定”按钮应用滤镜，如图 9.147 所示，然后按 Ctrl+F 键重复上次滤镜 1 次，得到如图 9.148 所示的效果，至此，彩虹背景基本制作完成。

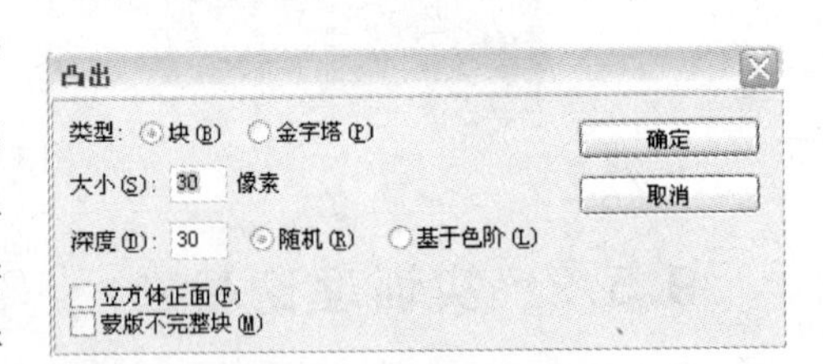

图 9.146 “凸出”对话框

图 9.147 应用“凸出”的局部

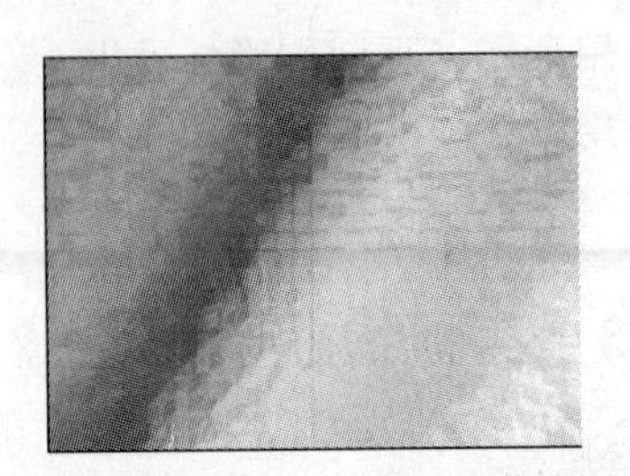

图 9.148 应用“凸出”的整体效果

3. 选取与粘贴图像

具体操作如下。

(1) 打开“9.6 背景.jpg”图片，在“图层”调板中选中“背景”图层，右击，选择“复制图层”菜单命令，如图 9.149 所示。将其复制到“彩虹之眼”文档中，如图 9.150 所示。

图 9.149 “复制图层”对话框

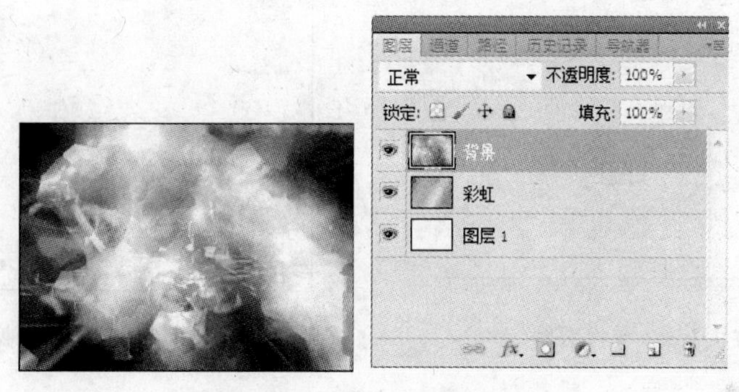

图 9.150 复制到“彩虹之眼”

(2) 选择“背景”图层。选择“编辑”→“自由变换”菜单命令(或使用 Ctrl＋T 快捷键)，将背景拉大到画面只显示较亮的部分。双击应用变换，如图 9.151 所示。

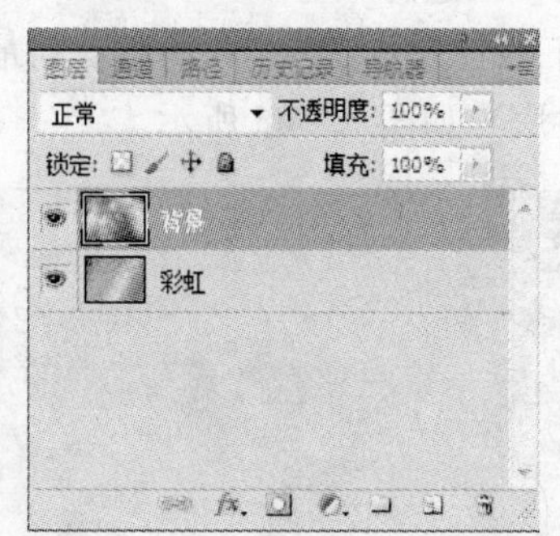

图 9.151 应用变换

(3) 打开“9.7 头像.jpg”图片，单击工具箱中“矩形选框工具”按钮，将人物的右眼眶选中，如图 9.152 所示。按 Ctrl＋C 复制选区内图像。

(4) 在“背景”图片上，按 Ctrl＋V 键粘贴刚才所选的眼睛部分，将此图层命名为“眼睛”。由于刚才选取的是人物的局部，粘贴过来的图像在画布中明显过小，如图 9.153 所示，所以要将其拉大充满整个画布。

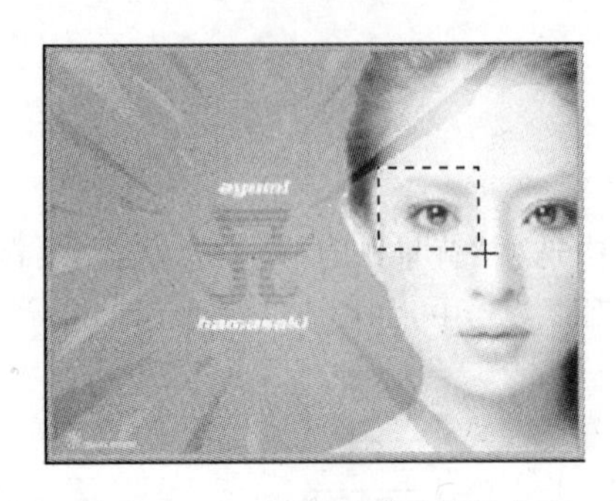

图 9.152　选择“头像”的眼睛

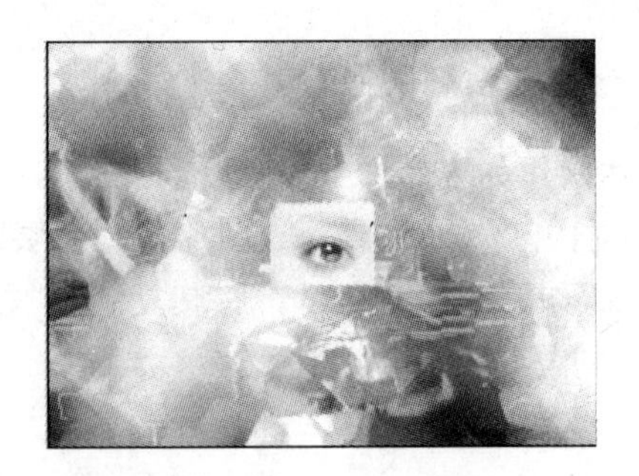

图 9.153　复制眼睛

(5) 单击“编辑”→“自由变换”菜单命令(或使用 Ctrl＋T 快捷键),将眼睛拉大到图片正中,如图 9.154 所示,双击应用变换,如图 9.155 所示。

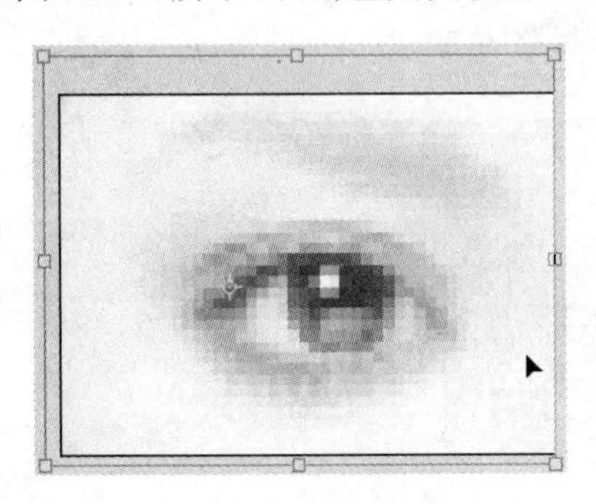

图 9.154　变换眼睛

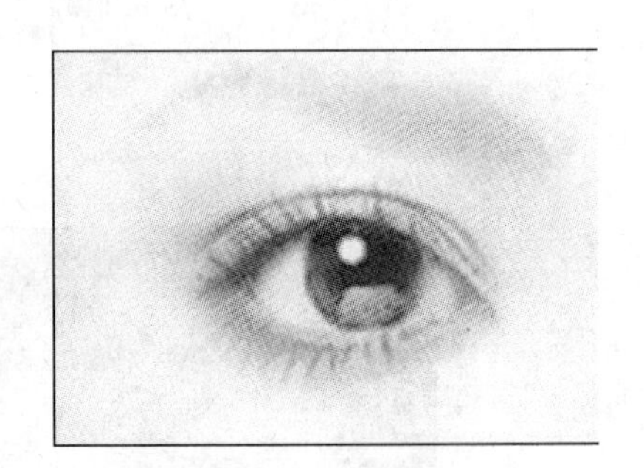

图 9.155　应用变换

4. 调整图像图层模式

现在,“图层”调板中已经有“眼睛”和“背景”和“彩虹”三个图层,为了让它们有机地融合在一起,要对图层模式进行调整。

(1) 选中最下面的彩虹图层,将其拖动到最上层,把不透明度设为 95%,同样将图层模式选择为“正片叠底”,如图 9.156 所示。

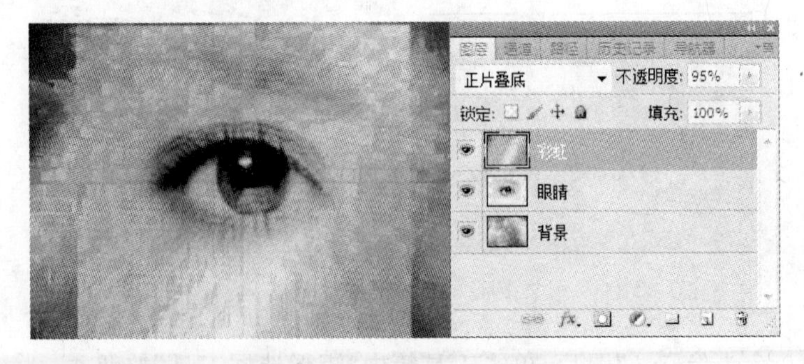

图 9.156　“图层模式”设置

(2) 现在的“眼睛”图层边缘和背景没有完全融合,需要对眼睛的四周进行擦除。单击工具箱中的“橡皮工具”按钮,选择较大的笔刷,不透明度设为 60%,擦除眼睛的方形边界,如图 9.157 所示。完成后得到如图 9.158 所示的效果。

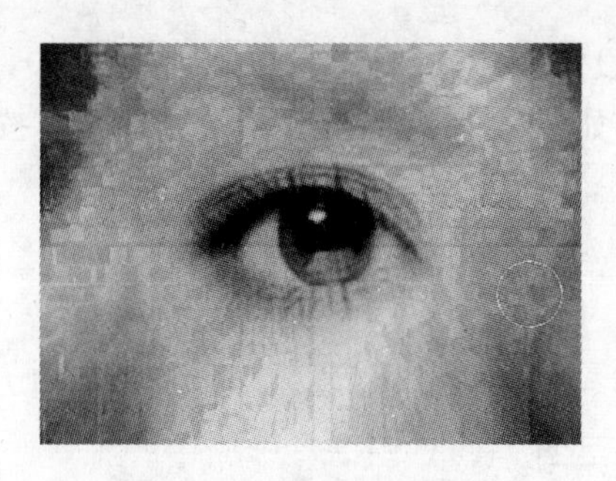

图 9.157　橡皮工具应用

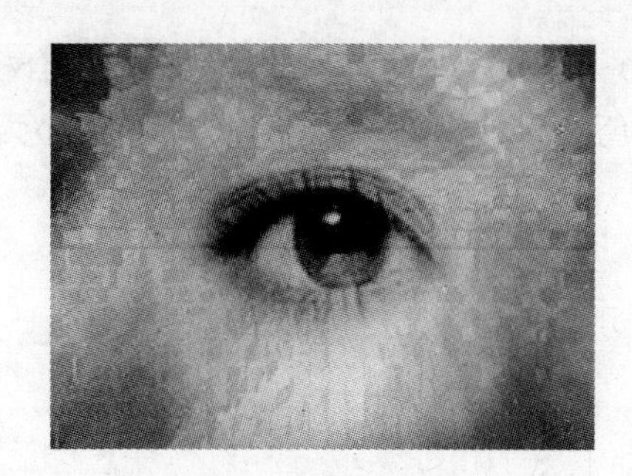

图 9.158　最终效果

5. 添加文字

(1) 最后给海报加上文字。在工具箱中选择“文字工具”按钮 T，颜色为白色，大小为30，字体为“琥珀”，输入文字：“第十二届”校园歌手大赛。图层混合模式设为“柔光”，得到如图 9.159 所示的效果。

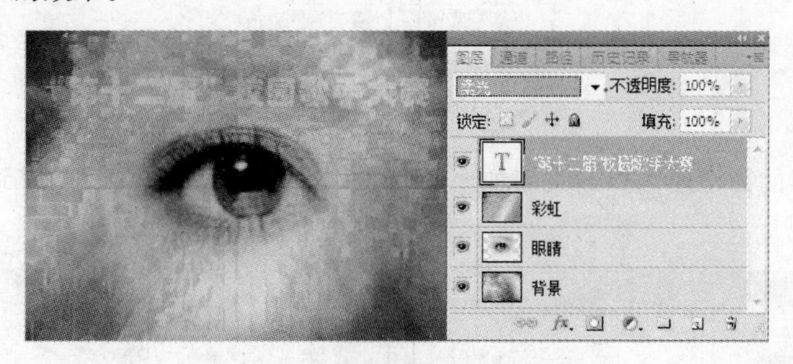

图 9.159　“图层混合模式”设置

(2) 选择对话框下方第二个“添加图层样式”按钮 fx.（或者右击，选择“混合选项”命令），在弹出的“图层样式”对话框中选中“外发光”复选框，设置混合模式设为滤色，颜色选为黄绿色(＃DFED05)，不透明度为 75％，扩展为 16％，大小为 41，如图 9.160 所示。

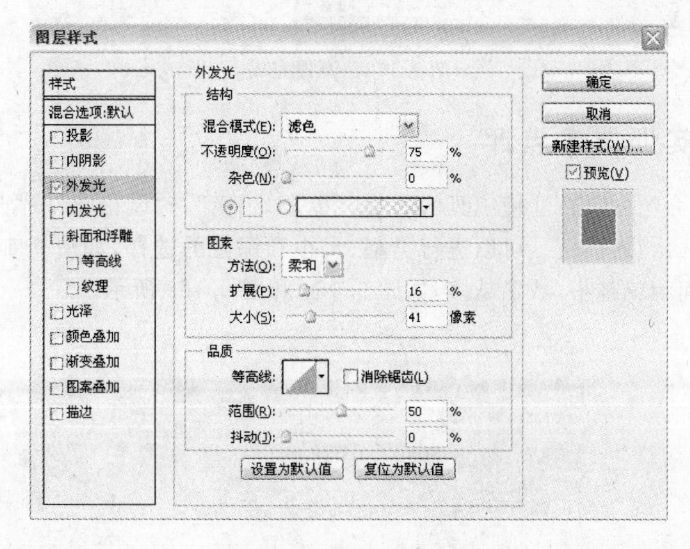

图 9.160　“外发光”设置

(3) 再选中“内发光”复选框，设置混合模式设为滤色，透明度为90%，杂色为0，颜色选为淡黄色(#FFFFBE)，阻塞为34%，大小为32，如图9.161所示，然后单击“确定”按钮。

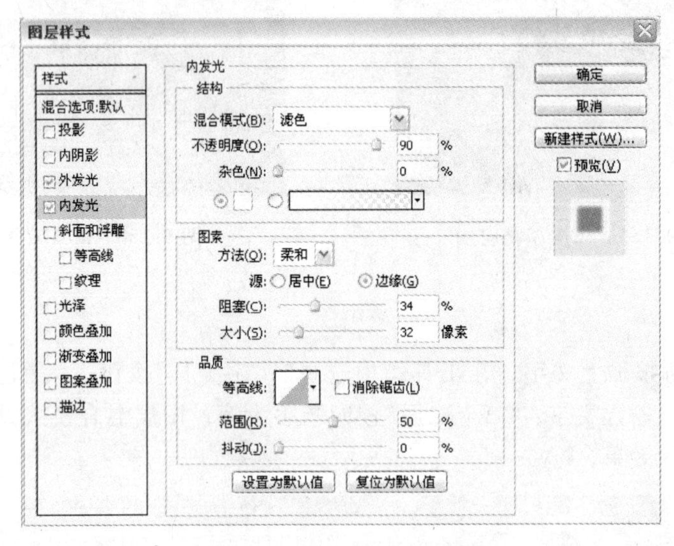

图9.161 “内发光”设置

(4) 用同样的方法还可以给文字加上主办方、报名日期等文字，最后得到如图9.162所示海报效果。

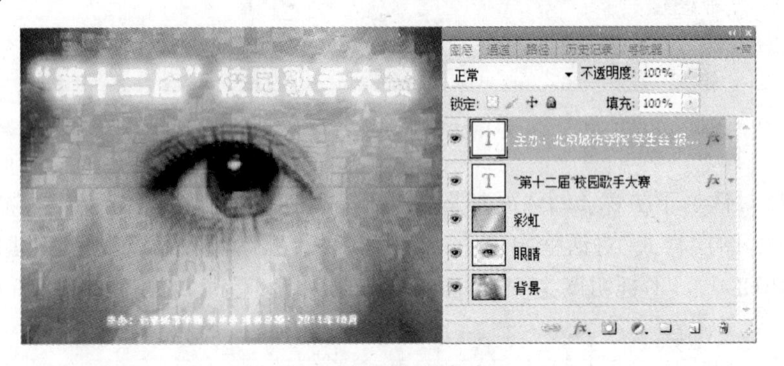

图9.162 海报完成

9.5.4 实训技术点评

本实训主要介绍“凸出”滤镜工具的使用。单击“滤镜”→“风格化”→“凸出”菜单命令，弹出相对应的“凸出”对话框。可以进行类型、大小和深度的选择，如图9.163所示，数值越小，生成的方块面积就越小，数量越多，如图9.164和图9.165所示。

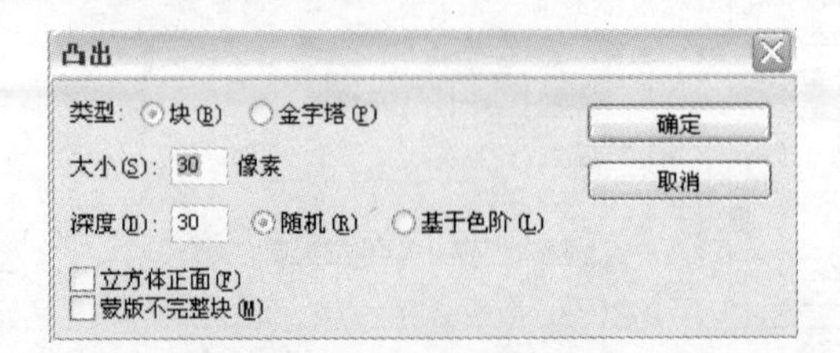

图9.163 “凸出”对话框

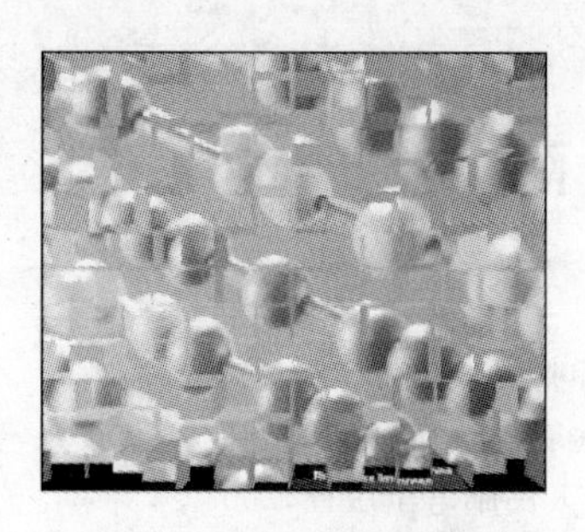

图 9.164　大小和深度数值为 30 的效果

图 9.165　大小和深度数值为 20 的效果

本章小结

本章通过 5 个综合实训全面介绍了运用 Photoshop CS5 的基本知识，并将其灵活运用到实践中。

通过制作“打造靓女人物”，学习通过图层调整工具使阴天拍摄的照片更明亮，色彩更丰富；使用裁减工具改变照片构图，突出主题人物；使用操控变形对人物身材进行修饰。

通过制作“书籍封面”，学习使用变换复制制作丰富多变的图案，培养独特的创新意识，制作富有创意的书籍封面。

通过制作“金属 CD 光环”，学习如何使用自定义画笔，并绘制有立体感的图形，灵活应用图层样式，完成光环的效果，用滤镜制作抽象背景图案。

通过制作“纪念长征”展板，初步培养综合实践能力，能够掌握图像和文字的编辑技巧，并熟练应用路径技术，能够将背景绘制出曲线，根据内容设计展板版式。

通过制作“校园歌手大赛”海报，学习如何利用发散思维，巧妙地将一张图片局部放大、突出，并在原有图片上进行富有创造力的加工。

参 考 文 献

[1] 史秀璋等. Photoshop 应用案例教程. 北京：电子工业出版社，2006.

[2] (韩)朴明焕等. Photoshop 梦幻特效设计Ⅱ. 北京：中国青年出版社，2006.

[3] 张明真等. Adobe Photoshop CS 标准培训教材. 北京：人民邮电出版社，2004.

[4] 王铁冬等. Photoshop CS 平面视觉特效设计精粹. 北京：兵器工业出版社、北京希望电子出版社，2005.

[5] 田中等. Photoshop CS2 超级梦幻特效设计. 北京：中国林业出版社、北京希望电子出版社，2006.

[6] 张凡编著. Photoshop CS4 实用教程(第 4 版). 北京：机械工业版社，2010.

21 世纪高等学校数字媒体专业规划教材

ISBN	书　名	定价(元)
9787302224877	数字动画编导制作	29.50
9787302222651	数字图像处理技术	35.00
9787302218562	动态网页设计与制作	35.00
9787302222644	J2ME 手机游戏开发技术与实践	36.00
9787302217343	Flash 多媒体课件制作教程	29.50
9787302208037	Photoshop CS4 中文版上机必做练习	99.00
9787302210399	数字音视频资源的设计与制作	25.00
9787302201076	Flash 动画设计与制作	29.50
9787302174530	网页设计与制作	29.50
9787302185406	网页设计与制作实践教程	35.00
9787302180319	非线性编辑原理与技术	25.00
9787302168119	数字媒体技术导论	32.00
9787302155188	多媒体技术与应用	25.00
9787302235118	虚拟现实技术	35.00
9787302234111	多媒体 CAI 课件制作技术及应用	35.00
9787302238133	影视技术导论	29.00
9787302224921	网络视频技术	35.00
9787302232865	计算机动画制作与技术	39.50

以上教材样书可以免费赠送给授课教师，如果需要，请发电子邮件与我们联系。

教学资源支持

敬爱的教师：

感谢您一直以来对清华版计算机教材的支持和爱护。为了配合本课程的教学需要，本教材配有配套的电子教案（素材），有需求的教师可以与我们联系，我们将向使用本教材进行教学的教师免费赠送电子教案（素材），希望有助于教学活动的开展。

相关信息请拨打电话 010-62776969 或发送电子邮件至 weijj@tup. tsinghua. edu. cn 咨询，也可以到清华大学出版社主页（http://www. tup. com. cn 或 http://www. tup. tsinghua. edu. cn）上查询和下载。

如果您在使用本教材的过程中遇到了什么问题，或者有相关教材出版计划，也请您发邮件或来信告诉我们，以便我们更好地为您服务。

地址：北京市海淀区双清路学研大厦 A 座 707　　计算机与信息分社魏江江　收
邮编：100084　　电子邮件：weijj@tup. tsinghua. edu. cn
电话：010-62770175-4604　　邮购电话：010-62786544

《网页设计与制作(第2版)》目录

ISBN 978-7-302-25413-3　　梁　芳　主编

图书简介：

Dreamweaver CS3、Fireworks CS3 和 Flash CS3 是 Macromedia 公司为网页制作人员研制的新一代网页设计软件，被称为网页制作"三剑客"。它们在专业网页制作、网页图形处理、矢量动画以及 Web 编程等领域中占有十分重要的地位。

本书共11章，从基础网络知识出发，从网站规划开始，重点介绍了使用"网页三剑客"制作网页的方法。内容包括了网页设计基础、HTML 语言基础、使用 Dreamweaver CS3 管理站点和制作网页、使用 Fireworks CS3 处理网页图像、使用 Flash CS3 制作动画和动态交互式网页，以及网站制作的综合应用。

本书遵循循序渐进的原则，通过实例结合基础知识讲解的方法介绍了网页设计与制作的基础知识和基本操作技能，在每章的后面都提供了配套的习题。

为了方便教学和读者上机操作练习，作者还编写了《网页设计与制作实践教程》一书，作为与本书配套的实验教材。另外，还有与本书配套的电子课件，供教师教学参考。

本书可作为高等院校本、专科网页设计课程的教材，也可作为高职高专院校相关课程的教材或培训教材。

目　录：